电梯控制原理及其应用

陈继文　董明晓　李荣福　姜华　编著

北京邮电大学出版社
www.buptpress.com

内容简介

本书全面介绍了电梯结构和相关部件的构造及工作原理，系统论述了交流双速电梯、交流调压调速电梯、变频调速电梯、液压电梯等电梯拖动控制系统，电梯逻辑控制系统的控制方法及典型线路，电梯电气安装与维护，电梯的选用原则和方法，电梯安全管理与使用，电梯控制仿真系统的设计。内容丰富全面，且在叙述上考虑了知识的系统性，同时结合工程实践、实例说明、图文并茂、深入浅出，突出了新技术、新工艺、新材料、新设备的特点。

本书可作为高等院校工业自动化、机械电子工程以及相关专业的教材，还可供从事电梯的设计、制造、安装、检验与试验人员及有关管理与维护保养人员参考。

图书在版编目(CIP)数据

电梯控制原理及其应用/陈继文等编著.--北京：北京邮电大学出版社，2012.5

ISBN 978-7-5635-2935-3

Ⅰ.①电… Ⅱ.①陈… Ⅲ.①电梯—电气控制 Ⅳ.①TU857

中国版本图书馆 CIP 数据核字(2012)第 035053 号

书　　名：电梯控制原理及其应用

著作责任者：陈继文　董明晓　李荣福　姜华　编著

责 任 编 辑：王　君

出 版 发 行：北京邮电大学出版社

社　　址：北京市海淀区西土城路 10 号(邮编：100876)

发　行　部：电话：010-62282185　传真：010-62283578

E-mail：publish@bupt.edu.cn

经　　销：各地新华书店

印　　刷：北京联兴华印刷厂

开　　本：787 mm×1 092 mm　1/16

印　　张：18.75

字　　数：465 千字

印　　数：1—3 000 册

版　　次：2012 年 5 月第 1 版　2012 年 5 月第 1 次印刷

ISBN 978-7-5635-2935-3　　定　价：38.00 元

· 如有印装质量问题，请与北京邮电大学出版社发行部联系 ·

前　言

在高层建筑和住宅楼群中，电梯是不可缺少的垂直运输设备，犹如地面上的汽车一样与日俱增。电梯已经成为现代城市文明的一种标志，其生产情况与使用数量已成为衡量一个国家现代化程度的标志之一。目前，我国已成为全球最大的电梯市场，并形成了全球最强的电梯生产能力。

随着微电子技术和电力电子技术的发展和完善，交流调速技术日益成熟。本书主要阐述了交流电梯控制系统的组成和基本原理。全书共分8章，主要内容包括：电梯的分类及其基本规格和主要性能指标、国内外电梯生产与使用现状、电梯的基本结构；电梯运行速度给定曲线、运动系统动力学、各类交流调速电梯拖动系统的组成和工作原理；电梯的逻辑控制系统，重点讲述电梯集选控制系统的工作原理以外，还介绍了电梯门控制系统、电梯群控系统等内容；电梯的选用与设置、交通计算配置电梯；电梯的电气安装与调试；电梯的管理、维修和保养等内容。

本书在选材上，以电梯的电气系统为主要内容，既注重知识的基础性和系统性，又兼顾了知识面的拓展，内容比较新颖、丰富。

本书可以作为高等院校工业自动化、机械电子工程专业、建筑电气专业以及相关专业的教材，也可作为电梯安装、调试、维修与管理方面的工程技术人员的培训教材或参考书。

本书由陈继文、董明晓、李荣福(百斯特电梯公司)、姜华编著，同时参与编写工作的还有崔世坤(百斯特电梯公司)、杨红娟、宋现春、范文利、张涵、逄波、赵鹏跃等。陈继文负责统编全稿，全书由山东百斯特电梯有限公司董事长、高级工程师侯广山、山东建筑大学于复生教授主审。张瑞军教授为该书的出版做了大量的工作，百斯特电梯公司郭德强经理也为该书做了大量的工作，在此表示感谢，同时感谢山东建筑大学机电教研室老师的大力支持。在本书编写过程中，我们参阅了大量有关电梯的书籍和文献资料，在此向相关作者一并表示感谢。

由于作者水平所限，书中难免有不妥和疏漏之处，恳切希望读者批评指正。

编著者

目　录

第1章 绪　　论

1.1 电梯的作用

1.1.1 智能建筑和智能控制

伴随钢架结构技术的提高，建筑物向高层方向发展成为一大趋势，其主要标志是1885年建筑学家W.L.杰尼在建筑中采用钢架结构技术，建成了当时世界上第一幢采用钢架构的高层建筑——高度为55 m的芝加哥家庭保险大厦。现代超高层建筑中，各种环境下的楼宇系统同时存在，设备越来越复杂。在早期技术条件下，只能采用大型仪表盘和操作盘，对这些设备系统的运行进行集中式地操作和监视。智能建筑的出现，使高层建筑物中纷繁复杂的系统运作有序，为人们提供最优的便捷和舒适性，使大楼设备实现了低成本运营模式。20世纪80年代起，由于建筑、信息和计算机等技术的相互渗透和结合，建筑物中所有设备的状态都显示在中央控制室内，操作和管理便捷高效。20世纪90年代，现场控制器成本降低，处理能力不断提高，监控功能也逐渐由常规控制改为提供各种数据报表和专项功能的统计文件，即由集中监视控制转变为集中监视管理和分散式控制。

世界上第一幢智能建筑改建于美国康涅狄格州(Connecticut)哈特福特市(Hartford)的一幢旧金融大厦，由联合技术建筑系统公司(UTBSC)〔美国联合技术公司(UTC，United Technology Corp)的子公司〕于1984年1月完成，世界上第一次出现了智能建筑的概念。联合技术建筑系统公司承建了这幢共38层11万平方米建筑的空调、电梯及防灾设备工程，其主要措施是将计算机与通信设施连接，向大厦用户提供廉价的计算机和通信服务，大厦的出租率、投资回报率等经济效益方面均有提高。智能大厦的管理系统采用了智能建筑管理系统(IBMS)，是具有高生产力、低劳动营运成本和高安全性的大厦管理系统。

目前，国际智能建筑研究机构对智能大厦的定义：以目前国际上先进的分布式信息与控制理论而设计的集散式系统(Distributed Control System)，运用计算机(Computer)技术、控制(Control)技术、通信(Communication)技术和图形图像显示(CRT)技术，通过对建筑物的四个基本要素，即结构、系统、服务和管理及它们之间的内在联系，以最优化的设计，建立一个由计算机系统管理的一体化集成系统，提供一个投资合理而又拥有高效率的优雅舒适、便利快捷、高度安全的环境空间。智能建筑是集现代科学技术之大成的产物，主要包括先进的楼宇自动化系统(BA)、通信自动化系统(CA)、办公自动化系统(OA)、楼宇管理系统(IBMS)，为人们提供一个高效舒适的工作和学习空间环境。这是推动智能建筑迅猛发展的主要因素。面对工业社会现代建筑的概念向信息社会转变的需求,智能建筑正在世界范围内蓬勃发展,在美国和日本等国家和地区的大量建筑实践中已取得显著成就。如前纽约世界贸易中心大楼(417 m)、帝国大厦(381 m)、日本的里程碑大厦(296 m)、马来西亚的双子石油大厦(452 m)、阿拉伯联合酋长国迪拜的哈利法塔楼(828 m)等。

我国的城市建筑正经历着前所未有的蓬勃发展,陆续兴建了一些不同智能标准的智能建筑,各项建筑指标也在不断刷新。如上海环球金融中心,竣工于2008年,为地上101层、高492 m的"垂直型综合都市",它是中国内地迄今为止最高的建筑,也是世界第四高楼。中国台北101大楼,竣工于2004年,共101层,508 m,为世界第二高楼。还有诸如中国香港的环球贸易广场、深圳的京基金融中心等。智能建筑技术已经成为21世纪建筑发展的主流,高品质电梯及其群控系统配置技术的应用将给智能建筑提供更大的便捷与舒适性。

1.1.2 楼宇自动化中的电梯交通系统

智能大厦由三大子系统构成:通信自动化系统(CAS)、办公自动化系统(OAS)和楼宇自动化系统(BAS)。楼宇自动化系统是智能大厦运作的必要条件和重要组成部分,主要包括:环境能源管理系统、电力照明系统、空调卫生系统、输送系统、保安管理系统、防灾系统、防盗系统、数据系统、物业管理系统、计量系统、维护保养系统等。通过对楼宇自动化系统的管理协调,将整幢建筑的空调机组、给排水机设备(水泵)、制冷机、冷却塔、换热器、水箱、照明回路、变配电设备、电梯等机电设备进行信号采集和控制,实现大厦设备管理系统自动化,改善系统运行品质,提高管理水平,降低运行管理劳动强度,节省运行能耗。

在现代社会的经济活动中,电梯已经成为城市物质文明的一种标志,是高层宾馆、高层商店、高层住宅、多层厂房等高层建筑不可缺少的垂直方向的交通运输工具。只有依靠有效的垂直运输系统,才能够给现代高层智能建筑提供超值的服务质量和数量。电梯群控系统是楼宇自动化系统的重要子系统,是智能大厦垂直交通运输的重要支持系统。现代建筑智能化向传统的电梯控制与配置方法提出了挑战。服务的质量表现为减少乘客的候梯时间,将乘客的候梯烦躁感降到最低,增加舒适度,减少电梯的运行时间,提高系统的运行效率;服务的数量是通过优化的群控配置技术提高电梯的乘载率。

1.2 电梯的发展

在人类生产发展史上,电梯是随着生产的发展和生产力的提高而出现和发展的,大体上可分为五个阶段。

1. 13世纪前的卷扬机(绞车)阶段

公元前236年,古希腊的阿基米德设计出一种人力驱动的卷筒式卷扬机,共造出三台,安装在妮罗宫殿里。这三台卷扬机被看做是现代电梯的鼻祖。事实上,早在公元前,我们的祖先和埃及人曾经使用过这种人力卷扬机。

2. 19世纪前半叶的升降机阶段

这个时期,卷扬机被以蒸汽为动力的、具有简单机械装置的升降机代替了。这个时期的升降机以液压或气压为动力,安全性和可靠性还无保障。1850年,在美国纽约市出现了世界第一台由亨利·沃特曼制作的以蒸汽机为动力的升降机。

3. 19 世纪后半叶的升降机阶段

从 1852 年到 1889 年前的这一阶段,突出的代表是埃利沙·古利普斯·奥的斯(Otis)(1811—1861 年)和奥的斯公司。1852 年,奥的斯本人在总结前人经验的基础上制成了世界上第一部以蒸汽机为动力、配有安全装置的载人升降机。这便是世界上第一部备有安全装置的客梯,1857 年被安装在纽约市豪华商厦里。1853 年,奥的斯兄弟公司成立。1854 年在纽约水晶宫博览会上作公开表演:绳子被割断后,升降机平台一动不动地停在原处。安全升降机的安全装置原理是:平时连接绳索的弹簧被升降机平台的重量压弯,不和棘齿接触。一旦发生绳断事故时,因拉力解除而弹簧伸直,其两端与棘齿杆啮合,使升降机平台被牢牢地固定住而不坠落,其原理如图 1.1 所示。1885 年,建筑家 W. L. 杰尼开始采用钢架结构,人类开始建造高层建筑物了。在此期间,英国的阿姆斯特朗发明了水压梯。随着水压梯的发展,蒸汽梯也就被淘汰了。后来发展为采用油压泵和控制阀的液压梯。直到今天,液压梯仍在使用。

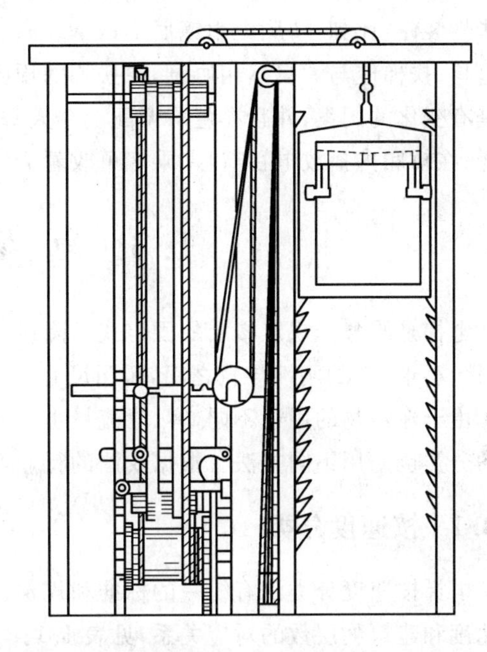

图 1.1　奥的斯的安全升降机装置

4. 1889 年电梯出现之后的阶段

1889 年 12 月,奥的斯公司研制出用电力拖动的升降机——真正的电梯,安装在纽约市 Demarest 大楼中,运行速度 0.5 m/s。在 1903 年,又将卷筒式(即鼓轮式)驱动方式改进为槽轮式(即曳引式)驱动。卷筒式驱动,也称为强制式驱动,是将曳引绳缠卷在卷筒上来提升重物,一般提升高度不高于 46 m,使用的曳引绳条数却受到限制,最多不超过 3 根,载重量不大,安全性差,驱动电机要克服轿厢自重、轿厢内人或货物重量、钢丝绳重量和传动机构的摩擦力等。槽轮式也称为曳引式驱动,是在曳引绳一端提升重物,另一端为平衡重,依靠曳引绳与曳引轮的绳槽之间的摩擦来驱动重物作垂直运动。因此,只要在曳引系统的容量和强度允许范围内,通过改变曳引绳长度就可适应不同的提升高度,而不再像卷筒式那样受卷筒长度限制。此外,当重物或平衡重碰底时,曳引绳与曳引槽会由于摩擦力减小而打滑,从而避免了像卷筒式那样,在失控时造成的曳引绳断裂等危险事故的发生。曳引式驱动可以使用多条曳引绳,钢丝绳根数不受限制,载重量大大增加,提升高度达 800 m,为长行程并具有高度安全性的现代电梯奠定了基础。以后又出现了大量的、一系列的电梯技术,这一阶段持续到 20 世纪 70 年代中期。

5. 现代电梯阶段

从 1975 年开始,新的电梯阶段以计算机、群控和集成块为特征,配合超高层建筑的需要，向高速、双层轿厢、无机房等多方面的新技术方向迅猛发展，电梯交通系统成为楼宇自动化的一个重要子系统。对现代电梯性能的衡量，主要着重于可靠性、安全性和舒适性。此外，对经济性、能耗、噪声等级和电磁干扰程度等方面也有相应要求。由于人在与外界隔离封闭的电梯轿厢内具有心理上的压抑感和恐惧感。因此，随着时代的发展提倡对电梯进行豪华性装修，比如：轿厢内用镜面不锈钢装潢、在观光电梯井道设置宇宙空间或深海景象；主张电梯、扶梯应与大自然相协调，在扶梯的周围种植花草；在轿厢壁和顶棚装饰某些图案，甚至是有变化的图案，并且在色彩调配上令人赏心悦目；在轿厢内播放优美的音乐，用以减少烦躁；在轿厢内播放电视节目，乘客可收看天气预报、新闻等。

1.3 电梯的种类

电梯是服务于规定楼层的固定式升降设备，它具有一个轿厢，运行在至少两列垂直的或倾斜角小于15°的刚性导轨之间，轿厢尺寸与结构形式便于乘客出入或装卸货物。

由于建筑物的用途不同，客、货流量也不同，应配置不同类型的电梯，因此各个国家对电梯的分类也采用不同方法。根据我国的行业习惯，大致归纳如下。

1.3.1 按速度分类

电梯按速度分类没有统一的标准和规定。日本电梯协会于1985年提出的意见，包括电梯速度和建筑物层数的对应关系，见表1.1。

表1.1 电梯按速度分类表

项目	低速电梯	中速电梯	高速电梯	超高速电梯
额定速度/($m \cdot s^{-1}$)	≤1.0	$1 < v_e \leq 2.5$	$2.51 < v_e \leq 6$	6<
建筑物层数	≤7	8～12	13～35	36≤

由于电梯技术的进步，电梯速度不断提高，现在乘客电梯的最大额定速度已达到17.4 m/s。在超高层建筑物中，额定速度为8 m/s、10 m/s、12 m/s的电梯已经比较普遍。此外，美国人Jmaes W. Fortune提出的电梯分类标准，很有参考价值，此处高速电梯已部分包含了超高速电梯，见表1.2。

表1.2 Fortrae提出的电梯类型及应用

电梯类型	典型应用	层站数	额定速度/($m \cdot s^{-1}$)
液压电梯	公寓大楼、小型泊车库、小型办公大楼	2～5	0.5～1.75
有齿轮曳引式	中型办公大楼、小型宾馆和住宅大楼、大型泊车库	5～15	1.0～1.75
无齿轮曳引式			
中速电梯	中型办公大楼、行政大楼、中型宾馆、医院	15～20	2.5～3.5
高速电梯	高层办公楼、高层宾馆、高层公寓大楼	30～60	4～9

1.3.2 按用途分类

(1) 乘客电梯。为运送乘客而设计，广泛用于宾馆、饭店、办公大楼及高层住宅。在安全设施、运行舒适度、轿厢通风及装饰等方面有较高要求。通常分为有司机/无司机操作两种。

(2) 载货电梯。为运送货物设计，轿厢的有效面积和载重量较大，因装卸人员常常需要随梯上下，故要求结构牢固，安全性好。

(3) 客、货两用电梯。主要用于运送乘客，也可运送货物。与乘客电梯的区别主要在于轿厢内部的装饰结构的差异。

(4) 住宅电梯。供住宅楼使用，主要运送乘客，也可运送家用物件或其他生活物件。

(5) 观光电梯。安装于大厅中央或高层大楼的外墙上，观光侧轿厢壁透明、装饰活泼、豪华，是供游客、乘客观光的电梯。

(6) 医用电梯。专为医院设计的运送病人、救护设备和医疗器械用的电梯。轿厢窄而深，要求有较高运行稳定性，由专职司机操纵。

(7) 服务(杂物)电梯。供图书馆、办公楼、饭店等运送图书、文件、食品等物品用的电梯。轿厢的有效面积和载重量均较小，不允许人员进入及乘坐。

(8) 车辆电梯。用于垂直运输多层或高层车库中各种客车、货车和轿车等。轿厢面积大，结构牢固。

(9) 自动扶梯。是带有循环运行梯级，与地面成30°～35°的倾斜角，用于向上或向下倾斜输送乘客的固定电力输送设备，多见于机场、车站、商场、多功能大厦。是有一定装饰性的代步运输工具。

(10) 自动人行道。带有循环运行(板式或带式)走道，用于水平或倾斜角不大于12°输送乘客的固定电力驱动设备，常用于大型车站、机场等处，是自动扶梯的变形。

(11) 船用电梯。在大型船舶中做运送乘客和货物用，速度较小，受船上结构的限制，满足船上使用环境的特殊要求。船用电梯是一种特种电梯。

(12) 消防电梯。具有耐火封闭机构、防烟前室和专用电源，是在火灾时供消防员专用的电梯。非火警情况可作一般客梯用。

(13) 防爆电梯。在具有可燃性或爆炸性介质气体，或在具有固体粉尘环境下，满足特殊要求，能正常工作的电梯。

(14) 其他电梯。矿井梯用于运送矿井内的人员及货物；运机梯能将地下机库中几十吨甚至上百吨的飞机垂直提升到机场跑道上；斜行电梯的轿厢在倾斜的井道中沿着倾斜的导轨运行，集观光和运输于一体；建筑施工电梯，采用齿轮齿条啮合方式传动(包括销齿传动与链传动，或采用钢丝绳提升)，使吊笼作垂直或倾斜运动的设备，输送人员或物料，在建筑施工中，还是一种长期用在仓库、码头、船坞、高塔、高烟囱等场所的垂直输送设备；吊篮设备用于维护高层楼宇。

1.3.3 按曳引和传动方式分类

1. 按曳引方式分类

按曳引方式分类，电梯分为交流电梯和直流电梯。交流电梯又分为交流单速、交流双速、交流调压调速和交流变频变压调速等梯种。直流电梯又分为可控硅励磁发电机—电动机组式和可控硅整流器—直流电动机式。其情况见表1.3和表1.4。

表1.3　电梯曳引类别

<table>
<tr><td rowspan="7">电梯电机</td><td rowspan="2">直流电梯电动机</td><td colspan="3">有齿轮驱动</td></tr>
<tr><td colspan="3">无齿轮驱动</td></tr>
<tr><td rowspan="5">交流电梯电动机</td><td colspan="3">双速电梯电动机(有齿轮驱动)</td></tr>
<tr><td colspan="3">调压调速电梯电动机(有齿轮驱动)</td></tr>
<tr><td rowspan="3">变频调速电梯电动机</td><td rowspan="2">异步电动机</td><td>有齿轮驱动</td></tr>
<tr><td>无齿轮驱动</td></tr>
<tr><td colspan="2">永磁同步电动机(无齿轮驱动)</td></tr>
</table>

表1.4　电梯曳引方式分类

<table>
<tr><th colspan="2">类别</th><th>电动机曳引方式和特点</th></tr>
<tr><td rowspan="4">交流电梯</td><td>交流单速电梯</td><td>单速交流电动机驱动,只有一种速度,速度较小,通常低于0.4 m/s。用切断电源的方法使电梯减速。用电磁制动器进行机械制动。用在提升高度不大的小型货梯和杂物梯上。所用电器元件少,操作简单。
缺点:效率低,平层不准确</td></tr>
<tr><td>交流双速电梯</td><td>交流三相感应电动机的电极数有两组,减速时向多极处变换,产生再生制动。进入低速运转后,再由电磁制动器进行制动。电梯运行性能较好,驱动系统简单。其速度一般≤1 m/s,用在提升高度不超过45 m的低档客梯、货梯、服务梯、病床电梯及住宅电梯。
缺点:舒适感较差,属于淘汰梯种</td></tr>
<tr><td>交流调压调速电梯</td><td>交流电机配有调压调速装置,进行闭环调压调速,分别控制高低速。用反接制动使电梯按距离制动减速直接停靠,平层准确度高。常用于速度≤2 m/s的电梯。
缺点:反接制动消耗能量大</td></tr>
<tr><td>交流变频变压调速电梯</td><td>通常采用交—直—交变频变压调速系统,能同时调控电压和频率,节省40%以上的能量消耗和电源容量。目前正被广泛应用</td></tr>
<tr><td rowspan="2">直流电梯</td><td>可控硅励磁发电机—电动机组式直流电梯</td><td>通过调节发电机的励磁改变发电机的输出电压进行调速。调速性能好,范围大,控制电梯的速度达4 m/s。
缺点:机组结构庞大,耗电多,造价高,维护工作量大。常用于对速度、舒适感要求高的建筑物中</td></tr>
<tr><td>可控硅整流器—直流电动机式电梯</td><td>用三相可控硅整流器把交流变为可控直流,供给直流电动机调速系统。机房占地少,质量轻,节能25%～35%,梯速可达10 m/s。1988年起直流电梯基本停止生产,目前已被交流调频调压调速电梯所取代</td></tr>
</table>

2. 按传动方式分类

按电梯曳引系统的电动机和曳引轮间有无减速箱，电梯分为有齿轮电梯和无齿轮电梯两种。有齿轮电梯又分为蜗轮—蜗杆传动、斜齿轮传动、行星齿轮传动、螺旋齿轮传动和齿轮齿条式传动多种，见表1.5。

表1.5 按有无减速器分类

<table>
<tr><th colspan="2">类别</th><th>传动方式和特点</th></tr>
<tr><td rowspan="5">有齿轮电梯</td><td>蜗轮—蜗杆传动</td><td>在电动机输出轴和曳引轮转轴间设置蜗轮—蜗杆减速器。具有传动比大、运行平稳、噪声低、体积小的优点。一般用在速度低于2 m/s的电梯上。
缺点：工艺性差，效率低，维修费用高</td></tr>
<tr><td>斜齿轮传动</td><td>通常用在中、高速电梯中，速度为2～4 m/s。上海三菱电梯有限公司采用斜齿轮二级减速机构，电动机轴与曳引轮轴平行配置，制动器装在电动机和减速机之间，编码器与减速机安装在电动机的两侧</td></tr>
<tr><td>螺旋齿轮传动</td><td>用螺旋齿轮卷扬机，最优化设计齿轮的齿形修正量和鼓形齿(crowning)量。噪声小，与蜗轮—蜗杆卷扬机比，传送效率提高15%～25%，能耗电力降低15%，电源设备容量减少15%～25%。日本用在三菱电机公司古兰特电梯系列上</td></tr>
<tr><td>行星齿轮传动</td><td>用于高速电梯。20世纪80年代末，开始在德国应用</td></tr>
<tr><td>齿轮—齿条传动</td><td>齿轮固定在构架上，电动机—齿轮传动机构装在轿厢上，靠齿轮在齿条上爬行来驱动轿厢。一般用于建筑施工梯等便于转移的输送设备</td></tr>
<tr><td colspan="2">无齿轮电梯</td><td>无转速器，通常应用在高速或超高速电梯中。曳引轮和制动轮直接固定在电动机轴上，电动机转子直接与绳轮槽连接，带动电梯运行。因此电动机转速等于曳引轮转速，要求电动机具有低转速和大转矩特性</td></tr>
</table>

1.3.4 按驱动方式分类

电梯按照驱动方式可分为钢丝绳曳引和液压驱动两种。钢丝绳曳引电梯利用钢丝绳和曳引轮间的摩擦力，以及轿厢与对重的平衡悬挂形式使轿厢上升和下降，采用制动器停车。钢丝绳式曳引电梯被广泛应用，有很大的承载能力和提升高度。液压电梯靠电力驱动的油泵产生提升动力，通过液压流体直接作用或间接作用在电梯轿厢上使轿厢运行，其运行平稳、载重量大，机房不用建在房顶，液压设备占用面积较大，适合于中、小型建筑物。液压电梯主要分为柱塞直顶式和柱塞侧顶式。详细分类见表1.6，电梯驱动方式的发展进程见图1.2。

表1.6 电梯驱动方式类型

<table>
<tr><th colspan="2">曳引机驱动电梯</th><th colspan="2">强制驱动电梯</th><th colspan="2">液压驱动电梯</th><th colspan="2">循环链(齿条)驱动电梯</th><th colspan="3">其他式驱动电梯</th></tr>
<tr><td>有机房电梯</td><td>无机房电梯</td><td>卷筒式电梯</td><td>链轮式电梯</td><td>直接顶升液压梯</td><td>间接顶升液压梯</td><td>自动扶梯</td><td>自动人行道</td><td>杂货梯</td><td>齿轮齿条电梯</td><td>其他电梯</td></tr>
</table>

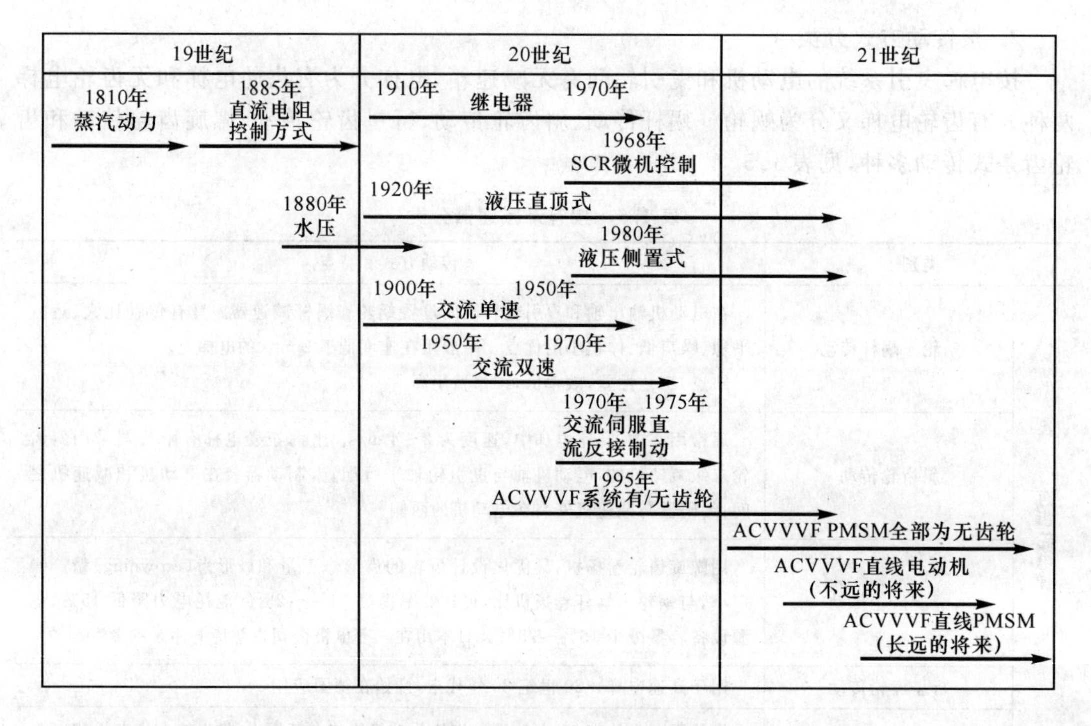

图 1.2 电梯驱动方式的发展进程图

1.3.5 按电梯有/无司机分类

(1) 有司机电梯。电梯的运行方式由专职司机来操纵。

(2) 无司机电梯。乘客进入电梯轿厢,按下操纵盘上所要去的楼层按钮,电梯能够自动运行到达目的楼层,一般具有集选功能。

(3) 有/无司机电梯。这类电梯可切换控制电路,平时由乘客操纵,当遇到客流量大或必要时改由司机操纵。

1.3.6 按电梯控制方式分类

电梯按控制方式分为手柄开关控制、按钮控制、信号控制、集选控制、并联控制及群控运行方式等多种。

(1) 手柄开关控。电梯司机在轿厢内控制操纵盘手柄开关,实现电梯的启动、上升、下降、平层、停止的运行状态。

(2) 按钮控制。一种简单的自动控制电梯,具有自动平层功能,常用于服务梯或货梯。主要分为两类。

① 轿外按钮控制。电梯的召唤、运行方向和选层均通过安装在各楼层厅门处的按钮来进行操纵。在运行中直至停靠之前,不接受其他楼层操纵指令,常用于服务电梯。

② 轿内按钮控制。由司机操纵,按钮箱安装在轿厢内,电梯只接受轿内按钮指令,层站召唤按钮不能操纵和截停电梯,只能通过轿内指示灯给出召唤信号,常用于载货电梯。

(3) 信号控制。一种自动控制程度较高的有司机电梯,电梯司机在轿箱内将要停站的楼层号按钮逐一按下,再按下关门按钮,则电梯自动关门启动运行,并根据轿厢内预选目的楼层及厅门楼内呼叫信号,逐一自动消号,当一个指令完成后,就会自动执行另一个指令。在有司机状态下,系统只登记内选信号。如有外呼信号,操纵盘内对应层的内选灯闪动;具有轿厢命令登记、层站召唤登记、自动停层、顺向截停和自动换向等功能;停车后自动开门,但不自动关门,需由司机按动关门按钮。

(4) 集选控制方式。在信号控制基础上发展起来的全自动控制电梯,区别于信号控制的主要是能实现无司机操纵,是比较常用的控制方式,具有一系列基本功能,功能完善,自动化程度高。中间层站设有上行和下行两个呼梯按钮。电梯能同时记忆数个内外呼梯信号。若运行前方不再有呼梯信号时,就自动反方向运行,依次应答反方向的呼梯信号。当无信号时,就会自动返回基站,关门待机。登记外呼梯信号按照顺向截车、反向最高(低)截车的原则运行,在顺向运行时只应答同方向的呼梯信号并依次停靠,反向运行时依次应答反向呼梯信号,最后回到基站。平层停车后自动开门,延时一段时间(可以通过"开门保持时间"设置)后自动关门;如果自动关门时间未到,也可按手动关门按钮提前关门;本层呼梯自动开门;所有登记指令服务完毕后,电梯将自动延时返回待梯层。

集选又分双向集选和单向(上或下)集选控制,一般住宅楼可以采用下集选控制。采用下集选控制电梯时,厅外只设下行召唤按钮,上行不能截梯,只当电梯下行时才能响应该乘客。电梯上行时不能截停,如果乘客欲上行,只能先截停下行电梯,下到基站后再上行。例如:乘客在5层要去9层,电梯此时正在7层,就必须等到电梯上到最顶层返经5层时乘上去,再一同返到第1层,然后才能去9层。

(5) 并联控制。将2～3台电梯的控制线路并联起来协调调度,是最简单的群控。这些电梯共享一个厅外召唤信号,按照预先设定的调配原则自动分配某台电梯前去应答,电梯本身具有集选功能。以两台电梯并联控制说明电梯并联调度原则。

① 基站与自由站。即一般一台电梯在基站待命,作为基梯。另一台停留在最后停靠的楼层,称为自由梯或忙梯。某层有召唤信号,则自由梯立即定向运行去接乘客。

② 先到先行,即两台电梯因轿内指令而先后到达基站后关门待命时,应执行"先到先行"的原则,即如果上方出现召唤信号,则基梯响应运行。

③ 当A梯正在上行时,如果其上方出现任何方向的召唤信号,则由A梯的一个行程中去完成,而在基站的B梯留在基站不予应答,如果在A梯的下方出现任何方向的召唤信号,则基梯B应答该信号而发车。

④ 当A梯正在下行时,其上方出现任何方向的召唤信号,则在基站的B梯应答信号而发车上行。但如果A梯的下方出现向上的召唤信号,则B梯应答。

⑤ 如果A梯正在运行,其他各楼层的厅外召唤信号又很多,但在基站的B梯又不具备发车条件,而经过30～60 s后,召唤信号仍存在,尚未消除,则通过延误时间继电器而令B梯出车。如由于电梯门锁等故障而不能运行时,则经过30～60 s的时间延误后,令B梯发车运行。

⑥ 其中一台电梯故障或者两台控制器之间通信故障时,进入单梯独立运行状态。

(6) 群控运行方式。将多台电梯分组,根据楼内交通量的变化、梯组厅外召唤和每台电梯负载情况按某种调度原则自动调度,使每台电梯处于最合理服务状态,提高输送能力,进行最优输送的一种运行方式。每个电梯组一般最多设置8台,每个轿厢都有轿内选层按钮,厅外召唤按钮是共用的。是比较先进的控制方式。常用于大型建筑物,特别是大型办公楼中。此种控制方式早在1949年就开始应用了。现代电梯群控方式从1975年使用计算机以后开始。

1.3.7 按服务方式分类

电梯按照服务方式大致可分为6种情况。

(1) 单程快行。在上班交通中,电梯轿厢上行区间完全是短区间,轿厢下行完全是快行区间的服务方式。单程快行服务方式假设没有下行乘客,常用于办公楼上班时间。见图1.3(a)。

(2) 单程区间快行。在上班交通中,为了提高输送效率,从基站上行到某一楼层是快行区间,再往上是短区间,下行整个是快行区间。常用于上班交通的上行客流高峰时的高层梯组或用于上班交通的永久分区服务的高层梯组。见图1.3(b)。

(3) 各层服务或隔层服务。电梯轿厢上、下行都是短区间,没有快行区间。是可以忽视层间交通的住宅楼、旅馆和百货商店采用的服务方式。见图1.3(c)。

(4) 往返区间快行。是指从基站到某一楼层的上、下行都是快行区间,再往上的上、下行都是短区间的一种服务方式。是永久分区服务时的中高层梯组在平常时采用的服务方式。见图1.3(d)。

(5) 单程高层服务。是指上行是短区间,从顶层下行到某一楼层是短区间,再往下是快行区间。见图1.3(e)。

(6) 单程低层服务。是指从顶层下行到某一楼层是快行区间,其余都是短区间的运行方式。见图1.3(f)。

单程高层服务和单程低层服务是当地下层有餐厅时,以负载中心层分区的午饭时的服务形式。

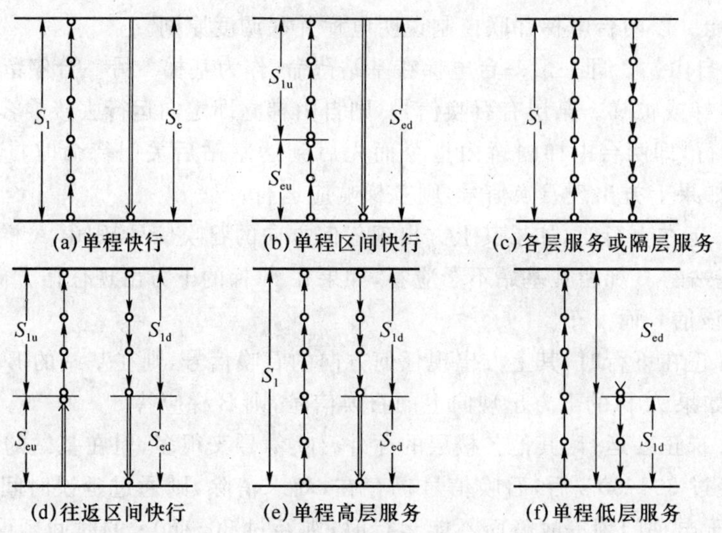

图1.3 电梯按服务方式分类

1.3.8 其他分类方式

1. 按机房位置分类

(1) 上机房电梯。机房在井道顶部的电梯。

(2) 下机房电梯。机房在井道底部旁侧的电梯。

(3) 无机房电梯。把原来机房内的机器设备安装在井道内以及嵌入层站井道壁内的一种处理方式的电梯。除电梯运行的井道外没有独立机房的电梯。无机房电梯主要包括直线电机电梯、螺杆(螺旋传动)电梯、齿轮齿条传动电梯、液压泵站和控制系统等设置在井道内的液压电梯。

2. 按轿厢尺寸分类

电梯按轿厢尺寸可分为:单层轿厢电梯、双层轿厢电梯、"小型"电梯、"超大型"电梯等。

1.4 电梯的控制功能

现代电梯可以有下列控制功能,这些功能有的是厂家作为标准功能配置在标准电梯上,有的可按用户要求配置。

1.4.1 单台电梯的控制功能

单台电梯功能主要包括。

(1) 电子触钮。用手指轻触按钮便完成厅外召唤或轿内指令登记工作。

(2) 副操纵箱。在轿厢门内左边设置副操纵箱,上面设有各楼层轿内指令按钮,便于乘客较拥挤时使用。

(3) 编码安全系统。编码安全系统功能用于限制乘客进出某些楼层。只有当用户通过键盘输入事先规定的代码,电梯才能驶往限制楼层。

(4) 独立操作。只通过轿内指令驶往特定楼层,专为特定楼层乘客提供服务,不应答其他层站和厅外召唤。

(5) 特别楼层优先控制。特别楼层有呼唤时,电梯以最短时间应答。应答前往时,不理会轿厢内指令和其他召唤。到达该特别楼层后,该功能自动取消。

(6) 直驶及超载不关门。当轿内满载时,电梯只响应内选,不响应外呼。如电梯超载,则电梯门打开、超载灯亮、蜂鸣器响并且关门按钮无效,超载消除后自动恢复正常。

(7) 本层呼梯开门。如电梯未启动且门已关上或正在关闭,按本层呼梯,轿厢门自动打开。

(8) 清除无效指令。清除所有与电梯运行方向不符的轿厢内指令。

(9) 开门时间自动控制。根据厅外召唤、轿厢内指令的种类以及轿厢内情况,自动调整开门时间。

(10) 按客流量控制开门时间。监视乘客的进出流量,使开门时间最短。

(11) 开门时间延长按钮。用于延长开门时间,使乘客顺利进出轿厢。

(12) 防止恶作剧功能。是防止因恶作剧而按下过多的轿厢内指令按钮。该功能是自动将轿厢载重量(乘客数)与轿内指令数进行比较。若乘客数过少,而指令数过多,则自动取消错误的多余轿内指令。

(13) 强迫关门。当门被阻挡超过一定时间时,发出报警信号,并以一定力量强行关门。

(14) 安全触板或光幕保护。关门时如果安全触板或光幕动作,关门动作马上停止,开门后重新关门,如安全触板或光幕动作不消除则不关门。

(15) 灯光报站。电梯将到达时,厅外灯光闪动,并由声音报站钟报站。

(16) 停梯操作。在夜间、周末或假日,通过停梯开关使电梯停在指定楼层。停梯时,轿门关闭,照明、风扇断电,以利于节电、安全。

(17) 故障重开门。因障碍使电梯门不能关闭时,使门重新打开再试关门。

(18) 自动播音。利用大规模集成电路语音合成,播放温柔女声。有多种内容可供选择,包括报告楼层、问好等。

(19) 低速自救。当电梯在层间停止时,自动以低速驶向最近楼层停梯开门。具有主、副控制的电梯,虽然两个 CPU 的功能不同,但都同时具有低速自救功能。

(20) 停电时紧急操作。当市电电网停电时,用备用电源将电梯运行到指定楼层待机。

(21) 火灾时紧急操作。发生火灾时,使电梯自动运行到指定楼层待机。

(22) 消防操作。一般是指火警发生时,轿厢不再应答外呼内选,直返首层基站,开门放人,轿厢开着;消防人员进入轿厢内用钥匙将开关转到消防运行位置,此时的消防运行只能手动操纵轿厢开关门,轿内只能响应一个登记信号,不应答外呼;待收到消防状态解除指令时,按规定的步骤解除消防状态。电梯一般获得火警信号的方式:

① 消防控制中心或电梯机房值班人员发出;

② 人工击碎位于大楼基站的消防按钮盒玻璃,拨动盒内开关;

③ 火灾报警系统中烟感探测器发出的联动控制信号。

(23) 地震时紧急操作。通过地震仪对地震的测试,使轿厢停在最近楼层,让乘客迅速离开。以防由于地震使大楼摆动,损坏导轨。使电梯无法运行,危及人身安全。

(24) 初期微动地震紧急操作。检测出地震初期微动,即在主震动发生前就使轿厢停在最近楼层。

(25) 故障检测。将故障记录在微机内存(一般可存入 8～20 个故障),并以数码显示故障性质。当故障超过一定数量时,电梯便停止运行。只有排除故障,清除内存记录后,电梯才能运行。大多数微机控制电梯都具有这种功能。

(26) 灯光和风扇自动控制。在电梯无厅外召唤信号,且在一段时间内也没有轿内指令预置时,自动切断照明、风扇电源,以利于节能。

1.4.2 群控电梯的控制功能

群控电梯就是多台电梯集中排列,共用厅外召唤按钮,按规定程序集中调度和控制的电梯。群控电梯除了单梯控制功能外,还具有下列功能。

(1) 最大最小功能。一台电梯应召时,使待梯时间最小,并预测可能的最大等待时间,可均衡待梯时间,防止长时间等候。

(2) 优先调度。在待梯时间不超过规定值时,对某楼层的厅召唤,由已接受该层内指令的电梯应召。

(3) 区域优先控制。当出现一连串召唤时,区域优先控制系统首先检出"长时间等候"的召唤信号,然后检查这些召唤附近是否有电梯。如果有,则由附近电梯应召,否则由"最大最小"原则控制。

(4) 特别楼层集中控制。

① 将餐厅、表演厅等存入系统。

② 根据轿厢负载情况和召唤频度确定是否拥挤。

③ 在拥挤时,调派两台电梯专职为这些楼层服务。

④ 拥挤时不取消这些层楼的召唤。

⑤ 拥挤时自动延长开门时间。

⑥ 拥挤状态消除后，转由“最大最小”原则控制。

(5) 满载预告。统计召唤情况和负载情况，用以预测满载，避免已派往某一层的电梯在中途又换派另一台。本功能只对同向信号起作用。

(6) 已启动电梯优先。即本来对某一层的召唤，按应召时间最短原则应由停层待命的电梯负责。但此时系统先判断若不启动停层待命电梯，而由其他电梯应召时乘客待梯时间是否过长。如果不长，就由其他电梯应召，而不启动待命电梯。

(7) “长时间等候”召唤控制。若按“最大最小”原则控制时出现了乘客长时间等候情况，则转入“长时间等候”召唤控制，另派一台电梯前往应召。

(8) 特别楼层服务。当特别楼层有召唤时，将其中一台电梯解除群控，专为特别楼层服务。

(9) 特别服务。电梯优先为指定楼层提供服务。

(10) 高峰服务。当交通偏向上高峰或下高峰时，电梯自动加强需求较大一方的服务。

(11) 独立运行。按下轿内独立运行开关，该电梯即从群控系统中脱离出来。此时只有轿内按钮指令起作用。

(12) 分散备用控制。大楼内根据电梯数量，设低、中、高基站，供无用电梯停靠。

(13) 主层停靠。在闲散时间，保证一台电梯停在主层。

(14) 运行模式。

① 低峰模式。交通疏落时进入低峰模式。

② 常规模式。电梯按“心理性等候时间”或“最大最小”原则运行。

③ 上行高峰。早上高峰期间，所有电梯均驶向主层，避免拥挤。

④ 午间服务。加强餐厅层服务。

⑤ 下行高峰。晚间高峰期间，加强拥挤层服务。

(15) 节能运行。当交通需求量不大，系统又查出候梯时间低于预定值时，即表明服务已超过需求。则将闲置电梯停止运行，并关闭电灯和风扇，或实行限速运行，进入节能运行状态。如果需求量增大时，则又陆续启动电梯。

(16) 近距避让。当两轿厢在同一井道的一定距离内，以高速接近时会产生气流噪声，此时通过检测，使电梯彼此保持一定的最低限度距离。

(17) 即时预报功能。按下厅召唤按钮，立即预报哪台电梯将先到达，到达时再报一次。

(18) 监视面板。在控制室装上监视面板，可通过灯光指示监视多台电梯运行情况，还可以选择最优运行方式。

(19) 群控备用电源运行。开启备用电源时，全部电梯依次返回指定层。然后使限定数量的电梯用备用电源继续运行。

(20) 群控消防运行。按下消防开关，全部电梯驶向应急层，使乘客逃离大楼。

(21) 不受控电梯处理。如果某一电梯失灵，则将原先的指定召唤转为其他电梯应召。

(22) 故障备份。当群控管理系统发生故障时，可执行简单的群控功能。

1.5 电梯的基本规格

目前电梯就规格而言，据奥的斯公司对控制手段和跟踪给定速度曲线情况的统计，40层以下大楼宜用常规电梯；40～80层宜用双层轿厢电梯；80层以上宜用空中大厅形式布局。就控制手段而言，20世纪70年代初、中期的模拟量作控制量，到20世纪70年中期以后，用微机调速，用数字量作控制量，已有 1 位、8 位、16 位乃至 32 位的微机控制系统，并有变成全数字量的速度控制系统的趋势。就跟踪给定速度曲线而言，20 世纪 70 年代初，速度控制采用按时间原则使轿厢启、制动；20 世纪 70 年代中期以后采用启动按距离原则控制。

电梯基本规格表示一台电梯的服务对象、运载能力、工作性能及主要尺寸等。主要包括。

(1) 电梯用途。指乘客电梯、载货电梯、住宅电梯、病床电梯等。

(2) 额定载重量。指设计规定的保证电梯正常运行的允许载重量，如：400 kg、630 kg、800 kg、1 000 kg、1 250 kg、1 600 kg、2 000 kg、2 500 kg、3 000 kg、5 000 kg。

(3) 额定速度(m/s)。指设计规定的保证电梯正常运行的工作速度，如：0.25 m/s、0.5 m/s、0.63 m/s、1.00 m/s、1.60 m/s、2.00 m/s、2.50 m/s、4.00 m/s。

以上两项参数是电梯主参数，是制造厂家设计与制造的主要依据，也是用户选用电梯的主要依据。

(4) 拖动方式。指电梯采用的动力种类，可分为直流电力拖动、交流电力拖动、液力拖动等。

(5) 控制方式。指对电梯运行的控制方式，可分为按钮控制、信号控制、集选控制、电梯群控等。

(6) 轿厢尺寸。指轿厢内部尺寸和外轮廓尺寸，以深×宽表示。其尺寸大小由梯种和额定载重量决定，并关系到井道的尺寸设计。

(7) 门的结构形式可分为中分式、旁开式、直分式等形式。

以上内容的搭配方式，称为电梯系列型谱。电梯型号、代号顺序如图 1.4 所示。

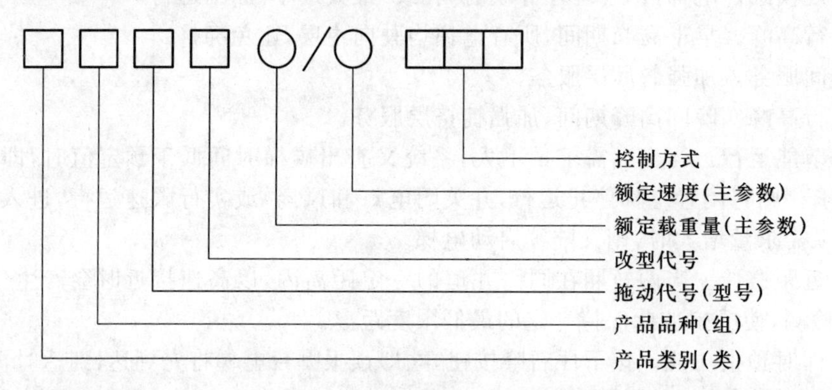

图 1.4 电梯型号、代号顺序

电梯型号代号由电梯类、组、型，主参数和控制方式等三部分组成。其中类、组、型代号和控制方式代号均用具有代表意义的大写印刷体汉语拼音字母表示，产品改型代号按序用小写汉语拼音字母表示，置于类、组、型代号的右下方，而电梯主参数均用阿拉伯数字表示，其中类别代号见表 1.7。

表 1.7 类别代号表

产品类别	代表汉字	拼音	采用代号
电梯	梯	Ti	T
液压梯			

品种(组)代号见表 1.8。

表1.8 品种(组)代号表

产品品种	代表汉字	拼音	采用代号
乘客电梯	客	KE	K
载货电梯	货	HUO	H
客货(两用)电梯	两	LIANG	L
病床电梯	病	BING	B
住宅电梯	住	ZHU	Z
杂物电梯	物	WU	W
船舶电梯	船	CHUAN	C
观光电梯	观	GUAN	G
汽车电梯	汽	QI	Q

拖动方式代号见表1.9。

表1.9 拖动方式代号表

拖动方式	代表汉字	拼音	采用代号
交流	交	JIAO	J
直流	直	ZHI	Z
液压	液	YE	Y

控制方式代号如表1.10所示。

表1.10 控制方式代号表

控制方式	代表汉字	采用代号
手柄开关控制、自动门	手、自	SZ
手柄开关控制、手动门	手、手	SS
按钮控制、自动门	按、自	AZ
按钮控制、手动门	按、手	AS
信号控制	信号	XH
集选控制	集选	JX
并联控制	并联	BL
梯群控制	群控	QK

注:控制方式采用微处理机时,以汉语拼音字母W表示。排在其他代号后面,如采用微处理机的集选控制方式,代号为JXW。

电梯产品型号示例。

① TKJ 1000/2.5-JX表示:交流调速乘客电梯,额定载重量为1 000 kg,额定速度为2.5 m/s,集选控制。

② TKZ 1000/1.6-JX表示:直流乘客电梯,额定载重量1 000 kg,额定速度1.6 m/s,集选控制。

③ THY 1000/0.63-AZ表示:液压货梯,额定载重量为1 000 kg,额定速度为0.63 m/s,按

钮控制，自动门。

各国对电梯型号的表示方法有所不同。我国合资企业引进技术生产的电梯，有的仍用原来国家或公司的型号。

1.6 电梯的主要性能指标

电梯的工作性能主要是以满足乘坐舒适和安全为目的，主要性能指标包括：速度特性、工作噪声和平层准确度。根据我国标准 GB 10058—2009《电梯技术条件》对其分别规定如下。

1. 速度特性

① 当电源为额定频率和额定电压时，载有50%额定载重量的轿厢向下运行至行程中段(除去加速和减速段)时的速度，不应大于额定速度的105%，宜不小于额定速度的92%。

② 乘客电梯启动加速度和制动减速度最大值不应大于 1.5 m/s^2。当乘客电梯额定速度为 1.0 m/s$<v\leqslant$2.0 m/s 时，按 GB/T 24474—2009 测量，A95(指在定义的界限范围内，95%采样数据的速度小于或者等于的值)加减速度不应小于 0.50 m/s^2；当乘客电梯额定速度为 2.0 m/s$<v\leqslant$6.0 m/s 时，其 A95 加减速度不应小于 0.70 m/s^2。

③ 乘客电梯轿厢运行在恒加速度区域内的垂直(Z 轴)振动的最大峰峰值不应大于 0.30 m/s^2，A95 峰峰值不应大于 0.20 m/s^2。乘客电梯轿厢运行期间水平(X 轴和 Y 轴)振动的最大峰峰值不应大于 0.20 m/s^2，A95 峰峰值不应大于 0.15 m/s^2。注：按 GB/T 24474—2009 测量，用计权的时域记录振动曲线中的峰峰值。

2. 工作噪声

电梯的各机构和电气设备在工作时不应有异常振动或撞击声响。乘客电梯的噪声值应符合 1.11 规定值。均采用声级计的 A 挡进行测量，测量单位为 dB(A)，称为“分贝”。

表 1.11 乘客电梯的噪声值

单位：dB(A)

额定速度 $v/(m\cdot s^{-1})$	$v\leqslant2.5$	$2.5\leqslant v\leqslant6.0$
额定速度运行时机房内的平均噪声值	≤80	≤85
运行中轿厢内的最大噪声值	≤55	≤60
开关门过程中最大噪声值	≤65	

注：无机房电梯的机房内平均噪声是指距曳引机 1 m 处所测得的平均噪声值。

3. 平层准确度

电梯轿厢的平层准确度宜在±10 mm 范围内，平层保持精度宜在±20 mm 范围内。

1.7 国内外电梯的生产与使用情况

目前世界上电梯的生产情况与使用数量已成为衡量一个国家现代化程度的标志之一。

在一些发达的工业国家,电梯的使用相当普遍。电梯是机电一体的复杂系统,不仅涉及机械传动、电气控制和土建等工程领域,还要考虑可靠性、舒适感和美学等问题。实际在电梯上已采取了多项安全保护措施。在设计电梯时,对机械零部件和电气元器件都采用了很大的安全系数和保险系数。只有电梯的制造、安装调试、售后服务和维修保养都达到高标准,才能全面保证电梯的高质量。在国外,已通过"法规"实行电梯制造、安装和维修一体化,实行由各制造企业认可的、法规认证的专业安装队和维修单位,承担安装调试、定期维修和检查试验,从而为电梯运行的可靠性和安全性提供了保证。美国一家保险公司对电梯的安全性做过调查和科学计算,其结论:乘电梯比走楼梯安全5倍。据资料统计,在美国乘电梯的人数每年有540亿人次之多,而乘其他交通工具的人数每年约为80亿人次。

目前世界上最大的电梯制造商主要有:美国的奥的斯公司、瑞士的迅达公司、德国的蒂森公司、芬兰的通力公司、日本的三菱公司、日本的日立公司、日本的东芝公司、日本的富士达公司,其中奥的斯电梯占有世界市场的巨大份额。据统计2004年世界电梯市场占有率分别是:奥的斯(Otis)为25.9%,瑞士迅达(Schindler)为12.5%,德国蒂森(Thyssen)为12.1%,芬兰通力(Kone)为9.3%,日本三菱(Mitsubishi)为8.7%,日本日立(Hitachi)为5.8%,日本东芝(Toshiba)为3.5%,日本富士达(Fujitec)为1.9%,其他电梯厂家为20.3%。

中国电梯行业的发展经历了几个阶段:对进口电梯的销售、安装、维保阶段(1900—1949年),这一阶段我国电梯拥有量仅约1 100多台;独立自主,艰苦研制、生产阶段(1950—1979年),这一阶段我国共生产、安装电梯约1万台;建立三资企业,行业快速发展阶段(自1980年至今),这一阶段我国共生产、安装电梯约40万台以上。截至2004年底,我国现用电梯数量达到527 329台,并以每年约20%的速率在增长。2004年电梯生产量达11万台,约为世界电梯年产量的1/3,我国电梯年产量递增率约为30%,我国是世界上名副其实的最大电梯市场。2005年,全国有50多万台电梯正在使用,而2005年电梯的采购比2004年的10.8万台又增加了14%多,达到12.5万台;中国电梯的需求增涨幅度之快是哪个国家也无法比的,在经历2005年比2004年增长1.5万台达到13.5万台以后,2006年首次突破15万台的订货量。2006年全球生产30多万台,整个行业产值1 000亿元左右。2006年,中国已经成为全球电梯生产能力最强的国家,中国大陆共生产电梯和自动扶梯16.8万台,是全球总产量的一半;其中出口2.25万台,是当年进口量的10倍。2010年我国电梯产量达到36.5万台,超过全球总量50%,电梯使用保有量已经达到156万台以上,是全球电梯总量的1/10,位居世界第一。全球1/5的人口使用着1/10的电梯,说明我国在用电梯的人均水准只是世界平均水平的一半,与发达国家相比,则仅仅是其1/10~1/20,我国电梯市场还远未饱和。从长远看,按照世界平均水平,我国电梯新增总量应在300万台左右,这意味着电梯总量还要翻一番。一旦我们的在用电梯达到了200万台规模,电梯的平均寿命按15~20年计算,保守估测则每年仅更新就有10万台的需求。若要按照赶上发达国家水平计算,需求量还将增长。因此,我国在今后相当长的时间内还将是全球最大的电梯市场。2010年初国家启动了590万套保障性住房计划,当年竣工370万套,拉动了电梯增长;在"十二五"期间国务院出台了3 600万套保障性住房的规划,2011年开工建设1 000万套,保守测算仅3 600万套保障性住宅需电梯55~60万台,因此可以预见未来五年内我国房屋建设的规模依然巨大,电梯的需求量还将保持高速增长。据预测,到2015年我国电梯产量将达79.8万台/年,2011—2013年的复合增长率为22%。高速铁路、城际铁路、城市基础设施大量改造等工程的实施；全国超过 70 个城市地铁建设工程的规划正逐步启动；为了实现“无障碍”通行，大量的旧楼房都有需要加装电梯，大量的公共场所需要加装自动扶梯和自动人行道。超龄电梯的更新随着时间的推移势在必行，保守预计每年超过 10 万台。经济建设快速发展的现实存在着对电梯的巨大需求。随着电梯的技术水平和产品质量的迅速提高和制造成本的不断降低，国产电梯越来越受到国内外市场的欢迎。国产电梯所占的市场份额连续多年呈现加速发展的态势。由 2009 年的 1/4 到 2010 年已达到了 1/3。因此，国内的巨大需求和国际的出口前景给我国电梯行业创造了难得的机遇，电梯行业至少在 20 年内会继续保持兴旺势头。

我国不但是全球最大的电梯市场，而且形成了全球最强的电梯生产能力。三菱、日立、奥的斯、通力、迅达、东芝、富士达等国际品牌的主要制造基地都已经转移到了中国，在中国的生产能力大部分都超过了其母公司。上海三菱、日立(中国)、西子奥的斯、通力(中国)等 4 家的电梯年产量已经超过了 2 万台，是全球产量最高的公司，其中中方控股的上海三菱连续 8 年拔得头筹，2010 年产量达 4 万台，居全球之首。在国际知名电梯品牌占据市场优势的情况下，大批本土品牌通过顽强拼搏积极发展，受到了市场的青睐。康力股份、江南嘉捷、上海爱登堡、苏州申龙、苏州东南、沈阳博林特、沈阳三洋、广州广日、许昌西继等企业的生产条件和产品质量已经与外资企业趋同，其产品已经进入机场、铁路、地铁、大型超市、五星级酒店和高档别墅区等地方，并且在国际市场上屡屡中标。本土品牌在国内的市场占有率和出口份额均达 1/3 左右，与 2008 年本土品牌占 1/4 相比增长势头强劲，充分展示出本土电梯后发优势和加速发展的良好趋势，本土品牌的市场占有率还将加速扩大。中国加快了行业技术标准与国际接轨的步伐，对国际标准和欧洲标准都做了及时转化，在全部技术标准总量中占到了 2/3 以上。标准的国际化不但促进了产品质量的提高，而且消除了出口国际市场的技术壁垒；配套件的专业化生产为节约社会资源降低制造成本作出了突出贡献，门系统、曳引机、控制系统、安全部件、导轨系统、钢丝绳系统等制造逐渐集中，涌现出了宁波申菱、苏州威特、苏州通润驱动、西子富沃德、许昌博玛、宁波欣达、上海新时达、沈阳蓝光、东方富达、赛维拉、蒙特费罗、张家港润发、天津高盛等一批优势的配套企业；越来越多的电梯企业把主业从制造转向服务，加强了安装力量和维保网络的建设，使电梯的运行安全可靠性有了明显提高。

1.8 我国电梯工程系统技术现状

随着电梯技术的进步和中外合资企业的发展，各大企业普遍重视提高电梯新技术的应用和自主开发的能力，建设了世界一流水平的现代化工厂，并着手建设高水准研发中心。我国电梯的技术水平和产品质量从整体上步入了世界先进行列，计算机技术和电力电子技术的广泛应用，变频变压调速和串行通信技术已全面普及，永磁同步拖动技术的应用也日益扩大。同时，电梯企业的销售维保网络已基本形成，售后服务条件大为改善，为电梯的安全运行和企业的持续发展奠定了基础；配套件企业的生产规模继续扩大，电梯配套件制造企业也日趋壮大，产品质优价廉，既支持了中、小型电梯企业的发展，又为大型企业的优化投资结构和降低成本创造了条件。

我国近几年来推出了多项智能控制电梯工程系统的新技术、新品种和新设备。Miconic10 智能型终点厅站登记系统，只要乘客按下呼梯按钮，就告知乘客该乘坐哪台电梯能最终到达目的楼层。“奥的斯”电梯系统结合高层建筑中水平和垂直方向的运输，使高层建筑内运输高效快捷。电梯的驱动系统中，VVVF 控制技术已占据主导地位，几乎每个电梯厂都生产出自己的 VVVF 电梯产品，有的还采用了先进的智能网络控制技术。无机房电梯在20世纪90年代中期步入市场，例如通力公司的 Esco Disc 无机房电梯曳引机，迅达公司的 Schindler Mobile 无机房电梯，三菱公司的 ELENESSA 无机房电梯，Otis 的 Gen2 无机房电梯等均受到重视，并且占有较大的市场份额。市场上无机房电梯形式多样，有曳引驱动、液压驱动、螺母螺杆驱动、齿轮齿条驱动、行星齿轮驱动、皮带驱动及直线电机驱动等方式。

现代电梯产品采用最先进的计算机设计方法，用最新的材料，最新的制造工艺，和最先进的控制技术。电梯热点产品和部件有无机房电梯、小机房电梯、别墅电梯、新型自动扶梯、无齿轮曳引机、电梯上行超速保护装置、目的层站系统、新颖操纵盘及按钮、多彩液晶显示器、家居智能化系统、变频门机、光幕、远程监控系统、微机控制柜，以及杂物电梯、编码器、称量装置、IC 卡电梯系统等。曳引机虽然仍以传统的蜗轮蜗杆式传动为主，但是斜齿轮和行星齿轮传动的曳引机由于效率高、体积小、承载能力大，备受用户的青睐。特别是永磁同步无齿轮曳引机，可以说是一项技术革命，驱动系统从此以后去掉了减速增力的减速器。超高速电梯的速度仍在提高，通力公司的 ALTA 电梯为 17 m/s；三菱电梯公司的超高速电梯为 18 m/s；东芝电梯公司的超高速电梯为 16.83 m/s；并开发出所应用的专利部件，采用当今最先进的计算机和电子技术，使电梯产品成为当今高科技产品。电梯产品有三菱电梯公司领先生产的 AI-2200 电梯群控系统，它采用先进的“预测调谐型”AI 方式和去向预报系统先进技术，可智能化交通分析，目标楼层预测。自动扶梯和自动人行道也采用了 VVVF 控制和智能化的节能控制系统。超高度的自动扶梯和室外的全天候自动扶梯、无齿轮驱动的无机房电梯、小机房电梯、超高速电梯及间距可调的双层轿厢电梯，更是涉及多学科新技术和新材料的高新技术产品，这些也成为众多电梯厂商的主要发展方向。2003年，轿厢上行超速保护装置的电梯安全概念开始推行，现在已生产出多种产品，如双向限速器——安全钳系统、钢丝绳夹绳器、曳引轮夹轮器、曳引轮轴制动器、制动系统 EBRA20 等。远程监控系统成为售后服务的重要手段，标志着21世纪中国的电梯企业将由生产主导型向服务主导型转变。

目前，“绿色电梯”看好，国外知名电梯企业率先提出“绿色电梯”概念，并不断创新。1996年，通力电梯率先推出无机房电梯，诞生了世界上第一个切实可行和高效的无机房电梯“绿色”概念。它由通力碟式马达曳引技术激发，碟形曳引机可以很适当地放在标准电梯井道中，装在导轨上，因此只需要轿厢运行的井道，而无须额外机房。融合传统曳引和液压电梯的优点，为通力无机房电梯提供了独一无二的优势。2000年，全球最大的电梯制造商——美国奥的斯电梯公司研制推出 Gen2，是世界上首个“绿色电梯”。它首次采用扁平复合钢皮带，代替已使用了一个多世纪的传统钢绳来提升轿厢，使得新主机的 Gen2 体积仅为传统主机 1/4，因此新主机能很容易地安装在井道里，从而取消了电梯的机房，称为第2代电梯产品。结构独特的复合钢皮带不使用润滑油，不产生油污染，其主机因采用新型电子技术有效地屏蔽了对外围环境的电磁污染，享有“绿色电梯”的国际美誉，被称为电梯领域的一场革命。国内企业在绿色环保节能电梯的技术研发上也是可圈可点的。2004年，上海三菱电梯有限公司推出菱云系列小机房电梯，融合自身最新的开发设计理念，应用性能优异的永磁同步(PM)电机驱动的无齿轮曳引机，提高系统效率 30%～50%，电力消耗大幅降低，并通过采用无齿轮曳引技术，省去了传统的蜗轮蜗杆减速器，机房噪声大大降低，较前代产品可减小噪声 10 dB 以上，而且根除了油污染，更符合环保要求。上海长江斯迈普电梯有限公司的3-MAP300ESK能量反馈型节能电梯，采用国内首创的节能技术，比同类拖动方式的电梯节能最高可达60%。其主机没有传统的减速箱，无须添加润滑油，实现了真正意义上的绿色环保。

1.9 电梯技术发展趋势

1. 电梯群控系统将更加智能化

电梯智能群控系统将基于强大的计算机软硬件资源，如基于专家系统的群控、基于模糊逻辑的群控、基于计算机图像监控的群控、基于神经网络控制的群控、基于遗传基因法则的群控等。这些群控系统能适应电梯交通的不确定性、控制目标的多样化、非线性表现等动态特性。随着智能建筑的发展，电梯的智能群控系统能与大楼所有的自动化服务设备结合成整体智能系统。

2. 超高速电梯速度越来越快

21世纪将会发展多用途、全功能的塔式建筑，超高速电梯继续成为研究方向。曳引式超高速电梯的研究继续在采用超大容量电动机、高性能的微处理器、减振技术、新式滚轮导靴和安全钳、永磁同步电动机、轿厢气压缓解和噪声抑制系统等。采用直线电动机驱动的电梯也有较大的研究空间。未来超高速电梯舒适感会有明显提高。

3. 蓝牙技术在电梯上广泛应用

蓝牙技术是一种全球开放的、短距无线通信技术规范，它可通过短距离无线通信，把电梯各种电子设备连接起来，无须纵横交错的电缆线，实现无线组网。这种技术将减少电梯的安装周期和费用，提高电梯的可靠性和控制精度，更好地解决电气设备的兼容性，有利于把电梯归纳到大楼管理系统或智能化管理小区系统中。

4. 绿色电梯将普及

当今世界非常清晰地认识到生存与发展的关系：不环保就无法生存，没有生存根本谈不上发展。绿色理念在全球已经深入人心，是电梯发展的总趋势。所以要求电梯节能、减少油污染、电磁兼容性强、噪声低、寿命长、采用绿色装潢材料、与建筑物协调等。甚至有人设想在大楼顶部的机房利用太阳能作为电梯补充能源。其发展趋势主要有：不断改进产品的设计，生产环保型低能耗、低噪声、无漏油、无漏水、无电磁干扰、无井道导轨油渍污染的电梯。电梯曳引采用尼龙合成纤维曳引绳，钢皮带等无润滑油污染曳引方式。电梯装潢将采用无(少)环境污染材料。电梯空载上升和满载下行电动机再生发电回收技术。安装电梯将无须安装手脚架。电梯零件在生产和使用过程中对环境没有影响(如刹车皮一定不能使用石棉)，并且材料是可以回收的等。

5. 乘电梯去太空

这一设想是苏联科学家在1895年提出来的，后来一些科学家相继提出了各种解决方案。2000年，美国国家宇航局(NASA)描述了建造太空电梯的概念，这需要极细的碳纤维制成的缆绳并能延伸到地球赤道上方35万千米。为使这条缆绳突破地心引力的影响，太空中的另一端必须与一个质量巨大的天体相连。这一天体向外太空旋转的力量与地心引力抗衡，将使缆绳紧绷，允许电磁轿厢在缆绳中心的隧道穿行。这样，普通人登上太空的梦未来将实现。

第2章　电梯的基本结构

电梯是机电一体化的大型复杂产品，其中机械部分相当于人的躯体，电气部分相当于人的神经，两者高度合一，使电梯成为现代科技的综合产品。

电梯的机械部分由曳引系统、轿厢和门系统、平衡系统、导向系统以及机械安全保护装置等部分组成；电气控制部分由电力拖动系统、运行逻辑功能控制系统和电气安全保护等系统组成。从空间上看，电梯总体的组成有机房、井道、轿厢和层站四个部分，即一部电梯占有四大空间。机房部分，包括电源开关、曳引机、控制柜(屏)、选层器、导向轮、减速器、限速器、极限开关、制动抱闸装置、机座等；井道部分，包括导轨、导轨支架、对重装置、缓冲器、限速器张紧装置、补偿链、随行电缆、底坑和井道照明等；层站部分，包括层门(厅门)、呼梯装置(召唤盒)、门锁装置、层站开关门装置、层楼显示装置等；轿厢部分，包括轿厢、轿厢门、安全钳装置、平层装置、安全窗、导靴、开门机、轿内操纵箱、指层灯、通信及报警装置等。电梯的基本结构如图2.1所示。

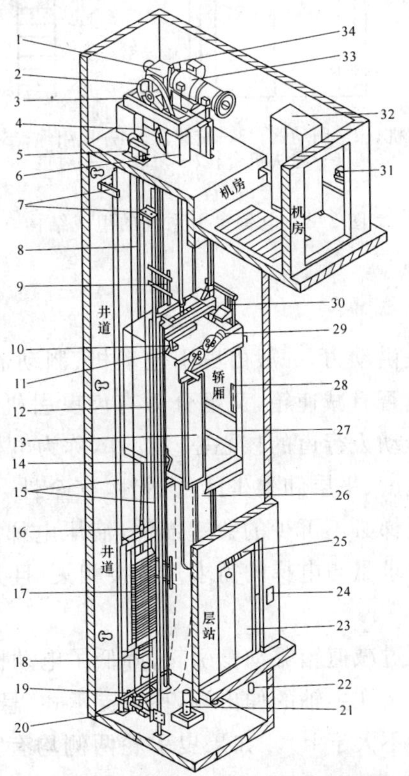

1—减速箱；2—曳引轮；3—曳引机底座；4—导向轮；5—限速器；6—机座；7—导轨支架；
8—曳引钢丝绳；9—开关碰铁；10—紧急终端开关；11—导靴；12—轿架；13—轿门；
14—安全钳；15—导轨；16—绳头组合；17—对重；18—补偿链；19—补偿链导轮；
20—张紧装置；21—缓冲器；22—急停开关；23—层门；24—呼梯盒；
25—层楼指示灯；26—随行电缆；27—轿厢；28—轿内操纵箱；
29—开门机；30—井道传感器；31—电源开关；32—控制柜；
33—曳引电机；34—制动器

图2.1　电梯的基本结构

2.1 曳引系统

电梯曳引系统的功能是输出动力和传递动力,驱动电梯运行。主要由曳引机、曳引钢丝绳、导向轮和反绳轮组成,是电梯运行的根本和核心部分之一,见图 2.2。

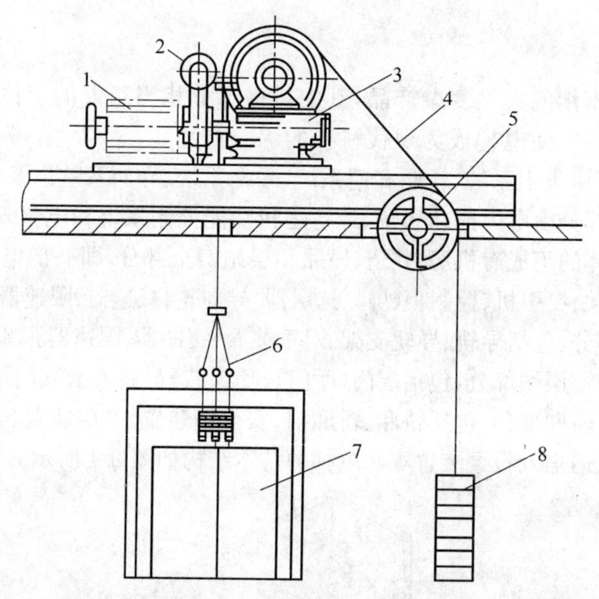

1—电动机；2—制动器；3—减速器；4—曳引绳；5—导向轮；
6—绳头组合；7—轿厢；8—对重

图 2.2 电梯曳引系统的组成结构

2.1.1 曳引机

曳引机为电梯的运行提供动力,一般由曳引电动机、制动器、曳引轮、盘车手轮等组成。根据电动机与曳引轮之间是否有减速箱,又可分为有齿曳引机和无齿曳引机。曳引机和驱动主机是电梯、自动扶梯、自动人行道的核心驱动部件,称为电梯的"心脏",其性能直接影响电梯的速度、启制动、加减速度、平层和乘坐的舒适性、安全性,运行的可靠性等指标。曳引机是除了液压电梯外每台电梯必不可少的关键部件,液压电梯的数量仅占全球电梯总量的3%左右。可见,曳引机的需求量与电梯的需求量直接相关,且其相关度为97%左右。

1. 有齿曳引机

有齿曳引机的电动机通过减速箱驱动曳引轮,降低了电动机的输出转速,提高了输出转矩。如果曳引机的曳引轮安装在主轴的伸出端,称单支承式(悬臂式)曳引机,其结构简单轻巧,起重量较小(额定起重量不大于 1t)。如果曳引轮两侧均有支承,则称双支承式曳引机,其适用于大起重量的电梯。

曳引常见基本参数系列。曳引机额定速度(m/s)系列:0.63 m/s、1.00 m/s、1.25 m/s、1.60 m/s、2.00 m/s、2.50 m/s 等;曳引机额定载重量(kg)系列:400 kg、630 kg、800 kg、1 000 kg、1 250 kg、1 600 kg、2 000 kg、2 500 kg 等;减速器中心距(mm)系列:125 mm、160 mm、(180 mm)、

200 mm、(225 mm)、250 mm、(280 mm)、315 mm、(355 mm)、400 mm 等，不推荐使用括号中数值。

(1) 蜗轮—蜗杆减速器曳引机

蜗轮—蜗杆减速器曳引机为第一代曳引机。具有传动比大、运行平稳、噪声低和体积小的特点。在减速器中，蜗杆可以置于蜗轮的上面，称为蜗杆上置式结构。这种曳引机整体重心低，减速箱密封性好，但蜗杆与蜗轮的啮合面间润滑变差，磨损相对严重。若蜗杆置于蜗轮下面，则称为蜗杆下置式结构。这种结构的蜗杆可浸在减速箱体的润滑油中，使齿的啮合面得到充分润滑，但对蜗杆两端在蜗杆箱支撑处的密封要求较高，容易出现蜗杆两端漏油的故障，同时曳引轮位置较高，不便于降低曳引机重心。

表示减速箱减速能力的技术参数为传动比 i，即

$$i=\frac{z_2}{z_1} \tag{2.1}$$

式中，z_2 为蜗轮齿数；z_1 为蜗杆头数。

蜗杆头数就是蜗杆上螺旋线的条数，一般为 1～4 头。单头蜗杆能得到大的传动比，但螺旋升角小，传动效率低，一般用在低速电梯上。二头蜗杆最为常用。三四头蜗杆多用于快速电梯，以满足曳引机具有较高输出速度的要求。

目前日立公司采用的蜗轮蜗杆曳引机有 TKL 和 TYS。TKL 主机为蜗杆上置、单边支撑，TYS 主机为蜗杆下置、双边支撑，分别如图 2.3 和图 2.4 所示。

图 2.3　TKL 曳引机

图 2.4　TYS 曳引机

(2) 齿轮减速器曳引机

齿轮减速器曳引机为第二代曳引机。它具有传动效率高的优点，齿面磨损寿命基本上是蜗轮蜗杆的 10 倍，但传动平稳性不如蜗轮传动，抗冲击承载能力差。同时为了达到低噪声，要求加工精度很高，必须磨齿。而且由于齿面硬度高，不能通过磨合来补偿制造和装配的误差，钢的渗碳淬火质量不易保证。在传动比较大的情况下，需要采用多级齿轮传动；由于其成本较高，使用条件较严格，其推广使用受到限制。20 世纪 70 年代，在国外电梯产品上，已应用圆柱斜齿轮传动，使传动效率有了很大的提高。图 2.5 为日立公司 NPX 型电梯所采用的斜齿曳引机。

(3) 行星齿轮减速器曳引机(包括谐波齿轮和摆线针轮)

行星齿轮减速器曳引机为第三代曳引机。它具有结构紧凑、减速比大、传动平稳性和抗冲击能力优于斜齿轮传动、噪声小等优点，在交流拖动占主导地位的中高速电梯上具有广阔的发展前景。但即使采用高的加工精度，由于难于采用斜齿轮啮合，噪声相对较大。此外谐波传动效率低，柔轮疲劳问题较难解决，同时摆线针轮加工要有专用机床，且磨齿困难。图

2.6 为行星齿轮减速器曳引机。

图 2.5 斜齿曳引机

图 2.6 行星齿轮减速器曳引机

2. 无齿曳引机

无齿曳引机的电动机直接驱动曳引轮，没有机械减速装置，一般用于 2 m/s 以上的高速电梯。无齿曳引机没有齿轮传动，机构简单，功率损耗小，高效节能、驱动系统动态性能优良；低速直接驱动，轴承噪声低，无风扇和齿轮传动噪声，噪声一般可降低 5～10 dB，运转平稳可靠；无齿轮减速箱，没有齿轮润滑的问题，无激磁绕组、体积小质量轻，可实现小机房或无机房配置，降低了建筑成本，减少了保养维护工作量；同时使用寿命长、安全可靠，维护保养简单。图 2.7 所示为无齿轮曳引机。

(a)

(b)

图 2.7 无齿轮曳引机

永磁同步无齿轮曳引机作为第四代曳引机，具有许多优点。

(1) 整体成本较低：适应无机房电梯，降低建筑成本。

(2) 节约能源：它采用了永磁材料，无励磁线圈和励磁电流消耗，使功率因数提高，与传统有齿轮曳引机相比能源消耗可以降低 40%左右。

(3) 噪声低：无齿轮啮合噪声，无机械磨损，永磁同步无齿轮曳引机本身转速较低，噪声及振动小，整体噪声和振动得到明显改善。

(4) 高性价比：无齿轮减速箱，结构简化，成本低，质量轻，传动效率高，运行成本低。

(5) 安全可靠：该曳引机运行中若三相绕组短接，电动机可被反向拖动进入发电制动状态，产生足够大的制动力矩。

(6) 永磁同步电动机启动电流小，无相位差，使电梯启动、加速和制动过程更加平顺，舒适性好。其缺点：电机的体积、质量、价格大大提高，且低速电机的效率很低，低于普通异步电机。另外，对于变频器和编码器的要求高，而且电机一旦出故障，常需拆下来送回工厂修理。

根据永磁同步电动机定子、转子相对位置，分为外转子式和内转子式两种，如图 2.8 和图 2.9 所示。内转子式电机受力合理，坚固稳定，结构简单，长径比大，容易散热是其明显优点。因此，内转子电机是应用最广泛、最常见的电机结构。外转子式电机如果采用两端轴伸固定方式，具有受力合理、坚固稳定、结构简单、长径比大的明显优点。这种固定方式的外转子电机主要应用于电动导辊等特种场合。如果采用单轴伸固定方式，因悬臂而受力不合理、结构复杂、长径比小。因此在大功率场合很少有应用，但在无机房电梯中，恰恰因为长径比小，得到了广泛的应用。所有的外转子电机都不易散热。

图 2.8　永磁同步无齿轮曳引机(内转子)

图 2.9　永磁同步无齿轮曳引机(外转子)

我国曳引机的发展经历了直流驱动有齿式、交流双速有齿式、交流调压有齿式、交流调频调压有齿式、永磁同步无齿式。由于永磁同步无齿曳引机具有结构紧凑、体积小便于布置和效率高、节能效果显著，无须齿轮润滑油等突出的节能环保的特点，短短几年间就已占了曳引机总产量的 55%左右，还有加速发展的趋势。但有齿式曳引机和驱动主机目前在扶梯、自动人行道、旧梯改造和大功率电梯中仍有稳定的市场需求。高速曳引机在高层建筑、超高层建筑拉动下已成为行业竞争的焦点和热点。目前，我国生产曳引机的规模企业主要有苏州通润驱动设备股份有限公司、宁波欣达电梯配件有限公司、杭州西子孚信科技有限公司、沈阳蓝光公司、西继博玛公司等；规模生产曳引机电梯的企业有广州日立电梯有限公司、上海三菱电梯有限公司、通力电梯有限公司、美国奥的斯公司等。专业电梯曳引机厂家与电梯主机厂家的电梯曳引机产销量占比分别为 50%左右。

3. 皮带传动曳引机

皮带传动曳引机为第五代曳引机，见图 2.10。它具有最高等级的总机电效率，最低的启动电流，最小的体积和质量，最好的可维护性，完全免维护调整，性能价格比最好，皮带传动的寿命远远超过 25 000 小时，目前几乎所有的指标均全面超越前面四代。由于采用了自动正反馈张紧方式，不仅在使用过程中无须调整皮带张力，而且不论传递多大的扭矩皮带均不会打滑。因此，传动失效主要是皮带破断，而皮带破断的安全系数达到 15，与悬挂钢丝绳相当，而且皮带也是多根独立的冗余系统，因此这一安全系数将远远高于齿轮的弯曲强度。第五代曳引机的可维修性好，所有零部件损坏均可以在现场以很低的成本予以修复，这点远远强于永磁同步系统。因为强磁吸力的缘故，永磁同步系统一旦发生故障，常需送回工厂用专用设备才能拆卸修理，也只有专用设备才能重新装配。

图 2.10　皮带传动曳引机

4. 曳引轮

曳引轮安装在曳引机的主轴上，起到增加钢丝绳和曳引轮间的静摩擦力的作用，从而增大电梯运行的牵引力，是曳引机的工作部分，在曳引轮缘上开有绳槽，如图 2.11 所示。

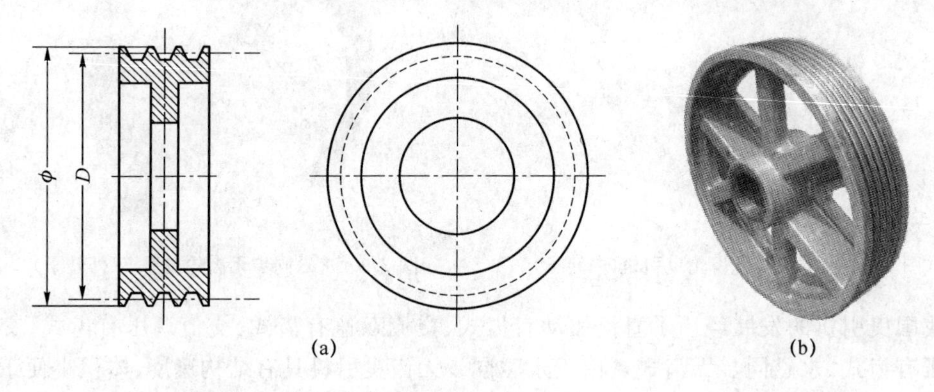

图 2.11　曳引轮

曳引轮靠钢丝绳与绳槽之间的摩擦力来传递动力，当曳引轮两侧的钢丝绳有一定拉力差时，应保证曳引钢绳不打滑。为此，必须使绳槽具有一定形状。在电梯中常见的绳槽形状有半圆槽、楔形槽和带切口半圆槽三种，如图 2.12 所示。

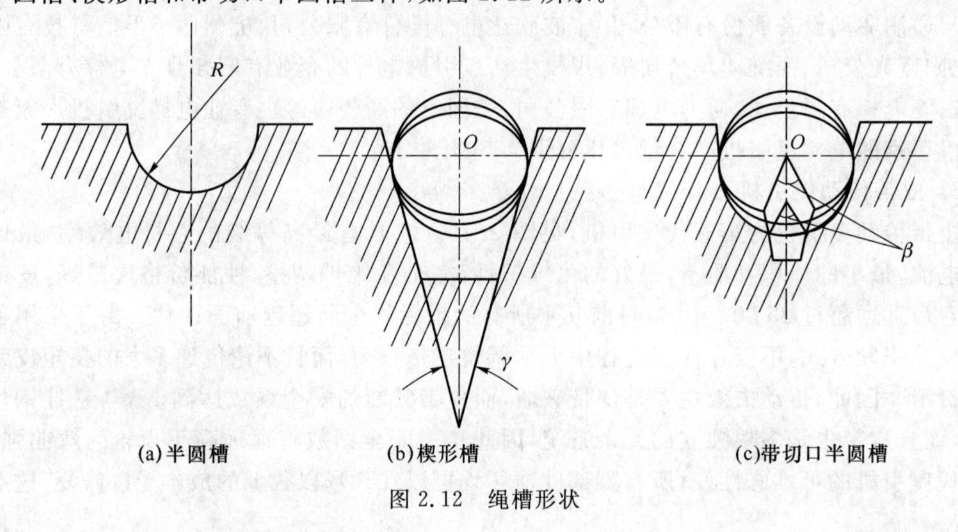

图 2.12　绳槽形状

(1) 半圆槽(U 形槽)如图(a),半圆绳槽与钢丝绳形状相似,与钢丝绳的接触面积最大,对钢丝绳挤压力较小,钢丝绳在绳槽中变形小、摩擦小,利于延长钢丝绳和曳引轮寿命,但其当量摩擦系数小,绳易打滑。为提高曳引能力,必须用复绕曳引绳的方法,以增大曳引绳在曳引轮上的包角 φ。半圆槽还广泛用于导向轮、轿顶轮和对重轮。

(2) 楔形槽(V 形槽)如图(b),槽形与钢丝绳接触面积较小,槽形两侧对钢丝绳产生很大的挤压力,单位面积的压力较大,钢丝绳变形大,使其产生较大的当量摩擦系数,可以获得较大的摩擦力,但使绳槽与钢丝绳间的磨损比较严重,磨损后的曳引绳中心下移,楔形槽与带切口的半圆槽形状相近,传递能力下降,使用范围受到限制,一般只用在杂货梯等轻载低速电梯。

(3) 带切口的半圆槽(凹形槽)如图(c),在半圆槽底部切制了一个楔形槽,使钢丝绳在沟槽处发生弹性变形,一部分楔入槽中,使当量摩擦系数大为增加,一般可为半圆槽的 1.5～2 倍。增大槽形中心角 β,可提高当量摩擦系数,β 最大限度为 120°,实用中常取 90°～110°。如果在使用中,因磨损而使槽形中心下移时,则中心角口大小基本不变,使摩擦力也基本保持不变。基于这一优点,使这种槽形在电梯上应用最为广泛。

曳引轮计算直径 D 的大小,取决于电梯的额定速度、曳引机额定工作力矩和曳引钢丝绳的使用寿命。若电梯的额定速度为 v,则有

$$v=\frac{\pi Dn}{60i_1i_2} \tag{2.2}$$

式中,v 为电梯额定速度(m/s);D 为曳引轮计算直径(m);n 为电动机额定转速(r/min);i_1 为减速箱速比;$i_2=1$ 为电梯曳引比。

可见,在其他条件一定的情况下,计算直径 D 越大,电梯的速度越高。同时,计算直径 D 的大小,决定了钢丝绳工作弯曲时的曲率半径。

曳引轮的材质对曳引钢绳和绳轮本身的使用寿命有很大的影响。曳引轮均用球墨铸铁制造。因为球状石墨结构能减小曳引钢丝绳的磨损,使绳槽更耐磨。

5. 电磁制动器

电磁制动器对主动转轴起制动作用,使工作中的电梯轿厢停止运行,还对轿厢与厅门地坎平衡时的准确度起着重要的作用。电梯采用的是机电摩擦型常闭式制动器,所谓常闭式制动器,指机械不工作时制动,机械运转时松闸的制动器。制动器是电梯不可缺少的安全装置,使运行中的电梯在切断电源时自动把电梯轿厢掣停住。电磁制动器的电磁铁在电路上与电动机并联,因此电梯运行时,电磁铁吸合,使制动器松闸;当电梯停止时,则电磁铁释放,制动瓦在弹簧作用下抱紧制动轮,实现机械抱闸制动。

电磁制动器都装在电动机和减速器之间,即装在高转速轴上,通过制动瓦对制动轮抱合时产生的摩擦力来使电梯停止运动的装置。因为高转速轴上所需的制动力矩小,可以减小制动器的结构尺寸。电梯制动器的制动轮就是电动机和减速器之间的联轴器圆盘。制动轮装在蜗杆一侧,不能装在电动机一侧,保证连轴器破裂时,电梯仍能被掣停。如果是无齿轮曳引机制动器安装在电动机与曳引轮之间。

制动器是保证电梯安全运行的基本装置,对电梯制动器的要求是能产生足够的制动力矩,而制动力矩大小应与曳引机转向无关;制动时对曳引电动机的轴和减速箱的蜗杆轴不应产生附加载荷;当制动器松闸或合闸时,除了保证速快之外,还要求平稳,并且能满足频繁启起、制动的工作要求。制动器的零件应有足够的刚度和强度。制动应带有较高的耐磨性和

耐热性。应结构简单、紧凑、易于调整。应有人工松闸装置。还应有效减小噪声。另外，对制动器的功能有以下几点基本要求。

① 当电梯动力源失电或控制电路电源失电时，制动器能自动进行制动。

② 当轿厢载有125%额定载荷并以额定速度运行时，制动器应能使曳引机停止运转。

③ 当电梯正常运行时。制动器应在持续通电情况下保持松开状态；断开制动器的释放电路后，电梯应无附加延迟地被有效制动。

④ 切断制动器电流，至少应用两个独立的电气装置来实现。

⑤ 装有手动盘车手轮的电梯曳引机，应能用手松开制动器并需要有一持续力去保持其松开状态。

电磁制动器有多种形式，如双铁心双弹簧（立式、卧式和蝶式）电磁制动器、双侧铁心单弹簧（下置式、上置式）电磁制动器、单铁双心双弹簧电磁制动器和内膨胀式电磁制动器。图2.13是一种常见双弹簧卧式电磁制动器，主要由电磁铁、制动臂、制动瓦和制动弹簧等组成。

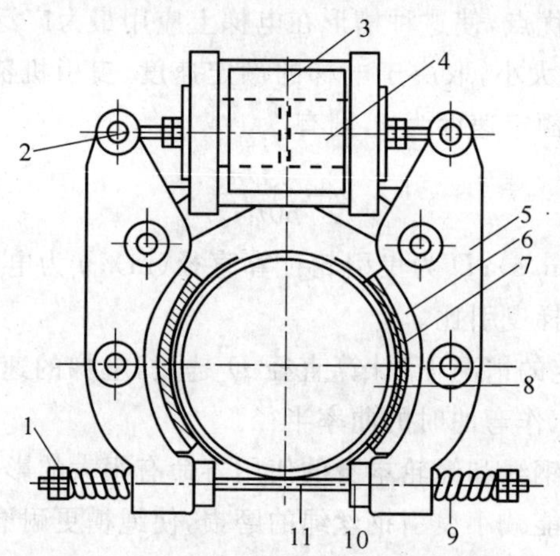

1—制动弹簧调节螺母；2—倒顺螺母；3—制动电磁铁线圈；4—电磁铁心；
5—制动臂；6—制动瓦块；7—制动衬料；8—制动轮；9—制动弹簧；
10—手动松闸凸轮；11—制动弹簧螺杆

图2.13　卧式电磁制动器

电磁制动器的工作原理是当电梯处于静止状态时，曳引电动机、电磁制动器的线圈中均无电流通过，这时因电磁铁芯间没有吸引力，制动瓦块在制动弹簧压力的作用下，将制动轮抱紧，保证电梯不工作。当曳引电动机通电旋转的瞬间，制动电磁铁中的线圈同时通上电流，电磁铁芯迅速磁化吸合，带动制动臂使其克服制动弹簧的作用力，制动瓦块张开，与制动轮完全脱离，电梯得以运行。当电梯轿厢到达所需停层时，曳引电动机失电、制动电磁铁中的线圈也同时失电，电磁铁芯中磁力迅速消失，铁芯在制动弹簧力的作用下通过制动臂复位，使制动瓦块再次将制动轮抱住，电梯停止工作。

(1) 电磁铁。根据制动器产生电磁力的线圈工作电流，分为交流电磁制动器和直流电磁制动器。由于直流电磁制动器制动平稳，体积小，工作可靠，电梯多采用直流电磁制动器。因此这种制动器的全称是常闭式直流电磁制动器。

直流电磁铁由绕制在铜质线圈套上的线圈和用软磁性材料制造的铁心构成。电磁铁的作用是用来松开闸瓦。当闸瓦松开时，闸瓦与制动轮表面应有0.5～0.7 mm的合理间隙。

为此，铁心在吸合时，必须保证足够的吸合行程。在吸合时，为防止两铁心底部发生撞击，其间应留有适当间隙。吸合行程和两铁心底部间隙都可以按需要调整。

线圈的工作温度一般控制在 60℃以下，最高不大于 105℃。线圈温度的高低与其工作电流有关。有关工作电流、吸合行程等参数在产品的名牌上均有标注。

(2) 制动臂。制动臂的作用是平稳地传递制动力和松闸力，一般用铸钢或锻钢制成，应具有足够的强度和刚度。

(3) 制动瓦。制动瓦是制动器提供足够制动摩擦力矩的工作部分，由瓦块和制动带构成。瓦块由铸铁或钢板焊接而成；制动带常采用摩擦系数较大的石棉材料，用铆钉固定在瓦块上。为使制动瓦与制动轮保持最佳抱合，制动瓦与制动臂采用铰接，使制动瓦有一定的活动范围。

(4) 制动弹簧。制动弹簧的作用是通过制动臂向制动瓦提供压力，使其在制动轮上产生制动力矩。通过调整弹簧的压缩量，可以调整制动器的制动力矩。

一般选择制动器时应满足下列条件，即制动器的选择原则。

① 能符合已知工作条件的制动力矩，并有足够的储备，以保证一定的安全系数。

② 所有的构件要有足够的强度。

③ 摩擦零件的磨损量要尽可能小，它的温度不能超过允许的发热温度。

④ 上闸制动平稳，松闸灵活，两摩擦面可能完全松开。

⑤ 结构简单，以便于调整和检修，且工作稳定。

⑥ 轮廓尺寸和安装位置要尽可能小。

制动力矩是选择制动器的原始数据，通常是根据重物能可靠地悬吊在空中或考虑增加重物的这一条件，来确定制动力矩的。由于重物下降时，惯性产生下降力作用于制动轮的惯性力矩，因而在考虑电梯制动器的安全系数时，不要忽略惯性力矩。

当悬挂重物作用在制动轴上时产生的力矩 M：

$$M=\frac{WD_2}{2i_1 i_2} \tag{2.3}$$

式中，W 为悬挂重物，包括最长钢丝绳、起重轿厢及最大起重量(kg)；D_2 为制动轮直径(m)；i_1 为减速箱减速比；i_2 为曳引比(定动滑轮组传动倍率)。

通常在考虑安全系数时，交流电梯取 1.5，直流电梯取 1.1～1.2。

2.1.2 曳引钢丝绳

1. 电梯的曳引钢丝绳

曳引钢丝绳由钢丝、绳股和绳芯组成，如图 2.14 所示。图中 1 表示绳股，2 表示钢丝，3 表示绳芯。

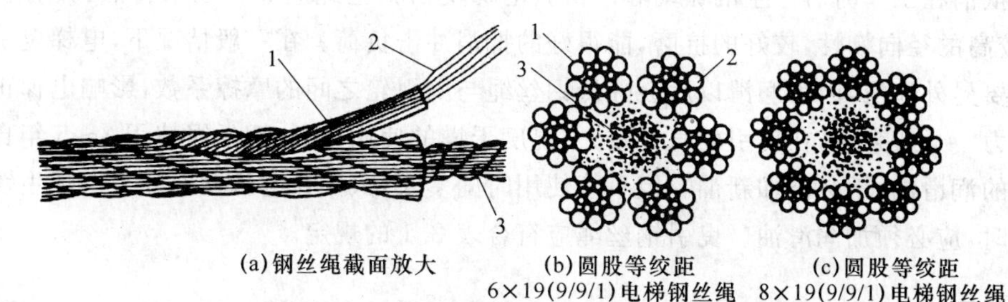

(a) 钢丝绳截面放大　(b) 圆股等绞距 6×19(9/9/1) 电梯钢丝绳　(c) 圆股等绞距 8×19(9/9/1) 电梯钢丝绳

图 2.14　圆形股电梯用钢丝绳

钢丝是钢丝绳的基本强度单元，要求有很高的韧性和强度，通常由含碳量为0.5%～0.8%的优质碳钢制成。为防止脆性，在材料中硫、磷的含量不得大于0.5%。钢丝的质量根据韧性的高低，即耐弯次数的多少分为特级、Ⅰ级、Ⅱ级。电梯采用特级钢丝。

绳股是用钢丝捻成的每一根小绳。按绳股的数目分为6股、8股和18股。对于直径和结构都相同的钢丝绳，股数多，其疲劳强度就高；外层股数多，钢丝绳与绳槽的接触状况就更好，有利于提高曳引绳的使用寿命。电梯一般采用6股和8股钢丝绳，更趋于使用8股绳。

绳芯是被绳股缠绕的挠性芯棒，支承和固定着绳股，并储存润滑油。绳芯分纤维芯和金属芯两种。由于用剑麻等天然纤维和人造纤维制成的纤维芯具有较好的挠性，所以电梯曳引绳采用纤维芯。

按绳股的形状，分为圆形股和异形股钢丝绳。虽然后者与绳槽接触好，使用寿命相对较长，但由于其制造复杂，所以电梯中使用圆形股钢丝绳。

按绳股的构造可分为点接触、线接触和面接触钢丝绳。其中线接触钢丝绳接触面积大、接触应力小，有较高的挠性和抗拉强度，被电梯采用。对于线接触钢丝绳，根据其股中钢丝的配置，又可分为好多种。其中一种叫西鲁式，又叫外粗式，代号为X，其绳股是以一根粗钢丝为中心，周围布以细钢丝，在外层布以相同数量的粗钢丝。这种结构虽使钢丝绳挠性差些，从而对弯曲时的半径要求大些，但由于外层钢丝较粗，所以其耐磨性好。我国电梯使用的曳引钢丝绳为西鲁式结构。

电梯用曳引钢丝绳系按国家标准GB 8903—2005生产的电梯专用钢丝绳。GB 8903—2005电梯用钢丝绳分为8X19S和6X19S两种。两种钢丝绳均有直径为8 mm、10 mm、11 mm、13 mm、16 mm、19 mm、22 mm七种规格，都是用纤维绳作芯。8X19S表示这种钢丝绳有8股，每股有3层钢丝，最里层只有一根钢丝，外面两层都是9根钢丝，用(1+9+9)表示，6X19S的意思与此相似。

按钢丝在股中或股在绳中的捻制螺旋方向，可分为左捻和右捻；按股捻制方向与绳捻制的相互搭配方法，又有交互捻和同向捻之分。由于交互捻法是绳与股的捻向相反，使绳与股的扭转趋势也相反，互相抵消，在使用中没有扭转打结的情况，所以电梯必须使用交互捻绳，一般为右交互捻，即绳的捻向为右，股的捻向为左。

曳引钢丝绳是电梯中的重要构件。在电梯运行时弯曲次数频繁，并且由于电梯经常处在启、制动状态，所以不但承受着交变弯曲应力，还承受着不容忽视的动载荷。由于使用情况的特殊性及安全方面的要求，决定了电梯用的曳引钢丝绳必须具有较高的安全系数，并能很好地抵消在工作时所产生的振动和冲击。电梯曳引钢丝绳应具备以下特点：具有较大的强度，较高的径向韧性，较好的抗磨，能很好的抵消冲击负荷。在一般情况下，电梯曳引钢丝绳不需要另外润滑，因为润滑以后会降低钢丝绳与曳引轮之间的摩擦系数，影响电梯正常的曳引能力。一般来说，在曳引轮直径较大，温度干燥的使用场所，钢丝绳使用3～5年自身仍有足够的润滑油，不必添加新油。但不管使用时间多长，只要在电梯钢丝绳上发现生锈或干燥迹象时，应必须加润滑油。曳引钢丝绳应符合表2.1的规定。

表 2.1　钢丝绳规格和强度

钢丝绳规格	公称直径	
	>8 mm	
钢丝绳抗拉强度	单强度	1 570 N/mm^2
	双强度	1 370 N/1 770 N/mm^2

为配合小机房电梯或者无机房电梯曳引系统的应用，出现了一种与传统的电梯用钢丝绳不同的新型复合钢带。它是将柔韧的聚氨酯外套包在钢丝外面而形成的扁平皮带，一般尺寸为宽 30 mm，厚 3 mm，与传统的钢丝绳相比更加灵活耐用，且质量轻 20%，寿命延长 2～3 倍，每条皮带所含的钢丝比传统的钢丝绳所含的要多，能承受 3 600 kg 的重量。由于这种钢带具有良好的柔韧性，能围绕直径更小的驱动轮弯曲，使得主机仅占传统齿轮机 30%的空间成为可能，这使得更小型电梯系统容易实现，见图 2.15。由于钢带的聚氨酯外层具有比传统钢丝绳更好的牵引力，因此，能更有效地传送动力，同时，扁平钢带接触面积大，也就减少了驱动轮的磨损。

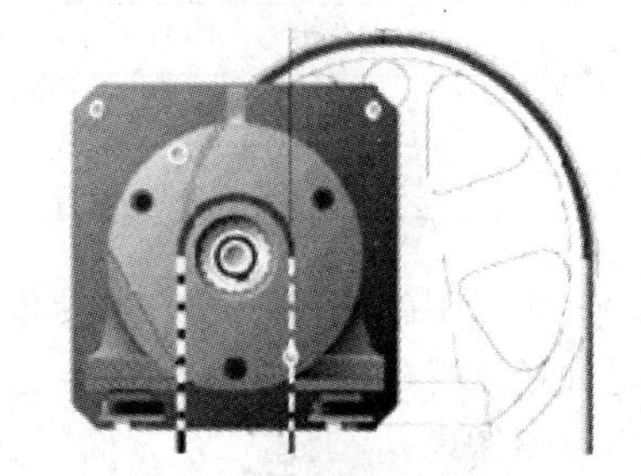

图 2.15　新型的复合钢带

2. 曳引钢丝绳直径及根数的选择

在电梯中，曳引钢丝绳终日悬挂重物，承受着电梯全部悬挂重量，并绕着曳引轮、导向轮和反绳轮反复弯曲，对于工作繁忙的电梯曳引钢丝绳，每天要在同一个地方弯曲几百次乃至上千次，绳在曳引轮绳槽中承受很高的比压，还要频繁承受电梯启动和制动的冲击。弯曲疲劳破坏和表面磨损是造成曳引钢丝绳报废的主要原因。曳引轮直径大，与钢丝蝇的接触长度就大，钢丝绳弯曲程度较轻，能增大曳引力和减少钢丝绳内的弯曲应力，可提高钢丝绳的寿命，但这会使整个曳引装置体积增大。为了提高电梯钢丝绳的强度，延长使用寿命，通常按式 $D/d \geqslant 40$ 选取钢丝绳的直径，其中 d 为曳引钢丝绳，直径不小于 8 mm；D 为曳引轮绳槽节圆直径(mm)。曳引绳轮槽节圆直径 D 与钢丝绳直径 d 的比值关系一般应符合表 2.2 规定。

表 2.2　电梯速度与曳引绳轮直径和曳引绳直径比值表

电梯额定速度 $v/(\text{m} \cdot \text{s}^{-1})$	D/d
$v \geqslant 2$	$\geqslant 45$
$v < 2$	$\geqslant 40$

曳引钢丝绳的静载安全系数按下式计算：

$$K_{\text{j}} = \frac{pn}{T} \tag{2.4}$$

式中，K_{j} 为钢丝绳静载安全系数(未计入弯曲及动载荷影响)；p 为单根钢丝绳的破断拉力(N)；n 为曳引绳根数；T 为作用在轿厢侧钢丝绳上的最大静载荷，包括：轿厢自重、额定载重和轿厢侧钢丝绳的最大自重(N)。

K_j 是标准值，它不代表电梯工作过程中钢丝绳真正的安全系数，它只表明在静载状态下单根钢丝绳的破断拉力与单根钢丝绳实际受力之比。在 GB 7588—2003《电梯制造与安装安全规范》中对 K_j 有以下规定：对于采用 3 根或 3 根以上曳引钢丝绳的曳引式电梯，$K_j=12$。对于采用两根曳引钢丝绳的曳引式电梯，$K_j=16$。通常要求乘客、载货和医用电梯钢丝绳数应不少于 4 根，安全系数为 12；杂物梯应不少于 2 根，安全系数为 10，见表 2.3。钢丝绳在工作中有静、动两种载荷，但影响钢丝绳使用寿命的主要还是静载荷，为简化计算，可仅对静载荷作实用计算。

表 2.3　曳引绳根数与安全系数

电梯类型	曳引绳根数	安全系数
客梯、货梯、医梯	≥4	≥12
杂物梯	≥2	≥10

确定曳引钢丝绳根数的主要依据有以下三个方面：实际安全系数要大于规定值 K；曳引轮绳槽承受的比压要小于规定值；钢丝绳的弹性伸长要小于规定值(有微动平层装置的系统中可不考虑)。上述三个方面对曳引钢丝绳根数的要求是不同的，需要计算的是同时满足上面三个因素的钢丝绳的根数，也就是电梯所需要的曳引钢丝绳的根数。

(1) 从确保规定的安全系数方面考虑，确定曳引钢丝绳的根数 n_1

$$n_1=\frac{(G+Q)K_j}{K_u(s_0-P_1K_j)} \tag{2.5}$$

式中，G 为轿厢重力(N)；Q 为额定载重力(N)；K_j 为曳引钢丝绳静载安全系数；K_u 为曳引比；s_0 为单根钢丝绳的破断拉力(N)；P_1 轿厢在最底层位置时，提升高度内单根曳引钢丝的重力(N)。

(2) 从曳引轮绳槽允许比压方面考虑，确定曳引钢丝绳的根数

$$n_2=\frac{\omega(G+Q)}{K_u(dDP-P_1\omega)} \tag{2.6}$$

式中，P 为曳引轮材料许用挤压应力(MPa)；D 为曳引轮绳槽节圆直径(mm)；d 为曳引钢丝绳直径(mm)；ω 为挤压系数。

对于半圆形带缺口槽：

$$\omega=\frac{8\cos(\beta/2)}{\varphi+\sin\varphi-\beta-\sin\beta}$$

式中，φ 为钢丝绳在曳引轮上的包角(rad)；β 为曳引轮上的带切口的槽或半圆槽的切口角(rad)，对于半圆槽 $\beta=0$。

当 $\varphi=\pi$ 时，　$\omega=\frac{8\cos(\beta/2)}{\pi-\beta-\sin\beta}$

对于半圆形槽：

$$\omega=\frac{8}{\pi}=2.55\ \text{rad/s}$$

对 V 形槽：

当楔角 $\gamma=35°$时，　$\omega=12\ \text{rad/s}$

当楔角 $\gamma<35°$时，　$\omega=\frac{4.5}{\sin(\gamma/2)}$

(3) 从限制曳引钢丝绳弹性伸长方面考虑，确定曳引钢丝绳根数 n_3。对曳引机布置在上方情况：

$$n_3=\frac{124\ 900QH}{d^2K_uEL_yK_z} \tag{2.7}$$

式中，H 为电梯提升高度(m)；E 为钢丝绳弹性模量，$E=80\ 000\ \mathrm{N/mm^2}$；$L_y$ 为曳引钢丝绳允许伸长量，当电梯停在底层站时，在静止状态下，轿内由空载到满载时，曳引绳的伸长量不超过 20 mm；K_z 为钢丝绳填充系数，$K_z=\frac{\sum s_d}{s_D}$，$\sum s_d$ 为每根钢丝面积总和，s_D 为钢丝绳的截面积。

从上式中可以看出，提升高度越高，所需钢丝绳根数越多，这样才能保证电梯在启、制动时不会有较大的弹性跳动和较高的平层准确度波动。从三个方面计算出的 3 个曳引钢丝绳根数 n_1、n_2、n_3 后，选择其中大者为电梯所需要的曳引钢丝绳根数。

3. 曳引钢丝绳伸长量

(1) 曳引钢丝绳弹性伸长量

轿厢载荷的加入和移出会使曳引钢丝绳长度产生弹性变化，这对于大起升高度的电梯特别需要关注。曳引钢丝绳在拉力作用下的伸长量可由下式计算：

$$S=\frac{LH}{ES_d} \tag{2.8}$$

式中，S 为钢丝绳伸长量(mm)；L 为施加的载荷(kg)；H 为钢丝绳长度(mm)；E 为钢丝绳弹性模量($\mathrm{kg/mm^2}$)(E 值可由钢丝绳制造商提供，不能得到时可取约计值 $7\ 000\ \mathrm{kg/mm^2}$)；S_d 为钢丝绳截面积($\mathrm{mm^2}$)。

例 2-1　某电梯额定载荷为 2 500 kg，起升高度 70 m，直径为 13 mm 的钢丝绳 7 根。求轿厢在额定载荷时相对于空载时的钢丝绳伸长量。

解：$S_d=(13/2)^2\times\pi\times6=796\ \mathrm{mm^2}$；制造商提供此钢丝绳 $E=6\ 800\ \mathrm{kg/mm^2}$；$h=70\ \mathrm{m}=70\ 000\ \mathrm{mm}$

$$S=\frac{2\ 500\times70\ 000}{6\ 800\times796}=32.33\ \mathrm{mm}$$

(2) 曳引钢丝绳塑性伸长量

电梯在长期使用过程中，由于载荷、零部件磨损沉陷等会造成曳引钢丝绳永久性的结构伸长，即所谓的“塑性伸长”。其约值为：轻载荷钢丝绳为长度的 0.25%；中等载荷钢丝绳为长度的 0.50%；重载荷钢丝绳为长度的 1.00%

4. 曳引钢丝绳均衡受力装置

电梯使用中，需要均衡各根曳引钢丝绳的受力。否则曳引轮上各绳槽的磨损将是不均匀的，对电梯的使用性能带来不利的影响。曳引绳均衡受力装置有两种，一种是均衡杠杆式，一种是弹簧式。在均衡受力方面，弹簧式均衡装置虽然不如杠杆式的好，但在钢丝绳根数比较多的情况下，用弹簧式均衡装置比用均衡杠杆式均衡装置来得方便可行。目前电梯制造厂家都采用弹簧式均衡受力装置。

(1) 弹簧式均衡受力装置

曳引钢丝绳的绳头经组合后才能与有关的构件相连接，固定钢丝绳端部的装置叫弹簧式均衡受力装置(或称端接装置、绳头组合)。常用的绳头组合有绳夹固定法、自锁楔形绳套固定法和合金固定法(巴氏合金填充的锥形套筒法)。

绳夹固定法见图 2.16 所示,绳夹固定绳头非常方便,但需注意绳夹规格与钢丝绳直径的匹配及夹紧的程度。固定时必须使用三个以上的绳夹,且 U 形螺栓应卡在钢丝绳的短头。

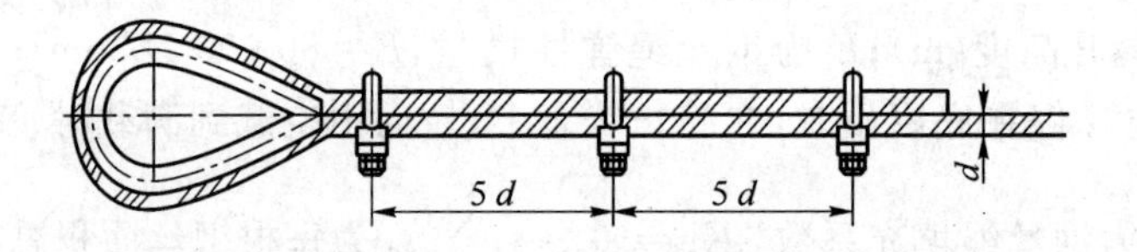

图 2.16 绳夹固定示意图

自锁楔形绳套固定法如图 2.17 所示,由绳套和楔块组成。曳引钢丝绳绕过楔块套入绳套再将楔块拉紧,靠楔块与绳套内孔斜面的配合而自锁;并在曳引钢丝绳的拉力作用下拉紧。楔块下方设有开口锁孔,插入开口销以防止楔块松脱。

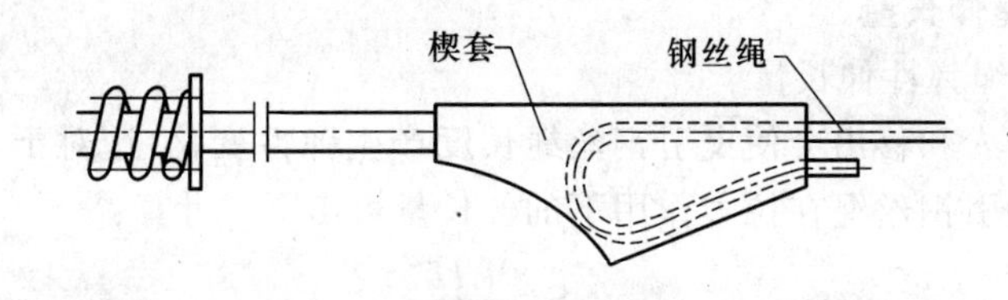

图 2.17 自锁楔形绳套固定示意图

合金固定法如图 2.18 所示,曳引钢丝绳的两端分别和特别的锥套用浇巴氏合金法(或顶锥法)连接。绳头弹簧插入锥套杆内并坐于垫圈和螺母上,用于钢丝绳张力调整。当螺母拧紧时,弹簧受压,曳引钢丝绳的拉力随之增大,曳引绳被拉紧。反之,当螺母放松时,弹簧伸长,曳引钢丝绳受力减小,曳引绳就变得松弛。由此可见,通过收紧和放松螺母改变弹簧受力的办法,可以达到均衡各根曳引钢丝绳受力的目的。电梯在新安装时,应将曳引钢丝绳的张力调整一致,要求每根绳张力差小于 5%,在电梯使用一段时间后,张力会发生一些变化,必须再按照上述方式进行调整。绳头弹簧通常排成两排平行于曳引轮轴线的序列,相互之间的距离应尽可能地小,以保证曳引钢丝绳最大斜行牵引度不超过规定值。弹簧式均衡受力装置中的压缩弹簧,不宜选得太软或太硬。太软,电梯启制动时轿厢跳动幅度较大,使乘客感到不舒适;太硬时乘客同样也会感到不舒适。

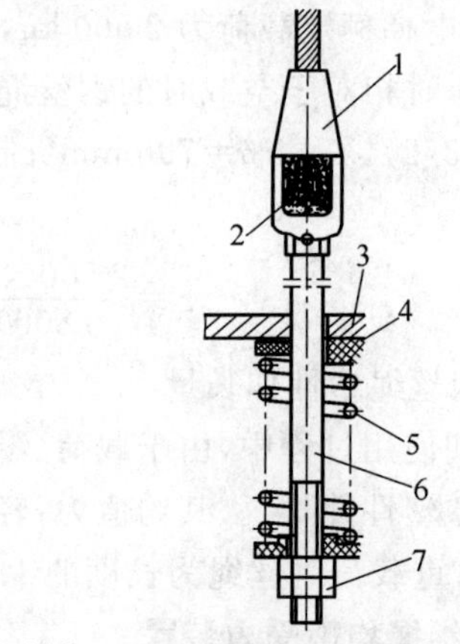

1—锥套; 2—巴氏合金; 3—绳头板; 4—弹簧垫;
5—弹簧; 6—拉杆; 7—螺母

图 2.18 合金固定示意图

曳引绳锥套按用途可分为用于曳引钢丝绳直径为 13 mm 和 16 mm 两种。如按结构形式又可分为组合式和非组合式两种。组合式的曳引绳锥套其锥套和拉杆是两个独立的零件,它们之间用铆钉铆合在一起。非组合式的曳引绳锥套,其锥套和拉杆是锻成一体的。曳引绳锥套与曳引钢丝绳之间的连接处，其抗拉强度应不低于钢丝绳的抗拉强度。因此，曳引绳头需预先做成类似大蒜头的形状，穿进锥套后再用巴氏合金浇灌。

（2）松绳开关

在安装电梯时，通过钢丝绳的均衡受力装置将各根曳引钢丝绳的受力大小调到基本上一样。但在电梯使用一段时间后，各根钢丝绳的受力有可能出现些变化，如有的拉力变大、有的拉力变小，这就需要电梯维护人员经常注意调节钢丝绳受力，以保证电梯在良好的曳引状态下工作。

为了防止电梯维护人员工作疏忽，有些电梯制造厂在钢丝绳固定位置处设有松绳开关。一旦某根曳引钢丝绳松弛到一定程度，松绳开关就有动作，使电梯停止运行。待钢丝绳受力重新调整后，电梯方可恢复工作。

5. 导向轮和反绳轮

导向轮是将曳引钢丝绳引向对重或轿厢的钢丝绳轮，安装在曳引机架或承重梁上。反绳轮是设置在轿厢顶部和对重顶部位置的动滑轮以及设置在机房里的定滑轮。根据需要，将曳引钢丝绳绕过反绳轮，用以构成不同的曳引绳传动比。根据传动比的不同，反绳轮的数量可以是一个、两个或更多。

6. 曳引钢丝绳安全系数的校核

安全系数是指装有额定载荷的轿厢停靠在最低层站时，一根钢丝绳的最小破断负荷(N)与这根钢丝绳所受的最大力(N)之间的比值。

（1）安全要求

① 曳引钢丝绳安全系数实际值 S≥GB 7588—2003 得到的曳引钢丝绳许用安全系数计算值 S_f。

② 曳引钢丝绳安全系数实际值 S≥GB 7588—2003 的第 9.2.2 条款规定的曳引钢丝绳许用安全系数最小值 S_m。

- 对于用三根或三根以上钢丝绳的曳引驱动电梯为 12。
- 对于用两根钢丝绳的曳引驱动电梯为 16。
- 对于卷筒驱动电梯为 12。

（2）校核步骤

GB 7588—2003 对曳引系统悬挂绳安全系数校核可分三步完成。

① 求出给定曳引系统悬挂绳安全系数实际值 S

$$S=\frac{Tnm}{(P+Q+Hnmq)g} \tag{2.9}$$

式中，T 为钢丝绳最小破断载荷(N)；n 为曳引绳根数；m 为曳引比；P 为轿厢自重(kg)；Q 为额定载荷(kg)；H 为轿厢至曳引轮悬挂绳长度(约等于电梯起升高度)(m)；q 为单根绳质量(kg/m)；g 为重力加速度。

② 按 GB 7588—2003 计算出给定曳引系统钢丝绳许用安全系数计算值 S_f。

S_f 是考虑了曳引轮绳槽形状、滑轮数量与弯曲情况所得到的给定曳引系统钢丝绳许用安全系数计算值，按以下求得。

- 求出考虑了曳引轮绳槽形状、滑轮数量与弯曲情况，折合成等效的滑轮数量 N_{equiv}：

$$N_{equiv}=N_{equiv(t)}+N_{equiv(p)} \tag{2.10}$$

式中，$N_{equiv(t)}$ 为曳引轮的等效数量；$N_{equiv(p)}$ 为导向轮的等效数量。

$N_{equiv(t)}$ 的数值从表 2.4 中查得。

表 2.4 $N_{equiv(t)}$ 的数值表

V 型槽	V 型槽的角度值 γ	—	35°	36°	38°	40°	42°	45°
	$N_{equiv(t)}$	—	18.5	15.2	10.5	7.1	5.6	4.0
U 型/V 型带切口槽	下部切口角度值 β	75°	80°	85°	90°	95°	100°	105°
	$N_{equiv(t)}$	2.5	3.0	3.8	5.0	6.7	10.0	15.2
不带切口的 U 型槽	$N_{equiv(t)}$	1						

$$N_{equiv(p)}=K_p(N_{ps}+4N_{pr}) \tag{2.11}$$

式中，N_{ps} 为引起简单弯折的滑轮数量；N_{pr} 为引起反向弯折的滑轮数量；反向弯折仅在下述情况时考虑，即钢丝绳与两个连续的静滑轮的接触点之间的距离不超过绳直径的 200 倍；K_p 为跟曳引轮和滑轮直径有关的系数，且

$$K_p=\left(\frac{D_t}{D_p}\right)^4 \tag{2.12}$$

式中，D_t 为曳引轮的直径；D_p 为除曳引轮外的所有滑轮的平均直径。

- 根据曳引轮直径与悬挂绳直径的 D_t/d_r 比值、等效的滑轮数量 N_{equiv}，从以下图 2.19 中查得许用安全系数计算值 S_f：

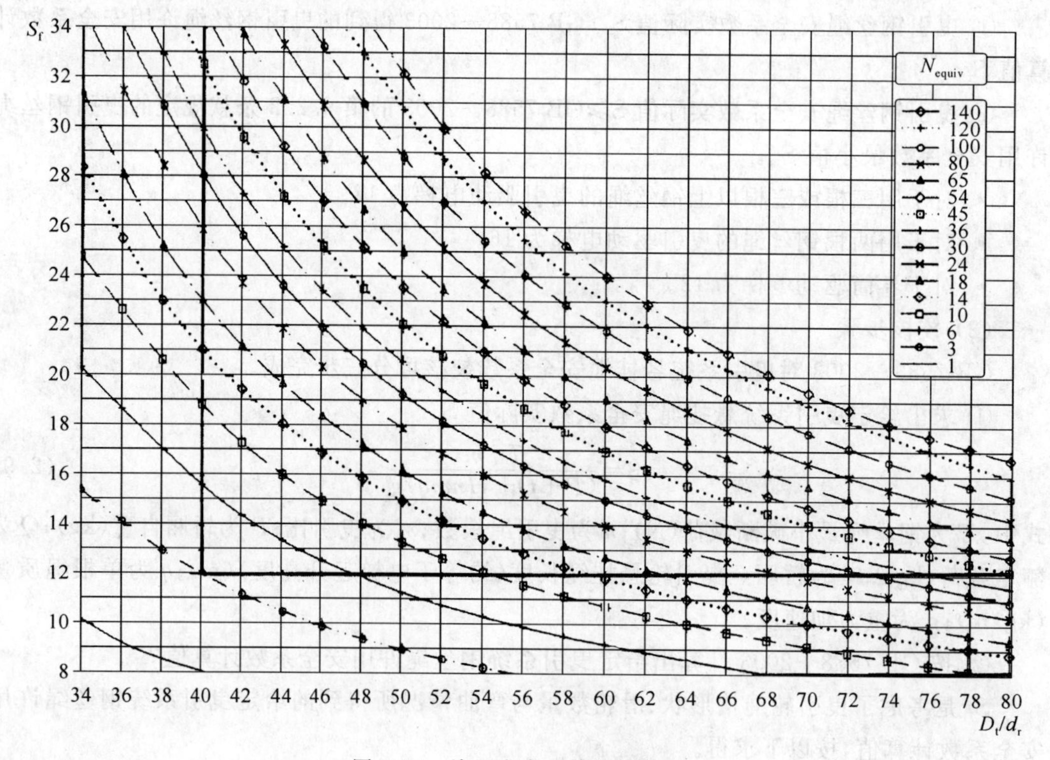

图 2.19 许用安全系数计算值 S_f

图中的 16 条曲线分别对应 N_{equiv} 值为 1，3，6，18，…，140 时随 D_t/d_r 值变动的许用安全系数 S_f 数值曲线，根据计算得到的 N_{equiv} 值选取向上的最近线。如果需要精确可用插入法求取 S_f 值。

③ 曳引钢丝绳安全系数校核

当 $S \geqslant S_f$，且 $S \geqslant S_m$，曳引钢丝绳安全系数校核通过。

例 2-2　设电梯额定载荷 Q 为 1 250 kg；轿厢自重 P 为 1 350 kg；H=50 m；采用 3 根曳引钢丝绳，其直径为 13 mm，最小破断载荷 T 为 74 300 N；单根钢丝绳质量 q 为 58.6 kg/100 m；曳引结构如图所示，U 形带切口曳引绳槽，下部切口角度值 β 为 90°，曳引轮的直径 D_t 为 600 mm；除曳引轮外的所有滑轮的平均直径 D_p 为 500 mm；见图 2.20，请校核曳引钢丝绳安全系数。

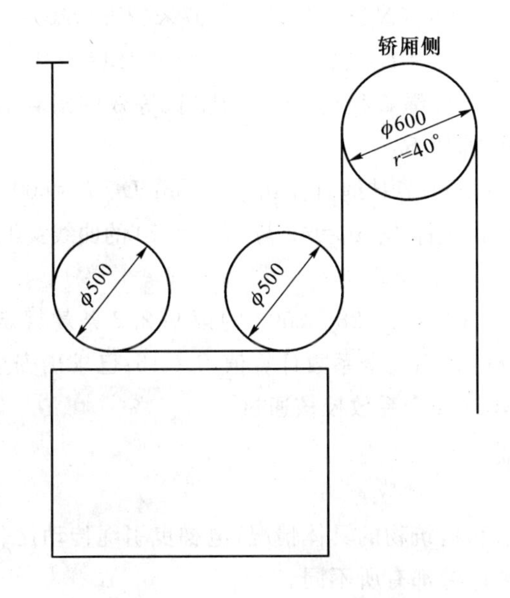

图 2.20　曳引钢丝绳曳引结构

解：

a. 求出给定曳引系统悬挂绳安全系数实际值

$$S=\frac{Tnm}{(P+Q+Hnmq)g}$$

式中，T 为钢丝绳最小破断载荷，T=74 300 N；n 为曳引绳根数，n=3；m 为曳引比，m=2；P 为轿厢自重，P=1 300 kg；Q 为额定载荷，Q=1 250 kg；H 为轿厢至曳引轮悬挂绳长度，约等于电梯起升高度 H=50 m；q 为单根绳质量，q=58.6 kg/100 m；g 为重力加速度。

$$S=\frac{Tmn}{(P+Q+Hmnq)g_n}=\frac{74\,300\times 3\times 2}{(1\,300+1\,250+50\times 3\times 2\times 58.6/100)\times 9.8}=16.7$$

b. 按 GB 7588—2003 计算出给定曳引系统钢丝绳许用安全系数计算值 S_f

• 求出考虑了曳引轮绳槽形状、滑轮数量与弯曲情况，折合成等效的滑轮数量 N_{equiv}

$$N_{equiv}=N_{equiv(t)}+N_{equiv(p)}$$

式中，$N_{equiv(t)}$ 为曳引轮的等效数量；$N_{equiv(p)}$ 为导向轮的等效数量。

$N_{equiv(t)}$ 的数值从表 2.4 查得，U 形带切口曳引绳槽，$\beta=90°$时，

$$N_{equiv(t)}=5$$

$$N_{equiv(p)}=K_p(N_{ps}+4N_{pr})$$

式中，N_{ps} 为引起简单弯折的滑轮数量，本系统设置了两个动滑轮，即 $N_{ps}=2$；N_{pr} 为引起反向弯折的滑轮数量。根据反向弯折仅在钢丝绳与两个连续的静滑轮的接触点之间的距离不超过绳直径的 200 倍时才考虑的规定，本系统没有反向弯曲，即 $N_{pr}=0$；K_p 为跟曳引轮和滑轮直径有关的系数，本系统曳引轮的直径 $D_t=600$ mm，除曳引轮外所有滑轮的平均直径 $D_p=500$ mm。

$$K_p=\left(\frac{D_t}{D_p}\right)^4=\left(\frac{600}{500}\right)^4=2.07$$

$$N_{equiv(p)}=K_p(N_{ps}+4N_{pr})=2.07\times(2+4\times0)=4.1$$

$$N_{equiv}=N_{equiv(t)}+N_{equiv(p)}=5+4.1=9.1$$

- 根据曳引轮直径与悬挂绳直径的 D_t/d_r 比值、等效的滑轮数量 N_{equiv}，从图 2.19 查得许用安全系数计算值 S_f

曳引轮的直径 $D_t=600$ mm；悬挂绳直径 $d_r=13$ mm，$D_t/d_r=600/13=46$，$N_{equiv}=9.1$ 选取向上的最近线 $N_{equiv}=10$。横坐标 $D_t/d_r=46$ 与 $N_{equiv}=10$ 的曲线交汇点为 15，即 $S_f=15$

c. 校核

本系统曳引绳根 $n=3$，按 GB 7588—2003 的第 9.2.2 条款规定，曳引钢丝绳许用安全系数最小值 $S_m=12$；已查得许用安全系数计算值 $S_f=15$；已求出安全系数实际值 $S=16.7$，即$S>S_f$，$S>S_m$，曳引钢丝绳安全系数校核通过。

2.1.3　曳引传动形式

根据电梯的使用要求和建筑物的具体情况，电梯曳引绳传动比、曳引绳在曳引轮上的缠绕方式以及曳引机的安装位置都有所不同。

1. 曳引绳传动比

曳引绳传动比就是曳引绳线速度与轿厢运行速度的比值。具体有以下几种形式。

(1) 1∶1 传动形式。该种形式是在轿顶和对重顶部均没有反绳轮，曳引钢丝绳两端分别固定在轿厢和对重顶部，直接驱动轿厢和对重，如图 2.21 所示。如令曳引绳线速度为 v_1，轿厢的升、降速度为 v_2，轿厢侧曳引绳张力为 T_1，轿厢总重量为 T_2，则有如下关系：$v_1=v_2$，$T_1=T_2$。这种传动形式一般用于客梯。

(2) 2∶1 传动形式。该种形式是在轿厢和对重顶部均设有反绳轮，如图 2.22 所示。其速度与受力关系为：$v_1=2v_2$，$T_1=\frac{1}{2}T_2$。这种形式曳引绳要加长，且要反复曲折。

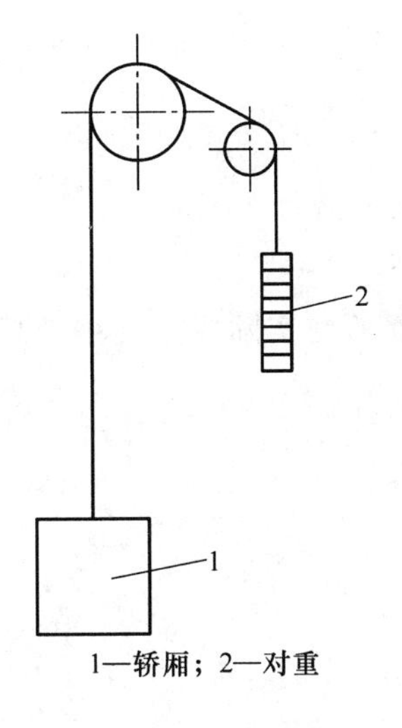

图 2.21 1:1 传动形式

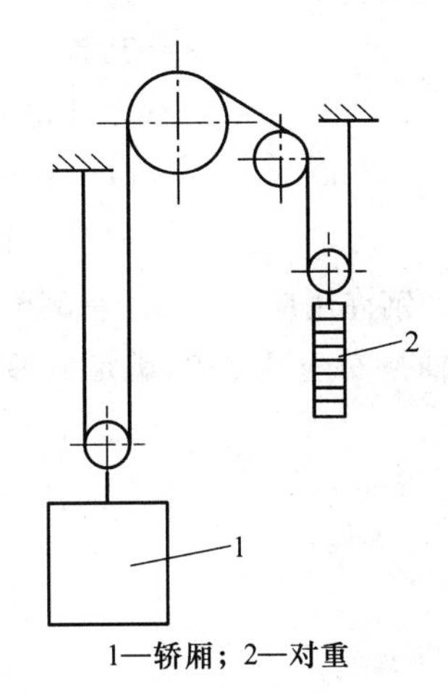

图 2.22 2∶1 传动形式

(3) 3∶1 传动形式。该种形式不但在轿厢和对重顶部设有反绳轮，而且要在机房设置导向定滑轮，如图 2.23 所示。此时 $v_1=3v_2$，$T_1=\frac{1}{3}T_2$。

这种传动形式曳引绳还得加长，这样曲折次数更多。此外，还有 4∶1、6∶1 等传动方式。大的传动比适用于大吨位电梯，一般货梯的传动比比客梯大。

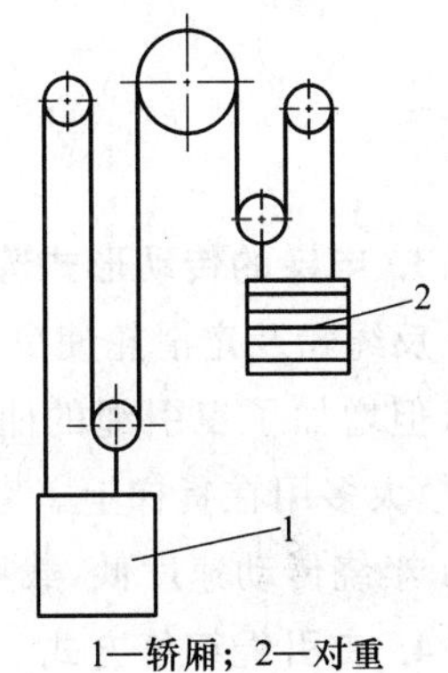

图 2.23 3∶1 传动形式

2. 轿架轮轴的强度计算

(1) 轿架反绳轮轴的强度计算

电梯轿架共有一套反绳轮组装，其中反绳轮轮轴应该用材料为 45# 钢，所受拉力(如 2.24 图示)为 $T=(P+Q+M_{\mathrm{Comp}}/2)g$，而当电梯正常运行时两根轮轴所受合力为 T。

设轿厢重量 $P=1\,800$ kg，额定载重 $Q=1\,600$ kg，补偿装置重量 $M_{\mathrm{Comp}}=650$ kg，轿架轮轴直径 $D=60$ mm，截面积 $A=\pi D^2/4=3.14\times60^2/4=2\,826\ \mathrm{mm}^2$。

反绳轮轮轴截面所受实际应力为

$$\begin{aligned}\sigma&=T/A\\&=(P+Q+M_{\mathrm{Comp}}/2)g/A\\&=(1\,800+1\,600+650/2)\times9.81/2\,826\\&=12.9\ \mathrm{MPa}\end{aligned}$$

查得 45# 钢许用应力为$[\sigma]=355$ MPa，反绳轮轮轴截面所受实际应力远小于其许用应力，所以轿架轮轴是安全可靠的，满足电梯使用条件。

(2) 轿架反绳轮组装连接轴的强度计算

轿厢反绳轮组装与轿架上梁之间的连接轴应用材料为 45# 钢，直径 $D=42$ mm，截面积 $A=\pi D^2/4=3.14\times42^2/4=1\,384.7\ \mathrm{mm}^2$。

连接轴截面所受实际应力为：

$$\begin{aligned}\sigma &= T/A\\ &=(P+Q+M_{\text{Comp}}/2)g/A\\ &=(1\,800+1\,600+650/2)\times 9.81/1\,384.7\\ &=26.4\ \text{MPa}\end{aligned}$$

查得 45# 钢许用应力为$[\sigma]=355$ MPa，连接轴截面所受实际应力远小于其许用应力，所以轿架轮轴是安全可靠的，满足电梯使用条件。

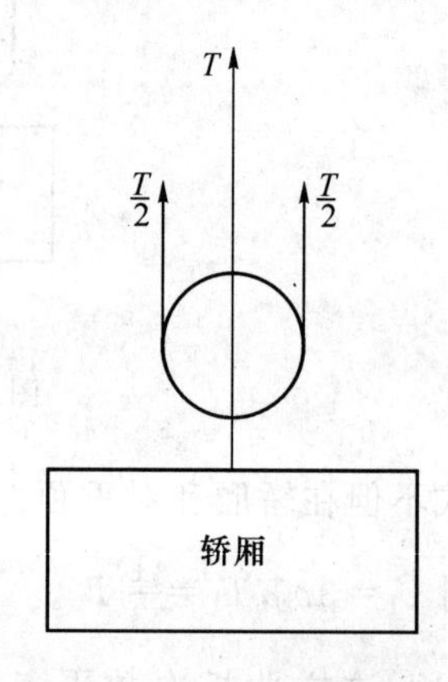

图 2.24　轿架轮轴受力分析

3. 电梯的传动形式选择

反绳轮及定滑轮使曳引机只承受电梯的几分之一悬挂载荷，降低对曳引机的动力输出要求但增加了曳引绳的曲折次数，降低了曳引绳的使用寿命，同时在传输中增加了摩擦损失，故大多用在货梯上。客梯一般采用 1∶1 半绕传动，速度高，载重量小。货梯一般采用 2∶1 半绕传动速度低，载重量大。高速梯一般采用 1∶1 全绕传动，速度高，载重量小。

4. 曳引绳缠绕方式

如果曳引绳在曳引轮上的最大包角不超过 180°，则称为半绕式传动，如图 2.25(a)所示。若为了提高摩擦力，将曳引绳绕曳引轮和导向轮一周后再引向轿厢和对重，称为全绕式传动，如图 2.25(b)所示，一般用于高速无齿电梯。

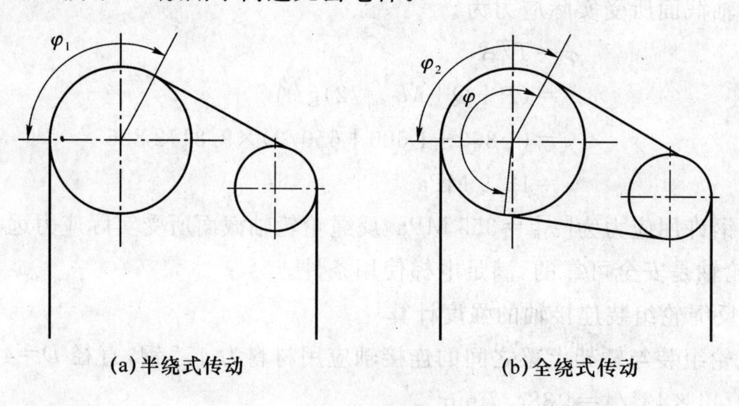

图 2.25　曳引绳缠绕方式

5. 曳引机位置

当曳引机安装在井道上部时，称为上置式传动，一般多为这种传动形式。此时，机房承受重量大。如果在井道顶部无法设置机房时，也可以将曳引机置于井道底部，这时，必须将曳引绳引向井道顶部，再经导向轮引向轿厢和对重，使得曳引绳绕法较为复杂，而且要求井道要有足够的宽度。

2.1.4　曳引机计算

1. 曳引电动机容量

电梯曳引电动机以断续周期性方式工作。由于电梯运行时受力情况比较复杂，所以电梯曳引电动机一般按经验公式计算选择。常用的一种经验公式为

$$N=\frac{(1-K)Q_{\text{nom}}v_{\text{n}}}{102\eta} \tag{2.13}$$

式中，N 为电动机功率(kW)；K 为对重轿厢平衡系数；Q_{nom} 为电梯额定载重量(kg)；v_{n} 为电梯额定速度(m/s)；η 为曳引传动总机械效率，对使用蜗轮副曳引机的电梯 $\eta=0.5\sim0.65$(可根据曳引机传动比估算，传动比越大效率越低)，对无齿轮曳引机电梯 $\eta=0.8\sim0.85$。

例 2-3　电梯额定载重量为 1 000 kg，额定速度为 1 m/s，平衡系数为 0.45，蜗轮副曳引机减速比为 32，求曳引电动机功率 P。

解：对减速比为 32 的蜗轮副曳引机，总机械效率取较小值，$\eta\approx0.55$

$$N=\frac{(1-K)Q_{\text{nom}}v_{\text{n}}}{102\eta}=\frac{(1-0.45)\times1\,000\times1}{102\times0.55}\text{kW}=9.8\text{ kW}$$

2. 曳引机输出扭矩

曳引机输出扭矩计算公式：

$$T=\frac{9\,500\,N\eta}{n} \tag{2.14}$$

式中，T 为电动机额定功率时曳引机低速轴输出的扭矩(N·m)；N 为电动机额定功率(kW)；n 为电动机额定转速(r/min)；η 为曳引机总效率，一般由曳引机厂提供；或根据蜗杆头数 Z_1 及减速箱速比 I 来估算，$Z_1=1$，$\eta=0.75\sim0.70$；$Z_1=2$，$\eta=0.82\sim0.75$；$Z_1=3$，$\eta=0.87\sim0.82$；I 数值大，效率取较小值。

3. 曳引机输出轴最大静载荷

曳引机输出轴最大静载荷计算公式：

$$Q_{\max}=\frac{P+1.25Q}{r}+n_1q_1H+\frac{1}{r}\sin(\varphi-90^\circ)(P+KQ+n_2q_2H) \tag{2.15}$$

式中，$Q_{\max}$ 为曳引机输出轴最大静载荷(以 125%额定载荷，轿厢在最低层站工况计算)(kg)；P 为轿厢重量(kg)；Q 为额定载重量(kg)；n_1 为曳引绳根数；q_1 为钢丝绳单位长度重量(kg/m)；H 为提升高度(m)；φ 为钢丝绳在曳引轮的包角角度值；r 为电梯曳引钢丝绳的倍率(曳引比)；n_2 为平衡链根数；K 为平衡系数；q_2 为平衡链单位长度重量(kg/m)。

4. 曳引机的盘车力

电梯用曳引电动机往往备有两个轴伸端。一端为传动端，与减速器耦合；另一端为非传动端，通常装有飞轮，根据需要增加运动系统的转动惯量，并兼作盘车手轮。标准规定手动盘车所需力应不大于 400 N。曳引机的盘车力计算公式：

$$F=\frac{(1-K)QD_1g}{2rI\eta D_2} \tag{2.16}$$

式中，F 为提升有额定载荷的轿厢曳引机盘车手轮所需的操作力(N)；K 为平衡系数；Q 为额定载重量(kg)；D_1 为曳引轮直径(mm)；D_2 为盘车轮直径(mm)；r 为曳引钢丝绳的倍率；I 为曳引机减速比；η 为曳引传动总机械效率，对使用蜗轮副曳引机的电梯 $\eta\approx0.5\sim0.65$(可根据曳引机传动比估算，传动比越大效率越低)，对无齿轮曳引机电梯 $\eta=0.8\sim0.85$；g 为重力加速度。

5. 轿厢运行速度

轿厢运行速度计算公式：

$$v_j=\frac{D\pi n}{60ri\times1\,000} \tag{2.17}$$

式中，v_j 为轿厢运行速度(m/s)；D 为曳引轮直径(mm)；n 为电动机转速(r/min)；r 为曳引钢丝绳的倍率；i 为曳引机减速比。

例 2-4 某电梯额定运行速度为 2.0 m/s，额定载重量为 1 000 kg，轿厢内装 500 kg 的砝码，向下运行至行程中段测得电动机转速为 1 450 r/min。减速器减速比为 46∶2，曳引钢丝绳的倍率为 1，曳引轮节圆直径为 630 mm，平衡系数为 0.5。问轿厢运行速度是多少？是否符合规定？

解：

$$v_j=\frac{630\times3.14\times1\,450}{60\times1\times46/2\times1\,000}=2.078\text{ m/s}$$

速度偏差：

$$\Delta v=(v_j-v)/v=(2.078-2)/2=0.039=3.9\%$$

标准规定电梯轿厢在 50%额定载重量时，向下运行至中段时的速度不大于 105%，不小于 92%，该梯速度偏差为 3.9%，符合要求。

6. 曳引力

曳引力是指依赖于曳引轮和钢丝绳之间的摩擦力来实现、保障电梯功能的一种能力。钢丝绳曳引应满足以下三个条件。

① 轿厢装载至 125%额定载荷的情况下应保持平层状态不打滑。

② 必须保证在任何紧急制动的状态下，不管轿厢内是空载还是满载，其减速度的值不能超过缓冲器(包括减行程的缓冲器)作用时减速度的值。

③ 当对重压在缓冲器上而曳引机按电梯上行方向旋转时，应不可能提升空载轿厢。GB 7588—2003 提示曳引力计算采用下面的公式。

轿厢装载和紧急制动工况：

$$\frac{T_1}{T_2}\leqslant e^{f\varphi} \tag{2.18}$$

轿厢滞留工况(对于重压在缓冲器上，曳引机向上方向旋转)：

$$\frac{T_1}{T_2}\geqslant e^{f\varphi} \tag{2.19}$$

式中，f 为当量摩擦系数；φ 为钢丝绳在绳轮上的包角(rad)；T_1、T_2 为曳引轮两侧曳引绳中的拉力；e 为自然对数的底，e≈2.718。

校核步骤

(1) 求出当量摩擦系数 f

① 当曳引轮为半圆槽和带切口半圆槽时，

$$f=\mu\frac{4\left(\cos\frac{\gamma}{2}-\sin\frac{\beta}{2}\right)}{\pi-\beta-\gamma-\sin\beta+\sin\gamma} \tag{2.20}$$

式中，μ 为摩擦系数；β 为下部切口角度值(rad)；γ 为槽的角度值(rad)。

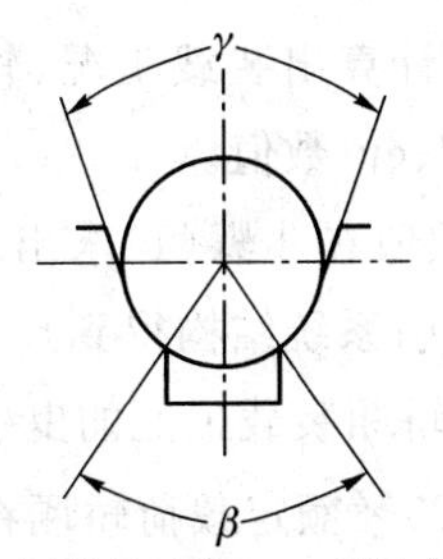

β—下部切口角；γ—槽的角度

图 2.26　带切口的半圆槽

式中的 $\frac{4\left(\cos\frac{\gamma}{2}-\sin\frac{\beta}{2}\right)}{\pi-\beta-\gamma-\sin\beta+\sin\gamma}$ 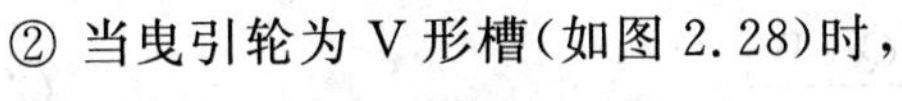 的数值可由绳槽的 β、γ(如图 2.26 所示)数值代入经计算得出；也可以从图 2.27 直接查得：

② 当曳引轮为 V 形槽(如图 2.28)时，

轿厢装载和紧急制停的工况：

• 当绳槽未经过硬化处理时，

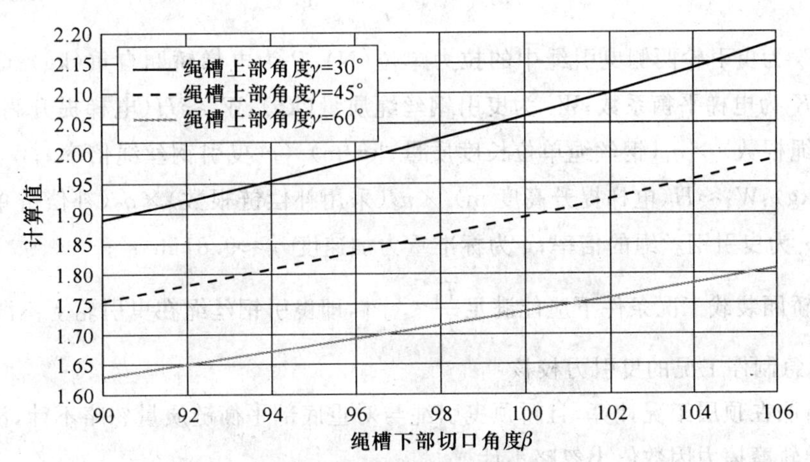

图 2.27　绳槽的 β、γ 数值

$$f=\mu\frac{4\left(1-\sin\frac{\beta}{2}\right)}{\pi-\beta-\sin\beta} \tag{2.21}$$

• 当绳槽经过硬化处理时，

$$f=\mu\frac{1}{\sin\frac{\gamma}{2}} \tag{2.22}$$

轿厢滞留的工况：

• 当槽硬化和未硬化处理时，

$$f=\mu\frac{1}{\sin\frac{\gamma}{2}} \tag{2.23}$$

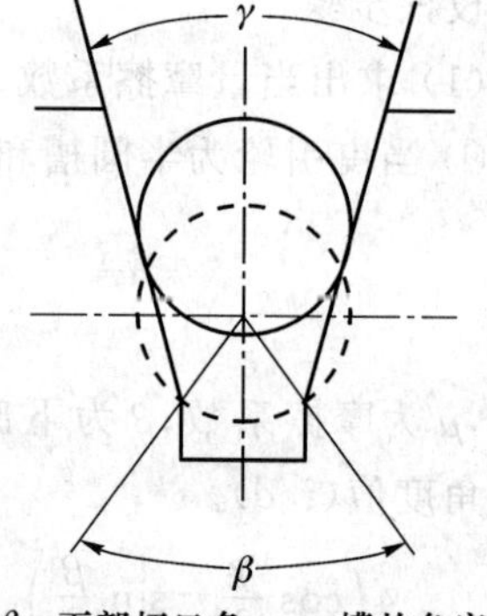

β—下部切口角；γ—槽的角度

图 2.28　V 形槽

③ 计算不同工况下 f 值

摩擦系数 μ 的数值：装载工况 $\mu_1=0.1$；轿厢滞留工况 $\mu_2=0.2$；紧急制停工况 $\mu_3=\frac{0.1}{1+v_s/10}$（$v_s$ 为轿厢额定速度下对应的绳速，m/s）。

(2) 计算 $e^{f\varphi}$

分别计算出装载工况、轿厢滞留工况、紧急制停工况的 $e_1^{f\varphi}$、$e_2^{f\varphi}$、$e_3^{f\varphi}$ 数值。

（f 数值在步骤(1)求出．钢丝绳在绳轮上包角 φ 的弧度值由曳引系统结构得到）

(3) 轿厢装载工况的曳引力校核

按 125％额定载荷轿厢在最低层站计算，轿底平衡链与对重顶部曳引绳质量忽略不计。

$$T_1=\frac{P+1.25Q+W_1}{r}g \tag{2.24}$$

$$T_2=\frac{P+kQ+W_2}{r}g \tag{2.25}$$

式中，T_1、T_2 为曳引轮两侧曳引绳中的拉力单位(N)；P 为电梯轿厢自重(kg)；Q 为额定载重量(kg)；K 为电梯平衡系数；W_1 为曳引钢丝绳质量(kg)：$W_1\approx H$（电梯提升高度 m）$\times n_1$（采用钢丝绳根数）$\times q_1$（钢丝绳单位长度质量，kg/m）$\times r$（曳引钢丝绳倍率）；W_2 为补偿链悬挂质量(kg)：$W_2\approx H$（电梯提升高度 m）$\times n_2$（采用补偿链根数）$\times q_2$（补偿链单位长度重量 kg/m）；r 为曳引钢丝绳的倍率；g 为标准重力加速度，$g\approx 9.81\ \mathrm{m/s^2}$；

校核：轿厢装载工况条件下应能满足 $\frac{T_1}{T_2}\leqslant e_1{}^{f\varphi}$，即曳引钢丝绳在曳引轮上不滑移。

(4) 紧急制停工况的曳引力校核

按空轿厢在顶层工况计算，且轿顶曳引绳与对重底部平衡链质量忽略不计，滑动轮惯量折算值与导轨摩擦力因数值小忽略不计

$$T_1=\frac{(P+kQ)\times(g+a)}{r}+\frac{W_1}{r}\times(g+a\times r) \tag{2.26}$$

$$T_2=\frac{(P+W_2+W_3)\times(g-a)}{r} \tag{2.27}$$

式中，a 为轿厢制动减速度（绝对值，$\mathrm{m/s^2}$，正常情况 a 为 $0.5\ \mathrm{m/s^2}$，对于使用了减行程缓冲器的情况，a 为 $0.8\ \mathrm{m/s^2}$）；W_3 为随行电缆的悬挂质量(kg)，且 $W_3\approx H/2$（电梯提升高度，m）$\times n_3$（随行电缆根数）$\times q_3$（随行电缆单位长度重量，kg/m）。

曳引力校核：紧急制停工况条件下，当空载的轿厢位于最高层站时应能满足 $\frac{T_1}{T_1}\leqslant e_3^{f\varphi}$，即曳引钢丝绳在曳引轮上不滑移。

(5) 轿厢滞留工况的曳引力校核

以轿厢空载，对重压在缓冲器上的工况计算

$$T_1=\frac{P+w_2+w_3}{r}g \tag{2.28}$$

$$T_2=\frac{w_1}{r}g \tag{2.29}$$

曳引力校核：在轿厢滞留工况，当轿厢空载，对重压在缓冲器上时，在轿厢滞留工况条件下，应能满足$\frac{T_1}{T_2}\geqslant e_2^{f\varphi}$，即曳引钢丝绳可以在曳引轮上滑移。

例 2-5　设曳引系统主要参数：电梯轿厢自重 P 为 1 550 kg，电梯额定速度 v 为 2.50 m/s，额定载重量 Q 为 1 250 kg，电梯平衡系数 k 为 48%，电梯提升高度 H 为 96.8 m，曳引钢丝绳的倍率 r 为 2，采用钢丝绳根数 n 为 7，采用钢丝绳单位长度重量 q_1 为 0.347 kg/m，补偿链根数 n_2 为 2，补偿链单位长度重量 q_2 为 2.23 kg/m，随行电缆根数 n_3 为 1，随行电缆单位长度重量 q_3 为 1.118 kg/m，钢丝绳在绳轮上的包角 φ 为 2.775 rad(159°)，曳引轮半圆槽开口角 γ 为 0.524 rad(30°)，曳引轮半圆槽下部切口角 β 为 1.833 rad(105°)，计算曳引力。

解：

① 求出当量摩擦系数 f

• 曳引轮为带切口半圆槽，根据公式(2.20)：

$$f=\mu\frac{4\left(\cos\frac{\gamma}{2}-\sin\frac{\beta}{2}\right)}{\pi-\beta-\gamma-\sin\beta+\sin\gamma}$$

$\beta=105°$；$\gamma=30°$从图 8.1 查得

$$\frac{4\left(\cos\frac{\gamma}{2}-\sin\frac{\beta}{2}\right)}{\pi-\beta-\gamma-\sin\beta+\sin\gamma}=2.16$$

• 装载工况，$\mu_1=0.1$：

$$f_1=\mu_1\frac{4\left(\cos\frac{\gamma}{2}-\sin\frac{\beta}{2}\right)}{\pi-\beta-\gamma-\sin\beta+\sin\gamma}=0.1\times2.16=0.216$$

轿厢滞留工况，$\mu_2=0.2$：

$$f_2=\mu_2\frac{4\left(\cos\frac{\gamma}{2}-\sin\frac{\beta}{2}\right)}{\pi-\beta-\gamma-\sin\beta+\sin\gamma}=0.2\times2.16=0.432$$

紧急制停工况，$\mu_3=\frac{0.1}{1+v_s/10}=\frac{0.1}{1+2.5\times2/10}=0.067$（$v_s$ 为轿厢额定速度下对应的绳速，$v_s=v\times r$）：

$$f_3=\mu_3\frac{4\left(\cos\frac{\gamma}{2}-\sin\frac{\beta}{2}\right)}{\pi-\beta-\gamma-\sin\beta+\sin\gamma}=0.067\times2.16=0.144$$

② 计算 $e^{f\varphi}$

装载工况：

$$e_1^{f\varphi}=e^{0.216\times2.775}=1.82$$

轿厢滞留工况：

$$e_2^{f\varphi}=e^{0.432\times 2.775}=3.33$$

紧急制停工况：

$$e_3^{f\varphi}=e^{0.144\times 2.775}=1.49$$

③ 轿厢装载工况曳引力校核

$$W_1=7\times 0.347\times 96.8\times 2=470\ \text{kg}$$

$$W_2=2\times 2.23\times 96.8=432\ \text{kg}$$

$$T_1=\frac{P+1.25Q+W_1}{r}\times g=\frac{1\,550+1.25\times 1\,250+470}{2}\times 9.8=17\,554.25\ \text{N}$$

$$T_2=\frac{P+kQ+W_2}{r}\times g=\frac{1\,550+0.48\times 1\,250+432}{2}\times 9.8=12\,651.8\ \text{N}$$

$$\frac{T_1}{T_2}=\frac{17\,554.25}{12\,651.8}=1.39<e_1^{f\varphi}=1.82$$

因此，在轿厢装载工况条件下，当载有125%额定载荷的轿厢位于最低层站时，曳引钢丝绳不会在曳引轮上滑移，即不会打滑。

④ 在紧急制停工况曳引力校核：

$$T_1=\frac{(P+kQ)\times(g+a)}{r}+\frac{W_1}{r}\times(g+a\times r)$$

$$=\frac{(1\,550+0.48\times 1\,250)\times(9.81+0.5)}{2}+\frac{470}{2}\times(9.81+0.5\times 2)$$

$$=13\,233.25\ \text{N}$$

$$T_2=\frac{(P+W_2+W_3)\times(g-a)}{r}$$

$$=\frac{(1\,550+432+54)\times(9.81-0.5)}{2}$$

$$=9\,477\ \text{N}$$

$$\frac{T_1}{T_2}=\frac{13\,233.25}{9\,477}=1.40<e_3^{f\varphi}=1.49$$

因此，在紧急制停工况条件下(轿厢制动减速度 a 为0.5 m/s)，当空载的轿厢位于最高层站时，曳引钢丝绳在曳引轮上不滑移。

⑤ 轿厢滞留工况的曳引力校核：

$$W_3=1\times 1.118\times 96.8/2=54\ \text{kg}$$

$$T_1=\frac{P+w_2+w_3}{r}g=\frac{1\,550+432+54}{2}\times 9.81=9\,976\ \text{N}$$

$$T_2=\frac{w_1}{r}g_n=\frac{470}{2}\times 9.81=2\,303\ \text{N}$$

$$\frac{T_1}{T_2}=\frac{9\,976}{2\,303}=4.33>e_2^{f\varphi}=3.33$$

因此，当轿厢空载且对重装置支撑在对重缓冲器上时，在轿厢滞留工况条件下，曳引钢丝绳可以在曳引轮上滑移，即当对重压在缓冲器上而曳引机按电梯上行方向旋转时，应不可能提升空载轿厢。

结论：该电梯曳引力按 GB 7588—2003 校核，符合要求。

2.2　轿厢和门系统

轿厢由轿门、厅门、开门机、门锁装置等组成，是电梯的一个重要部位，对乘客安全关系极大。轿门由门、门导轨架和轿厢地坎等组成。厅门由门、门导轨架、层门门地坎和层门联动机构等组成。轿门的开启由操作者或自动门机控制。自动门机设置在轿厢门口上方，其功能是减轻操作者的劳动强度，保证运行绝对安全并提高运行效率。

2.2.1　轿厢

1. 轿厢的结构

轿厢主要由轿厢体和轿厢架构成。轿厢架是固定和悬吊轿厢的框架，是由底梁、立柱、上梁以及立柱与轿厢底的侧向拉条所组成的承重构架，如图 2.29 所示。上梁和下梁各用两根 16～30＃槽钢制成，可用 3～8 mm 厚的钢板压制成。立梁用槽钢、角钢或 3～6 mm 的钢板压制而成。拉条作用是增强轿厢架的刚度，防止轿底负载偏心后地板倾斜。拉点设在轿底架适当位置时，可承受轿厢地板上 3/8 左右的负载。负载重量小、轿厢较浅的电梯，可以不设拉条，轿底面积较大的电梯，就特别需要拉条，一些大轿厢结构还需设双拉条。

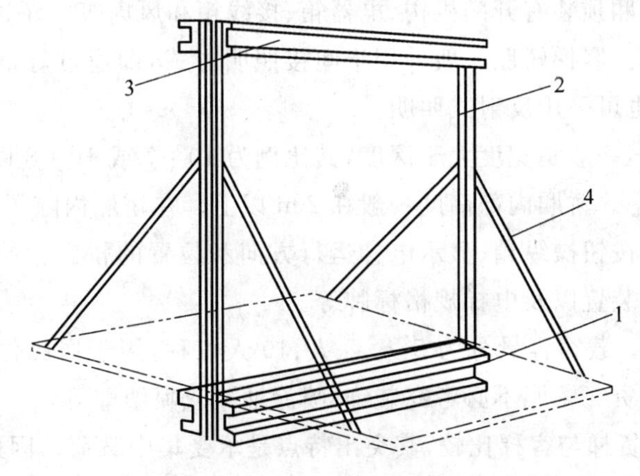

1—底梁；2—立柱；3—上梁拉条；4—拉条

图 2.29　轿厢架

轿厢体由轿厢底、轿厢壁和轿厢顶构成。在门处轿底前沿设有轿门地坎。为了乘客的安全，在轿门地坎下面设有安全防护板，见图 2.30。对于不同用途的电梯，虽然轿厢基本结构是相同的，但在具体结构要求上却有所不同。

(1) 客梯轿厢。轿厢壁常用 1.5 mm 金属薄钢板压制成，每个面壁由多块折边钢板拼装成，每块轿壁之间可以嵌有镶条，起装饰和减震作用。轿厢壁应有一定的强度，当一个 300 N 的力从轿厢内向外垂直作用于轿厢壁的任何位置，并均匀分布于面积为 5 cm^2 的圆形或方形面积上时，轿厢壁应无永久变形或弹性变形超过 15 mm。在轿厢壁板的背面，有薄板压成槽钢状的加强筋，以提高机械强度。在轿壁上贴花纹防火板，或贴不锈钢薄板，或在壁上镶玻璃(此时应在壁上设置护手栏)。

轿厢底为薄钢板，中间为厚夹层，表面铺设花纹塑胶板或地毯等材料，使人步入时，无金属碰撞声，并使人感到可靠踏实。在轿厢体与轿架之间，要加防振橡胶块，在轿壁背面敷设阻隔井道噪声的沥青泥、油灰等隔音材料。

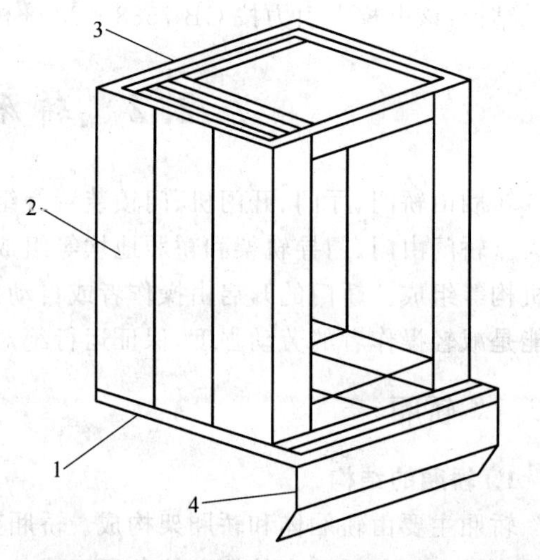

1—轿厢底；2—轿厢壁；3—轿厢顶；4—安全防护板

图 2.30 轿厢体

轿厢顶与轿厢壁一样，也用薄钢板制成，并开有供人紧急出入的安全窗。安全窗开启时，只能由内向外开启，并配有安全控制开关，切断电梯控制电路，使电梯不能启动，以确保安全。轿顶也必须有足够强度，以便在安装、检修和营救时，能允许在轿厢顶一定范围内站有一定数量的人。轿顶应能支撑两个人的重量，即在轿顶的任何位置上，至少能承受 2 000 N 的垂直力而无永久变形。轿顶应有一块至少 0.12 m² 的站人用的净面积，其短边至少为0.25 m。轿厢顶设防护栏，确保电梯维修人员的安全。轿厢顶装有开门机构、电器箱、接线箱和风扇等。轿顶内部的装饰要结合照明方式一起来考虑。客梯轿厢一般采用半间接照明方式，即通过灯罩等透明体使光线柔和些，再照射下来。也可采用反射式照明。

客梯轿厢的尺寸，一般是宽度大于深度，其比例为 10∶7 或 10∶8 以便为乘客的乘降提供方便，提高使用效率。轿厢内部高度一般在 2 m 以上。在轿厢内除了设置照明装置外，还设有操纵电梯运行的按钮操纵箱、显示电梯运行方向和位置的轿内指层灯、风扇或抽风机、急停开关之类的应急装置以及电梯规格标牌等。

(2) 住宅梯轿厢。载客容量分为 5 人、8 人、10 人三种，用于居民住宅，除乘人外，还需装载居民日常生活物资。轿厢不必考究装饰，喷涂油漆或喷塑即可。

(3) 货梯轿厢。货梯与客梯比较，其突出特点是承受集中载荷。因此，对货梯轿厢结构有特殊要求。首先，轿厢架底梁采用以槽钢为主体的梁式刚性结构。其次，轿厢底板采用 4～5 mm 厚的花纹钢板，直接铺设在轿底框架上。轿厢架和轿厢底都采用刚性结构，轿厢底直接固定在底梁上，保证载重时不变形。此外为了装卸货物的方便，特别是考虑用车辆装卸货物的方便，在轿厢尺寸上，一般是深度等于或大于宽度。

(4) 病床梯轿厢。病床梯主要载运病床和医疗器具，因此轿厢窄而深。轿顶照明采用间接式，以适应病人仰卧的特点。轿厢的装饰一般化，有些轿厢设有穿堂门，方便病床的出入。

(5) 观光梯轿厢。观光梯轿厢的观光壁常做成棱形或圆形，并使用强化玻璃，以便于乘客通过井道前壁的透明玻璃进行观光，吸引游人。轿厢玻璃下端离底 0.5 m 左右，在离轿底 1 m 处设置扶栏。为了保证玻璃轿壁的强度，玻璃的装配结构必须利于抵抗安全钳动作的冲击，每块玻璃面积的大小也要受到限制。此外，轿内装修较为豪华，轿外露出部分也十分讲究，一般都涂以华丽的颜色并有彩灯装饰。

(6) 超高速电梯轿厢。轿厢一般为流线型，减小空气的阻力、运行时的噪声。

(7) 汽车梯轿厢。由于运载对象是汽车，所以轿厢常不设轿顶。轿厢深度较大，轿厢架立柱与轿底之间常设双拉杆，轿厢的有效面积也比较大。

(8) 杂物梯轿厢。杂物梯的运载对象为书籍、食品等杂物。轿厢有 40 kg、100 kg 和 250 kg 三种。40 kg、100 kg 的轿厢，其高度为 800 mm；250 kg 的轿厢，其高度为 120 mm，限制人的进入，确保人身安全。运送食品的轿厢常用不锈钢制造。

2. 轿厢的超载检测

为电梯安全运行，需要自动地限定轿厢的运载重量。为此，在轿厢上装设超载检测装置。该装置的一种形式是具有调节秤砣的横杆机构称重装置，也可以采用橡胶块作为称重元件，通过对橡胶块的压缩量来反映载重量。当电梯载重量达到额定载重量的 110%时，便通过相应机构带动微动开关动作，切断电梯控制电路，电梯便不能启动。对于控制功能完善的电梯，如集选控制电梯，当载重量达到电梯额定载重量的 80%～90%时，便接通直驶电路，使在运行途中不再应答厅外截停召唤信号，直达目的层站。还可以采用电磁机构作为超载检测装置。

若将上述检测装置安装在轿厢底部，则称为轿底称重式超载检测装置，常用于客梯。这种情况下，轿底与轿厢体分离，轿底直接浮支在杠杆机构称重装置上。也可以将轿厢支承在称重橡胶块上。

对于货梯，常将超载检测装置安装在轿厢架的上梁，称为轿顶称重式装置。这类装置是以压缩弹簧为称重元件的杠杆机构，也可以采用橡胶块为称重元件。

如果超载检测装置不便于安装在轿底或封顶时，可将其安装在机房，称为机房检重式装置，这时常采用压缩弹簧式杠杆机构称重装置。

2.2.2　门系统

电梯门分为轿厢门和厅门。轿厢门用来封住轿厢出入口，防止轿内人员和物品与井道相碰撞。厅门用来封住井道出入口，防止候梯人员和物品坠入井道。

1. 门的型式

按运动方式分，电梯门可分为滑动门和旋转门。旋转门多用于国外的小型公寓，几乎不占用井道空间，特别适用无轿门电梯。我国采用滑动门，滑动门按开门方向分为中分式、旁开式、交栅式门和直分式。

(1) 中分式门。这种门由中间向两侧分开，见图 2.31，左右门扇以相同的速度向两侧滑动；关门时，以相同的速度向中间合拢。客梯常采用中分式，出入方便、工作效率高、可靠性好。一般采用两扇中分式门，如果要求较大的开门宽度，可采用四扇中分式门。

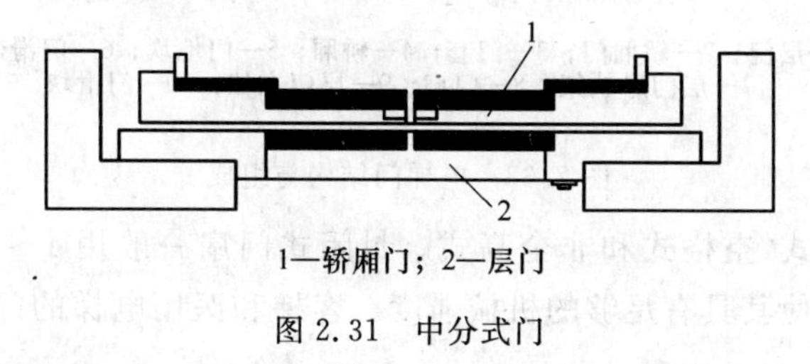

1—轿厢门；2—层门

图 2.31　中分式门

(2) 旁开式门。这种门的门扇由一侧向另一侧门开或合拢,可由左侧向右侧或由右侧向左侧开门,如图 2.32 所示。按照门扇数分为单扇、两扇和三扇旁开式门。旁开门在开关门时,各扇门运动时间必须相同。由于各扇门行程不同,所以各自速度不同,有快门和慢门之分。双扇旁开式门又称双速门。由于门在打开后是折叠在一起的,又称双折式门。当旁开式门为三扇时称为三速门或三折式门。货梯多采用旁开式门,希望开门宽度尽量大些,装卸货物方便。

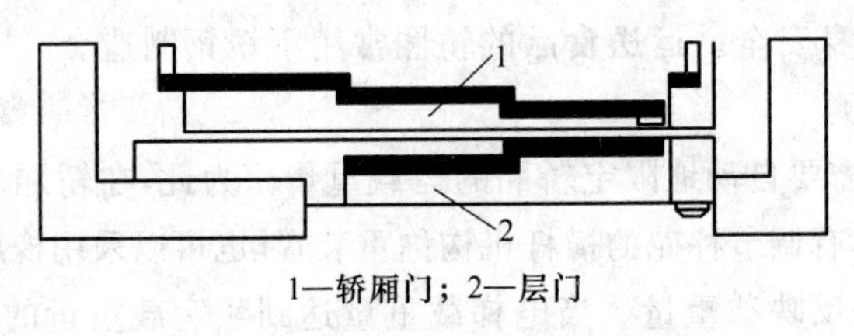

1—轿厢门；2—层门

图 2.32　旁开式门

(3) 交栅式门。单扇旁开式门的一种特殊结构,以伸缩形式完成开门和关门的,又称伸缩门。

该电梯的开门宽度更大些,对井道的宽度要求更小,在货梯上广泛应用。空格式门扇不能用做为厅门和客梯的轿厢门。

(4) 直分式门。直分式门由下向上推开,又称闸门式门。按门扇的数量分为单扇、双扇和三扇等,双扇门称双速门,三扇门称三速门。直分式门的门扇不占用井道及轿厢的宽度,能使电梯具有最大的开门宽度,常用在杂物梯和大吨位货梯上。

2. 门的结构和组成

电梯门由门扇、门滑轮、门靴、门地坎、门导轨等部件组成。在轿门和厅门的门扇上部装有门滑轮,分别在轿厢顶部前沿的轿门导轨架和厅门框架上部的导轨架上滑动;而门的下部装有尼龙滑块,开关门过程中,门靴只能沿着地坎槽滑动,使门扇在正常外力作用下,不会倒向井道,使门的上、下两端均受导向和限位,见图 2.33。

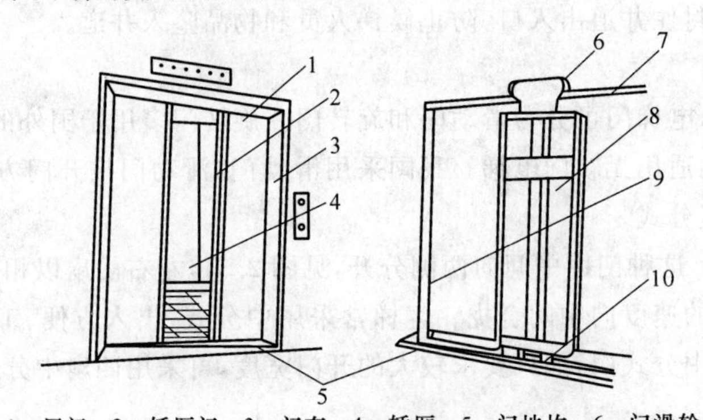

1—层门；2—轿厢门；3—门套；4—轿厢；5—门地坎；6—门滑轮；
7—层门导轨架；8—门扇；9—层门立柱；10—门滑块

图 2.33　电梯门结构与组成

门扇类型有封闭式、空格式和非全高式。封闭式门扇一般用 1～1.5 mm 厚的钢板制成,中间辅以加强筋,使其具有足够的机械强度。客梯和医用电梯的门都采用封闭式门扇。

空格式门扇，指交栅式门，具有通气透气的特点，我国规定栅间距离不得大于 10 mm，保证安全，只能用于货梯轿门。非全高式门扇的高度低于门口高，常用于汽车梯和货物梯。其中汽车梯，高度一般不应低于 1.4 m；货梯中，高度一般不应低于 1.8 m。

3. 开关门机构

电梯轿门由装在轿顶部的自动开门机来开门和关门，这种轿门也称为自动门。自动开门机构以调速直流电动机（有时也用交流电动机）为动力，通过曲柄连杆和摇杆滑块机构（对于单侧驱动机构，还用绳轮联动机构），将电动机的旋转运动转换为开、关门的直线运动。轿门可以在轿内或轿外手动开门。图 2.34 为双臂式中分门开门机结构示意图，以直流电动机为动力，电动机不带减速箱，而以两级 V 带传动减速，以第二级的大皮带轮作为曲柄轮。当曲柄轮逆时针转动 180°时，左右摇杆同时推动左右门扇，完成一次开门行程后。曲柄轮再顺时针转动 180°，就能使左右门扇同时合拢，完成一次关门行程。开门机采用串电阻减压调速。控制速度的行程开关装在曲柄轮背面的开关架上，一般为 3～5 个。开关打板装在曲柄轮上，在曲柄轮转动时依次动作各开关，达到调速目的。改变开关在架上的位置，就能改变各运动阶段的行程。

新型变频同步门机摒弃了过去门机系统的皮带或链条一级或两级减速环节，采用同步齿形带传输动力。圆弧齿同步带，与同步门刀，门吊板连接；变频门机的运转带动同步带，门刀及吊板，实现开关门动作。传动结构简单，动作平稳，调整方便，门机快慢门吊板定位采用双稳态开关或使用光盘码捕捉位置检测，控制精度高，可靠性好。

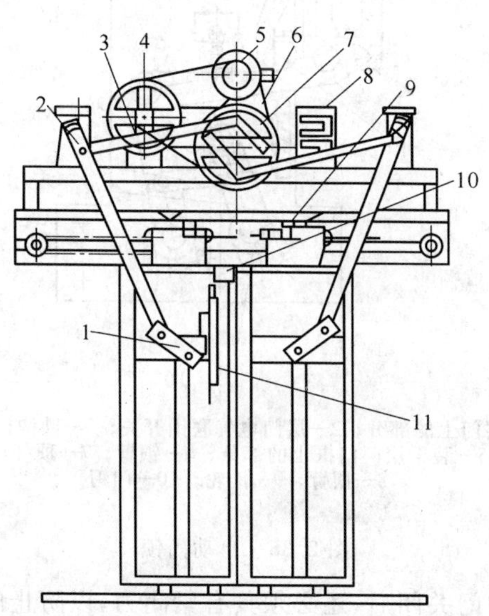

1—门连杆；2—摇杆；3—连杆；4—皮带轮；5—电动机；6—曲柄轮；7—行程开关；
8—电阻箱；9—强迫锁紧装置；10—自动门锁；11—门刀

图 2.34　双臂式中分门开门机

厅门只能由轿门通过系合装置带动开门或关门，因此，它是被动门。常见的系合装置是装在轿门上的门刀。门刀，用钢板制成，因其形状似刀，称门刀。门刀用螺栓紧固在轿门上，位置要保证在每一层站，均能准确插入门锁的两个滚轮之间。门锁是一种机电联锁装置装在厅门内侧，是电梯不可或缺的一种安全装置。在轿门通过门刀带动厅门关闭后，自动门锁便将厅门锁闭，在井道内手动解脱门锁后才能打开厅门，而在厅外只能用专用钥匙才能打开厅门，防止从厅门外将厅门扒开出危险；同时保证只有在厅门、轿门完全关闭后，通过门锁上的微动开关接通电梯控制电路，才能接通电路，电梯方可行驶，从而更加保证了电梯的安全。在自动开门机驱动轿门开门时，轿门通过门刀解脱门锁并带动厅门开门。与此同时，门锁上的微动开关切断电梯控制电路，使电梯不能启动。

图 2.35 所示是一种常见的门锁，称为单门刀式自动门锁（又称撞击式钩子锁）。门电联锁触点的左上部装在厅门上，右半部装在厅门的门框上。当电梯到达平层时，门刀插入到门锁两滚轮之间。门刀向右移动，促使右边的橡胶锁轮绕销轴转动，供锁钩脱开。在开锁过程中，左边的橡胶锁轮快速接触刀片，当两橡胶锁轮将刀片夹持之后，右边的橡胶轮停止绕销轴转动，层门开始随刀片起向右移动，直到门开到位。在门锁开锁时，其撑牙依靠自重将锁钩撑住，这样保证了电梯的关门。刀片推动右边的橡胶锁轮时，左边的橡胶锁轮和锁钩不发生转动，并使层门随刀片朝关门方向运动。当门接近关门时，撑杆在限位螺钉作用下与锁钩脱离接触，供层门上锁。同时，锁钩头部将层门电气联锁开关压下，接通电梯的控制回路，此时电梯才能启动运行，从而实现了安全保护的作用。门刀用螺栓紧固在轿门上，保证在每一层站均能准确插入门锁的两个滚轮之间。

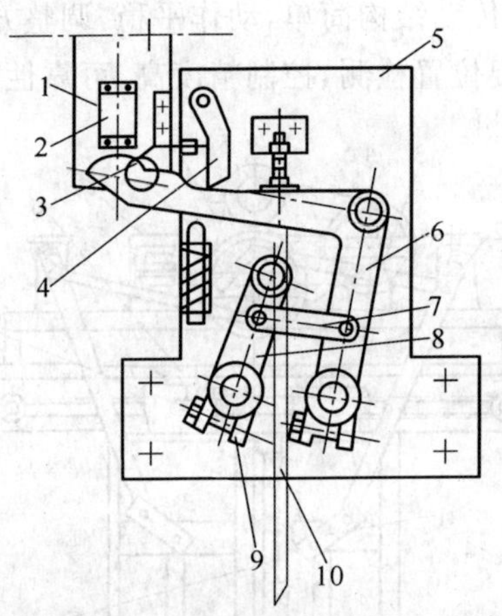

1—装于层门上的部分；2—层门电气联锁开关；3—锁钩；4—撑杆；
5—装于层门门框上的部分；6—锁臂；7—顶杆；
8—摆臂；9—滚轮；10—门刀

图 2.35　自动门锁

此外，开门机构驱动轿门关闭后，还必须具有紧闭力，以防止门的松回；厅门必须具有自闭能力，即在轿门打开情况下，轿厢以检修低速运行驶离厅门时，厅门必须能自动闭合，以确保井道口安全。

4. 安全保护装置

电梯门安全保护装置是指电梯在运行过程中或发生不安全状态时，门系统的机械和电气元器件发生联合动作，以实现安全保护作用的装置。为防止关门时人或物品被门夹住，通常用机械式门安全触板。正常情况下，安全触板要凸出门扇 30～35 mm。在关门过程中，门一旦触碰到人或物品时，触板被推入门扇，通过杠杆机构带动微动开关动作，使门的驱动电机迅速反转，将门重新打开。一般触板被推入 8 mm 左右，微动开关即可动作。如图 2.36 所示。

除了安全触板以外，还有非接触式的双触板与光电保护装置、红外线光幕式保护装置、电磁感应式保护装置和超声波式保护装置。双触板与光电保护装置采用光电传感器，在门的左右两侧分别安装一个发光器和接收器，发出不可见光束，当乘客进入光束通过此范围时虽然不触及到门，但是接收器会因此发出信号使门反向运行打开，如图 2.37 所示。红外线光幕式保护装置光幕是由单片计算机(CPU)等构成非接触式安全保护，安装在轿门两侧，用红外发光体发射一束红外光束，通过电梯门进出口的空间，到达红外接收体后产生一个接收的电信号，表示电梯门中间没有障碍物，这样从上到下周而复始进行扫描，就在电梯门进出口形成一幅“光幕”。通常光幕由发射器、接收器、电源及电缆组成。如图 2.38 所示。电磁感应式保护装置借助于磁感应原理，在门区内组成三组电磁场，任意一组电磁场的变化，都会作为不平衡状态出现。如果三组磁场不相同，表明门区有障碍物，探测器断开关门电路，如图 2.39 所示。超声波式保护装置运用超声波传感器在轿门口产生一个 50cm×80cm 检测范围，只要在此范围内有人通过由于声波受到阻尼，就会发出信号使门打开，如果乘客站在检测区内超过 20 s，其功能自动解除，门关闭时切除其功能，如图 2.40 所示。

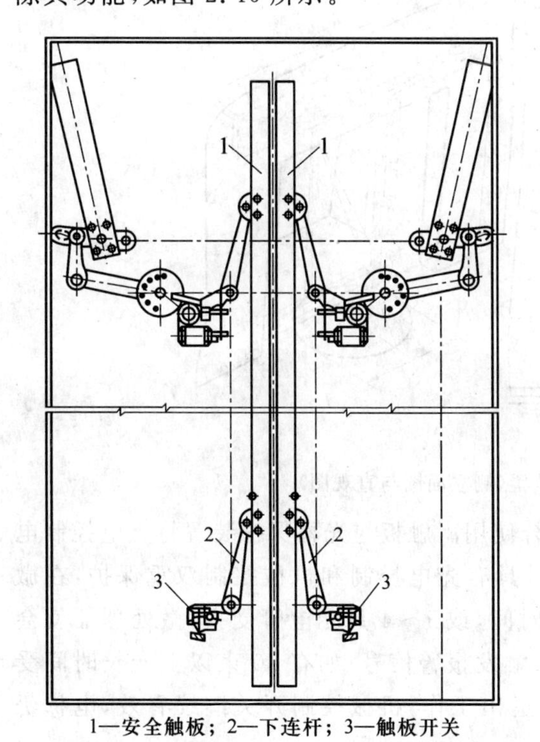

1—安全触板；2—下连杆；3—触板开关

图 2.36　中分门安全触板结构

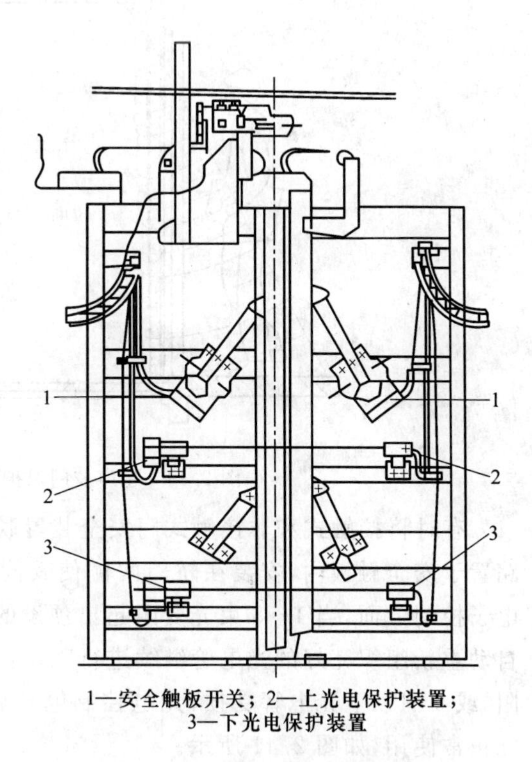

1—安全触板开关；2—上光电保护装置；3—下光电保护装置

图 2.37　双触板与光电保护装置

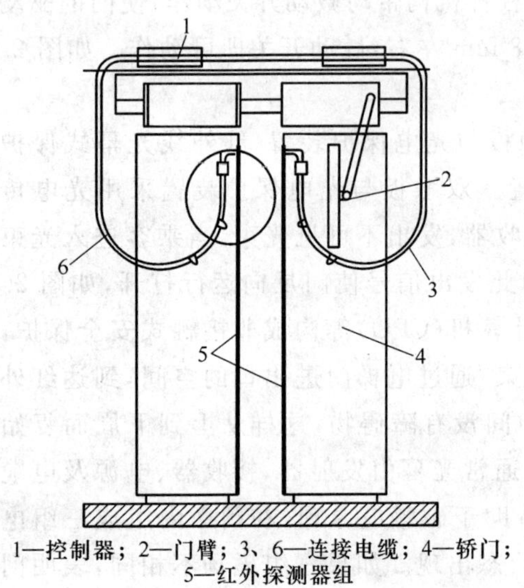

1—控制器；2—门臂；3、6—连接电缆；4—轿门；
5—红外探测器组

图 2.38　红外线光幕保护装置

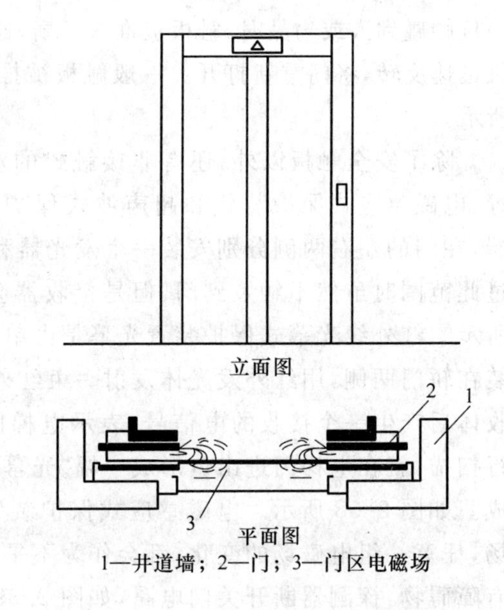

1—井道墙；2—门；3—门区电磁场

图 2.39　电磁感应式门保护装置

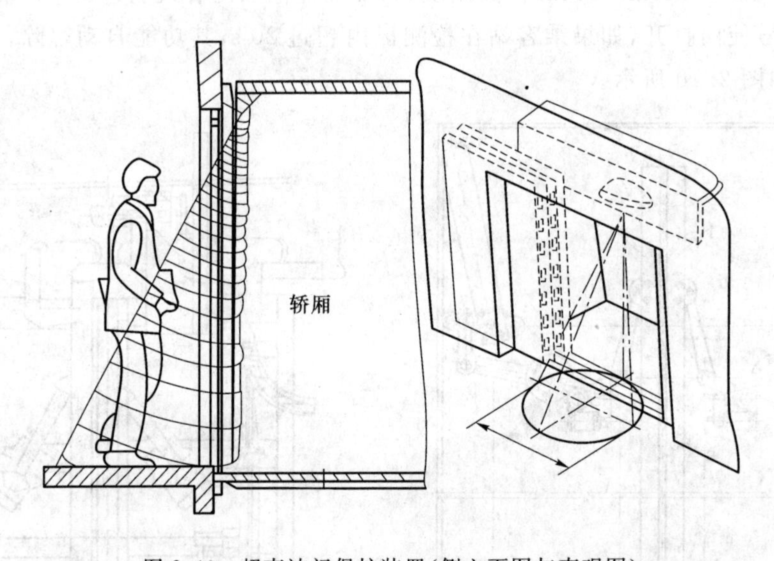

图 2.40　超声波门保护装置(侧立面图与直观图)

有时将接触式和非接触式门安全装置联合使用。触板与光幕保护装置将光电控制电路置于安全触板内,安装在轿门两侧使其同时具有光电控制和机械控制双重保护,在微电子控制方面,当 1～8 束光受阻超出预设的时间,或 1～4 只光电管受损,微处理器就会自动重新组织完好的光电管继续进行工作,并触发报警信号;如有 10 束以上光长时间受阻,或 5 只以上光电管受损,光电控制电器就退出工作,机械控制开关继续有效,电梯仍能正常使用,如图 2.41 所示。

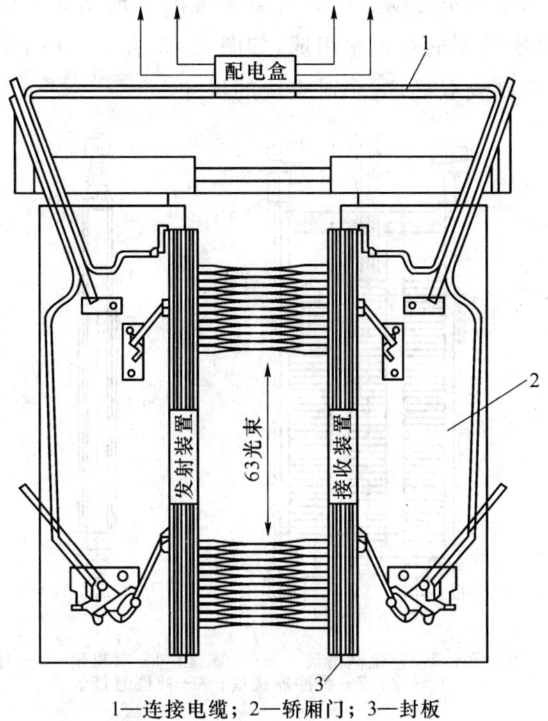

1—连接电缆；2—轿厢门；3—封板

图 2.41　触板与光幕保护装置

2.3　重量平衡系统

电梯的重量平衡系统由对重和补偿装置组成，如图 2.42 所示。

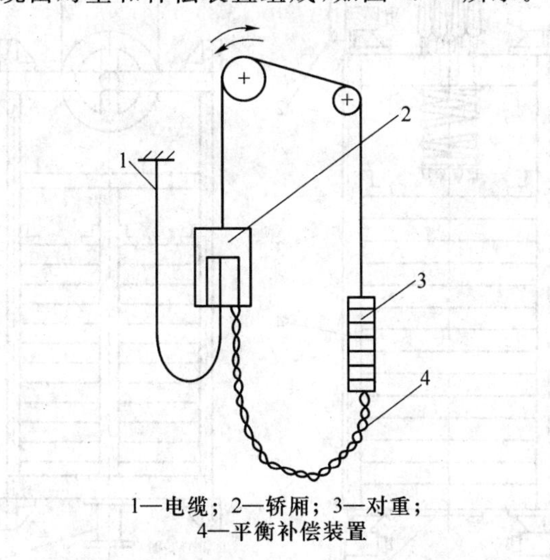

1—电缆；2—轿厢；3—对重；
4—平衡补偿装置

图 2.42　重量平衡系统构成示意图

2.3.1　对重

对重是装置平衡轿厢及电梯负载重量，与轿厢分别悬挂在曳引钢丝绳的两端，为了减少电动机功率损耗，是曳引电梯不可缺少的。对重装置由以槽钢为主体所构成的对重架和用灰铸铁制作或钢筋混凝土填充的对重块组成，如图 2.43 所示。每个对重块不宜超过 60 kg，易于装卸，有时将对重架制成双栏，减小对重块的尺寸。

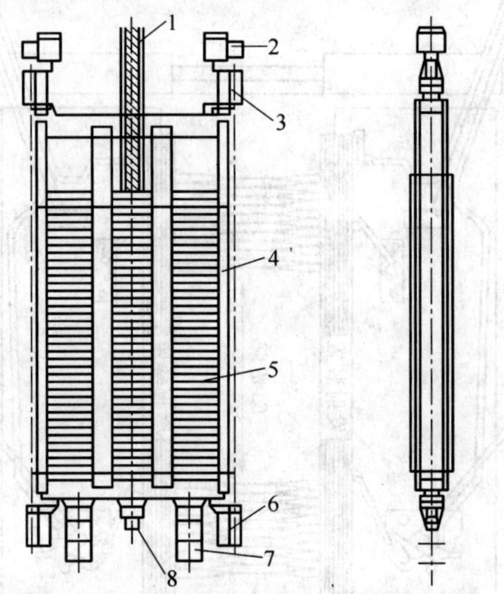

1—曳引钢丝绳；2—导靴润滑器；3—上导靴；4—对重架；5—对重块；
6—下导靴；7—缓冲器碰块；8—补偿悬挂装置

图 2.43 对重装置

对重装置主要包括无对重轮式和有对重轮式，分别适用于曳引比 1∶1 电梯和曳引比 2∶1 电梯，如图 2.44 所示。

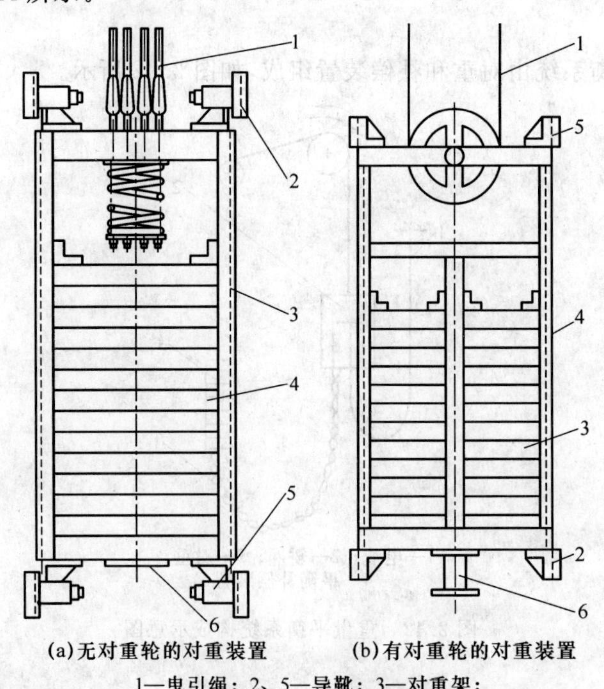

(a)无对重轮的对重装置 (b)有对重轮的对重装置

1—曳引绳；2、5—导靴；3—对重架；
4—对重块；6—缓冲器碰块

图 2.44 两类对重装置

对重与电梯负载十分匹配时，减小钢丝绳与绳轮之间的曳引力，延长钢丝绳的寿命。轿厢侧的重量为轿厢自重与负载之和，而负载的大小却在空载与额定负载之间随机变化。因此，只有当轿厢自重与载重之和等于对重重量时，电梯才处于完全平衡状态，此时的载重称为电梯的平衡点。而在电梯处于负载变化范围内的相对平衡状态时，应使曳引绳两端张力的差值小于由曳引绳与曳引轮槽之间的摩擦力所限定的最大值，以保证电梯曳引传动系统工作正常。

对重的重量值计算公式：

$$W=P+KQ \tag{2.30}$$

式中，W 为对重的总重量(kg)；P 为轿厢自重(kg)；K 为平衡系数，$K=0.45\sim0.55$；Q 为电梯的额定载重(kg)。

当使对重侧重量等于轿厢的重量，电梯只需克服摩擦力便可运行，电梯处于平衡点时，电梯运行的平稳性、平层的准确性、节能以及延长平均无故障时间等方面，均处于最佳状态。为使电梯负载状态接近平衡点，需要合理选取平衡系数 K。轻载电梯平衡系数应取下限；重载工况时取上限。对于经常处于轻载运行的客梯，平衡系数常取 0.5 以下；经常处于重载运行的货梯，常取 0.5 以上。

例 2-6　有一部客梯的额定载重量 1 000 kg，轿厢净重 1 000 kg，若平衡系数取 0.45，求对重装置的总重量。

解：已知 $P=1\,000$ kg，$Q=1\,000$ kg，$K=0.45$

代入公式 2.30 得：

$W=P+KQ=1\,000+0.45\times1\,000=1\,450$ kg

2.3.2　补偿装置

当曳引高度超过 30 m 时，曳引钢丝绳重量的影响就不容忽视，它会影响电梯运行的稳定性及平衡状态。当轿厢位于最低层时，曳引钢丝绳的重量大部分作用在轿厢侧。反之，当轿厢位于顶层端站时，曳引钢丝绳的重量大部分作用在对重侧。因此，曳引钢丝绳长度的变化会影响电梯的相对平衡。为了补偿轿厢侧和对重侧曳引钢丝绳长度的变化对电梯平衡的影响，需要设置平衡补偿装置。

平衡补偿装置类型主要有补偿链和补偿绳。补偿链以铁链为主体，在铁链中穿有麻绳，以降低运行中铁链碰撞引起的噪声。此种装置结构简单，一般适用于速度小于 2.5 m/s 的电梯，如图 2.45 所示。补偿绳以钢丝绳为主体，此种装置具有运行较稳定的优点，常用于速度大于 2.5 m/s 的电梯，如图 2.46 所示。广为采用的补偿方法，是将补偿装置悬挂在轿厢和对重下面，称为对称补偿方式。这样，当轿厢升到最高层时，曳引绳大部分位于对重侧，而平衡补偿装置大部分位于轿厢侧；当对重位于最高层时，情况与之相反，也就是说，在电梯升降运行过程中，补偿装置长度变化与曳引绳长度变化正好相反，于是，起到了平衡补偿作用，保证了电梯运动系统的相对平衡。

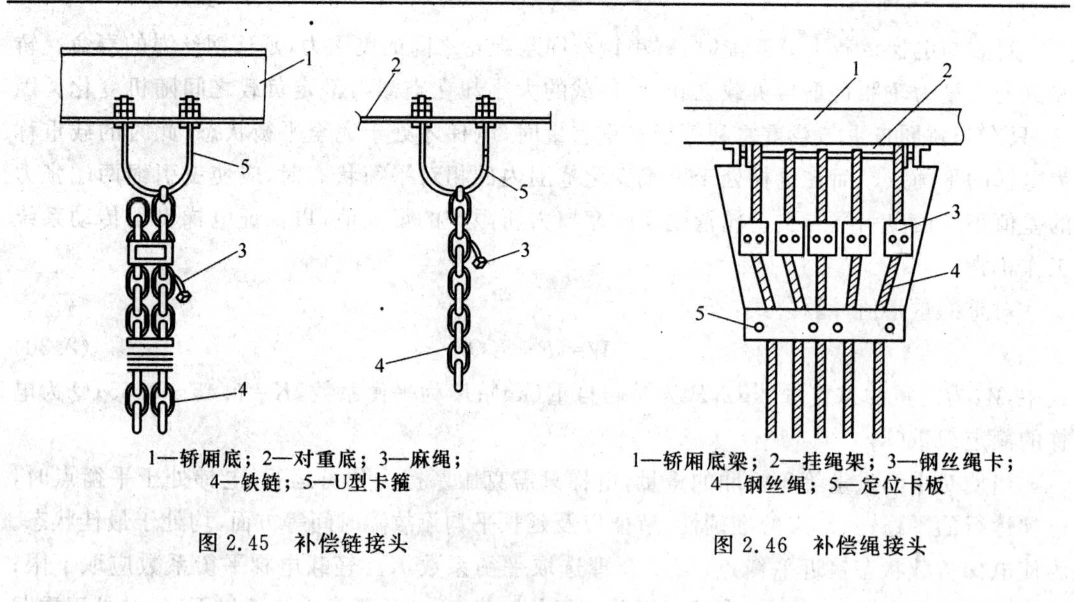

图 2.45　补偿链接头

图 2.46　补偿绳接头

2.4　导向系统

导向系统由导轨、导靴和导轨架组成，其主要功能是对轿厢和对重的运动进行限制和导向。

2.4.1　导轨

导轨安装在在井道中来确定轿厢与对重的相互位置，并对它们的运动起导向作用，防止因轿厢的偏载产生的倾斜。当安全钳动作时，导轨作为被夹持的支撑件，支撑轿厢或对重。导轨通常采用机械加工或冷轧加工方式制作。导轨的种类，以其横向载面的形状分，常见有 T 型、L 型、槽型和管型 4 种，如图 2.47 所示。T 型导轨具有良好的抗弯性能和可加工性，通用性强，应用最多。L 型、槽型和管型导轨一般均不经过加工，通常用于运行平稳性要求不高的低速电梯。导轨用具有足够强度和韧性的钢材制成。为了保证电梯运行的平稳性，一般对导轨工作面的扭曲、直线度等几何形状误差，以及工作面的粗糙度等方面都有较严格的技术要求。

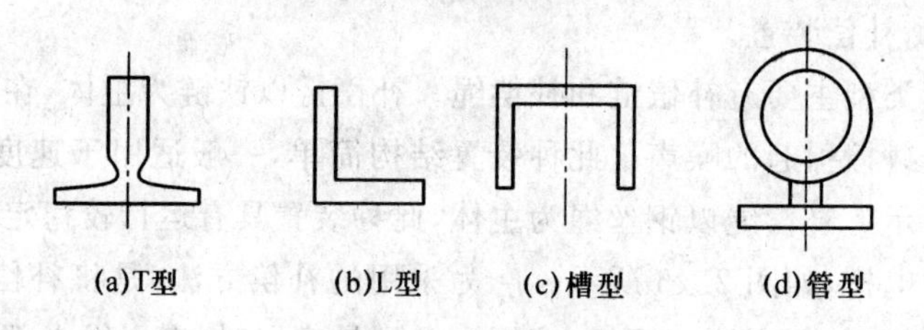

图 2.47　导轨的种类

因为每根的导轨一般为 3～5 m，必须进行连接安装，连接安装时，不允许采用焊接或用螺栓连接，两根导轨的端部要加工成凹凸形的榫头与榫槽楔合定位，背后附设 1 根加工过的连接板（长 250 mm，厚为 10 mm 以上，宽与导轨相适应），每根导轨端部至少要用 4 个螺栓与连接板固定，如图 2.48 所示。榫头与榫槽具有很高的加工精度，起到连接的定位作用；接头处的强度，由连接板和连接螺栓来保证。

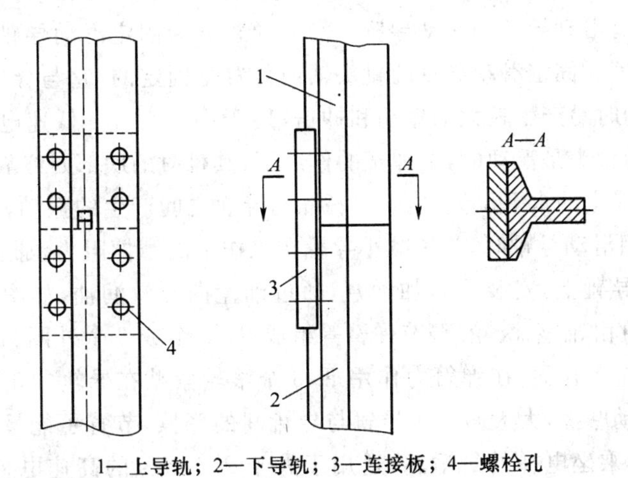

1—上导轨；2—下导轨；3—连接板；4—螺栓孔

图 2.48　导轨的连接

导轨在固定时，导轨不能直接紧固在井道内壁上，它需要固定在导轨架上，固定方法不采用焊接或用螺栓联接，而是用压板固定法，如图 2.49 所示。压板固定法，用导轨压板将导轨压紧在导轨架上，当井道下沉，导轨因热胀冷缩，导轨受到的拉伸力超出压板的压紧力时，导轨就能作相对移动，从而避免了弯曲变形。这种方法被广泛用在导轨的安装上，压板的压紧力可通过螺栓的被拧紧程度来调整，拧紧力的确定与电梯的规格，导轨上、下端的支撑形式等有关。

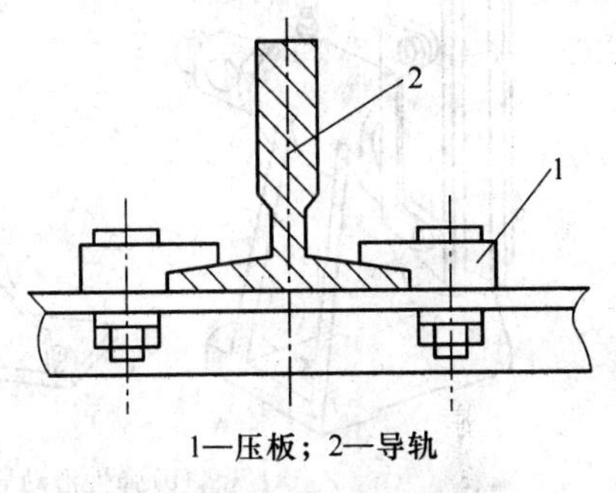

1—压板；2—导轨

图 2.49　压板固定法

导轨安装质量也直接影响电梯运行的平稳性，主要反映在导轨的位置精度和导轨接头的定位质量两个方面。对于导轨安装的位置精度的要求是：安装后的导轨工作侧面平行于铅垂线的偏差，有关规范中规定为每 5 m 长度中不超过 0.7 mm，以减小运行阻力和导轨的受力；两导轨同一侧工作面位于同一铅垂面的偏差不超过 1 mm，以利于导向性；两导轨工作端面之间的距离偏差，对于高速电梯的轿厢导轨为不大于±0.5 mm，对重导轨为不大于±1 mm；对低、快速电梯的轿厢导轨为不大于±1 mm，对重导轨为不大于±2 mm，以防止导靴卡住或脱出。对于每根 3～5 m 长的导轨之间接头的定位质量，虽然是通过有很高加工精度的榫头和榫槽来保证，但是在两根导轨对接时，还会常常出现两根导轨工作面不在同一平面的台阶。有关规范规定，这个台阶不应大于 0.05 mm。为了使接头处平顺光滑，对于高速电梯应在 300 mm 长度内进行修光，对于低、快速电梯应在 200 mm 长度内进行修光。

2.4.2　导靴

导靴引导轿厢和对重沿着导轨运动。轿厢安装四套导靴，分别安装在轿厢上梁两侧和轿厢底部安全钳座下面；四套对重导靴安装在对重梁上部和底部。导靴的凹形槽(靴头)与导轨的凸形工作面配合，一般情况下，导靴要承受偏重力，随时将力传递在导轨上，强制轿厢和对重在曳引钢丝绳牵引下，沿着导轨上下运行，防止轿厢和对重装置在运行过程中偏斜或摆动。

导靴类型主要有滑动导靴和滚动导靴。滑动导靴分为固定滑动导靴和弹性滑动导靴，有较高的强度和刚度。固定滑动导靴的靴头轴向位置是固定的，它与导轨间的配合存在着一定的间隙，在运动时易产生较大的振动和冲击，用于小于 1 m/s 低速电梯。如图 2.50 所示，弹性滑动导靴的靴头是浮动的，在弹簧的作用下，其靴衬的底部始终靠在导轨端面上，使轿厢在运行中保持稳定的水平位置，能吸收轿厢与导轨之间产生的振动，适用于速度为 1~2 m/s 的电梯。采用滑动导靴时，为了减小导靴在工作中的摩擦阻力，通常在轿架上梁和对重装置上方的两个导靴上，安装导轨加油盒，通过油盒向导轨润油，如图 2.51 所示。如图 2.52 所示，滚动导靴由靴座、滚轮、调节弹簧等组成，以 3 个或 6 个外圈为硬质橡胶的滚轮，代替滑动导靴的 3 个工作面；在弹簧力作用下，3 个滚轮紧贴在导轨的正面和两侧面上，以滚动摩擦代替了滑动摩擦，大大减少了导轨与导靴间的摩擦，节省了能量，减小了运动中的振动和噪声，提高了乘坐电梯的舒适感，适用于大于 2.0 m/s 的高速电梯。采用滚动导靴时，导轨工作面上绝不允许加润滑油，会使滚轮打滑而无法正常工作。在滚轮的外缘包一层薄薄的橡胶外套，延长滚轮的使用寿命，减少噪声，取得更为满意的运行效果。

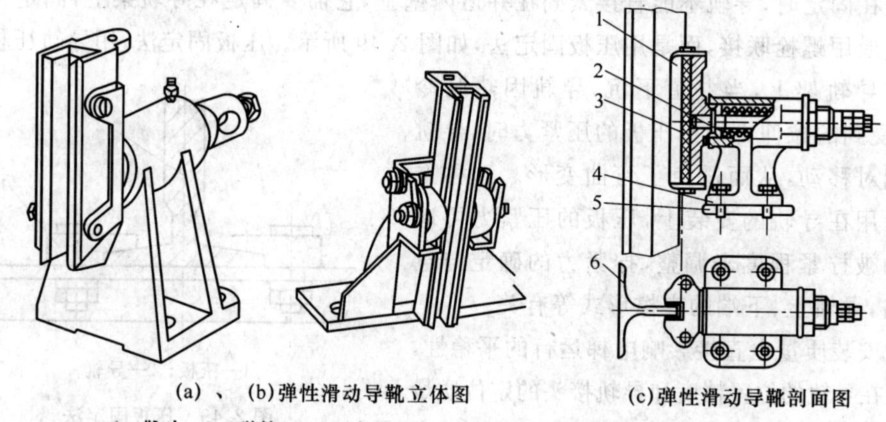

(a)、(b)弹性滑动导靴立体图　　(c)弹性滑动导靴剖面图

1—靴头；2—弹簧；3—尼龙靴衬；4—靴座；5—轿架或对重架；6—导轨

图 2.50　弹性滑动导靴

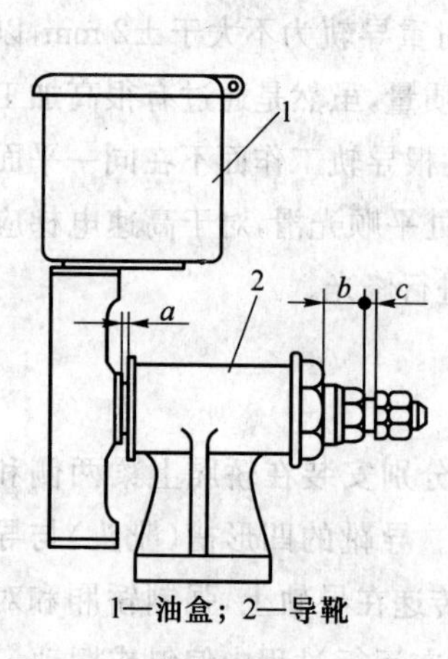

1—油盒；2—导轨

图 2.51　弹性滑动导靴与油盒

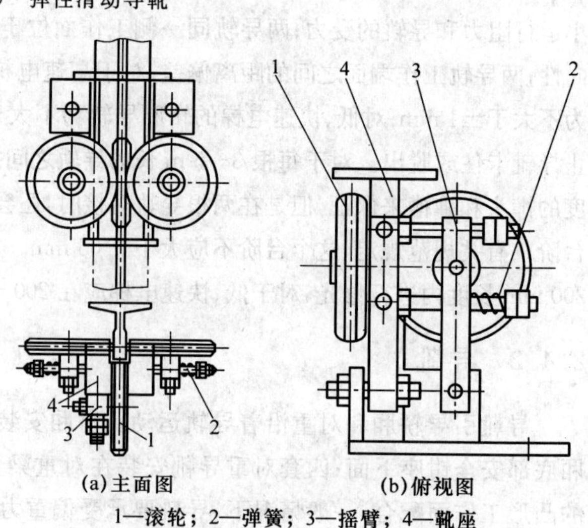

(a)主面图　　(b)俯视图

1—滚轮；2—弹簧；3—摇臂；4—靴座

图 2.52　滚动导靴

2.4.3　导轨支架

导轨支架是导轨的支撑架，它固定在井道壁或横梁上，将导轨的空间位置加以固定，并承受来自导轨的各种作用力。导轨支架主要分为轿厢导轨支架、对重导轨支架和轿厢与对重导轨共用导轨支架。导轨支架一般的配置间距不应超过 2.5 m(可根据具体情况进行调整)，每根导轨内，至少要有两个导轨支架，用膨胀螺栓法、预埋钢板法等方法将导轨支架固定在井道壁上。

2.4.4　导轨承载能力的计算实例

例 2-7　设轿厢重量 P 为 1 800 kg，额定载重 Q 为 1 600 kg，冲击系数 k_1 为 2，重力加速度 g 为 9.81 m/s^2，导轨数量 n 为 2，轿厢导靴中心之间的距离 h 为 3 500 mm，轿厢深度 D_x 为 1 874 mm，轿厢宽度 D_y 为 2 068 mm，导轨支架的间距 l 为 2 000 mm，计算导轨承载能力。

解：导轨受力应考虑最不利的情况，即额定载荷 Q 作用在相对于悬挂点的 1/6 处且此时安全钳动作。电梯轿厢的尺寸如图 2.53 所示。

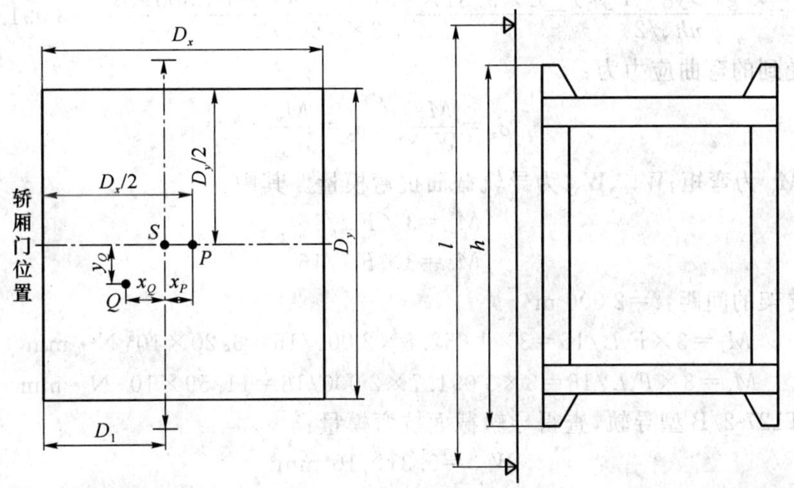

S—轿厢的悬挂点；P—轿厢的重心；Q—额定载重量的重心；D_x—轿厢深；D_1—导轨中心线到轿厢前侧的距离；D_y—轿厢宽度；h—轿厢导靴之间的距离；l—导轨支架的间距；x_P、y_P—轿厢的重心P相对于悬挂点S的坐标；x_Q、y_Q—额定载重量的重心；Q相对于悬挂点S的坐标(其中：$x_Q=D_x/6$、$y_Q=D_y/6$)

图 2.53　轿厢的尺寸

导轨的受力分析如图 2.54 所示。

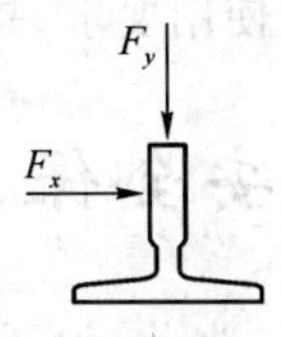

图 2.54　导轨的受力分析

安全钳动作时导轨受到的压力为：

$$F_x=\frac{k_1 g(QX_Q+Px_p)}{nh} \tag{2.31}$$

$$F_y=\frac{k_1 g(Qy_Q+Py_P)}{nh/2} \tag{2.32}$$

式中，P 为轿厢重量；Q 为额定载重；k_1 为冲击系数；g 为重力加速度；n 为导轨数量；h 为轿厢导靴中心之间的距离；x_Q、y_Q 为额定载重量的重心 Q 相对于悬挂点 S 的坐标；x_P、y_P 为轿厢的重心 P 相对于悬挂点 S 的坐标。则：

$$x_Q=\frac{D_x}{6}=\frac{1\,874}{6}=312.3\ \text{mm}$$

$$y_Q=\frac{D_y}{6}=\frac{2\,068}{6}=344.7\ \text{mm}$$

导轨中心线到轿厢前侧的距离 $D_1=887$ mm 轿厢的重心 P 相对于悬挂点 S 的坐标：

$$x_P=\frac{D_x}{2}-D_1=\frac{1\,874}{2}-887=50\ \text{mm}$$

$$y_P=0\ \text{mm}$$

$$F_x=\frac{k_1 g(Qx_Q+Px_P)}{nh}=\frac{2\times 9.81\times(1\,600\times 312.3+1\,800\times 50)}{2\times 3\,500}=1\,652.8\ \text{N}$$

$$F_y=\frac{k_1 g(Qy_Q+Py_P)}{nh、/2}=\frac{2\times 9.81\times(1\,600\times 344.7+1\,800\times 0)}{2\times 3\,500/2}=3\,091.7\ \text{N}$$

导轨受到的弯曲应力为：

$$\sigma_x=\frac{M_x}{W_{xx}} \qquad \sigma_y=\frac{M_y}{W_{yy}}$$

式中，M_x、M_y 为弯矩；W_{xx}、W_{yy} 为导轨截面抗弯模量。其中：

$$M_x=3\times F_x l/16$$

$$M_y=3\times F_y l/16$$

导轨支架的间距：$l=2\,000$ m

$$M_x=3\times F_x L/16=3\times 1\,652.8\times 2\,000/16=6.20\times 10^5\ \text{N}\cdot\text{mm}$$

$$M_y=3\times F_y L/16=3\times 3\,091.7\times 2\,000/16=11.59\times 10^5\ \text{N}\cdot\text{mm}$$

应用 T127-2/B 型导轨，查得导轨截面抗弯模量：

$$W_{xx}=0.31\times 10^5\ \text{mm}^3$$

$$W_{yy}=0.368\times 10^5\ \text{mm}^3$$

则：

$$\sigma_x=M_x/W_{xx}=6.20\times 10^5/0.31\times 10^5\ \text{MPa}=20\ \text{MPa}$$

$$\sigma_y=M_y/W_{yy}=11.59\times 10^5/0.368\times 10^5\ \text{MPa}=31.49\ \text{MPa}$$

查表得：安全钳动作时，导轨的许用应力最小值 $\sigma_{\text{perm}}=205$ MPa，远大于计算值 $\sigma_x=20$ MPa、$\sigma_y=31.49$ MPa，所以导轨符合使用要求，是安全可靠的。

2.5 安全保护系统

对现代电梯的运行必须保证安全。为此，设置了机械式、电气式和机电综合式电梯安全保护系统。为了保障乘坐电梯安全，电梯所用的机械和电气部件要坚固耐用；易损部件如曳引钢丝绳和电气触点等要按时检修和更换；电梯设计时还要采用保障安全运行的各种安全保护设备和流程。这些安全保护部件主要有：限速器、安全钳、电磁制动器、急停开关、门安全装置及终端极限开关等。它们的动作流程图见图 2.55。

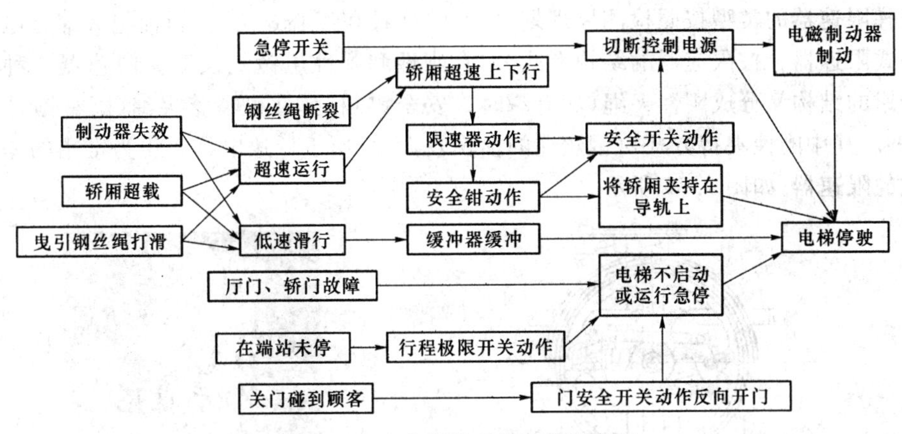

图 2.55　安全保护系统动作流程图

2.5.1　机械安全保护装置

当电梯电气控制系统由于出现故障而失灵时，会造成电梯超速运行。如果电气超速保护系统也失灵，甚至电磁制动器也不起作用了，就会使电梯由于失控而出现“飞车”，甚至会出现曳引绳钢丝严重打滑、曳引绳断裂、曳引机主轴断裂等更为严重的事故。这时，就要靠机械安全保护装置提供最后的安全保护。对电梯超速的失控现象的机械安全保护装置是限速器和安全钳，这两种装置总是相互配合使用。

1. 限速器

限速器是反映并控制电梯轿厢（对重）超速上、下行的安全保护装置。当电梯轿厢（对重）的实际运动速度达到极限时（超过允许值）它能发出信号产生机械动作，切断控制电路和迫使安全钳动作。限速器安装在机房，它由限速器轮、离心装置、限速器绳和夹绳机构等部分组成。限速器钢丝绳由设在井道底坑的张紧轮拉紧，使限速器钢丝绳与限速器轮槽之间产生一定的摩擦力。限速器钢丝绳与安装在轿厢两侧的安全钳拉杆相连，见图 2.56。因此，在轿厢上下运行时，便带动限速器绳同步移动，通过限速器绳带动限速器轮旋转。这样，就可通过限速器轮的旋转运动所产生的离心力，来直接检测轿厢的运行速度。

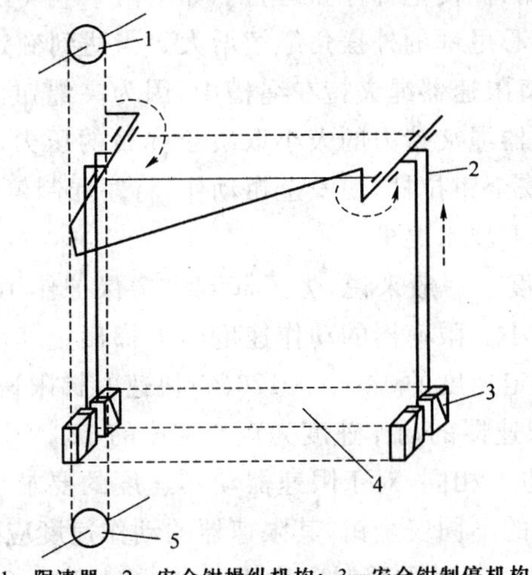

1—限速器；2—安全钳操纵机构；3—安全钳制停机构；
4—轿厢架；5—张紧轮

图 2.56　安全钳机构示意图

电梯限速器的类型按照检测原理划分，有惯性式和离心式两种，目前绝大部分电梯均采用离心式限速器。按限速器的结构形式分，有刚性和弹性甩锤式及双向限速器3种。按操纵安全钳的结构又分成刚性夹绳（配有瞬时式安全钳）和弹性可滑移夹绳（配有渐进式安全钳）两种。其中刚性夹持方式对钢丝绳的损伤较大，只用于低速电梯。更为常用的是弹性夹持方式的限速器，如图2.57所示。

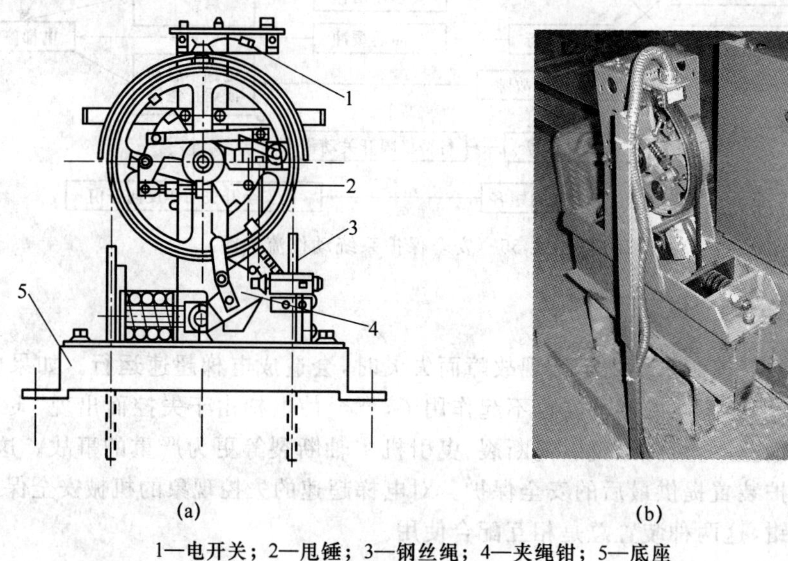

1—电开关；2—甩锤；3—钢丝绳；4—夹绳钳；5—底座

图2.57　弹性甩锤式限速器

在限速旋转轮盘上设有两个离心甩锤，用弹簧将其拉向限速器轮轴。当限速器绳在轿厢驱动下带动限速器轮旋转时，由于离心力的作用，这两个离心甩锤便要克服弹簧拉力而向外摆动，速度越高，其摆角越大。对应于某一速度的摆角大小，与弹簧拉力有关，弹簧拉力可以调整。在轿厢正常运行速度下，离心甩锤的摆角不足以使开关和限速器绳夹持机构动作。当轿厢运行速度达到额定速度的115%时，离心甩锤的向外摆角增大到足以通过相应机构开断电开关，切断急停回路，促使电梯停止运行。如果由于电气控制系统失灵而没能使电梯减速停，反而继续加速，离心甩锤的外摆角继续增大。当达到额定速度的120%～140%时，绳夹持机构动作，夹绳钳将限速器绳夹持在绳槽中，因为夹绳钳由一弹簧支撑，所以这种夹持方式是弹性的。对限速器绳夹持力的大小取决于弹簧的压力，该压力可以调整。当限速器绳被夹持之后，便拉动安全钳拉杆，使安全钳动作，将轿厢制停在导轨上。

限速器一般应满足以下技术要求。

(1) 限速器的动作速度。一般来说，为了起到安全保护作用，电梯的速度越高，允许其超过额定速度的百分比越小。限速器的动作速度与电梯额定速度的比例关系如下：低速电梯限速器的动作速度为额定速度的140%～170%；快速电梯限速器的动作速度为额定速度的135%左右；高速电梯限速器的动作速度为额定速度的120%～130%。另外，电梯额定速度不同，所配用的限速器也不相同，对于限速器动作速度的要求也不相同，否则将起不到安全保护作用。对于所配用的不同安全钳，其限速器的动作速度应按以下要求：

① 配用不可脱落滚柱式以外的瞬时安全钳时，应不大于0.8 m/s；

② 配用不可脱落滚柱瞬时式安全钳时，应不大于1.0 m/s；

③ 配用具有缓冲作用的瞬时安全钳或额定速度不大于 1.0 m/s 的渐进式安全钳时，应不大于 1.5 m/s；

④ 配用额定速度超过 1.0 m/s 的渐进式安全钳时，应不大于 $1.25v+0.25/v$(m/s)，式中 v 为电梯额定速度。

(2) 限速器开关。对于额定速度大于 1 m/s 的电梯，当轿厢下行的速度达到限速器动作速度之前(约是限速器动作速度的 90%～95%)，限速器或其他装置应借助超速开关迫使电梯曳引机停止运转。对于速度不大于 1 m/s 的电梯，其超速开关最迟在限速器达到动作速度时起作用；如电梯在可变电压或连续调速的情况下运行，则最迟当轿厢速度达到额定速度的 115%时，此电气安全装置(超速开关)应动作。

(3) 限速器绳的预张紧力。为了使钢丝绳(限速绳)无滑动地带动绳轮转动，准确反映轿厢运行速度，限速器绳的每一分支中的张力应不小于于 150 N。它是通过张紧装置来实现的，张紧装置由支架、张紧轮和配重组成。张紧轮安装在支架轴上，可灵活转动，调整配重重量，可调整钢丝绳的张力。为了防止绳的破断或过于伸长而失效，张紧装置上均装置有断绳电气安全开关(图 2.58)。张紧装置底部距离底坑应有适当的高度，防止钢丝绳伸长使张紧装置碰到地面而失效。

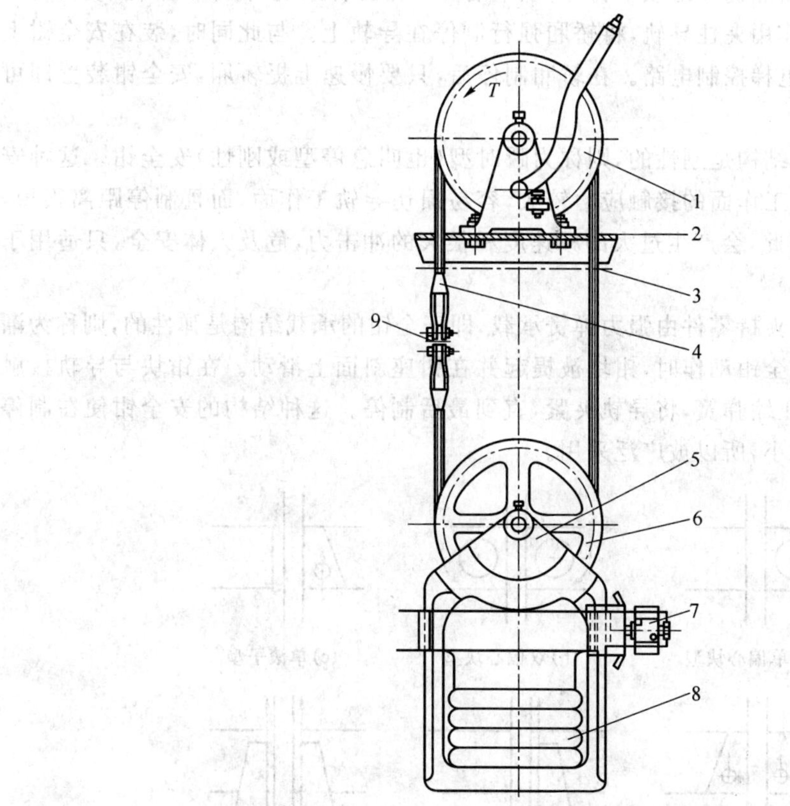

1—限速器；2—机房地平面；3—钢丝绳锥套；4—钢丝绳；5—张紧架；
6—张紧轮；7—断绳开关；8—配重砣块；9—安全钳传动杆连接点

图 2.58　限速器与张紧装置

(4) 限速器夹绳力。限速器动作时的夹绳力应至少为带动安全钳起作用所需力的 2 倍，并不小于 300 N。

(5) 限速器绳。限速器钢丝绳的作用是传递运动并在被夹持时提起安全钳,因此必须要有足够的强度和耐磨性。实用中一般采用直径 8 mm 以上的外粗式,纤维芯钢丝绳,同时为了保证绳索的使用寿命,绳轮的直径应是钢丝绳直径的 30 倍以上。

(6) 限速器复位。限速器每次发生动作后并经认真检修,应由称职的电梯维修管理人员来操作,使电梯恢复正常使用。

2. 安全钳

安全钳是在限速器操纵下,利用自锁夹紧原理,将轿厢夹持在轨道上从而实现轿厢紧急制停的一种安全装置,对电梯的运行提供最后的可靠保护。安全钳安装在轿厢架两侧的下梁或上梁处,由钳块和钳座等部分组成的制停机构以及连杆和钳块拉杆系统组成的操纵机构组成,如图 2.56 所示。

安全钳的钳块形式有多种,如图 2.59 所示。其中滚子型和偏心型块在夹持时,由于接触面较小,所以只适用于载重较小且速度不高的电梯。楔型钳块适用于高速电梯。

限速器绳与安全钳的驱动连杆相连。在正常运行时,由于连杆弹簧的作用力大于限速器绳拉力,所以安全钳不动作,钳块与导轨面保持 1～3 mm 间隙。当限速器动作后,限速器绳被夹持不动时,由于轿厢仍在继续下行,所以牵动安全钳拉杆系统,将钳块上提,使其与导轨接触,依靠自锁夹紧作用夹住导轨,将轿厢强行制停在导轨上。与此同时,装在安全钳上的电气开关动作,切断电梯控制电路。在轿厢制停后,只要慢速上提轿厢,安全钳装置即可松开复位。

如果安全钳的承载结构是刚性的,则称为瞬时型(也叫急停型或刚性)安全钳。这种安全钳的夹紧元件与导轨工作面的接触应力较大,容易损伤导轨工作面,而且制停距离很短,一般不超过 30 mm。因此,会产生过大的减速度和很大的冲击力,危及人体安全,只适用于低速电梯。

如果能自锁夹紧的夹持零件由强力弹簧承载,即安全钳的承载结构是弹性的,则称为渐进型安全钳。当这种安全钳动作时,钳块被提起并在钳座斜面上滑动。在钳块与导轨接触后,依靠自锁夹紧作用压缩弹簧,将导轨夹紧,直到最后制停。这种结构的安全钳使在制停过程中的冲击力大为减小,所以被广泛采用。

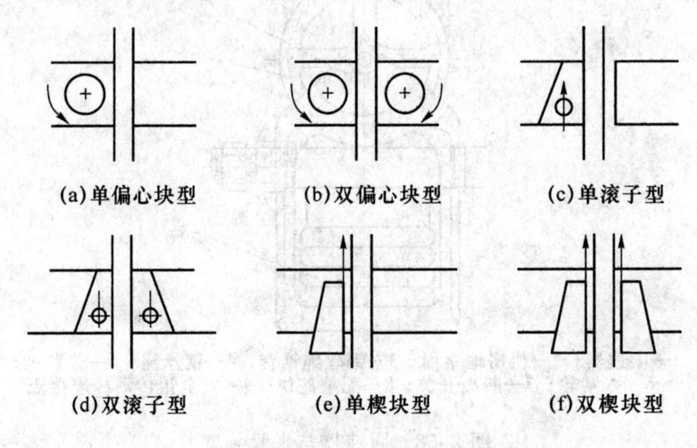

图 2.59　安全钳块种类

2.5.2　电气安全保护装置

为了保证电梯的安全运行，在井道中设有终端超越保护装置。实际上，这是一组防止电梯超越下端站（即大楼中电梯的最低停靠层站）或上端站（即大楼中电梯的最高停靠层站）的行程开关，能在轿厢或对重撞底、冲顶之前，通过轿厢打板直接触碰这些开关来切断控制电路或总电源，在电磁制动器的制动抱闸作用下，迫使电梯停止运行。

终端超越保护装置包括：强迫换速开关、终端限位开关和终端极限开关，如图 2.60 所示。

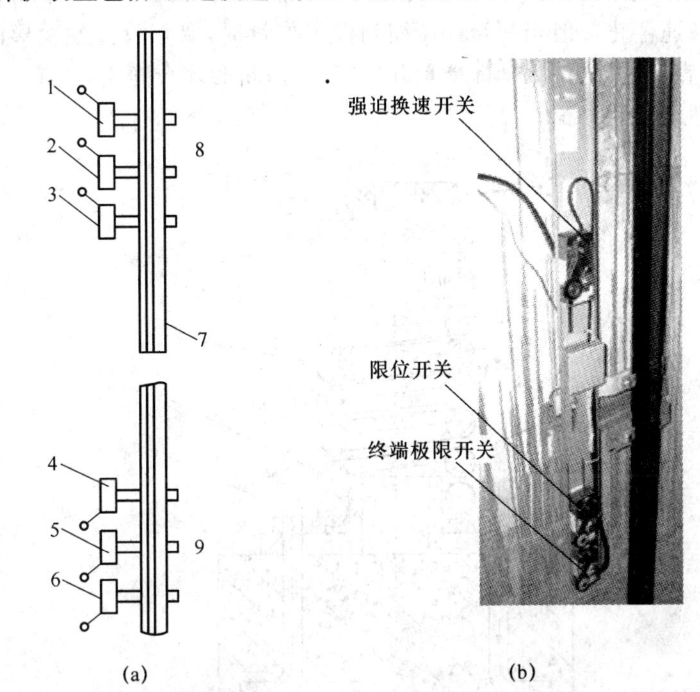

(a)　(b)

1—上终端极限开关；2—上限位开关；3—上强迫换速开关；4—下强迫换速开关；5—下限位开关；6—下终端极限开关；7—导轨；8—井道顶部；9—井道底部

图 2.60　终端超越保护装置

其中强迫换速开关设置在井道底部和顶部换速点相应位置。当电梯由于失控而冲向井道底部或顶部时，首先经过并使其动作的开关是强迫换速开关，从而通过控制电路迫使电梯减速、停止。

如果强迫换速开关没起作用，电梯继续越出底层或顶层位置，则下限位开关或上限位开关动作，迫使电梯停止运行。此时，若有上面层站或下面层站召唤，电梯仍能上行或下行。

若限位开关也没能使电梯停止运行时，则防止撞底或冲顶的最后保护装置便是终端极限开关。当电梯最后经过终端极限开关并使其动作时，便切断电梯总电源，但保留照明电源，通过电磁制动器使电梯停止运行，此时电梯不能再启动。

2.5.3　缓冲器

缓冲器是电梯极限位置的最后一道安全装置。当电梯冲向底层或顶层，会造成机毁人亡的严重后果。在电梯运行过程中，出现曳引摩擦力或电磁制动器制动力不足、电气控制系统失灵和曳引绳断裂等不安全状况，使所有保护措施都失效时，轿厢带有较大的速度与能量冲过下端站造成撞底或冲过上端站造成冲顶。为保护乘客和设备的安全，必须设置缓冲器吸收或消耗轿厢能量的装置，减少损失。缓冲器安装在井道底坑上，通常设置三个，正对轿厢缓冲板的两个称为轿厢缓冲器，正对对重缓冲板的一个称为对重缓冲器。缓冲器按结构不同分弹簧缓冲器和液压缓冲器。

弹簧缓冲器是蓄能型保护装置，见图2.61。当弹簧缓冲器受到撞击时，通过自身变形将轿厢（对重）下落产生的动能与势能转化为弹性势能，由弹簧的压缩行程和反力，使轿厢或对重得到缓冲、减速停止。但当弹簧被压缩到极限位量时，要释放弹性变形能，轿厢反弹上升，并反复进行，直到这个力消失，即能量释放完毕时，轿厢才会静止，造成缓冲不平稳，其缓冲性能较差，只适于低速电梯。

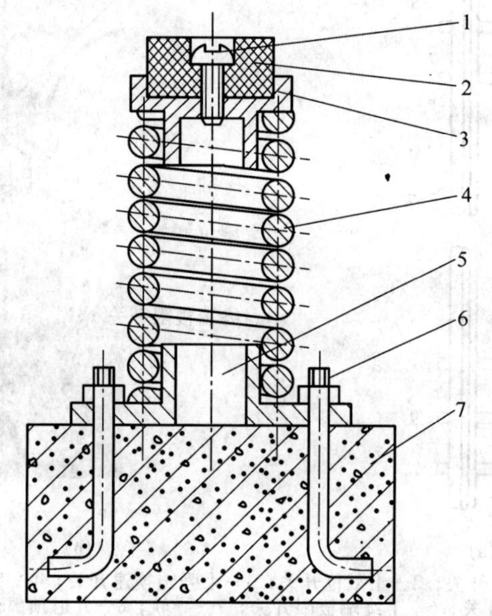

1—螺钉；2—缓冲橡胶垫；3—上盖；4—缓冲弹簧；
5—底座；6—地脚螺钉；7—水泥墩

图2.61 弹簧缓冲器

另一种是油压缓冲器，见图2.62。当缓冲器被轿厢或对重撞击时，缓冲器柱塞向下移动，油缸中的油被挤压，迫使油通过环形节流孔喷向柱塞腔，由于流动截面积突然减小，利用液体通过节流孔流动的阻尼作用，使液体内互相撞击、摩擦，将动能转化为热量散发掉，来消耗电梯动能与势能，使电梯缓冲减速直到停止。当轿厢（对重）离开缓冲器，弹簧使柱塞向上复位，油重新流回到油缸。

液压缓冲器以消耗能量的方式实行缓冲，所以没有回弹现象。由于变量棒的作用，柱塞在下压时，环形节流孔的截面积逐步变小，能使电梯的缓冲过程接近匀速运动。因此，液压缓冲器具有缓冲平稳的特点，优化了电梯系统的减速过程；橡皮缓冲垫可以减振，又能降低噪声；通过特制的玻璃窗可观察到油位，安装与维修也容易；承载范围 $P+Q$ 可以从几百千克至几千千克，适用于速度大于1 m/s的电梯。

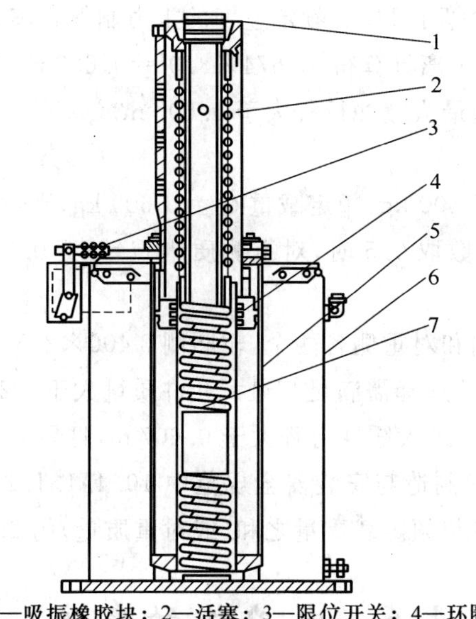

1—吸振橡胶块；2—活塞；3—限位开关；4—环圈；
5—筒体；6—油箱；7—弹簧

图 2.62　油压缓冲器

2.5.4　安全部件计算实例

1. 限速器

根据 EN 81—1:1998 电梯制造与安装安全规范中第 9.9.1 条规定，操纵轿厢安全钳的限速器动作速度至少等于额定速度的 115%，但应小于 9.9.1.(d)规定的：对于额定速度大于 1 m/s 的渐进式安全钳装置为 $1.25v+0.25/v$(m/s)。这样电梯的额定速度 $v=3.0$ m/s，限速器的动作速度应符合公式：

$$115\%\ v \leqslant v_{动作} < 1.25v+0.25/v$$

$$115\%\times 3.0 \leqslant v_{动作} < 1.25\times 3.0+0.25/3.0$$

$$3.45\ \text{m/s} \leqslant v_{动作} < 3.833\ \text{m/s}$$

故选用动作速度满足上述计算公式且已通过了 CE 认证的限速器即可满足使用要求。

2. 安全钳

(1) 允许质量。

若轿厢质量 $P=1\,800$ kg，额定载重 $Q=1\,600$ kg，则实际总质量为：

$$P+Q=1\,800+1\,600=3\,400\ \text{kg}$$

安全钳的选择需满足允许总质量大于 3 400 kg。

(2) 动作速度。

安全钳的动作速度，即限速器的下行动作速度 $3.45\ \text{m/s} \leqslant v_{动作} < 3.833\ \text{m/s}$。

综上所述：选用允许总质量大于 3 400 kg，动作速度满足 $3.45\ \text{m/s} \leqslant v_{动作} < 3.833\ \text{m/s}$，且已通过 CE 认证的安全钳，即可满足使用要求。

3. 缓冲器

(1) 缓冲器行程的计算。

根据 EN 81—1:1998 电梯制造与电梯安装安全规范中第 10.4.3.1 条的规定，耗能型缓冲器可能的总行程应至少等于115%额定速度的重力制停距离，即：$0.0674v^2$。若电梯额定速度 $v=3.0$ m/s，则制停距离计算得：$0.674\times3.0^2=0.607$ m。

缓冲器的选择需满足其最大缓冲行程大于0.607 m。

(2) 缓冲器的承载能力。

若样梯轿厢重量 P 为1 800 kg，额定载重 Q 为1 600 kg，则轿厢侧质量 $P+Q=1\,800+1\,600=3\,400$ kg。当平衡系数取0.5时，对重侧质量 $G=P+0.5Q=1\,800+0.5\times1\,600=2\,600$ kg。

则缓冲器的安装为轿厢和对重侧各两个，轿厢侧 $3\,400\times2.5/2=4\,250$ kg，对重侧 $2\,600\times2.5/2=3\,250$ kg，缓冲器的选择需满足其最大允许质量大于4 250 kg。

综上所述，缓冲器选用其最大缓冲行程大于0.607 m，且最大允许质量大于4 250 kg，即可满足EN 81—1:1998电梯制造与安装安全规范中10.4.1.1.2条规定的，即缓冲器的设计应能在静载荷为轿厢质量与额定载重量之和(或对重质量)的2.5～4倍的要求。

2.6 电力拖动系统

电力拖动系统由曳引电动机、速度检测装置、电动机调速控制系统和拖动电源系统等部分组成，见图2.63。其中曳引电动机为电梯的运行提供动力；速度检测装置完成对曳引电动机实际转速的检测与传递，一般为与电动机同轴旋转的测速发电机或数字脉冲检测器。测速发电机与曳引机同轴连接，发电机输出电压正比于曳引电动机转速；而数字脉冲检测器的带孔圆盘与曳引电动机同轴连接，光线通过盘孔形成的脉冲数正比于曳引电动机转速。前者是模拟检测传送方式，后者是数字方式。电动机调速控制系统是根据电梯启动、运行和制动平层等要求，对曳引电动机进行转速调节的电路系统，拖动电源系统为电动机提供所需要的电源。有关详细内容，请参见第3章。

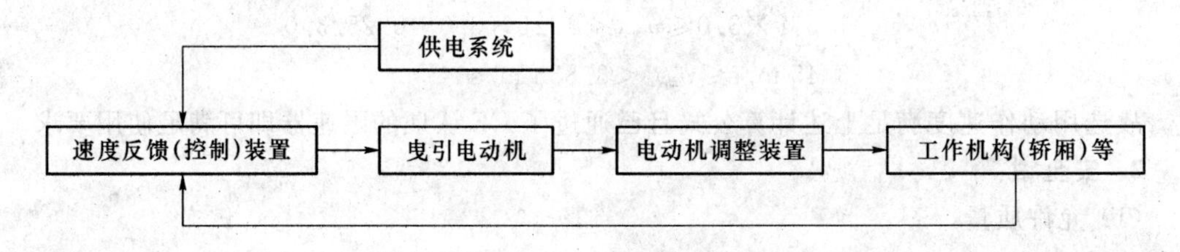

图2.63 电梯电力拖动系统框图

2.7 运行逻辑控制系统

电梯的电气控制系统由控制装置、操纵装置、平层装置和位置显示装置等部分组成，见图2.64。其中控制装置根据电梯的运行逻辑功能要求，控制电梯的运行，设置在机房中的控制柜(屏)上；操纵装置是轿厢内的按钮箱和厅门门口的召唤按钮箱，用来操纵电梯的运行；平层装置是发出平层控制信号，使电梯轿厢准确平层的控制装置，平层是指轿厢在接近某一楼层的停靠站时，欲使轿厢地坎与厅门地坎达到同一平面的操作；位置显示装置是用来显示电梯轿厢所在楼层位置的轿内和厅门指层灯，厅门指层灯还用箭头显示电梯运行方向。详细内容可参见第 3 章。

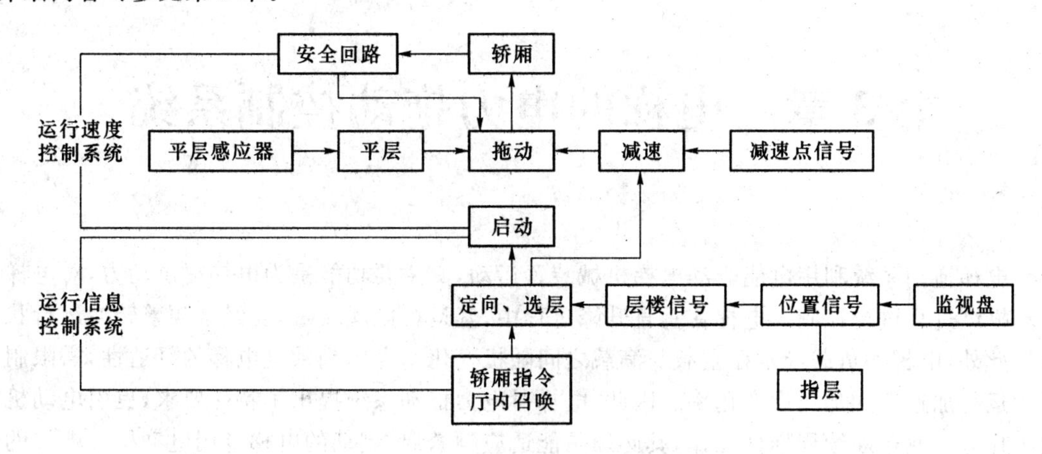

图 2.64　电气控制系统方框图

第3章　电梯的电力拖动控制系统

电梯拖动系统利用电能驱动电梯机械装置运动，其主要功能是为电梯提供动力，对电梯运动操纵过程进行控制。电梯在垂直升降过程中，其运行区间较短，要经常频繁转换运行状态。此外，电梯的负载经常在空载与满载之间随机变化。考虑到乘坐电梯的舒适性，需限制最大运行加速度和加速度变化率。因此，电梯对电力拖动系统提出了特殊要求，曳引电动机的工作方式属于断续周期性工作，其必须是能适应频繁启、制动的电梯专用电动机。电梯的调速控制主要是对电动机的调速控制。电梯拖动系统性能很大程度上决定了电梯运行性能的好坏。本章首先对电梯拖动系统进行概述，然后对几种常用电梯拖动系统的构成、设计要求、工作原理和拖动控制等内容进行较详细地介绍。

3.1　电梯的拖动系统

3.1.1　电力拖动系统主要构成

电梯中主要有两个运动：一是轿厢的升降运动，轿厢的运动由曳引电动机产生动力，经曳引传动系统进行减速、改变运动形式（将旋转运动变为直线运动）来实现驱动，其功率在几千瓦到几十千瓦之间，是电梯的主驱动；二是轿门及厅门的开关运动，它由开门电动机产生动力，经开门机构进行减速，改变运动形式来实现驱动，其驱动功率较小（通常在 200 W 以下），是电梯的辅助驱动。开门机一般安装在轿门上部，驱动轿门的开与关，同时轿门带动厅门实现同步开关。

电梯的电力拖动系统应具有的功能。

（1）有足够的驱动力和制动力，能够驱动轿厢、轿门及厅门完成必要的运动和可靠的静止。

（2）在运动中有正确的速度控制，有良好的舒适性和平层准确度。

（3）动作灵活、反应迅速，在特殊情况下能够迅速制停。

（4）系统工作效率高，节省能量。

（5）运行平稳、安静，噪声小于国标要求。

（6）对周围电磁环境无超标的污染。

（7）动作可靠，维修量小，寿命长。

3.1.2　主要电力拖动方式

根据电动机和调速控制方式的不同，常见的电梯拖动系统有直流调速拖动系统、交流变极调速拖动系统、调压调速拖动系统和变压变频调速拖动系统等 4 种。

1. 直流调速拖动系统

自 19 世纪末，美国奥的斯公司制造出世界上第一台电梯，到 20 世纪 50 年代，电梯几乎都是由直流电动机拖动的。直流电梯拖动系统具有调速范围宽，可连续平稳调速，控制方便、灵活、快捷、准确等优点，但它有体积大、结构复杂、价格昂贵、维护困难和能耗大等缺点。目前直流电梯的应用已经很少，只在一些对调速性能要求极高的特殊场所使用。

2. 变极调速拖动系统

由电机学原理可知，三相异步电动机转速与定子绕组的磁极对数、电动机的转差率及电源频率有关，只要调节定子绕组的磁极对数就可以改变电动机的转速。电梯用的交流电动机有单速、双速及三速之分。变极调速具有结构简单、价格较低等优点；缺点是磁极只能成倍变化，其转速也成倍变化，级差特别大，无法实现平稳运行，加上该电动机的效率低，只限于货梯上使用，现已趋于淘汰。

3. 调压调速拖动系统

交流异步电动机的转速与定子所加电压成正比，改变定子电压可实现变压调速。常用反并联晶闸管或双向晶闸管组成变压电路，通过改变晶闸管的导通角来改变输出电压的有效值，从而改变转速。变压调速具有结构简单、效率较高、电梯运行较平稳舒适等优点。但当电压较低时，最大转矩锐减，低速运行可靠性差，且电压又不能高于额定电压，这就限制了调速范围；供电电源含有高次谐波，加大了电动机的损耗和电磁噪声，降低了功率因数。

4. 变压变频调速拖动系统

交流异步电动机转速与电源频率成正比，连续均匀地改变供电电源的频率，就可平滑地调节电动机的转速，但同时也改变了电动机的最大转矩。由于电梯为恒转矩负载，为实现恒定转矩调速，获得最佳的电梯舒适感，变频调速时必须同时按比例改变电动机的供电电压，即变压变频（VVVF）调速。其调速性能远优于前两种交流拖动系统，可以和直流拖动系统相媲美，是目前电梯工业中应用最多的拖动方式。

3.1.3　各类电梯驱动调速系统性能比较

假设所有系统均能够直接停靠楼层平面，即平层准确度很高，单层运行时间较短。各类交流调速电梯主驱动系统的技术、经济性能比较，如表 3.1 所示。

表 3.1　各类电梯驱动调速系统技术、经济性能比较

性能特点 \ 系统名称	直流 DB 系统	VVVF 系统	东芝的反接制动系统	瑞士的涡流制动系统
启动控制	开环控制，串电阻启动，单速或双速电机	闭环控制，变压变频启动	闭环控制，用晶闸管整流器进行调压调速启动	双速电动机，利用两个双速绕组分段启动
稳速控制	开环控制，按电动机的自然特性运行	闭环控制	闭环控制	开环控制，按电动机的自然特性运行
制动控制	直流能耗制动，闭环控制	闭环控制	闭环控制，变压变频制动减速	涡流制动器制动，闭环控制

续表

性能特点＼系统名称	直流DB系统	VVVF系统	东芝的反接制动系统	瑞士的涡流制动系统
停车方式	直接停靠	有按停靠	直接停靠	直接停靠
舒适感	良好	良好	良好	良好
平层准确度	＜±10 mm	＜±5 mm	＜±5 mm	＜±7mm
单层运行时间层高2.7 m、速度1.5 m/s	4.2 s	＜5 s	4.2 s	＜5 s
电力消耗	制动时能量消耗在电动机转子发热上	制动时能量可反馈到电源中去，或消耗在制动电阻上	制动时能量消耗在电动机转子发热上	制动时能量消耗在涡流制动器鼓轮的发热上
设备复杂性	两套控制设备	一套控制设备	两套控制设备	近似于电机涡流控制

由表3.1中可见，除VVVF系统外，其他系统均有较大的能量消耗，且系统设备均较复杂，总体上变压变频(VVVF)系统的性能最为理想。

交流调速电梯与一般常用电梯的技术、经济性能比较如表3.2所示，由于交流调速电梯(无论是何种的主驱动调速系统)的各项技术、经济指标均优于一般电梯(交流双速和直流快速电梯)，且结构简单、经济实惠、性能良好，特别适用于高层居民住宅楼。在同样速度 $v \leqslant 2.0$ m/s情况下，交流调速电梯具有多种优越性。因此，国内外各电梯厂家正在大力发展各类主驱动系统的交流调速电梯。

表3.2 交流调速电梯与一般电梯的技术、经济性能比较

性能	交流调速电梯	交流双速电梯	直流快速电梯
运行时间	(1) 停层前必须低速运行，采用直接停靠式，可缩短运行时间。运行一层时间比交流双速时缩短15%～20% (2) 交流调速的运行时间不受负载影响	(1) 为了平层，需要若干长度的平层低速运行段 (2) 运行时间按负载变化而变化	(1) 与交流调速电梯一样可进行连续速度控制，但有较长的低速爬行阶段 (2) 不受负载的影响
平层误差	(1) 进行按速度反馈的减速控制，其平层误差比交流双速控制少得多，一般不大于±10 mm (2) 平层误差受负载变化的影响比交流双速时少得多	用机械制动器停止方式容易受负载变化的影响，误差也较大	进行与负载变动有关的精确平层控制，所得到的平层精确度是稳定的，误差一般不大于±10 mm
舒适感	(1) 接近于直流快速电梯，其感觉像坐船一样 (2) 受负载变化的影响较小 (3) VVVF系统时，其感觉很好	在启动和减速阶段，极对数变换时有冲击	不受负载的影响，乘坐舒适

续表

性能	交流调速电梯	交流双速电梯	直流快速电梯
停车时的冲击	与直流快速电梯一样，可以用电气制动方法停车	依靠低速运转后的机械制动器停车，有明显的减速变化	由于速度极低，控制了平层精确度，其停车时不会感到有冲击
消耗电力	(1) SCR 启动，没有启动阻抗损失 (2) 运行中电力消耗要比直流快速电梯少得多，尤其是发电制动时能量可以反馈给电网 (3) 比直流快速电梯节能增加 20%～30%	(1) 有启动阻抗损耗 (2) 减速时由于再生发电制动，可以节约电力	在空闲时，M—G 机组停止运行，可以节约电力。但在平时多了 M—G 机组的空隙损耗，能量转换效率低
机房设备重量	大体相同		M—G 机组的重量要比交流方式的大得多
初期投资及其他	(1) 在大量引入半导体的情况下，可以提高其稳定性和可靠性 (2) 比直流快速电梯的初期投资节省 20%～30%	(1) 控制回路的结构简单、价格便宜 (2) 要经常检查和调整制动器	(1) 需要检查换向器 (2) 可使用的范围大，控制上便于广泛采用 (3) 初期投资大

3.2　电梯的速度曲线

3.2.1　对电梯速度曲线的要求

1. 电梯的快速性要求

电梯作为一种交通工具，提高其速度以节省时间，这对处于快节奏的现代社会是很重要的。快速性主要实现途径有。

(1) 提高电梯的额定速度 v_N，缩短运行时间，实现为乘客节省时间的目的。额定梯速 1 m/s以下的电梯为低速电梯；额定梯速 1～2 m/s 的电梯为中、快速电梯；额定梯速在 2～4 m/s电梯为高速电梯；额定梯速在 4 m/s 以上的电梯为超高速电梯。

(2) 集中布置多台电梯，通过增加电梯台数来节省乘客候梯时间。这不是直接提高梯速，但同样为乘客节省时间。当然不能无限制增加电梯台数，通常在乘客高峰期间，使乘客的平均候梯时间低于 30 s 即可。

(3) 尽可能减少电梯启、停过程中的加、减速时间。电梯运行中频繁的启、制动，其加、减速所用时间往往占运行时间的很大比重。电梯单层运行时，几乎全处在加、减速器行中。如果缩短加、减速阶段所用时间，便可节省乘梯时间，提高快速性。因此，电梯在启、制动阶段不能太慢，以提高效率，节省乘客的宝贵时间。交、直流快速电梯平均加、减速度不小于 0.5 m/s^2；直流高速电梯平均加、减速度不小于 0.7 m/s^2。

综上所述，前两种措施都需增加设备投资，而第 3 种措施通常不需增加设备投资，因此在电梯设计时，应尽量减少启、制动时间。但是启、制动时间缩短，意味着加、减速度的增大，而加、减速度的过分增大和不合理的变化将造成乘客的不适感。因此，对电梯又要兼顾舒适性。

2. 电梯的舒适性要求

(1) 对加速度的要求

电梯加速上升或减速下降时，加速度导致的惯性力叠加到重力之上，使人产生超重感，各器官承受更大的重力；在加速下降或减速上升时，加速度产生的惯性力抵消了部分重力，使人产生上浮感，感到内脏不适，头晕目眩。考虑到人体生理上对加、减速度的承受能力，要求电梯的启、制动应平稳、迅速，加、减速度最大值不大于 1.5 m/s^2。

(2) 对加速度变化率的要求

实验证明，人体不但对加速度敏感，对加加速度(即加速度变化率)也很敏感。用 a 来表示加速度，用 ρ 来表示加加速度，则当加加速度 ρ 较大时，人的大脑感到晕眩、痛苦，其影响比加速度 a 的影响还严重。加加速度被称为生理系数，一般限制 ρ 不超过 1.3 m/s^3。

3. 对电梯的速度曲线要求

当轿厢静止或匀速升降时，其加速度、加加速度均为零，乘客没有不适感；轿厢由静止启动到以额定速度匀速运动的加速过程中，或由匀速运动状态制动到静止状态的减速过程中，就需既考虑快速性的要求，又要兼顾舒适性的要求。即电梯加减速时，既不能过猛，也不能过慢；过猛时，快速性好了，舒适性变差；过慢时，舒适性变好，快速性却变差。因此，要求轿厢按照这样的速度曲线运行，科学、合理地处理快速性与舒适性的矛盾。

(1) 三角形和梯形速度曲线

电梯运行距离为 S，电梯以加速度 a_m 启动加速。当匀加速到最大运行速度 v'_m 时，再以 a_m 匀减速运行，直到零速停靠，即以三角形速度曲线运行，如图 3.1 所示。若与其他形状速度曲线比，三角形速度曲线运行效率最高。

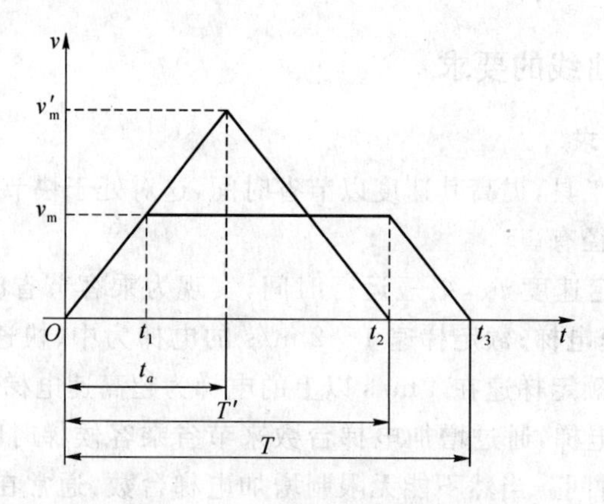

图 3.1　三角形和梯形速度曲线

电梯还按下述方式运行，就是仍以加速度 a_m 启动加速。当运行到时间 t_1 时，最大速度达到 $v_m = a_m t_1$，再以 v_m 速度匀速运行到时间 t_2，然后以匀减速度 a_m 运行直至零速停靠，即以梯形速度曲线运行，如图 3.1 所示。设此时电梯运行距离仍为 S，如果最大速度 v_m 减小，一般来讲，总的运行时间 T 将要增加。然而可以证明，在加速度 a_m 和运行距离 S 一定的前提下，当梯形速度曲线的最大速度 v_m 取为三角形速度曲线最大速度 v'_m 的 $\frac{1}{2}$ 时，以梯形曲线

运行的时间 T 即以三角形曲线运行时间 T' 的 1.25 倍，如果 $\frac{v_m}{v_m'}$ 再增加，$\frac{T}{T'}$ 的变化已不太明显，表明此时两种运行曲线的运行效率很接近。而若按 $\frac{v_m}{v_m'}=\frac{1}{2}$ 的梯形速度曲线运行，由于其运行速度较低，所需要的设备功率却可明显减少。

(2) 抛物线—直线形速度给定曲线

梯形速度曲线的运行效率较高，但其加速度却由零突变到某一个值，其变化率为无穷大。这样，不但对电梯机构造成过大的冲击，还使乘坐舒适感变差。因此，梯形速度曲线不能被用做电梯的理想速度给定曲线，它只是形成电梯理想速度给定曲线的重要基础。理想速度曲线通常是抛物线—直线形曲线，如图 3.2 所示。

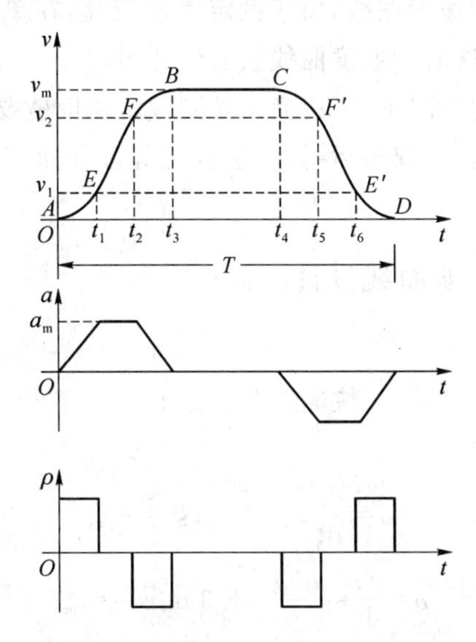

图 3.2　抛物线—直线形速度曲线

$AEFB$ 段是由静止启动到匀速运行的加速段速度曲线，AE 段是一条抛物线，即开始启动到时间 t_1 为变加速抛物线运行段，加速度 a 由零开始线性地上升，当到 t_1 时速度达到最大值 a_m；EF 段是一条在 E 点与抛物线 AE 相切的直线段，进入匀加速线性运行段；FB 段则是一条反抛物线，到时间 t_2 速度的变化开始减小，它与 AE 段抛物线以 EF 段直线的中点相对称。BC 段是匀速运行段，即直到 t_3 时，开始进入匀速运行段，其梯速为额定梯速；$CF'E'D$ 段是由匀速运行制动到静止的减速段速度曲线，通常是一条与启动段 $AEFB$ 对称的曲线。

设计电梯的速度曲线：主要就是设计启动加速段 $AEFB$ 段曲线，$CF'E'D$ 段曲线与 $AEFB$ 段镜像对称，很容易由 $AEFB$ 段的数据推出；BC 段为恒速段，其速度为额定速度，无须计算。

(3) 曲线参数计算

启动加速段 $AEFB$ 中各段的速度曲线、加速度曲线、加加速度曲线的函数表达式分别是。

① AE 段速度曲线：$v=kt^2$，这是一条抛物线段。

加速度曲线：$a=\frac{dv}{dt}=2kt$，是一条斜线段。

加加速度曲线：$\rho=\frac{da}{dt}=2k$，是一条水平的直线。

② EF 段速度曲线：$v=v_E+a_E(t-t_E)$，这是一条斜率为 a_E 的直线段。

加速度曲线：$a=\frac{dv}{dt}=a_E$，是一条水平的直线段。

加加速度曲线：$\rho=\frac{da}{dt}=0$，是一条与横坐标轴重合的直线段。

③ FB 段速度曲线：$v=v_N-k(t_B-t)^2$，这是一条反抛物线段。

加速度曲线：$a=\frac{dv}{dt}=2k(t_B-t)$，是一条下斜的斜线段。

加加速度曲线：$\rho=\frac{da}{dt}=-2k$，是一条水平的直线。

梯速较高的调速电梯的速度曲线，由于额定速度较高，在单层运行时，梯速尚未加速到额定速度便要减速停车了，这时的速度曲线没有恒速运行段。高速电梯中，在运行距离较短（例如单层、双层、三层等）的情况下，都有尚未达到额定速度就要减速停车的问题，因此这种电梯的速度曲线中有单层运行、双层运行、三层运行等多种速度曲线，其控制规律也就更为复杂些。

3.2.2 抛物线型电梯速度曲线设计

1. 速度曲线的要求

按相关标准列写电梯的舒适性、快速性要求如下。

舒适性要求：

加速度：
$$a=\frac{dv}{dt}\leqslant 1.5\ \text{m/s}^2=a_{max}$$

加加速度：
$$\rho=\frac{da}{dt}=\frac{d^2v}{dt^2}\leqslant 1.3\ \text{m/s}^3=\rho_{max}$$

快速性要求：启动段的平均速度。

$$a_p=\frac{v_N}{t_Q}\geqslant 0.5\ \text{m/s}^2 \quad (v_N\leqslant 2\ \text{m/s})$$

$$a_p=\frac{v_N}{t_Q}\geqslant 0.7\ \text{m/s}^2 \quad (v_N\geqslant 2\ \text{m/s})$$

式中，a_{max} 为标准规定的允许最大加速度（m/s^2）；ρ_{max} 为标准规定的允许最大加加速度（m/s^3）；v_N 为电梯的额定速度（m/s）；t_Q 为电梯启动段所用时间（s）。

图 3.2 所示的启动段速度曲线中各段曲线的方程列如下。

AE 段速度曲线： $v=kt^2 \quad (0\leqslant t\leqslant t_E)$

EF 段速度曲线： $v=v_E+a_E(t-t_E) \quad (t_E\leqslant t\leqslant t_F)$

FB 段速度曲线： $v=v_N-k(t_B-t)^2 \quad (t_F\leqslant t\leqslant t_B)$

2. 设计举例

例 3-1 设计一条额定梯速为 2.7 m/s 的启动段速度曲线（抛物线型）。

解：按舒适性要求选取

$$a_m=1.2\ \text{m/s}^2<1.5\ \text{m/s}^2$$

$$\rho_m=1.0\ \text{m/s}^3<1.3\ \text{m/s}^3$$

(1) AE 段(抛物线段)

$$v=kt^2$$

$$a=\frac{dv}{dt}=2kt$$

$$\rho=\frac{da}{dt}=2k=\rho_m$$

$$k=\frac{\rho_m}{2}=\frac{1.0}{2}\ m/s^3=0.5\ m/s^3$$

对于 E 点:

$$t_E=\frac{a_E}{2k}=\frac{a_m}{\rho_m}=\frac{1.2}{1.0}\ s=1.2\ s$$

$$v_E=kt_E^2=0.5\times1.2^2\ m/s=0.72\ m/s$$

$$a_E=a_m=1.2\ m/s^2$$

代入数据后得 AE 段方程:

$$v=0.5t^2\quad(0\leqslant t\leqslant1.2\ s)$$

(2) EF 段(直线段)

$$v=v_E+a_E(t-t_E)(t_E\leqslant t\leqslant t_F)$$

因为 FB 段与 AE 段对称,所以

$$\Delta v_{AE}=\Delta v_{FB}=v_E$$

EF 段的速度变化为

$$\Delta v_{EF}=v_N-2v_E=(2.7-2\times0.72)\ m/s=1.26\ m/s$$

EF 段所需时间

$$\Delta t_{EF}=\frac{\Delta v_{EF}}{a_E}=(1.26/1.2)\ s=1.05\ s$$

$$t_F=t_E+\Delta t_{EF}=(1.2+1.05)\ s=2.25\ s$$

$$v_F=v_E+\Delta v_{EF}=(0.72+1.26)\ m/s=1.98\ m/s$$

代入数据后得 EF 方程

$$v=0.72+1.2\times(t-1.2)(1.2\ s\leqslant t\leqslant2.25\ s)$$

(3) FB 段(反抛物线段)

$$v=v_N-k\times(t_B-t)^2\quad(t_F\leqslant t\leqslant t_B)$$

$$t_B=t_F+t_E=(2.25+1.2)\ s=3.37\ s$$

$$v_B=v_N=2.7\ m/s$$

代入数据后得 FB 段方程:

$$v=2.7-0.5\times(3.37-t)^2\quad(2.25\ s\leqslant t\leqslant3.37\ s)$$

将上述计算结果归纳如下:AE 段(抛物线段)

$$v=0.5t^2$$

$$a=t$$

$$\rho=1.0\ m/s^3\quad(0\leqslant t\leqslant1.2\ s)$$

EF 段(直线段)

$$v=0.72+1.2\times(t-1.2)$$

$$a=1.2\ \mathrm{m/s^2}$$

$$\rho=0\ \mathrm{m/s^3}\quad(1.2\ \mathrm{s}\leqslant t\leqslant 2.25\ \mathrm{s})$$

FB 段(反抛物线)

$$v=2.5-0.5\ (3.37-t)^2$$

$$a=3.37-t$$

$$\rho=-1.0\ \mathrm{m/s^3}\quad(2.25\ \mathrm{s}\leqslant t\leqslant 3.37\ \mathrm{s})$$

因为选择的 $a_m=1.2\ \mathrm{m/s^2}$,$\rho_m=1.0\ \mathrm{m/s^3}$ 均小于标准规定值,只要控制系统正常工作,使轿厢准确地按此速度曲线运行,便可满足舒适性要求,下面只需做快速性校验。

启动期间的平均加速度为:

$$a_p=\frac{v_N}{t_Q}=\frac{v_B}{t_B}=\frac{2.7}{3.37}\ \mathrm{m/s^2}=0.8\ \mathrm{m/s^2}\geqslant 0.7\ \mathrm{m/s^2}$$

因此,所设计速度曲线满足快速性要求。设计好的启动段速度曲线如图 3.3 所示。

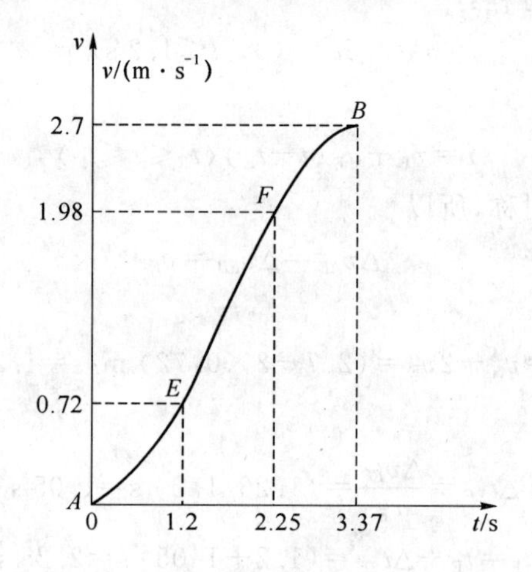

图 3.3　启动速度曲线

讨论:计算启动过程电梯经过的距离。

$$H_Q=\int_0^{t_B}v(t)\mathrm{d}t=\int_0^{t_E}v(t)\mathrm{d}t+\int_{t_E}^{t_F}v(t)\mathrm{d}t+\int_{t_F}^{t_B}v(t)\mathrm{d}t$$

由图 3.4 可见,H_Q 是启动速度曲线 $AEFB$ 下与横坐标之间的区域面积,根据曲线的对称性,曲线与 AB 直线形成的两块区域①和②的面积是相等的,可以避免积分计算的复杂,因此 H_Q 也就等于 $\Delta ABB'$ 的面积,即启动过程走过的距离为:

$$H_Q=\frac{1}{2}v_B t_B=\frac{1}{2}\times 2.7\times 3.37\ \mathrm{m}=4.5495\ \mathrm{m}$$

电梯按此速度曲线运行,在启动过程中要走过 4.549 5 m 的距离,根据对称原则,制动距离也将走过 4.549 5 m 的距离。即如果电梯要运行小于 $2H_Q=9.099\ \mathrm{m}$ 的距离,就必须再设计专用速度曲线,如单层速度曲线、双层运行速度曲线。

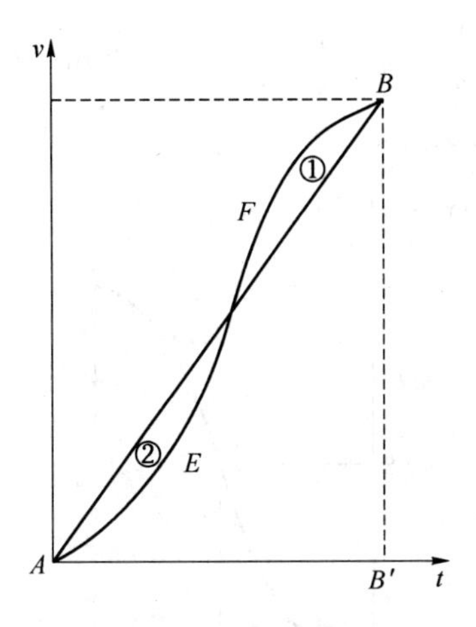

图 3.4　启动段走过的距离

例 3-2　设计额定速度为 1.6 m/s 的启动段速度曲线。

解：例 3-1 中 $v_E=0.72$ m/s，$2v_E=1.44$ m/s 只要稍微提高一点就可达到本题速度要求，因此考虑采用启动段没有直线段的速度曲线。此时

$$v_E=\frac{1}{2}v_N=\frac{1}{2}\times 1.6\ \text{m/s}=0.8\ \text{m/s}$$

若仍取 $\rho_m=1.0\ \text{m/s}^2$，则

$$v_E=kt_E^2=\frac{\rho_m}{2}\left(\frac{a_m}{\rho_m}\right)^2=\frac{a_m{}^2}{2\rho_m}$$

最大加速度　　$a_m=\sqrt{2\rho_m v_E}=\sqrt{2\times 1.0\times 0.8}\ \text{m/s}^2=1.26\ \text{m/s}^2$

此时 $a_m<a_{max}$，满足标准要求

$$t_E=\frac{a_m}{\rho_m}=\frac{1.26}{1.0}\ \text{s}=1.26\ \text{s}$$

$$t_B=2t_E=2.52\ \text{s}$$

启动段平均加速度：

$$a_p=\frac{v_N}{t_Q}=\frac{v_B}{t_B}=\frac{1.6}{2.52}\ \text{m/s}^2=0.635\ \text{m/s}^2\geqslant 0.5\ \text{m/s}^2$$

满足快速性要求。

启动段的速度曲线方程为 AE 段：

$$v=kt^2=\frac{\rho_m}{2}t^2=\frac{1}{2}t^2$$

$$a=t\quad (0<t<1.26\ \text{s})$$

$$\rho=1.0\ \text{m/s}^2$$

EB 段：

$$v=v_N-k(t_B-t)=1.6-0.5\ (2.52-t)^2$$

$$a=2.52-t\quad (1.26\ \text{s}<t<2.52\ \text{s})$$

$$\rho=-1.0\ \text{m/s}^2$$

下面计算启动过程所走过的距离：

$$H_Q=\frac{1}{2}v_Bt_B=\frac{1}{2}\times1.6\times2.52\ \text{m}=2.016\ \text{m}$$

设计出的速度曲线见图 3.5。

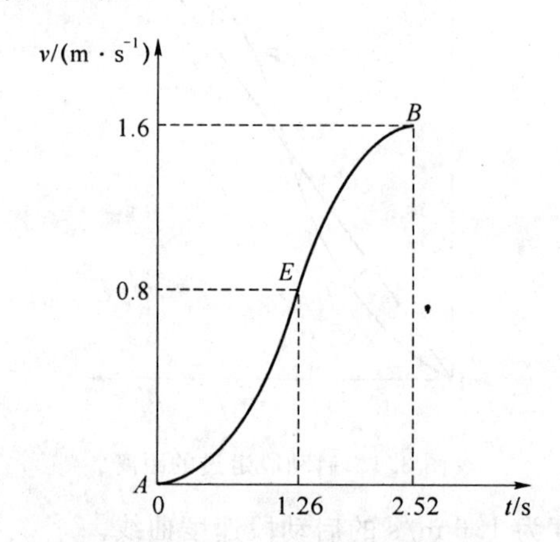

图 3.5 梯速为 1.6 m/s 的启动段速度曲线

根据对称性可知，该电梯制动阶段也将走过 $H_z=H_Q=2.016$ m 的距离。如果该电梯服务的建筑物层高 $H_l=3.5$ m，那么由于 $H_l<2H_Q$，还必须为其设计单层运行速度曲线。下面讨论单层速度曲线的设计。

例 3-3 为例 3-2 的电梯设计单层运行速度曲线。

解：图 3.6 中的曲线 AGH 是单层运行曲线的升速段曲线，其中 AG 是一段抛物线，通常它就是 AE 的一部分。GH 是 GA 的对称线，G 点是对称点。因此 AG 段的方程式与 AE 的方程式是一样的，只是提前在 t_G 时刻结束，此时最大加速度 $a_{ml}=a_G<a_m=a_E$。

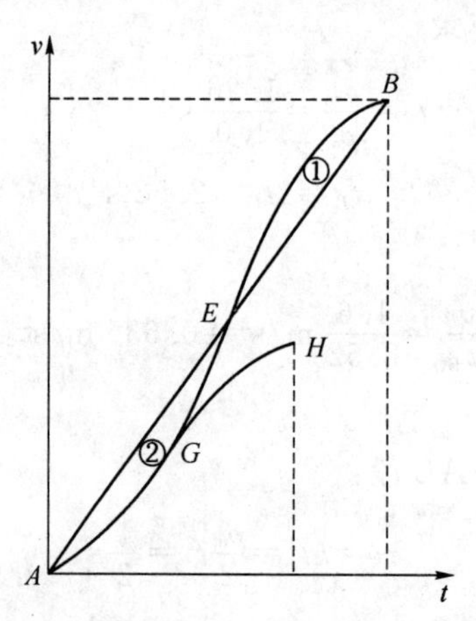

图 3.6 无直线段的启动曲线

AG 段速度方程式：

$$v=kt^2\quad 0<t<t_G$$

由于 k 不变，故 $\rho=2k$ 也不变，即 $k=0.5$，$\rho_m=1\ \text{m/s}^2$。

启动段 $A\rightarrow H$ 走过的路程：

$$H_Q=\frac{1}{2}v_H t_H=\frac{1}{2}v_H 2t_G=v_H t_G$$

其中，$v_H=2v_G=2kt_G^2$，$k=\frac{\rho_m}{2}$，$t_G=\frac{a_G}{\rho_m}=\frac{a_{ml}}{\rho_m}$，则

$$H_Q=v_H t_G=2\,\frac{\rho_m}{2}\left(\frac{a_{ml}}{\rho_m}\right)^2\frac{a_{ml}}{\rho_m}=\frac{a_{ml}^3}{\rho_m^2}$$

若一开一停刚好走完一层，则层高

$$H_l=2H_Q=2\,\frac{a_{ml}^3}{\rho_m^2}$$

由此得 G 点的加速度

$$a_G=a_{ml}=\sqrt[3]{\frac{1}{2}\rho_m^2 H_l}$$

将 $\rho_m=1\ \text{m/s}^3$、$H_l=3.5$ m 代入上式得

$$a_G=a_{ml}=\sqrt[3]{\frac{1}{2}\times 1^2\times 3.5}\ \text{m/s}^2=1.205\ \text{m/s}^2$$

运行到 G 点所用时间

$$t_G=\frac{a_{ml}}{\rho_m}=\frac{1.205}{1}\ \text{s}=1.205\ \text{s}$$

单层运行的最高梯速

$$v_H=2v_G=2kt_G^2=2\times 0.5\times 1.205^2\ \text{m/s}=1.452\ \text{m/s}$$

运行一层所用时间：

$$t_l=4t_G=4\times 1.205\ \text{s}=4.82\ \text{s}$$

由于单层运行时，$a_{ml}<a_m$，$\rho_{ml}=\rho_m$ 因此舒适性较多层运行时稍好。

启动过程平均加速度

$$a_{pl}=\frac{v_H}{t_H}=\frac{1.452}{2\times 1.205}\ \text{m/s}^2=0.602\ \text{m/s}^2\geqslant 0.5\ \text{m/s}^2$$

满足快速性要求。

但 $a_{pl}<a_p=0.635\ \text{m/s}^2$，单层时运行时快速性不如多层。

AG 段(抛物段)：

$$v=kt^2=\frac{1}{2}t^2$$
$$a=t\quad (0<t<1.205\ \text{s})$$
$$\rho=1.0\ \text{m/s}^2$$

EB 段(反抛物段)：

$$v=v_H-k\ (t_H-t)^2=1.452-0.5\ (2.41-t)^2$$
$$a=2.41-t\quad (1.205\ \text{s}<t<2.41\ \text{s})$$
$$\rho=-1.0\ \text{m/s}^2$$

3. 其他类型的电梯速度曲线

要保证电梯有良好的舒适性，设计的速度曲线必须是平滑的，只有如此，加速度曲线才是连续的、没有突跳，加加速度才是有限数值，不会出现无穷大，再适当限制加速度、加加速

度的数值，使其符合标准要求(既符合舒适性要求，又符合快速性要求)。满足平滑要求的速度曲线类型有多种类型，抛物线型速度曲线为其中一种，正弦函数曲线也可以用来设计电梯的速度曲线，如图 3.7 所示。

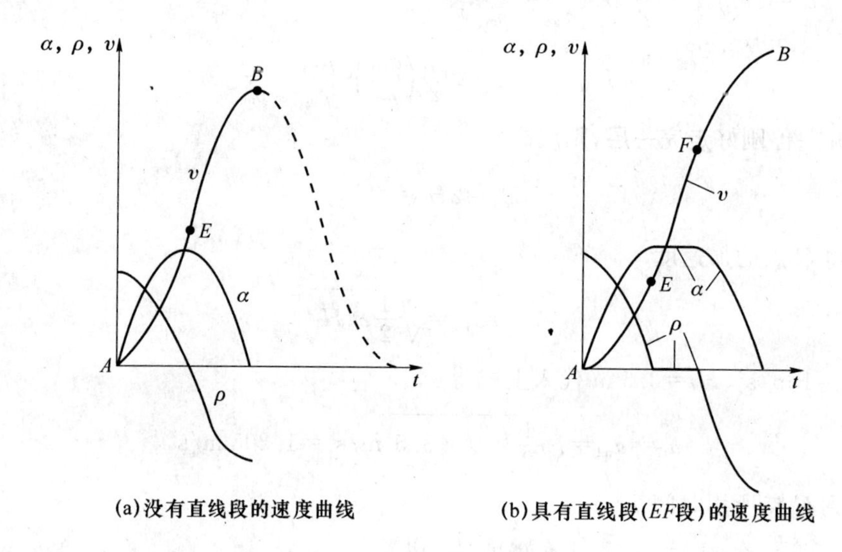

图 3.7 采用正弦函数曲线设计的电梯启动段速度曲线

启动段各曲线的方程式如下：

$$v=\frac{1}{2}v_{\mathrm{N}}\left[1+\sin\left(\omega t-\frac{\pi}{2}\right)\right]$$

$$a=\frac{1}{2}\omega v_{\mathrm{N}}\sin\omega t \quad (0\leqslant\omega t\leqslant\pi)$$

$$\rho=\frac{1}{2}\omega^{2}v_{\mathrm{N}}\cos\omega t$$

当额定梯速较高时，若仍采用(a)图，势必造成 E 点附近一带的加速度超标，因此在 E 点的加速度尚未超标之前，在 E 点处断开，接入一段与正弦曲线相切的直线(其斜率等于正弦曲线在 E 点的导数)。由图 3.7 可见，由于正弦函数光滑可导，它的 v、α、ρ 均可按要求进行设计，因此正弦函数速度曲线也是一种较好的速度曲线。在变频器中，常设计有所谓“S”型启动以适应电梯曳引驱动的需要。

3.3 电梯运动系统的动力学

电梯的运行系统由电动机与电梯负载构成，它既要满足电梯的调速要求，又要平层准确，这要受到交流电动机内部的机械特性和电动机外部的工作状况的影响，由此需要研究电动机与负载的关系。电梯运动系统是由曳引电动机、减速箱、曳引轮、导向轮组成的多轴旋转系统和由轿厢、对重等组成的平移运动系统组成，如图 3.8 所示。

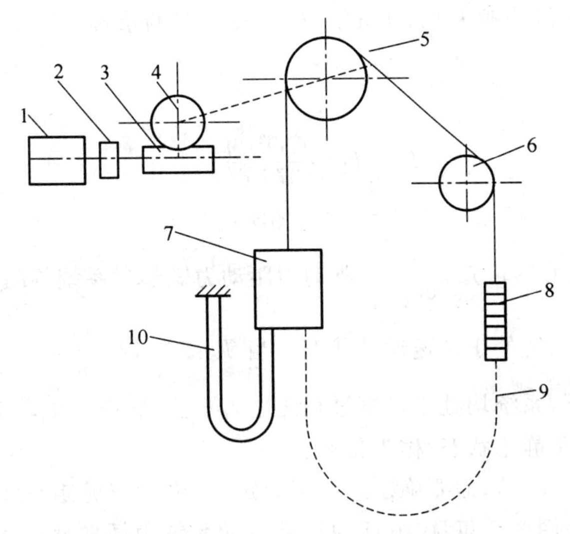

1—曳引电动机；2—联轴器与制动轮；3—蜗杆；4—蜗轮；5—曳引轮；
6—导向轮；7—轿厢；8—对重；9—补偿链；10—移动电缆

图 3.8　电梯的运动系统

3.3.1　运动方程式

假设有一电动机负载的单轴拖动系统如图 3.9 所示。图中电动机的电磁转矩 T_e 是驱动转矩，其正方向与转速正方向 n 相同，负载转矩 T_L 是阻转矩，正方向与 n 正方向相反。

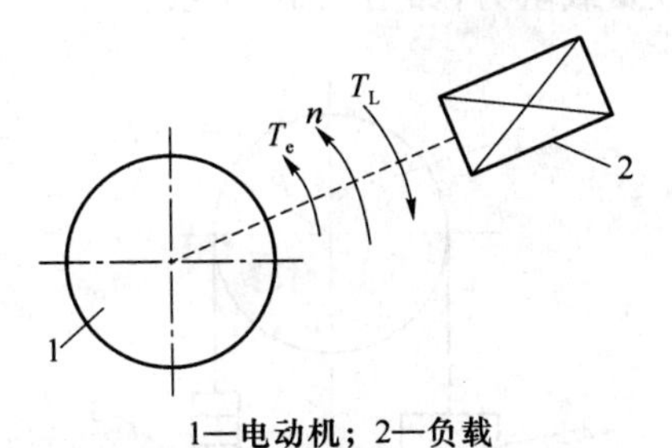

1—电动机；2—负载

图 3.9　单轴拖动系统

根据旋转定律可写出该系统的运动方程式

$$T_e - T_L = J\frac{d\Omega}{dt} \tag{3.1}$$

式中，J 为转动惯量(kg·m²)；Ω 为电动机轴旋转角速度(rad/s)；$\frac{d\Omega}{dt}$为旋转角加速度(rad/s²)。

当 $T_e \neq T_L$ 时，必然产生动态转矩 $J\frac{d\Omega}{dt}$，使运动系统做加速或减速运动。电力拖动工程中，习惯用飞轮惯量(也称飞轮矩)GD^2 来分析和计算，飞轮矩 GD^2(单位为 N·m²)与转动惯量 J 的关系：

$$GD^2 = 4gJ \tag{3.2}$$

式中，g 为重力加速度，其值一般为 $9.80\ \mathrm{m/s^2}$；G 为旋转体的重量，(N)；D 为旋转体的惯性直径，(m)。

式(3.1)改写为

$$T_e - T_L = \frac{GD^2}{375}\frac{\mathrm{d}n}{\mathrm{d}t} \tag{3.3}$$

式中，T_L 为系统的总静阻力矩；GD^2 为系统的总飞轮矩。

当 $T_e > T_L$ 时，由式(3.3)可知，$\frac{\mathrm{d}n}{\mathrm{d}t}>0$，驱动力距动力矩超过系统静阻力矩的部分，用来克服系统的动态转矩，使系统处于加速运动状态。当 $T_e < T_L$ 时，$\frac{\mathrm{d}n}{\mathrm{d}t}<0$，则使系统处于减速运动状态。这两种情况下，系统均处于过渡过程之中，该运行状态称为动态。当转速 n 不变化，系统以恒速运行或处于静止状态，称为稳态。

对于基本运动方程式(3.3)，需要确定总静阻力矩 T_L 和总飞轮矩 GD^2 的数值如何确定以及与哪些因素有关。由图 3.8 可见，电梯的平移运动系统由轿厢和对重组成。对于采用蜗轮蜗杆传动的中、低速电梯，电动机轴与蜗杆同轴，蜗轮与曳引轮同轴，构成了运动系统中的多轴旋转系统。由于各轴的转速不同，所以电动机轴上的静阻力矩和当量飞轮矩就必须通过折算得到。

3.3.2 电梯的静阻力矩

电梯的轿厢和对重构成垂直运动的位能性负载，其合力 F_1（忽略曳引钢丝绳、补偿链和移动电缆的影响）就是位能性负载阻力，如图 3.10 所示。

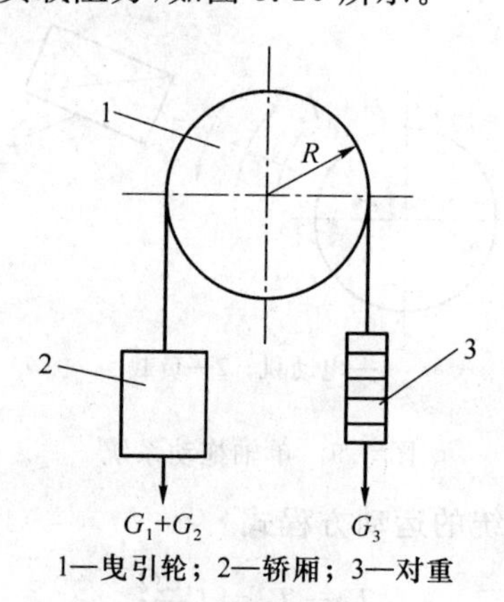

1—曳引轮；2—轿厢；3—对重

图 3.10 阻力计算示意

轿厢和对重在上、下运动时，各自的导靴与导轨之间存在摩擦。因此，当轿厢上升时，负载静阻力为

$$F_{1u} = (1+f_1)(G_1+G_2) - (1-f_2)G_3 \tag{3.4}$$

当轿厢下降时，负载静阻力为

$$F_{1d} = (1+f_2)G_3 - (1-f_1)(G_2+G_3) \tag{3.5}$$

式中，G_1 为轿厢自重(N)；G_2 为轿厢载重(N)；G_3 为对重重量(N)，$G_3 = G_1 + KG_{2nom}$(N)；f_1 为轿厢导靴与导轨的摩擦阻力系数；f_2 为对重导靴与导轨的摩擦阻力系数；G_{2nom} 为轿厢额

定载重量(N);K 为电梯平衡系数,一般 $K=0.4\sim0.55$。

忽略导向轮的摩擦阻力影响。

若曳引轮半径为 R,当轿厢上升时,则曳引轮轴上的静阻力矩为

$$T'_{1u}=F_{1u}R=[(1+f_1)(G_1+G_2)-(1-f_2)G_3]R \tag{3.6}$$

轿厢下降时,曳引轮轴上的静阻力矩为

$$T'_{1d}=F_{1d}R=[(1+f_2)G_3-(1-f_1)(G_2+G_3)]R \tag{3.7}$$

当蜗杆为主动旋转而蜗轮为从动旋转时,由能量守恒定律,电动机轴的输出功率应等于曳引轮的输出功率与蜗轮蜗杆的传动损耗之和。在轿厢满载上升时,电动机轴输出功率为

$$T_{1u}\Omega=\frac{T'_{1u}\Omega'}{\eta_1}$$

则

$$T_{1u}=\frac{T'_{1u}\Omega'}{\eta_1}=\frac{T'_{1u}}{i\eta_1} \tag{3.8}$$

式中,T_{1u}为折算到电动机轴上的负载转矩;Ω 为电动机轴角速度;Ω'为曳引轮角速度;i 为传动速比;η_1 为蜗杆为主动旋转而蜗轮为从动旋转时,蜗轮蜗杆的总传动效率。

在轿厢空载下降时,电动机轴输出功率为

$$T_{1d}\Omega=\frac{T'_{1d}\Omega'}{\eta_1}$$

则

$$T_{1d}=\frac{T'_{1d}\Omega'}{\eta_1}=\frac{T'_{1d}}{i\eta_1} \tag{3.9}$$

转矩经过折算之后,系统就可等效为电动机与负载的同轴系统了。由(3.6)式和(3.7)式可知,折算力矩 T_{1u}和 T_{1d}此时均为正值,即均为阻力矩,电动机工作在电动状态,同时负担传动损耗,如图 3.11(a)和(b)所示。

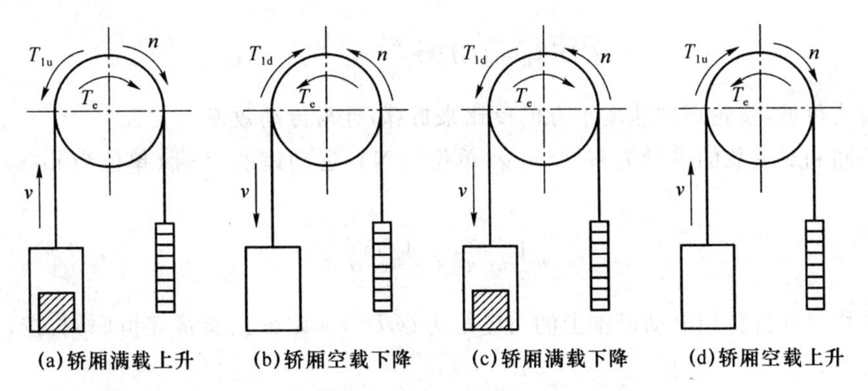

图 3.11　电动机与负载的同轴系统

当减速机构的蜗轮为主动旋转而蜗杆为从动旋转时,同样按所传递功率相等原则,可求出在轿厢空载上升和满载下降情况下的电动机轴上的静阻力矩分别为

$$T_{1u}=\frac{T'_{1u}}{i}\eta_2 \tag{3.10}$$

$$T_{1d}=\frac{T'_{1d}}{i}\eta_2 \tag{3.11}$$

式中,η_2—蜗轮为主动旋转而蜗杆为从动旋转时,蜗轮蜗杆的总传动效率。

根据(3.6)式和(3.7)式,此时折算力矩 T_{1u}和 T_{1d}的值均为负值,表明负载阻力矩为驱

动力矩。由于位能性负载的作用,使曳引电动机处于发电制动状态,由位能性负载负担传动损耗,如图 3.11(c)和(d)所示。

在无齿传动电梯中,由于电动机与曳引轮同轴,所以不需进行转矩折算,曳引轮上的静阻力矩就是电动机轴上的静阻力矩。

3.3.3 电梯的动态转矩

由基本运动方程式(3.3)可知,在曳引电动机轴上的动态力矩 $\Delta T = T_e - T_L$ 为一定数值时,转速的变化率 $\frac{dn}{dt}$ 的大小与电动机轴上总的飞轮矩 GD^2 有关。因此,首先应该明确 GD^2 由哪些因素决定。

电动机轴总飞轮矩 GD^2 为电动机同一轴上的飞轮矩 $(GD^2)_M$、蜗轮同一轴上的飞轮矩和电梯垂直平移运动部分分别按储存动能相同的原则折算到电动机轴上的飞轴矩 $(GD^2)_R$、$(GD^2)_L$ 之和,即为

$$GD^2 = (GD^2)_M + (GD^2)_R + (GD^2)_L$$

由力学知识可知,旋转体的动能为

$$\frac{1}{2}J\Omega^2 = \frac{1}{2}\frac{GD^2}{4g}\left(\frac{2\pi n}{60}\right)^2 = \frac{GD^2 n^2}{7\,150}J \tag{3.12}$$

设蜗轮同一轴上的飞轮矩为 $(GD^2)_g$,转速为 n_g,折算到电动机轴上的飞轮矩为 $(GD^2)_R$,按照能量守恒原则得出

$$(GD^2)_R n^2 = (GD^2)_g n_g^2$$

则

$$(GD^2)_R = (GD^2)_g \frac{n_g^2}{n^2} = \frac{(GD^2)_g}{i^2} \tag{3.13}$$

由(3.13)式可见,飞轮矩按速度平方的反比来折算,且与传动效率无关。

设轿厢和对重总的重量为 $G_L = m_L g$(单位为 N),运动速度为 v_L(单位为 m/s),则其动能为

$$\frac{1}{2}m_L v_L^2 = \frac{1}{2}\frac{G_L}{g}v_L^2$$

该平移部分折算到电动机轴上的飞轮矩为 $(GD^2)_L$,则根据能量守恒原则,按(3.12)式可求出

$$\frac{1}{2}\frac{G_L}{g}v_L^2 = \frac{1}{2}\frac{(GD^2)_L n^2}{7\ 150}$$

$$(GD^2)_L = \frac{7\,150 G_L v_L^2}{2g\, n^2} = 365\frac{G_L v_L^2}{n^2} \tag{3.14}$$

根据(3.13)式和(3.14)式可求得电动机轴上总飞轮矩为

$$\begin{aligned} GD^2 &= (GD^2)_M + (GD^2)_R + (GD^2)_L \\ &= (GD^2)_M + \frac{(GD^2)_g}{i^2} + 365\frac{G_L v_L^2}{n^2} \end{aligned} \tag{3.15}$$

由于轿厢的实际载重量 G_2 是随机变化的,所以平移部分的总重量 G_L 也随之改变,其

他各量在产品设计和安装时均已经被确定下来。因此，由(3.15)式可知，电梯轿厢实际载重量的变化影响系统总飞轮矩 GD^2 的大小。

当动态转矩 $\frac{GD^2}{375}\frac{dn}{dt}\neq 0$ 时，电梯必然作加、减速运行。根据国家标准 GB/T 10058—2009《电梯技术条件》规定，轿厢运行的最大加速度应不大于 1.5 m/s²；考虑电梯的运行效率，平均加速度 a_{pv} 不应小于规定值。

设轿厢运行速度为 v_m 启动过程加速时间为 t_a，则平均加速度 a_{pv} 为

$$a_{pv}=\frac{v_m}{t_a}$$

显然，恰当地确定系统的飞轮矩 GD^2 是非常重要的。因此，需要研究加速度与动态转矩和飞轮矩的关系。

令曳引轮直径为 D_g，转速为 n_g，电动机转速为 n，则轿厢运行速度 v 可表示为

$$v=\frac{\pi D_g n_g}{60}=\frac{\pi D_g n}{60i}$$

则

$$n=\frac{60iv}{\pi D_g}$$

$$\frac{dn}{dt}=\frac{60i}{\pi D_g}\frac{dv}{dt}=\frac{60ia}{\pi D_g}$$

代入(3.3)式，得

$$T_e-T_L=\frac{GD^2}{375}\frac{dn}{dt}=\frac{GD^2}{375}\frac{60ia}{\pi D_g} \tag{3.16}$$

由此可求得加速度 a 为

$$a=\frac{375\pi D_g}{60iGD^2}(T_e-T_L)=\frac{2gD_g}{GD^2 i}(T_e-T_L)$$

由(3.16)式可知，对一定载重量的电梯在运行时，除电动机的电磁转矩外，其他各量均为常数。因此，控制电动机的转矩 T_e，就可控制加速度的 a 大小。

另外，当电梯运行状态按国家标准对加速度的最大值 a_{max} 和最小值 a_{min} 作了规定后，则轿厢在启动加速满载上行和空载下行时，根据式(3.16)可知，系统总飞轮矩 GD^2 应满足如下关系

$$a_{min}\leqslant\frac{2gD_g}{GD^2 i}(T_e-T_L) \tag{3.17}$$

在(3.17)式中加速度 a_{min} 是在一定距离内，由零速开始加速时所规定的最小加速度。

当启动加速满载下行和空载上行时，电梯的加速作用力矩 T_e+T_L 不能大于由最大加速度 a_{max} 与 GD^2 所确定的动态力矩，此时 GD^2 应满足

$$a_{max}\geqslant\frac{2gD_g}{GD^2 i}(T_e+T_L) \tag{3.18}$$

当制动减速满载上行和空载下行时，电梯的制动作用力矩 T_B+T_L 不能大于由 a_{max} 与 GD^2 所确定的动态力矩，此时 GD^2 应满足

$$a_{\max} \geqslant \frac{2gD_{g}}{GD^{2}i}(T_{B}+T_{L}) \tag{3.19}$$

当制动减速满载下行和空载上行时，GD^2 应满足

$$a_{\min} \leqslant \frac{2gD_{g}}{GD^{2}i}(T_{B}-T_{L}) \tag{3.20}$$

这里的加速度 $a_{\min}$ 是在一定距离内由高速减到低速时所规定的最小加速度。

(3.17)式～(3.20)式具体地描述了电梯系统总飞轮矩、加速度和动态力矩之间的关系。当电梯运行加速度已规定、动态力矩也已明确时，就可在以上 4 个关系式所确定的范围内合理设计出总飞轮矩 GD^2。

3.4 电梯交流曳引机电动机

交流电梯就是用三相交流感应电动机实现曳引驱动的电梯，由于电梯应用的特殊性，不是所有适用电动机的调速方法都适用于对电梯的调速。普通工业用交流感应电动机的转子电阻低，机械特性好，转差率 s 小，运行效率较高。但这类电动机的启动电流比较大，一般为额定电流的 4～7 倍，如果将这类电动机用做电梯的曳引电动机，由于电梯的频繁启动，大的启动电流会造成电网电压的大幅度波动，还会增加电动机本身的发热量，使温度超过允许的限度。此外，普通工业交流电动机的启动转矩也比较大，一般为额定转矩的 3～5 倍，若用这种电动机来拖动电梯，会使乘坐舒适感变差。因此，普通工业用交流电动机一般不适合用做电梯曳引电动机。

根据电梯的工作性质，电梯曳引电动机应具有以下特点：

1. 能频繁地启动和制动

电梯在运行高峰期每小时启、制动次数经常超过 100 次，最高可达每小时 180～240 次。因此，电梯专用曳引电动机应能够频繁启动、制动，其工作方式为断续周期性工作制。为此，在电梯专用交流曳引电动机的鼠笼式转子的设计与制造上，虽然仍采用低电阻系数材料制作导条，但是转子的短路端环却用高电阻系数材料制作，使转子绕组电阻有所提高。这样，一方面，使启动电流降为额定电流的 2.5～3.5 倍左右，从而增加了每小时允许的启动次数；另一方面，由于只是转子短路端环电阻较大，利于发热量的直接散发，综合效果是使电动机的温升有所下降，且保证了足够的启动转矩，一般为额定转矩的 2.5 倍左右。但与普通交流电动机相比，其机械特性硬度和效率有所下降，转差率也提高到 0.1～0.2。机械特性变软，使调速范围增大，而且在堵转力矩下工作时，也不至于烧毁电动机。

2. 电动机运行噪声低

为了降低电动机运行噪声，采用滑动轴承。此外，适当加大了定子铁心的有效外径，并在定子铁心冲片形状等方面均做了合理处理，以减小磁通密度，从而降低电磁噪声。

3. 对电动机的散热做周密考虑

电动机在启动和制动的动态过程中产生的热量最多，而电梯恰恰又要频繁地启动和制动。因此，强化散热、防止温升过高就显得非常重要。

首先，电动机的结构设计采取加强铁心散热措施。比如：有些产品设计成端盖支撑形

式，省去传统的机座，使定子铁心接近于开启式结构，增强冷却效果；加强定子和转子铁心圆周通风道的布置；采用加大风罩孔通风量设计等。

为配合外电路对电动机进行保护。防止电动机过热，某些电动机产品在每相绕组均埋有热敏电阻。

4. 电梯曳引电动机为双绕组双速电动机

考虑到电梯乘坐的舒适感，电梯从高速转换到低速时，速度的变化率不能太大；交流电梯正常运行速度和停车前的速度之比不能太大，一般为 4∶1 或 6∶1(国外最大可达 9∶1)。电梯负载发生变化时，要求电梯的速度不应有太大的变化，尤其不能对停车前的低速度运行造成影响。因此，要求电梯用电动机具有较大的启动转矩和硬的机械特性，如 JTD 和 YTD 系列电梯专用电动机。另外，为了使电梯平层准确，要求电梯在停车前的速度越低越好。

电梯的异步电动机分为一种转速的、两种的或三种转速的。双速电梯曳引电动机定子的每槽内通常放置两个独立绕组，极数为 4/16 极或 6/24 极，速比为 4∶1。其高速绕组用于启动和额定运行，低速绕组用于平层速度或检修速度运行，也用于能耗制动。有的产品为三绕组(6/4/24 极)电动机，这种电动机的功率通常都比较大，一般用于载重量较大的电梯。其中 6 极绕组用于启动，4 极绕组用于额定运行，而 24 极绕组用于低速平层和检修运行。

3.5　普通交流电梯拖动系统

由电机学理论可知，三相交流异步电动机的同步转速 $n_0=\frac{60f}{P}$，转速 $n=n_0(1-s)$，当电源频率 f 和电动机转差率 s 不变时，同步转速 n_0 和转子转速 n 都与电动机极对数 p 成反比，通过改变电动机的极对数 p，即可对电动机进行调速。普通交流电梯通常可分为交流单速电梯、双速电梯和多速电梯。其中，双速电梯相对使用多些。

3.5.1　交流单速电梯

电梯采用单速电动机，只有一种速度，为保证电梯具有一定的平层准确度，要求电梯停车前的速度很低，即停车前的速度就是其正常运行的速度，单速电梯的速度一般只能是 0.4 m/s以下，常用的速度大多为 0.25～0.3 m/s。由于只有一种速度，单速电梯所用元件很少，造价低、使用简单、维修方便。由于不能变速，只能用于运行性能要求不高、载重量小和提升高度不大的小型载货电梯或杂物电梯上，现已很少使用。

3.5.2　交流双速电梯

交流双速电梯的主回路如图 3.12 所示，图中 LJ 为降压启动电抗器，用于将启动电流限制在额定电流的 2.5～3 倍以内；SK 和 XK 分别为上、下行接触器触点；KK 和 MK 分别为快、慢速运行接触器触点；LZ 是制动限流电抗器；R 是制动电阻器；1K 为加速接触器触点；2K 和 3K 分别是第一级和第二级减速接触器触点。

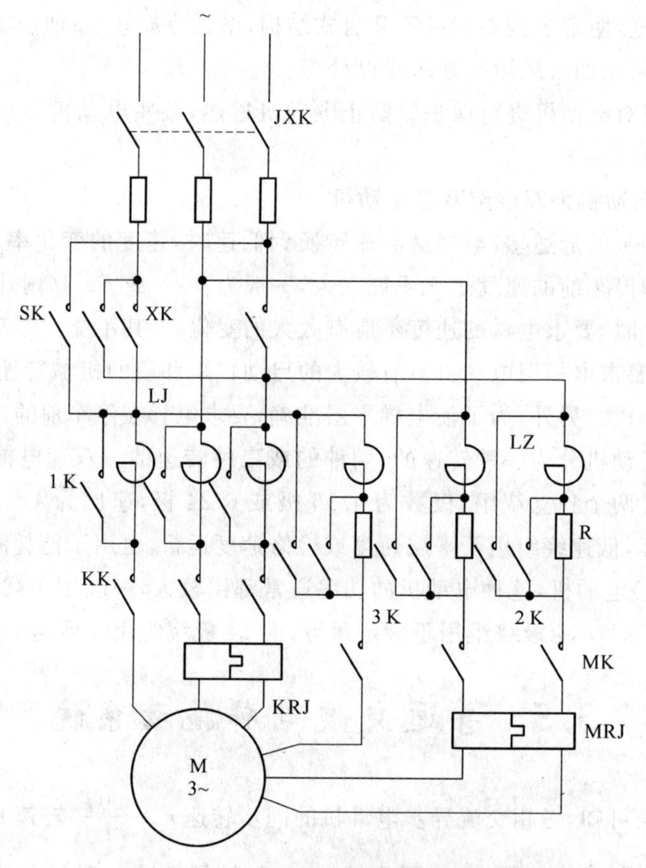

图 3.12　双速电梯拖动系统

1. 启动过程

当 SK 或 XK 以及 KK 闭合时，电动机在定子回路串电抗器 LJ 情况下启动，此时电动机工作在图 3.13 所示的人为特性 2 上。由于启动转矩 T_A 大于负载转矩 T_L，所以电动机转速由 A 点沿曲线 2 上升。随转速 n 上升，动态转矩 $T_d = T_e - T_L$ 增大，加速度也随之增大，当转速 $n = n_m$ 时，电动机转矩达到最大值 T_B。此后，随转速 n 上升，转矩有所下降。当电梯启动延时 2～3 s 之后，动态工作点移到 C 点，此时控制电路以控制加速接触器 1 K 闭合，将启动电抗器 LJ 短路，电机就工作在自然特曲线 1 上。如忽略电动机定子回路的过渡过程，则由于机械惯性，使动态工作点由 C 跳到 C' 点，再沿特性曲线 1 加速到 Q 点，此时动态转矩为零，电动机便以额定转速 n_{nom} 稳速运行，完成了按时间原则的启动过程。

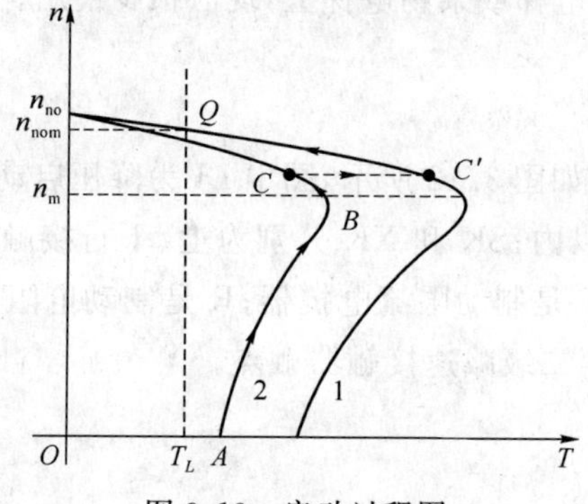

图 3.13　启动过程图

2. 制动减速过程

当电梯到达停靠站之前，由井道感应器发出换速信号，通过控制电路使快速绕组接触器KK 释放，慢速绕组接触器 MK 闭合。为了限制制动电流的冲击，此时电动机定子回路串入了电抗器 LZ 和电阻 R。电动机进入机械特性第Ⅱ象限，处于发电制动状态，如图 3.14 所示。由于运动系统的惯性，工作点由特性 1 的 Q 点跳到特性 3 的 D 点。当工作点沿特性 3 移到 B'点时，制动转矩最大。之后，制动转矩减小。当工作点到达 E 点时，为提高制动效率，按时间原则，先使接触器 2 K 闭合，将电阻 R 短路，动态工作点随之移到人为特性 4 上的 E'点，使制动转矩发生跳变；当工作点移到 F 点时，继而使接触器 3K 闭合，将限流阻抗全部短路，工作点便跳到特性曲线 5 上的 F'点，电动机便沿特性曲线 5 继续减速运行。这一阶段一直将高速时积蓄的能量回馈给电网。直到越过低速时的同步转速 n_0'以后，工作点稳定在 Q'点。这一阶段经历 2～4 s。于是，在运行速度曲线上出现了低速爬行段，如图 3.15 所示。在 Q'点稳速运行 2～3 s 之后，便断电抱闸停梯，实现了低速平层。

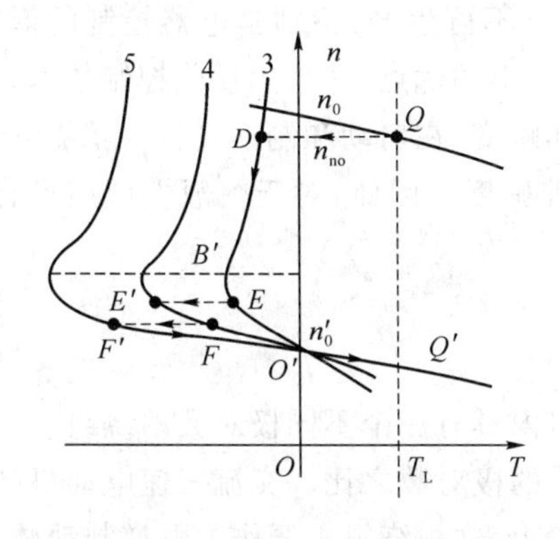

图 3.14　电机制动过程

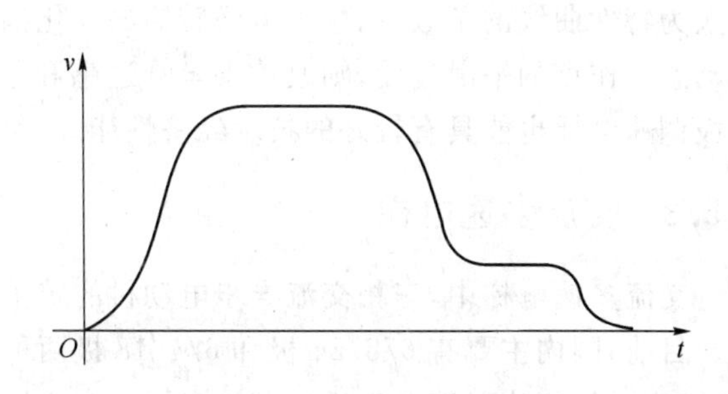

图 3.15　双速运行曲线

3. 交流双速电梯拖动系统的特点

交流双速电梯具有两种速度，在启动与稳定运行时具有较高的速度以提高电梯的输送能力，以较低速度的平层保证了平层准确度。交流双速电梯具有以下主要特点。

(1) 变极调速。交流双速电梯拖动系统是通过改变电动机的极对数 P 对电梯进行调速的。交流双速电动机有两组极对数不同的绕组，极对数一般为 4∶1 的关系，极对数小的作为快速绕组，极对数大的作为慢速绕组。电梯在启动和满速运行时，接通快速绕组。慢速绕组工作在电梯制动减速、爬行、检修慢行和停车运行阶段，当电梯运行到换速点后，用慢速绕组代替快速绕组，电梯进入制动减速过程，直至平层停车。双速电梯的运行效率和性能比单速电梯大大提高。

(2) 回馈制动。交流双速电梯的制动和减速过程采用低速绕组的再生发电制动原理。当电梯减速至换速点时，把快速绕组从电网中断电切除，并立即把慢速绕组接入电网，此时由于电梯机械传动系统的惯性，使其实际运行速度仍维持在原快速状态时的转速，即实际转速大大高于慢速绕组对应的旋转磁场同步转速，从而在慢速绕组中产生再生发电制动减速，电动机工作在回馈制动状态，把高速运行时积蓄的能量回馈给电网。因此，这是一种比较经济的调速方案。

(3) 开环控制。交流双速电梯拖动系统是一种开环自动控制系统，其主回路和控制回路中间环节较少，元器件也较少。控制线路和控制过程比较简单，可靠性较高，成本较低。但由于没有速度负反馈控制，电梯运行精度和平层的准确度都不高，对外界的干扰无自动补偿能力，整个运行曲线也不够理想，乘坐舒适感较差。

(4) 工作电压。交流双速电梯的调速系统工作在完整的工频正弦波电压下，不会产生高次谐波，不会污染电网，不会影响同一电网中工作的其他用电设备，也不会干扰附近的通信设备。

(5) 舒适感差。电梯的乘坐舒适感是电梯的主要运行特性之一，由电梯的加速度和加速度变化率决定，加速度和加速度变化率又由电磁转矩的变化率决定。在交流双速电梯拖动系统中，变极调速和串入电抗器及电阻调速时，都会造成电磁转矩的突变。

因此，交流双速电梯拖动系统运行性能良好，而驱动系统及其相应的控制系统又不太复杂，经济性较好，但调速性能较差，速度只能在 1 m/s 以下。主要应用于提升高度不超过 43 m 的低档乘客电梯、服务电梯、载货电梯、医用电梯和居民住宅电梯中，或用于要求不高的车站、码头等公共场所。当前，电器控制的交流双速电梯已不再生产，特别是电器控制的低速交流双速电梯将被淘汰。但变极调速电梯有一些较为突出的优点，若采用现代控制技术，增加人为特性曲线的条数，以减少电磁转矩的变化幅度和跳变，在启动和制动过程中就能够实现动态工作点的平滑过渡，则改善乘坐舒适感和平层准确度。因此，对于一般性应用场合，变极调速电梯也能具有较好的技术经济性能。

3.5.3 交流多速电梯

交流多速电梯中，三相交流异步电动机的定子绕组内具有三个不同极对数的绕组。

目前，国内主要有 6/8/24 极和 6/4/18 极两种形式的极对数之比。交流三速电动机(6/8/24)比一般交流双速电动机(6/24)多了一个 8 极的绕组，这一绕组主要作为电梯制动减速时的附加制动绕组，相当于交流双速电梯制动时为减少制动电流所附加的电阻或电抗器，使电梯在制动开始的瞬间具有较好的舒适感，从而减少了制动减速时的控制元器件。上海房屋设备工程公司的交流快速电梯就是采用这种调速方式。极对数之比为 6/4/18 极的交流三速电动机中，6 极绕组为启动绕组，4 极绕组为正常运行绕组，18 极绕组为制动减速和平层停车绕组。有些新型交流双速客梯就是采用这种调速方式。

3.6 交流调压调速电梯拖动系统

交流调速电梯是指电梯的启动加速、稳速运行和减速制动的三个阶段，对电梯中的异步电动机的速度进行自动调节控制的电梯，其综合性能远高于交流双速电梯和直流快速电梯。通常交流调速电梯根据其调速的方法不同又分为交流调压调速电梯和交流变压变频调速电梯。调压调速电梯拖动系统的控制方式有模拟和数字两种形式。模拟方式是由分立元件和继电器组成的控制系统。模拟控制电路结构简单、技术成熟，但精度受元件和环境条件影响较大。数字方式是以计算机为主的控制系统。数字控制电路系统紧凑、可靠性高、灵活性和通用性增加，且提高了给定速度的精度和平层的准确度。

调压调速系统中引入速度负反馈环节，形成全闭环控制系统或部分闭环控制系统。全闭环控制系统是指对电梯的启动加速、稳速运行和制动减速平层全过程进行闭环控制。部分闭环控制系统只在电梯的启动加速和制动减速平层时闭环，在电梯稳速运行时将晶闸管短接，取消这个阶段的闭环调速功能，这样做的好处在于减小这个运行段上相关器件上的功率损耗。

本节以模拟控制方式下的全闭环控制系统为例，介绍交流调压调速电梯拖动系统的结构、工作特点和运行过程控制等方面的内容。

3.6.1　交流调压调速系统的基本原理

1. 调压调速原理

由电机学原理知识可知，交流异步电动机的机械特性方程式为

$$T=\frac{3pU_1^2R_2'/s}{\omega_1[(R_1+R_2'/s)^2+\omega_1^2(L_1+L_2')^2]} \tag{3.21}$$

式中，p 为电动机的极对数；U_1 为电动机定子相电压；ω_1 为角频率；s 为转差率；R_1、R_2'为定子每相电阻和折算到定子侧的转子每相电阻；L_1、L_2'为定子每相漏感和折算到定子侧的转子每相漏感。

可见，当异步电动机的定子和转子回路的参数恒定时，在一定转差率 s 下，电动机的电磁转矩 T 与加在电动机的定子绕组上的电压 U^1 的平方成正比。

图 3.16 给出三相交流异步电动机在不同电压下的一组人为特性曲线。当负载转矩一定时，在不同定子电压下，可得到不同的稳定转速。由于电动机的工作电压不允许超过额定电压，所以电压只能下调，故调压调速实际上是降压调速。

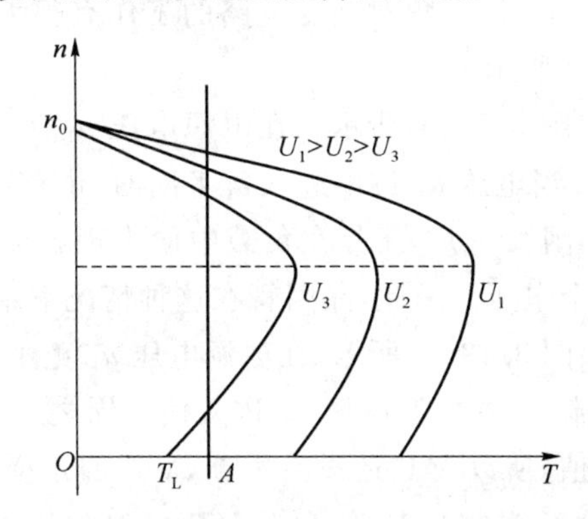

图 3.16　感应电动机在不同电压下的机械特性

2. 调压方法

市电提供标准电压，要使定子获得可变电压，就要在电源和定子绕组之间接入调压装置。图 3.17(a)、(b)所示，在定子回路串入饱和电抗器和在定子侧加调压变压器来实现调压调速。电抗器带直流励磁绕组，改变直流励磁绕组的励磁电流可以控制电抗器铁心的饱和程度，从而改变电抗器的值，即铁心饱和时，电抗器的值小，电动机定子电压升高；反之，电动机定子电压降低。饱和电抗器和调压变压器这两种调压方法体积笨重、动特性较差，目前，在电梯中一般不再采用。在交流调压调速电梯中，一般在三相交流电源和电动机定子绕组之间加入晶闸管的方法进行调压，如图 3.17(c)所示。通过改变晶闸管的导通角，来改变电动机的定子电压，这种调压方法的线路简单、体积小、价格低，但同时使电动机发热严重和效率低。

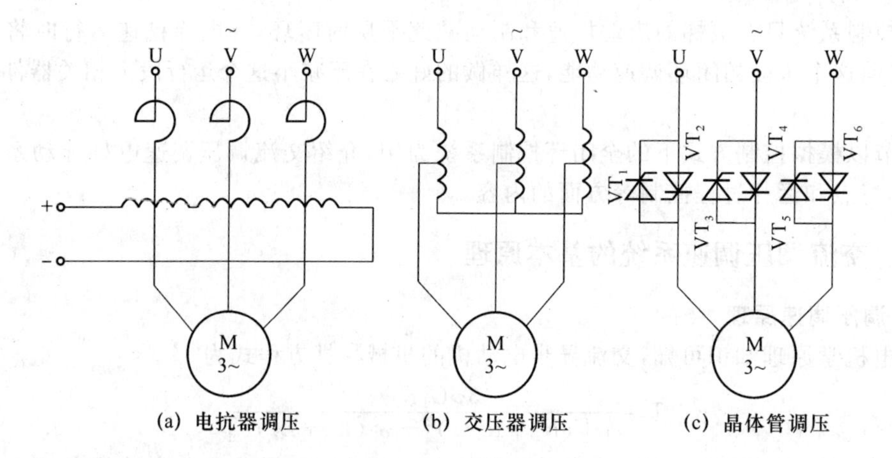

(a) 电抗器调压　(b) 交压器调压　(c) 晶体管调压

图 3.17　调压方法

下面讨论晶闸管调压原理及调压电路。

(1) 单相晶闸管调压电路

① 工作原理。用两个晶闸管反并联便构成单相调压器，见图 3.18。晶闸管带电阻性负载和带电感性负载时，工作特性不同。交流异步电动机是电阻—电感性负载，负载阻抗角 $\varphi=\arctan\frac{\omega L}{R}$。当晶闸管控制角 α 一定时，φ 角越大，则电流滞后越大，晶闸管关断的延迟角就越大，即其导电角 θ 越大。因此，φ 角对调压电路的工作有很大影响。单相调压电路 R-L 负载时的工作波形如图 3.19 所示。

当 $\alpha=\varphi$ 时，工作波形如图 3.19(a)所示。在电源电压 u_1 正半周，以控制角 α 触发晶闸管 VT_1，便出现负载电流 i。当电压 u_1 过零进入负半周时，电流 i 要滞后 φ 角才过零，而恰在此时又以控制角 α 触发晶闸管 VT_2，于是在负载中便出现电流 i 的负半周，即负载电流 i 是连续的，负载得到正弦波全电压。因此，晶闸管在这种情况下不起调压作用。

当 $\alpha<\varphi$ 时，工作波形如图 3.19(b)所示，在电源电压 u_1 正半周，以控制角 α 触发晶闸管 VT_1，此时开始出现负载电流 i。在电源电压 u_1 进入负半周之后再以 α 触发 VT_2，由于阻抗角 φ 较大，负载电流仍为正值，所以 VT_1 还没有关断，VT_2 因承受反向电压而不会导通。而当 VT_1 的电流在滞后 φ 角之后过零使其关断时，VT_2 的触发脉冲已经消失，VT_2 仍不会导通。于是就只有 VT_1 一个晶闸管在工作，负载上出现正、负不对称的电流波形。这样，不对称电流的直流分量会形成感性负载很大的直流过电流，对感性负载的工作极为不利，这是不允许的，所以必须避免。为此，可以采用宽脉冲或脉冲列触发晶闸管，如图 3.19(c)所示。这时在控制角 α 之后的一段时间均有触发信号作用，于是在晶闸管 VT_1 的电流过零后，VT_2 即可被触发导通。负载得到如图 $\alpha=\varphi$ 时一样的电流连续波形和完整的正弦电压波形，即负载电压也不能调整。

当 $\alpha>\varphi$ 时，工作波形如图 3.19(d)所示。在电源电压 u_1 正半周，以控制角 α 触发晶闸管 VT_1，此时开始出现电流 i。在电压 u_1 过零进入负半周时，电流 i 滞后 φ 角过零，使 VT_1 关断。在电源电压 u_1 负半周，再以 α 角触发晶闸管 VT_2，则负载中出现负半周电流 i。由此可见，当 $\alpha>\varphi$ 时，负载中的电流是断续的，使得负载电压也是断续的。因此，对具有一定阻抗角 φ 的负载，控制角 α 越大，晶闸管的导通角 θ 越小，使得负载电压不连续的程度增加，即负载的电压就越低。于是，通过调整控制角 α 的大小，就可调节负载电压。

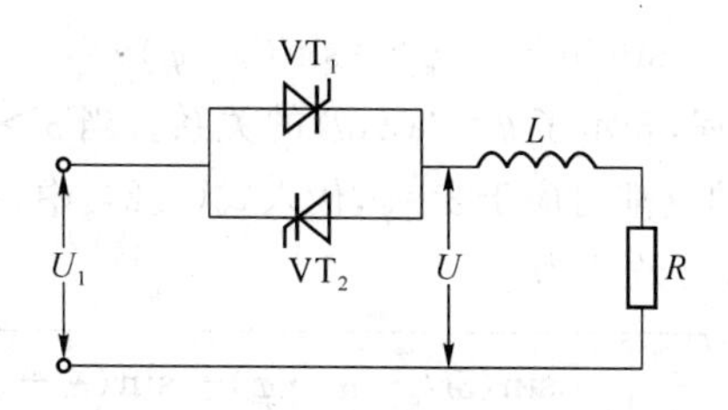

图 3.18　R-L 负载晶闸管单相调压电路

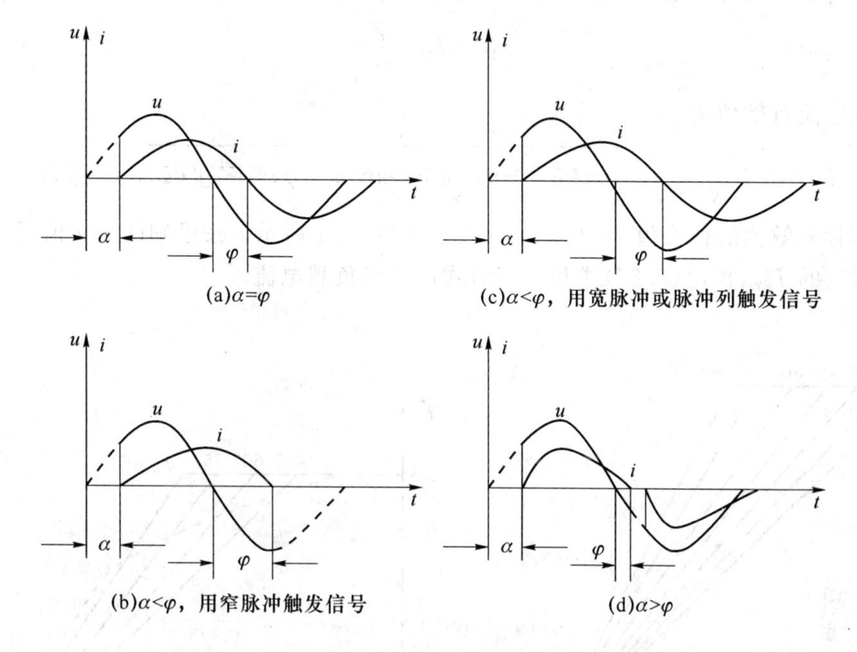

图 3.19　R-L 负载晶闸管单相调压电路工作波形

综上所述，当交流调压电路带电感性负载时，为了使负载电压得到有效地调节，晶闸管的控制角 α 必须控制在 $\varphi \leqslant \alpha \leqslant 180^\circ$ 范围之内；考虑到工作的可靠性，应采用宽脉冲或脉冲列触发方式。

② 负载电流。设 $\omega t=0$ 时晶闸管导通，控制角为 α，电源电压 $u_1=\sqrt{2}U_1\sin(\omega t+\alpha)$。流过负载的电流由两部分组成，分别为稳态分量 i_1 和瞬态分量 i_2。

$$i_1=\frac{\sqrt{2}U_1}{Z}\sin(\omega t+\alpha-\varphi)=\sqrt{2}I_0\sin(\omega t+\alpha-\varphi) \tag{3.22}$$

式中，$Z=\sqrt{R^2+(\overline{\omega}L)^2}$；$\varphi=\arctan\frac{\overline{\omega}L}{R}$；$I_0=\frac{U_1}{Z}$，为 $\alpha=0$ 时输出电流的有效值。

$$i_2=-\sqrt{2}I_0\sin(\alpha-\varphi)\mathrm{e}^{\frac{-t}{T}} \tag{3.23}$$

式中，$T=\frac{L}{R}=\frac{\tan\varphi}{\overline{\omega}}$，为衰减时间常数。

流过负载的电流

$$\begin{aligned} i&=i_1+i_2=\sqrt{2}I_0\left[\sin(\omega t+\alpha-\varphi)-\sin(\alpha-\varphi)\mathrm{e}^{\frac{-t}{T}}\right] \\ &=\sqrt{2}I_0\left[\sin(\omega t+\alpha-\varphi)-\sin(\alpha-\varphi)\mathrm{e}^{\frac{-\overline{\omega}t}{\tan\varphi}}\right] \end{aligned} \tag{3.24}$$

因为设 $\omega t=0$ 时晶闸管导通，所以当 $\omega t=\theta, i=0$，代入式(3.24)可得

$$\sin(\theta+\alpha-\varphi)=\sin(\alpha-\varphi)\mathrm{e}^{\frac{-\bar{\omega}t}{\tan\varphi}} \tag{3.25}$$

(3.25)式是一种超越方程，表示了 $\theta=f(\alpha,\theta)$ 的关系。当 $\alpha>\varphi$ 时，θ、α、φ 的关系曲线如图3.20 所示。曲线上 $\theta=180^\circ$ 的点都对应于 $\alpha=\varphi$，代入式(3.24)中，负载电流只有稳态分量。

流过单个晶闸管的电流有效值为

$$I_{\mathrm{TV}}=\sqrt{2}I_0\sqrt{\frac{1}{2\pi}\int_0^\theta\left[\sin(\bar{\omega}t-\alpha-\varphi)-\sin(\alpha-\varphi)\mathrm{e}^{\frac{-\bar{\omega}t}{\tan\varphi}}\right]^2\mathrm{d}\bar{\omega}t} \tag{3.26}$$

晶闸管电流的标幺值为

$$I_{\mathrm{TV}}^{*}=I_{\mathrm{TV}}\frac{Z}{\sqrt{2}U_1} \tag{3.27}$$

负载电流有效值为

$$I=\sqrt{2}I_0\sqrt{\frac{1}{2\pi}\int_0^\theta\left[\sin(\bar{\omega}t-\alpha-\varphi)-\sin(\alpha-\varphi)\mathrm{e}^{-\frac{\bar{\omega}t}{\tan\varphi}}\right]^2\mathrm{d}\bar{\omega}t}=\sqrt{2}I_{\mathrm{TV}} \tag{3.28}$$

晶闸管有效值的标幺值 I_{TV}^{*} 与 α、φ 的关系如图 3.21 所示。按已知的 α、φ 值可以从曲线上查的对应的 I_{TV}^{*}，再由(3.27)式和(3.28)式可求出负载电流。

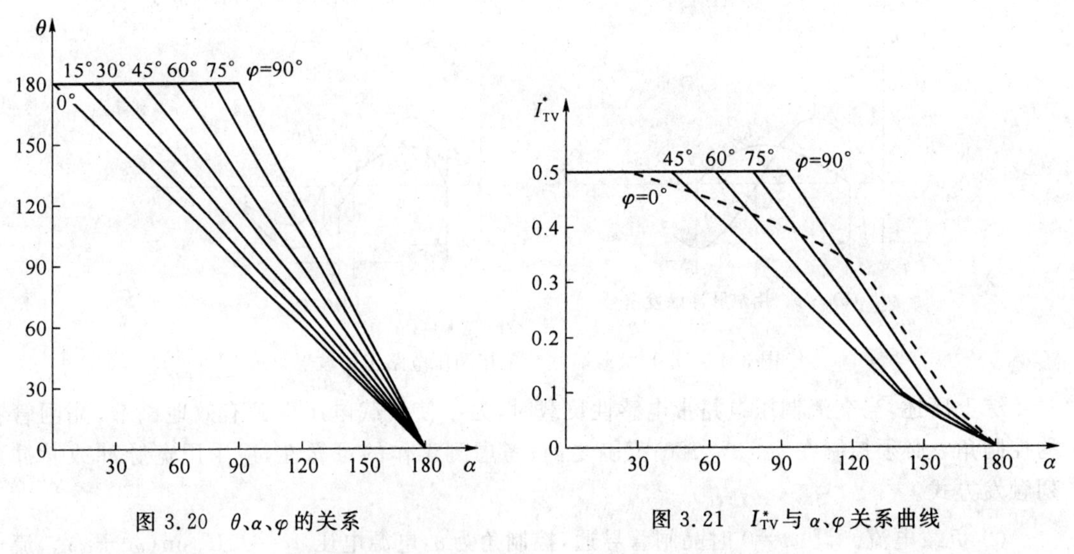

图 3.20 θ、α、φ 的关系

图 3.21 I_{TV}^{*} 与 α、φ 关系曲线

(2) 三相电阻—电感负载调压电路

在三相交流调压电路中，常用的电路形式之一是星形(Y)连接电路，如图 3.22 所示。

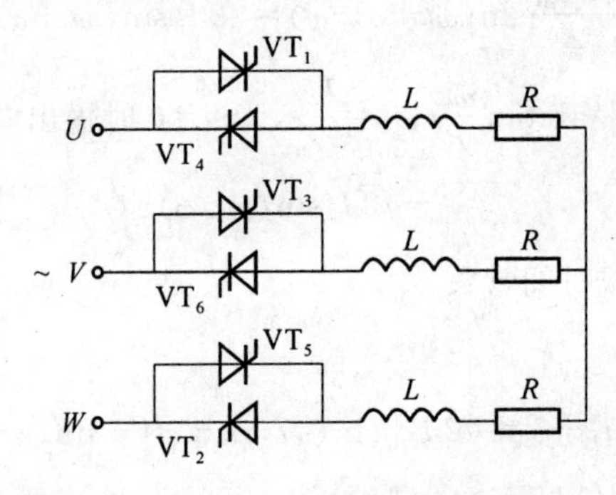

图 3.22 三相星形连接调压电路

由于三相电路的工作特点，以及感性负载在电压过零点时电流并不过零，每相导电时间与控制角 α 和负载阻抗角 φ 有关，所以三相感性负载调压电路的工作情况较为复杂，对应某一个控制角 α 的工作波形如图 3.23 所示。这种三相调压电路有以下特点。

① 因为电路没有中线，所以在工作时若有负载电流流过，至少要由两相构成回路，即至少有一相晶闸管与另一相晶闸管同时导通。

② 为了保证在电路起始工作时，能够使两个晶闸管同时导通，以及在感性负载的阻抗角 φ 和控制角 α 较大时，仍能保证不同相的正、反向两个晶闸管同时处于导通状态，要求采用宽度大于60°的宽脉冲或双脉冲触发信号。

③ 对于三相电阻—电感负载，为了能使调压电路的输出电压处于可控状态，要求 $\alpha>\varphi$，此时各相负载电压是断续的，如图 3.23 所示。

④ 为了保证调压电路的输出电压三相对称，并有一定的调节范围，要求晶闸管的触发脉冲信号除了必须与相应交流电源的相序要一致以外，各触发脉冲信号之间还必须严格保持一定的相位关系。如电源相序为 U、V、W，则要求 U、V、W 三相电路中的三个正向晶闸管（即交流正半周工作的晶闸管）的触发信号互差$\frac{2\pi}{3}$，三相电路中三个反向晶闸管（即交流负载半周工作的晶闸管）的触发信号也互差$\frac{2\pi}{3}$，而在同一相中反并联的两个正、反向晶闸管的触发信号相位应互差 π。由此可知，各晶闸管触发脉冲的顺序应是 VT_1、VT_2、VT_3、VT_4、VT_5、VT_6，相邻两个触发脉冲信号的相位差为$\frac{\pi}{3}$，如图 3.23 所示。因此，电阻—电感负载三相调压电路在 $\alpha>\varphi$ 情况下工作时，对于一定的阻抗角 φ 来讲，控制角 α 越大，晶闸管的导电角 θ 将越小，流过晶闸管的电流也就越小，其波形的不连续程度增加，负载的电压也就越低。调压电路和输出波形虽已不是完整的正弦波，但每相负载电压波形正负半周是对称的。

从图 3.23 所示波形的分析可知，对于电感性负载三相星形连接调压电路，同样需要满足 $\alpha>\varphi$，才能有效地调节交流电压，最大移相控制角为 $\alpha=150°$。因为当 $\alpha>150°$时，相应晶闸管将承受反向线电压，所以不能触发导通。不带零线的三相星形调压电路产生高次谐波电动势，但由于不带中线，所以不产生高次谐波电流，因而对电网干扰较小，交流电梯调速系统中多采用此电路。

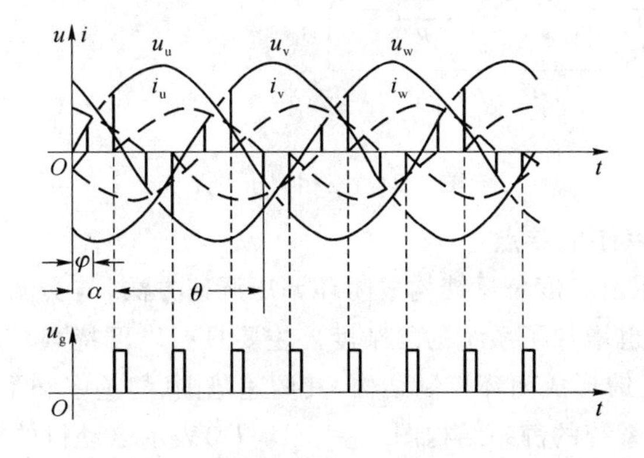

图 3.23　$\alpha>\varphi$ 时三相调压电路工作波形

(3) 其他形式的三相交流调压电路

图 3.24(a)所示为带零线的三相星形调压电路，接在三相四线制供电系统中。这种电路调压时产生高次谐波，以三次谐波为主。由于有中线，所以产生三次谐波电，对电网有很大的不良影响，所以很少使用。

图 3.24(b)所示为非对称三相星形调压电路。每相中用一个二极管取代反向晶闸管，电路结构简单。由于非对称的结构，使正、负半周电流和电压不对称，奇、偶次高次谐波都存在。偶次谐波产生制动力矩，使电动机输出转矩减小，效率降低。这种电路只适用小容量电动机。

图 3.24(c)所示为三相三角形调压电路。这种电路产生高次谐波电流，且晶闸管要承受比其他电路高的电压。并且要求电动机的六个端点必须单独引出，所以这种电路很少使用。

图 3.24(d)星点三角调压电路。这种电路晶闸管位于电动机的后面，电网浪涌电压对晶闸管的冲击较小。但要求电动机定子绕组必须星形连接，且中性点要能拆开，负载上有偶次谐波，电动机发热严重。由于这种电路使用元件少，控制简单，成本低，在电梯中也有应用。

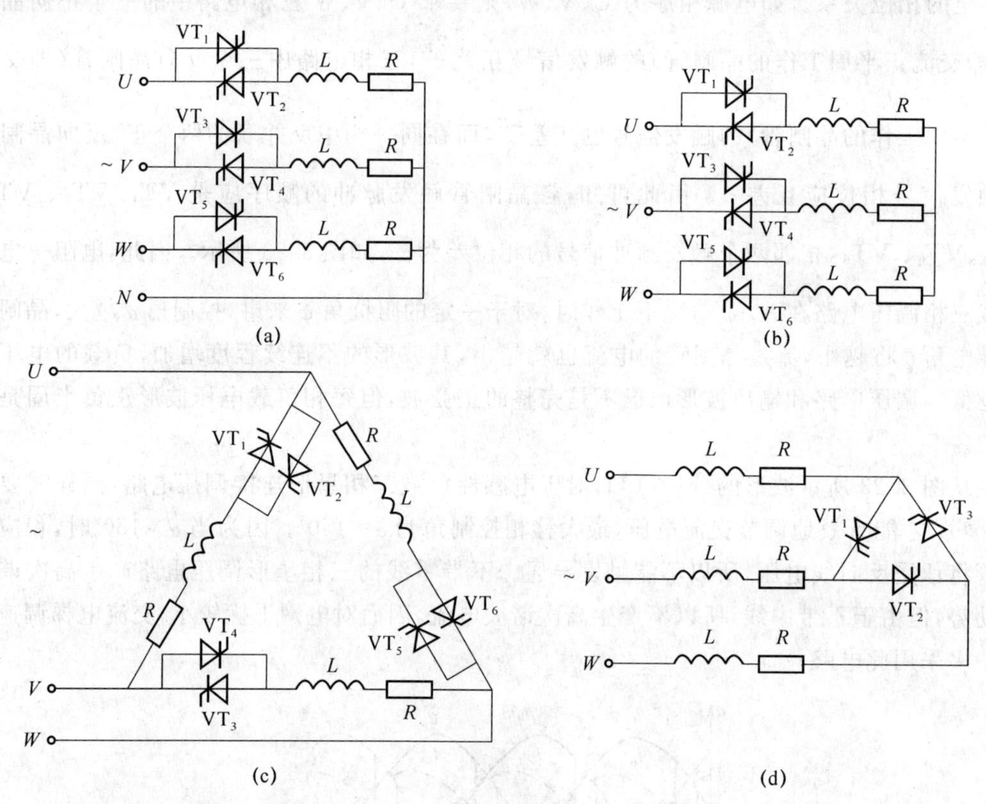

图 3.24 三相调压电路

3. 交流调压调速系统的特点

调压调速系统采用由速度负反馈构成闭环调压调速方法，与交流双速系统相比，调速性能有了很大改善，同时也增加了系统的复杂度。主要具有以下特点。

(1) 采用速度负反馈形成闭环控制结构，其调速范围、静差率和平滑性等调速性能都有很大改善。图 3.25 是系统的静态结构图，$n=f(U,T_e)$表示电动机的机械特性。

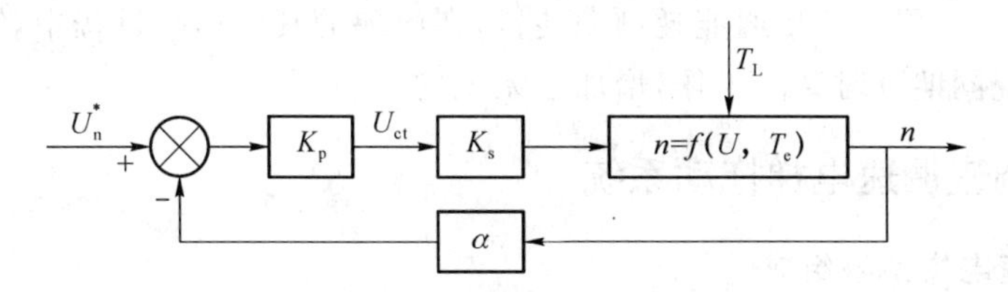

图 3.25　系统静态结构图

图 3.26 是调压调速系统的静特性图，U_n^* 是控制系统给定电压，U_1、U_1'、U_1''及 U_{1max}、U_{1min}是电动机的定子电压。电动机带恒转矩性质负载 T_L，稳定运行在 a 点时，若负载增加，转速下降，负反馈控制将提高电动机的定子电压到 U_1'，使其运行在新的特性曲线（与 U_1'对应的曲线）上的 a'点；若负载减小，转速升高，负反馈控制将降低电动机的定子电压到 U_1''，使其运行在新的特性曲线（与 U_1''对应的曲线）上的 a''点，最终能维持电动机转速 n 基本不变。将 a、a'和 a''点连起来，就得到闭环控制系统在给定控制电压 U_n^* 下的一条特性曲线，显然该曲线特性较硬，静差率较小。定子电压连续可调，可实现无级调速，系统平滑性较好。改变给定电压，静特性曲线平行上、下移动，由于电动机定子电压不允许超过额定电压，所以额定电压 U_{max}对应的特性曲线是右边界，U_{min}对应的特性曲线是左边界。当负载变化超过极限时，闭环控制系统将失去控制作用。

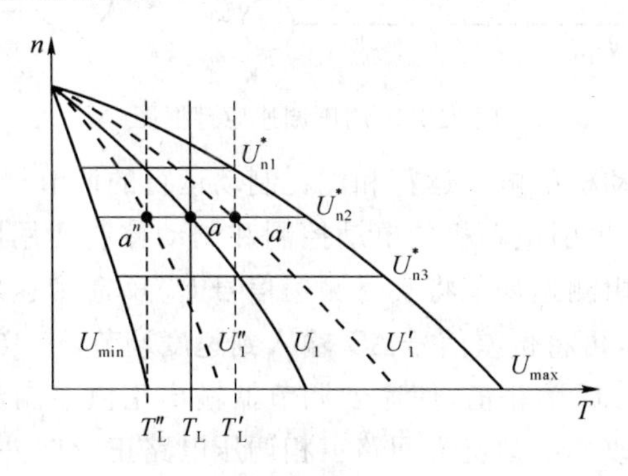

图 3.26　调压调速系统静特性图

（2）调压调速系统运行曲线中无爬行运行阶段，降低了损耗，提高了电梯运行效率。

（3）调压调速系统有再平层功能。当钢丝绳长度变化或负载改变等因素对平层精度造成影响时，控制系统中再平层电路工作，通过改变测速反馈衰减系数，使轿厢蠕动到精确平层位置，从而提高了平层精度。

（4）闭环调压调速系统调速装置复杂，增加了系统的初投资和使用维护费用。

（5）功率损耗大。调压调速系统功率损耗主要来自以下几个方面。

① 转差功率损耗。转差功率与转差率成正比，调压调速的转差率增加，转差率损耗也增高。

② 高次谐波附加损耗。由于利用晶闸管调速的系统，电动机工作在非正弦电压下，定子绕组中有高次谐波电流，转子绕组中产生高次谐波电动势和电流，使铜耗增加，导致电动机发热严重。

③ 能耗制动损耗。调压调速系统多采用能耗制动方式，即在电动机的慢速绕组中通入直流电，产生固定磁场，对电动机起制动作用。为了提高系统的稳定性，全闭环调速系统中，

不仅在电梯的减速平层阶段接通能耗制动装置,在电梯的其他运行过程中,制动装置也是开通的,与电动系统同期分时共同工作,增加了系统的损耗。

3.6.2　交流调压调速电梯拖动系统

1. 调压调速电梯系统组成

调压调速电梯拖动系统主要包括驱动控制部分和调速控制部分,实现电梯的上、下行,单、多层运行(启动运行和满速运行),制动、平层、停车等控制功能。调压调速原理框图如图3.27所示。

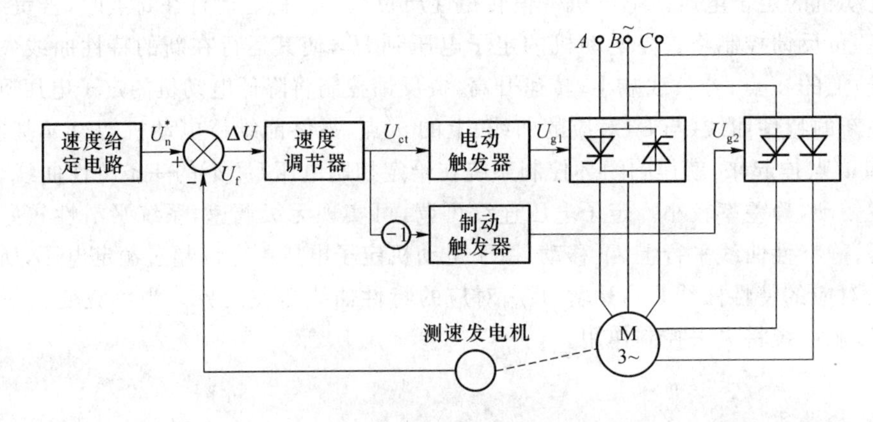

图 3.27　调压调速原理框图

实际中,交流感应电动机的电动运行和能耗制动运行的调节规律是有差别的,为便于现场调试,做了近似处理,将曳引电动机的电动控制和制动控制使用同一个速度调节器,从而使电路得到简化。这样,由测速环节将实时测速信号 U_f 反馈到速度调节器的输入端,与速度给定信号 U_n^* 进行比较,再将偏差信号 ΔU 输入到速度调节器。当电梯实际运行速度低于速度给定值时,偏差信号 ΔU 为正值,使速度调节器输出正值控制电压 U_{ct},正值信号 U_{ct} 使电动触发器投入工作,以改变电动机主回路三相调压电路正反向并联的晶闸管控制角 α,控制电动机加速运行;反之,当电梯实际运行速度高于速度给定值时,偏差信号 ΔU 为负值,使速度调节器输出负值控制电压 U_{ct},将其倒相之后,便使制动触发器投入工作,以改变接于电动机 16 极低速绕组的半控桥式可控整流电路晶闸管控制角 α,控制电动机实现能耗制动,使其减速运行。在电梯运行过程中,要根据实际运行状况,控制电动触发器和制动触发器分时交替工作,以使电梯能一直跟踪速度给定曲线。

调压调速系统典型结构框图如图 3.28 所示。该系统适用于额定载重量为 1 000 kg、额定速度为 1.25～2 m/s 的交流调速电梯。系统由以下各部分组成:

当电梯快速运行时,图 3.28 中的检修接触器 MK、1MK 断开,快速接触器 KK 闭合,三相交流电源经调速器后,由 U′、V′、W′端输出可调三相交流电压,经方向接触器 XK(下行)、SK(上行)和快速接触器 KK 接至曳引电动机 4 极高速定子绕组。与此同时,直流接触器 ZK 闭合,调速器+、−端的可调直流电压,经直流接触器 ZK 接至电动机的 16 极低速绕组,以备进行能耗制动。电梯的逻辑控制电路使高、低速运行继电器 KG、KD 闭合(如判断为中速运行,则继电器 KZ、KD 闭合),调速器便给出相应的速度给定信号,控制电梯按给定速度曲线启动加速、稳速运行和制动减速。在运行中,若实际转速低于给定速度,则调速器通过电动机 4 极快速绕组使其处于电动运行状态，电梯加速运行；若实测速度高于给定速度，则调速器通过电动机 16 极低速绕组使其处于制动状态，电梯减速运行。这样，便保证了电梯始终跟随给定速度曲线运行。当电梯处于检修运行状态时，快速接触器 KK 和直流接触器 ZK 释放，三相交流电压就不经调速器而通过闭合的检修接触器 MK、1MK 直接接至电动机 16 极低速绕组。这时，运行继电器全部释放，调速器不再起作用，电动机便以额定转速为 320 r/min 的检修低速运行。电动机有双重热保护：当电动机温度达到 60℃左右时，利用热继电器启动冷却风机，进行强行风机制冷；当温度达到 155℃左右时，通过电动机内置热敏电阻控制热保护继电器，迫使电梯在最近层站停车。

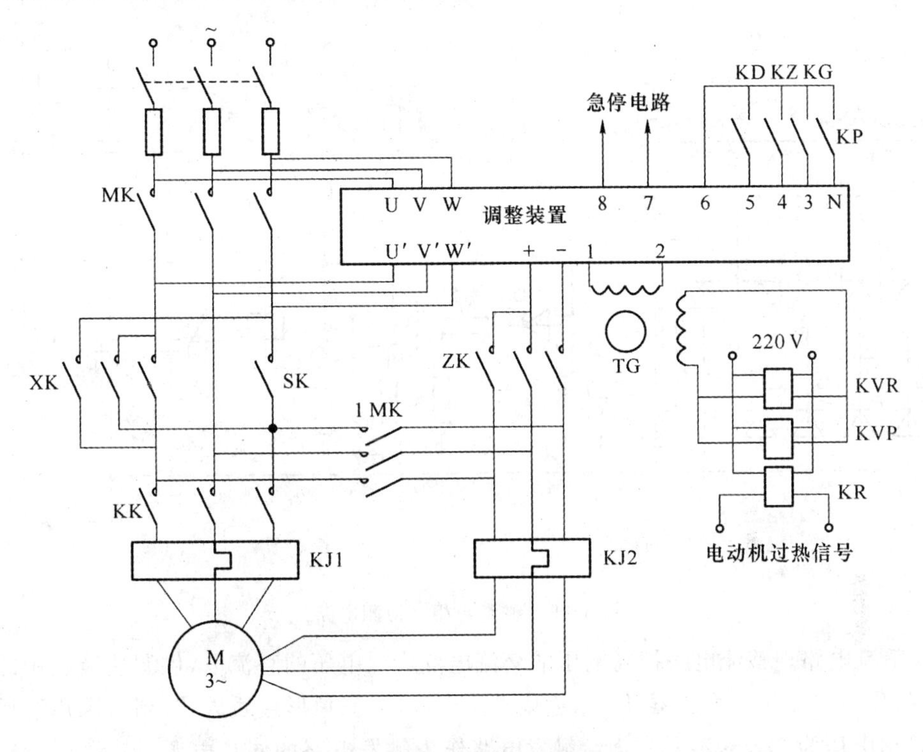

图 3.28　调压调速系统结构框图

测速发电机可以是直流或交流发电机，也可以是利用数字脉冲计数的测速装置。以双绕组永磁直流发电机为例，它可以与电动机或曳引机轴向连接，也可以通过皮带轮侧向连接。根据发电机输出电压近似与转子转速成正比的原则，可以通过测速发电机获得能反映电动机实际运行速度的电压信号。测速发电机的输出电压有两个去向，一是接调速装置，用于测量反馈电梯实际运行的速度；二是接至速度继电器，作为速度检测信号。速度继电器接收测速发电机送来的速度反馈信号，经处理和判断后完成对电梯的超高速保护和平层功能。速度继电器分为高速超高速保护继电器 KVR 和低速平层速度检测继电器 KVP。当电梯运行速度过高时，继电器 KVR(速度整定范围为 1 000～2 000 r/min，一般整定在 1 500 r/min)动作，控制急停电路强制电梯停车，以免发生危险；当电梯运行速度低于继电器 KVP 整定值(一般整定在 150 r/min)时，继电器动作，在与其他控制电路的配合下完成电梯的平层和再平层功能。

2. 调速装置

调速装置控制电梯的启动加速、满速运行和制动减速、平层停车等，使其能按理想速度曲线运行。当电梯处于检修状态时，调速装置停止工作。调速装置是调压调速系统中最重要、最复杂的部分之一，它决定着系统的调速性能。不同型号的电梯调速装置具有相似的基本功能，典型的功能模块主要包括整流、相序检测电路、速度曲线给定电路、测速反馈电路、速度调节电路和速度差值保护电路、同步电源和触发脉冲电路、速度计算电路。

(1) 整流和相序检测电路。典型整流和相序检测电路如图 3.29 所示。

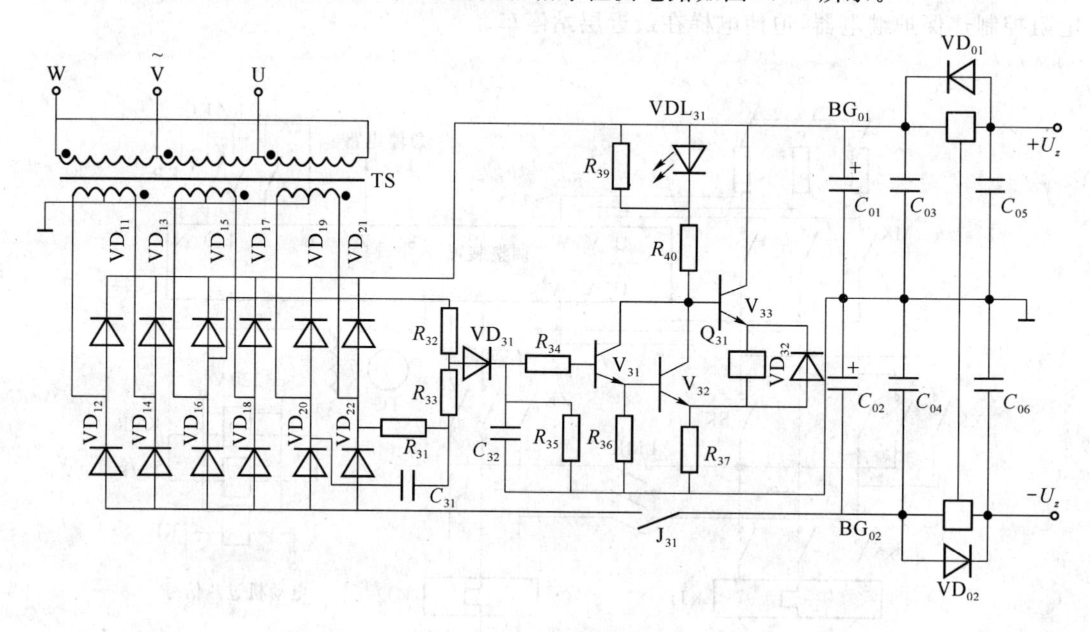

图 3.29 整流与相序检测电路

① 整流电路。整流电路把高电压的交流电变成低电压的直流电，供调速装置中的控制电路和触发电路使用。变压器 TS 原边接到主电源，为三角形接线方式；副边采用双反星形接法，输出电压为 22V×2，一方面给触发电路作为触发电路的同步电源，另一方面经整流、滤波和稳压后作为调速装置内各继电器的工作电压。变压器 TS 副边输出电压经二极管 VD_{11}～VD_{22} 组成的三相整流电路整流、经滤波和经 BG_{01}、BG_{02} 稳压后，输出 ±24 V 直流电压。

② 相序检测电路。相序检测电路用于检测电源电压的断相或错相，并使电梯停车，避免发生危险。

电路设计基于三相不对称星形电路中性点漂移的原理。VD_{31} 阳极合成电压在不同情况下见图 3.30。当电源正常时，VD_{31} 的阳极合成电压为零，如图 3.30(a)所示，此时 V_{31} 和 V_{32} 截止，24 V 正常电压经 R_{39}、R_{40} 加到 V_{33} 的基极，使其导通，Q_{31} 线圈得零，其常开触点闭合，电路正常工作。当相序不对或断相时，VD_{31} 的阳极合成电压不为零，如图3.30(b)、(c)所示，VD_{31} 导通，使 V_{31} 和 V_{32} 导通、V_{33} 截止，Q_{31} 线圈失电，其常开触点打开，电梯急停，提供断相和错相保护。

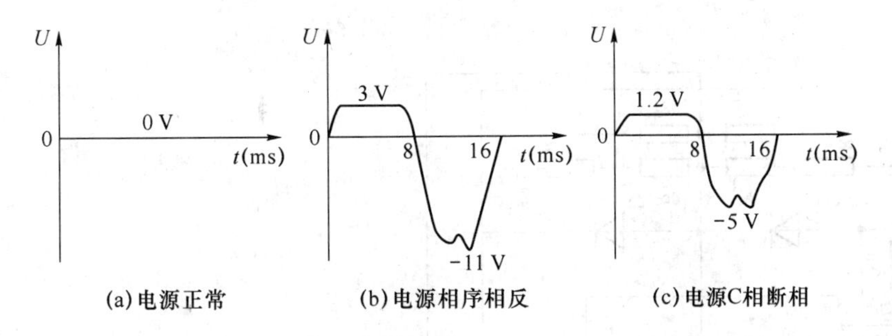

图 3.30　VD_{31}阳极电压

(2) 速度曲线给定电路

速度给定环节产生电梯运行所需的抛物线—直线形速度给定曲线。一般按时间原则制动减速停靠的电梯，往往在制动减速过程中，存在低速爬行运行段；此外，当控制电路判断电梯为单层运行时，电梯将处于分速度运行状态。因此，速度给定电路除了产生启动加速曲线段、满速运行的高速曲线段和制动减速曲线段外，还要产生低速给定曲线和中速给定曲线，作为调压调速自动控制系统的基准值。计算机控制电梯系统中速度曲线是由软件判断生成的，传统的控制系统速度给定信号是电压信号。速度曲线给定电路由给定阶跃信号产生电路、信号转换电路和信号输出电路三部分组成。抛物线—直线形速度给定曲线，一般是通过将矩形曲线与微分波形合成并进行积分运算，再经平滑滤波而得到的。典型电路如图 3.31 所示，将阶跃形式的给定信号，经过微分波形合成、积分运算、积分反馈比较和低通滤波等环节的加工，便获得了斜率符合要求的圆滑过渡的速度给定曲线。

当电梯控制电路判断为高速运行时，在控制系统中的高速运行继电器 KG 和低速运行继电器 KD 同时吸合，使继电器 KV_2、KV_0闭合，由电源给出幅值为 $U_W=+15$ V 的高速和低速阶跃给定信号。该阶跃信号一方面传递到以运放 N_1为主的微分电路输入端，产生相应的微分信号；另一方面，由继电器 KV_2给出的高速给定信号使晶体管 V_5饱和导通，暂时将由继电器 KV_0给出的低速给定信号短路；同时，晶体管 V_4也导通，将中速给定信号短路。只将高速给定信号经电位 RP_1传输到反相加法器 N_2的输入端。此时，低速给定信号虽然一直存在，但只在换速之后高速继电器 KG 已经释放，低速继电器 KD 继续闭合，电梯处于低速平层时才起作用。

当判断电梯为中速运行时，中速继电器 KZ 和低速继电器 KD 闭合，使继电器 KV_1、KV_0闭合，电源给出幅值为 $U_W=+15$ V 的中速和低速阶跃给定信号。一方面将其送到微分电路 N_1；另一方面由继电器 KV_1给出的中速给定信号使晶体管 V_5导通，将低速给定信号暂时短路，只将中速给定信号经电位器 RP_2传送到加法器 N_2的输入端。同样只在换速后电梯在低速平层时，低速给定信号才起作用。高、中、低速给定信号的大小，可分别通过电位器 RP_1、RP_2和 RP_3来调节。

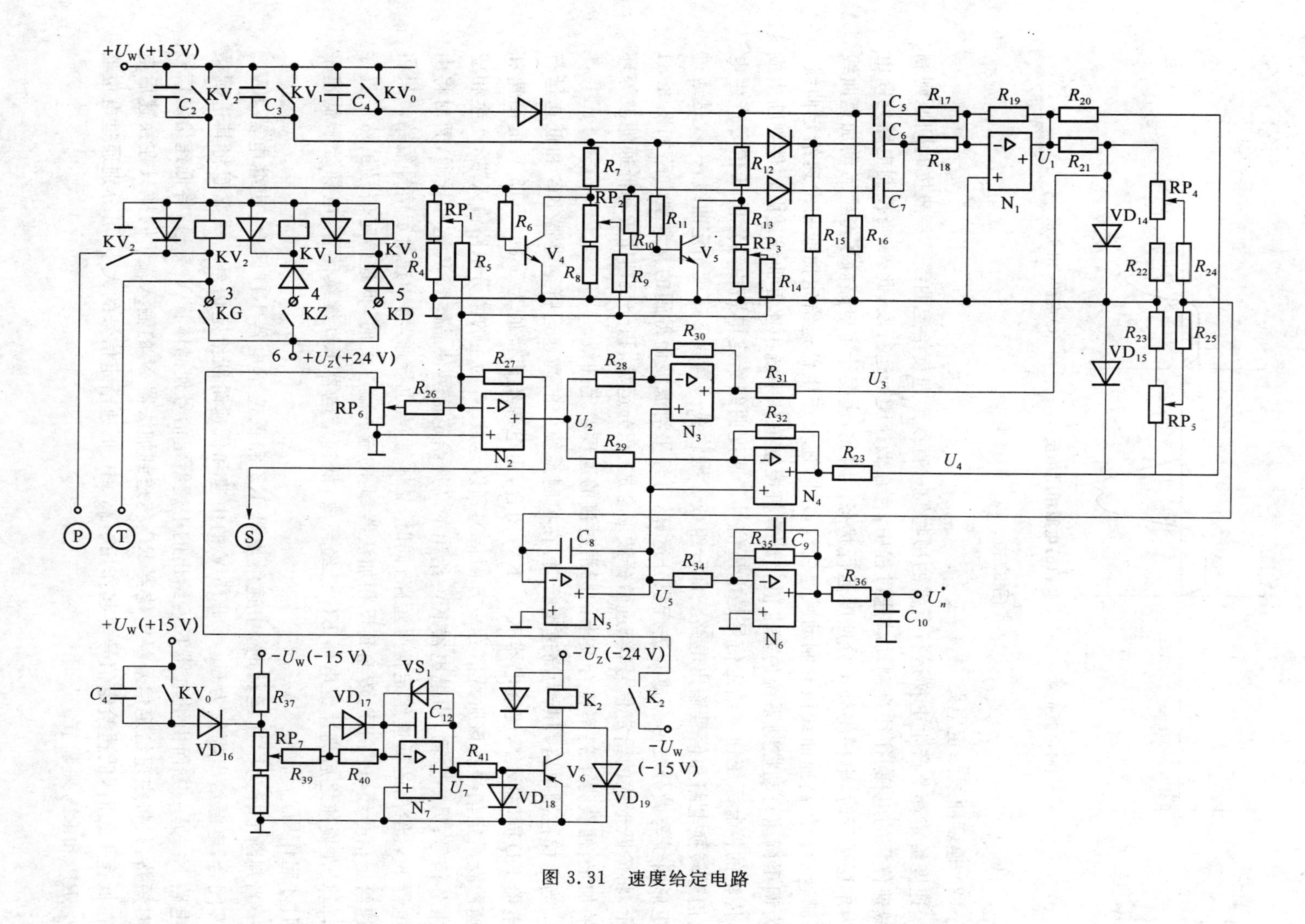

+U_W(+15 V)
-U_W(-15 V)
+U_Z(+24 V)
-U_Z(-24 V)
KV_0
KV_1
KV_2
KG
KZ
KD
K_2
N_1
N_2
N_3
N_4
N_5
N_6
N_7
U_1
U_2
U_3
U_4
U_5
U_7
U_n^*
P
T
S

图 3.31 速度给定电路

此外，当继电器 KV_0 给出低速给定信号的同时，还产生制动给定信号。低速给定继电器 KV_0 闭合，电源 $U_W=+15$ V 的电压经二极管 VD_{16}、电位器 RP_7、电阻 R_{39} 和二极管 VD_{17} 传送到以运放 N_7 为主构成的限幅积分器的输入端，经过 20～30 ms 的积分延时之后，N_7 输出的负值电压 U_7 被稳压管 VS_1 限幅，三极管开关 V_6 导通，继电器 K_2 吸合，其闭合的常开触点 K_2 将电源 $U_W=-15$ V 的电压经电位器 RP_6 引到加法器 N_2 的输入端（在以后分析速度调节器工作原理时可见到，继电器 K_2 延时吸合的时间，恰是设置启动给定增量的时间）。这样，加法器 N_2 的输入信号为高、中、低速给定信号之一与制动给定信号之和。只要继电器 KV_0 闭合，制动给定信号就存在，然而也只有在低速继电器 KD 释放，电梯平层停靠时它才起作用。

现以电梯高速运行来分析速度给定曲线的产生过程，参见图 3.32。

令在 t_0 时继电器 KG 和 KD 吸合，产生正向阶跃的高、低速给定信号和负向阶跃的制动给定信号，如图 3.32(a)、(b) 和(c) 所示。由于低速给定信号被三极管 V_5 暂时短路，所以只有由电位器 RP_1 确定的高速给定信号与由电位器 RP_6 确定的制动给定信号相叠加后的正信号，传送到加法器 N_2 的输入端，N_2 的输出信号 U_2 为负阶跃信号，见图 3.32(f)。负向阶跃信号 U_2 同时传送到加、减速比较器 N_3 和 N_4 的输入端，N_3 和 N_4 有相同的正阶跃输出信号 U_3 和 U_4，但正向的 U_3 被二极管 VD_{14} 短路。因此，只有 N_4 的输出 U_4 起作用，见图 3.32(g)。与此同时，微分电路 N_1 输出负微分尖锋信号 U_1，见图 3.32(h)。正向信号 U_4 与负向尖锋脉冲信号 U_1 合成之后，在电位器 RP_5 的滑动输出端的信号前沿，就呈现弧形，并将其作为积分器 N_5 的输入信号 U_{i5}，见图 3.32(i)、(k)。由于积分器 N_5 的输出信号 $U_5=\frac{1}{RC}\int U_{i5}\,dt=\frac{U_{i5}}{RC}t$。在积分时间常数 RC 为一定的情况下，积分曲线的斜率与 U_{i_5} 成正比。在 $t_0\sim t_1$ 期间，由于 U_{i_5} 是变化的，所以积分曲线的斜率也是变化的，则形成速度给定曲线的第一个弧形段。在 t_1 时微分信号消失，积分器 N_5 的输入信号幅值恒定，使 N_5 输出的积分曲线斜率恒定，则形成速度给定曲线在 $t_1\sim t_2$ 期间的线性加速段，见图 3.32(l)。电位器 RP_5 用于调节速度给定曲线斜率。

由图 3.32 可见，加、减速比较器 N_3 和 N_4 的比较阈值就是积分器 N_5 的输出电压 U_5，随着 U_5 的下降，N_3、N_4 的比较值逐渐接近加法器 N_2 的输出电压 U_2，当到 t_2 时，比较器 N_4 的输出电压便开始减小，使电位器 RP_5 的输出电压，即积分器 N_5 的输入电压 U_{i5} 也随之开始减小，见图 3.32(g)、(i)。因此，N_5 输出的积分曲线斜率由 t_2 开始减小，于是形成了速度给定曲线的第二个弧线段。由 t_3 开始，比较器 N_4 的输入信号出现动态平衡，使积分器 N_5 的输入电压为零。因此，N_5 输出的积分曲线的斜率为零，便形成了速度给定曲线的水平线性段。

令电梯到 t_4 时开始换速，高速继电器 KG 释放，使继电器 KV_2 释放，从而高速给定阶跃信号消失。因此，该时刻在反相加法器 N_2 的输入端出现了负向阶跃信号。这样，一方面使加法器 N_2 的输出电压 U_2 出现上跳沿，从而使比较器 N_3 和 N_4 的输出电压 U_3 和 U_4 出现下跳沿。但是，由于 U_4 使二极管 VD_{15} 导通，将 U_4 短路，所以此时只有信号 U_3 起作用；另一方面，使微分电路 N_1 输出正向微分波形 U_1，见图 3.32(h)。U_1 和 U_3 合成，在积分器 N_5 的输入端便形成弧形前沿输入信号，使 N_5 输出的积分曲线出现第三个弧线段。到 t_5 时，积分器 N_5 开始输入幅值恒定的信号，于是形成了速度给定曲线在 $t_5\sim t_6$ 期间的制动减速线性段。这时只有低速给定阶跃信号起作用，加法器 N_2 的输出信号 U_3 为幅值较小的负值，见图 3.32

(f)。当积分器 N_5 输出信号 U_5 上升到 t_6 时，比较器 N_3 输出电压 U_3 的幅值开始减小，使积分器 N_5 输入信号 U_{i_5} 的幅值开始减小，见图 3.32(j)、(k)。N_5 输出的速度给定积分典线便形成了第四个弧线段，见图 3.32(l)。

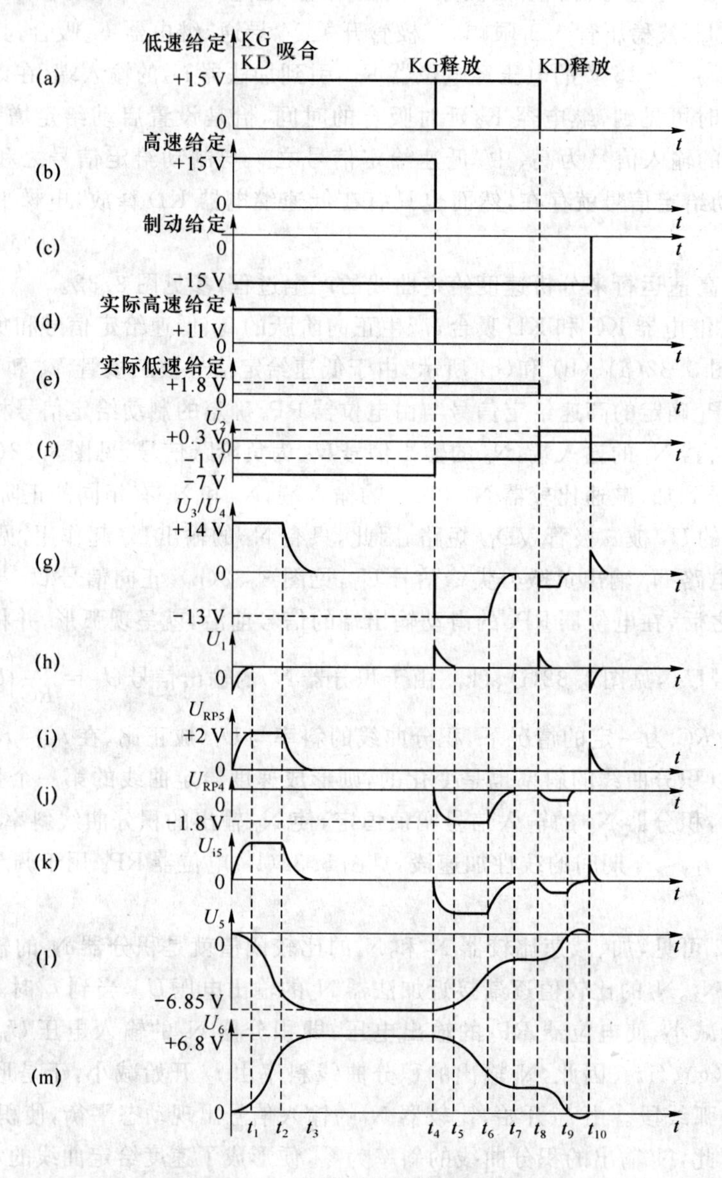

图 3.32　速度给定曲线的产生

由 t_7 开始，比较器 N_3 的输入端出现动态平衡，使积分器 N_5 输出的速度给定曲线形成低速水平爬行段。

当到 t_8 时，低速继电器 KD 释放，使继电器 KV_0 又释放，低速阶跃给定信号消失。一方面，在加法器 N_2 的输入端出现下跳沿输入信号，输出正向跃变的 U_2，使比较器 N_3 有负阶跃输出信号 U_3，见图 3.32(f)、(g)；另一方面，微分器 N_1 输出正向微分波形。这时，制动给定电路中的限幅积分器 N_7 的输入端 U_W(－15 V)开始起作用，使 N_7 开始正向积分过程，其输出电压 U_7 由稳压管 VS_1 的限幅值－10 V 上升到＋0.7 V 的积分延迟时间，可通过电位器

RP_7调整。经过 1～2 s 积分延时之后，到 t_{10}时，三极管开关 V_6由导通变为截止，继电器 K_2才释放，其常开触点 K_2断开，U_W(－15 V)制动给定信号才消失。在此延时期间内，按照与前述相似的规律，使积分器 N_5输出的速度给定信号 U_5 在 t_9 时达到零值；由于此时 N_2的输入信号只为负的制动给定信号，使 N_2的输出信号 U_2为正值。因此，积分器 N_5的输出信号 U_2在持续上升趋于动态平衡过程中，必然会出现反向数值，见图 3.32(e)。在速度给定曲线上有较小的反向数值，有利于使电梯制动减速到零。梯速降为零速时，便立即施闸停梯。

最后，经过有源低通滤波 N_6使速度给定曲线上的四个弧线段更加圆滑，并倒相输出。于是便得到了所要求的速度给定曲线，见图 3.32(m)所示。该电路的输出信号作为速度调节器的给定信号 U_n^*。

(3) 测速反馈电路

测速反馈环节由测速电机和测速反馈信号电路组成。测速反馈信号电路由反馈信号衰减电路和绝对值电路组成，见图 3.33。它将测速发电机送来的反映曳引电动机转速的信号，经过处理后传递到速度调节器。测速反馈电路的三个功能：一是把测速发电机输出的高电压(70～80 V)信号衰减到调节器所要求的输入低电压(7～8 V)；二是当电梯进入再平层运行状态时，应能够改变并提供新的合适的衰减系数；三是把测速发电机测到的电梯上、下行时的双极性信号，转换为速度调节器需要的单极性信号。

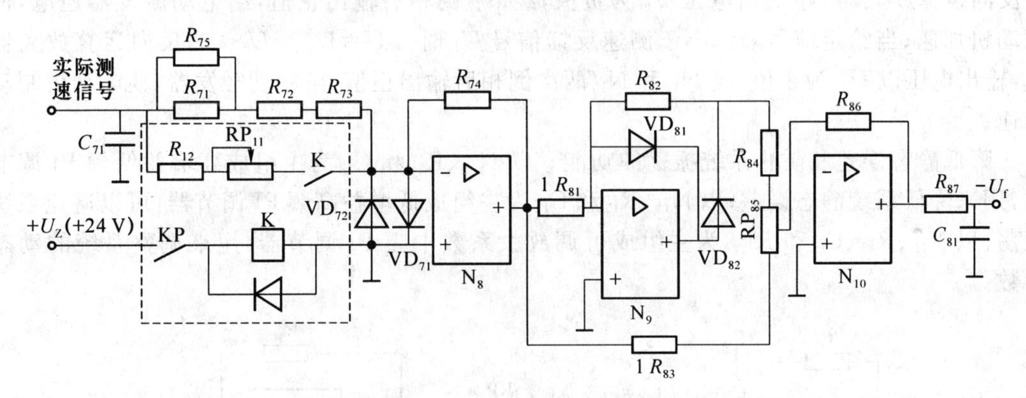

图 3.33　测速反馈电路

衰减电路以反向比例放大器 N_8为主要组成元件，N_8的增益小于 1，所以称为衰减电路，将测速发电机测得的信号衰减为原来的 1/10。

绝对值电路由精密半波整流电路 N_9和反向加法器 N_{10}组成。当测速反馈信号为负值时，N_8输出电压 U_8为正值，VD_{81}导通，VD_{82}截止，N_9的输出电压 U_9为 0，U_8经 R_{83}传到加法器 N_{10}的输入端，由于 $R_{83}=R_{86}$，N_{10}输出电压 U_{10}与 U_8大小相等，极性相反，即 $U_f=U_{10}=-U_8$为负值。当测速反馈信号为正值时，N_8输出 U_8为负值，VD_{81}截止，VD_{82}导通，因为 $R_{81}=R_{82}$，所以 $U_9=-U_8$，由于 $R_{86}=2R_{84}$，所以加法器 N_{10}的输出 U_{10}为 $U_{10}=-(2U_8-U_8)=-U_8$，即 $U_f=-U_8$仍为负值。测速反馈信号的正、负由电梯的上、下运行方向决定，由以上分析可知，电梯无论上行还是下行，测速反馈信号都为负值，符合速度调节器的要求。

测速发电机的正、反转输出电压可能不对称，可用电位器 RP_{85}来调整电梯上、下行测速反馈信号的对称性。若电梯平层时，出现平层精度超出允许值时，需要进入再平层运行状态。这时井道内再平层继电器 KP 动作，测速反馈信号电路中的 KP 得电闭合，接通继电器

K,K 常开触点闭合,使 R_{12} 和电位器 RP_{11} 支路并接到 N_8 的输入支路上,输入电阻减小,使电梯实际转速比低速给定值还要低。若并入支路电阻值与原支路电阻值相等,则电梯就以1/2给定低速的再平层速度,缓慢移到平层位置。

(4) 速度调节电路

速度调节器是调速装置的核心,一般采用比例积分(PI)调节器,以提高系统的快速性,消除静差。速度调节器电路如图 3.34 所示。一般情况下,电梯的电动控制和制动控制合用一个调节器,简化了电路、方便现场调试。速度调节器电路还应提供启动给定增量,降低系统静态误差,调整系统动态参数,消除系统振荡。

启动给定增量。电梯在启动时一方面要克服静摩擦力矩;另一方面要克服位能性负载反向倒拉制动力矩。这两个力矩比电梯正常运行时大许多(约为正常运行时的 2 倍)。为了加快启动过程,在速度调节器中设计启动给定增量电路,用来产生启动给定增量。图中启动给定增量电路由 R_{11}、KJ51、RP_{17}、N_{11} 构成。启动瞬间常闭触点 KJ51 闭合,启动给定增量电路工作,N_{11} 为反向比例放大器,提供启动给定增量。几十毫秒后,KJ51 打开,PI 调节器恢复正常调节功能。注意:启动给定增量的大小和提供时间要设置恰当,一旦克服静摩擦力矩,应立即去除给定增量,否则会造成启动冲击,使乘客有上浮感。

电动功能和制动功能的实现。当给定信号 U_n^* 大于测速反馈信号 U_f 时,$\Delta U=U_n^*-U_f>0$,反向运算放大器 N_{11} 输出电压 U_{11} 为负值,经 N_{12} 倒相后输出正值,给电动触发器通电,使电动机加速;当给定信号 U_n^* 小于测速反馈信号 U_f 时,$\Delta U=U_n^*-U_f<0$,反向运算放大器 N_{11} 输出电压以 U_{11} 为正值,经 N_{12} 和 N_{13} 两次倒相后输出正值,给制动触发器,使电动机制动减速。

降低静态误差和防止系统振荡的功能。以 N_{11}、R_{14} 和 C_{13} 为主组成高增益低频 PI 调节器,用来降低系统静态误差;以 N_{11}、R_{15} 和 C_{12} 为主组成低增益高频 PI 调节器,可以避免系统振荡;以 N_{11}、R_{13}、C_{11} 和 RP_{20} 为主组成可调放大系数中频 PI 调节器,用来调整系统的动态参数。

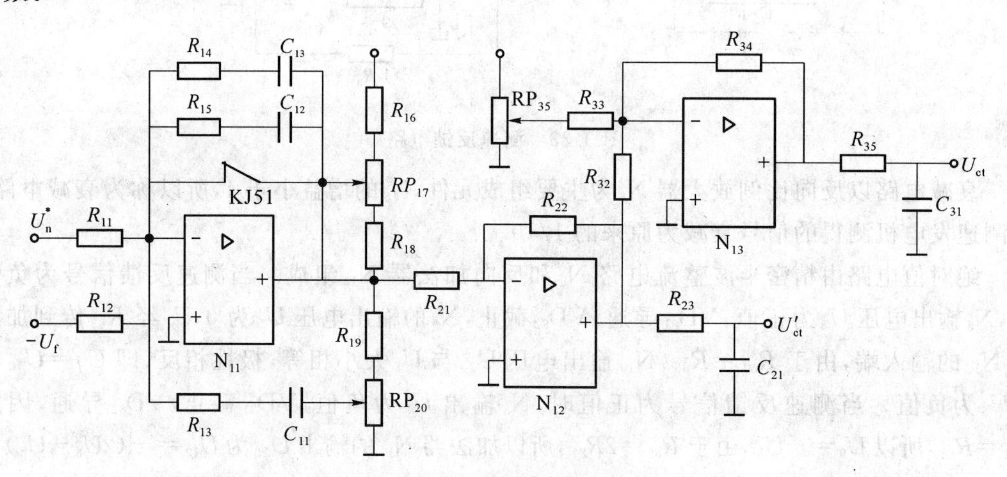

图 3.34 速度调节器电路

(5) 触发器电路。触发器在速度调节器的控制下,生成具有一定相位的触发脉冲,输出到晶闸管的控制角,从而控制晶闸管输出电压的大小。触发器环节主要包括同步电源、触发电路和脉冲放大电路等。

① 同步电源。由触发器输出的脉冲来控制晶闸管的控制角，触发器和晶闸管要协调工作，二者就必须步调一致，有相同的频率，所以触发电路和晶闸管要用相同的电源。晶闸管接在主回路中，所以触发器电源也要从主电源引入，这个电源称为同步电源。

见图 3.35，同步电源经过同步变压器引入。同步变压器一次采用三角形接线方式接在主电源上，变压器二次为触发电路提供同步电压。交流调压调速系统中，共有 U、V、W 三相电动绕组和一相直流制动绕组，对应六个电动晶闸管和两个制动晶闸管，每个晶闸管需要一路触发脉冲，每路触发脉冲生成都需要同步电压，所以同步变压器要二次提供八路电压。

同步变压器一次每相电压是主电源两相电压之差。二次接成双反星形，每隔60°向触发电路发一同步电压，一个周期内向触发电路发六个同步电压，恰好满足六个电动晶闸管对触发脉冲的要求。两个制动晶闸管用的触发脉冲可由其中一相（如图中 U 相）并联引出，标注为 U^+ 和 U^-。变压器二次输出电压接各相触发电路。

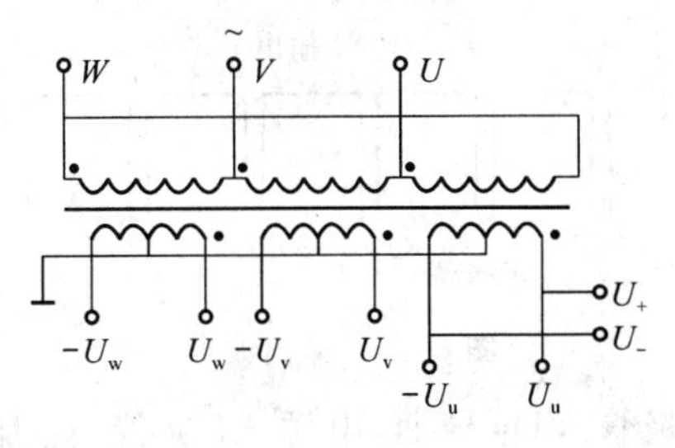

图 3.35　同步电源

② 触发电路。触发电路接同步电源送来的同步电压，在速度调节器的控制下生成触发脉冲。触发电路由锯齿波生成电路、方波生成电路和方波输出电路组成。

每相（U 相、V 相、W 相和制动）各对应一触发电路。各触发电路原理完全相同，只是它们的输入信号和输出信号的相位各不相同。以 U 相为例说明触发脉冲生成过程，见图 3.36。U 相有两个反向并联的晶闸管，所以触发电路要有两个输入电压 U_U 和 $-U_U$，以及两路脉冲输出 C 和 D。

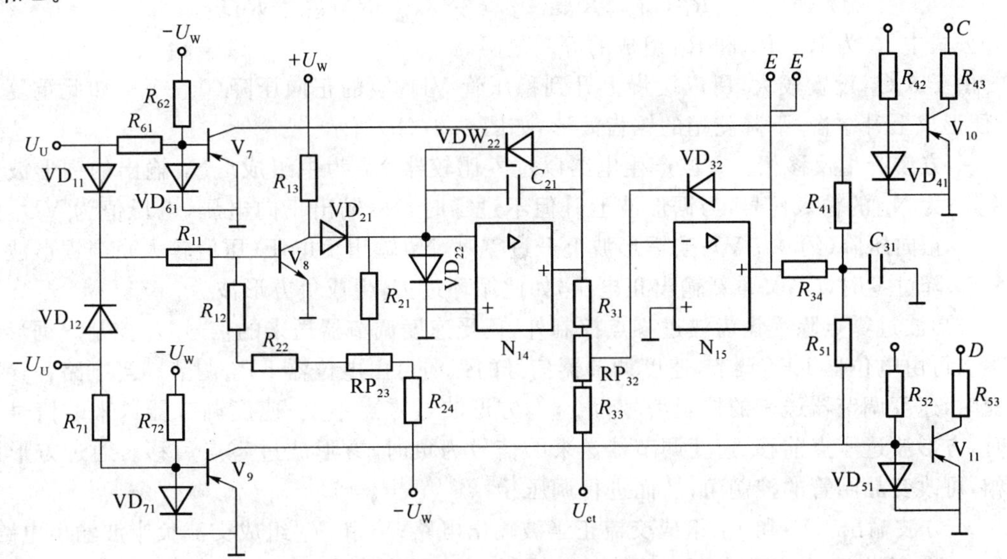

图 3.36　触发电路

• 锯齿波形成。电阻 R_{21}、R_{22}、R_{24}、电容 C_{21}、二极管 VD_{21}、稳压管 VDW_{22}、电位器 RP_{23}、运算放大器 N_{14} 组成锯齿波电路。同步电压 U_u 为正半周时，通过 VD_{11} 使电子开关 V_8 导通；同步电压 $-U_u$ 为正半周时，通过 VD_{12} 使电子开关 V_8 导通。所以在每个半波，V_8 在大部分时间里是导通的，只有在输入信号过零的很短的时间里 V_8 截止。V_0 导通时，其集电极输出低电平，V_8 截止时，其集电极输出高电平，V_8 集电极输出波形如图 3.37(a)所示。

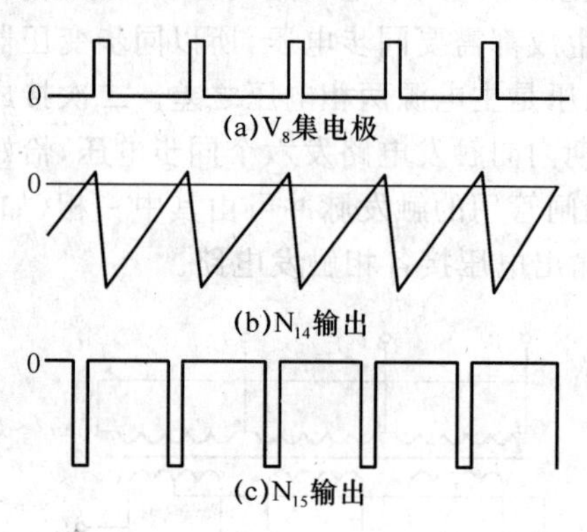

图 3.37　输出波形

当 V_8 输出高电平时，二极管 VD_{21} 导通，电源 $+U_W$ 经 R_{13} 加到积分器 N_{14} 的输入端，积分器 N_{14} 的输出电压 U_{21} 为

$$U_{21}=\frac{1}{R_{13}C_{21}}\int_0^{t_1}U_W\,dt=-\frac{U_W t_1}{R_{13}C_{21}}$$

积分时间常数 $R_{13}C_{21}$ 设置很小，使电压 U_{21} 快速达到稳压管 VDW_{22} 的负向限幅值。

当 VDW_{22} 饱和导通时，在 VD_{21} 的反向隔离作用下，$-U_W$ 经 R_{24}、RP_{23} 和 RP_{21} 做 N_{14} 的输入信号，此时其电压 U'_{21} 为

$$U'_{21}=-\frac{U_W t_1}{R_{13}C_{21}}+\frac{1}{R_i C_{21}}\int_0^{t_2}U_W\,dt=-\frac{U_W t_1}{R_{13}C_{21}}+\frac{U_W t_2}{R_i C_{21}}$$

公式中 R_i 为 R_{24}、R_{23} 和 R_{21} 组成的等效电阻。

由于 R_iC_{21} 设置较大，所以缓慢上升到稳压管 VDW_{22} 的正向压降(0.7 V)，如此重复下去，便形成上升缓慢，下降陡峭的锯齿波形，如图 3.37(b)所示。

• 方波产生及移相。方波产生电路以过零比较器 N_{15} 为主组成。N_{14} 输出的锯形波作为 N_{15} 的输入信号，当锯形波上升但不过零时，N_{15} 输出正向电压，电压值为 VD_{32} 的正向压降(约 0.7 V)；当锯形波上升过零时，N_{15} 输出负电压(压值较大)；当锯形波下降过零时，N_{15} 又重新输出正电压，如此循环过去，生成负方形波。

方形波过零点除受锯齿波过零点控制外，还受速度调节器送来的信号 U_{ct} 控制。锯形波过零点可由电位器 RP_{23} 调节，速度调节器信号的强弱可由电位器 RP_{32} 调节。当电路各参数不变时，速度调节器送来的控制信号为 0 时，方形波过零点不变；速度调节器送来的信号为正时，方形波过零点前移；速度调节器送来的信号为负时，方形波过零点后移。通过方形波移相，可改变晶闸管的控制角，从而进行调压。

• 方波输出。V_7 和 V_{10} 组成交流正半波输出电路；V_9 和 V_{11} 组成交流负半波输出电路。N_{15} 输出正向电压时，V_{10}、V_{11} 截止，电路不输出脉冲；N_{15} 输出负向电压时，V_{10} 和 V_{11} 分别在 V_7 和 V_9 的控制下轮流导通，即同步电压 U_U 为正时，N_{15} 输出电压由 V_{10} 集电

极输出；同步电压$-U_U$为正时，N_{15}输出电压由V_{11}集电极输出，这两路脉冲经放大电路放大后分别去控制同一相(如U相)中两个反向并联的晶闸管。

③ 脉冲放大。由触发电路输出的方波脉冲要经过放大电路处理后再接至晶闸管的控制角。一路触发需要一个脉冲放大电路，所以系统要有八个触发放大电路，它们的原理完全相同。典型脉冲放大电路如图3.38所示。电路的控制电源由交流电通过降压、整流、滤波后获得，交流电源也取自主回路，C端来自触发电路的一个输出端。当触发电路有信号输出时，光电耦合器BG2中发光二极管导通发光，光敏三极管吸光导通，光敏三极管集电极电位下降，使BG1导通，BG1集电极输出放大了的触发脉冲给晶闸管控制角。

当触发电路无信号输出时，光电耦合器BG2无输入，触发脉冲放大电路不工作。在触发脉冲放大电路中，电容C_2非常重要，通过调节它可以提高触发脉冲前沿陡度和脉冲幅度，达到放大触发脉冲的目的。二极管V5用来吸收反向干扰脉冲，避免光电耦合器BG2中的发光二极管击穿。

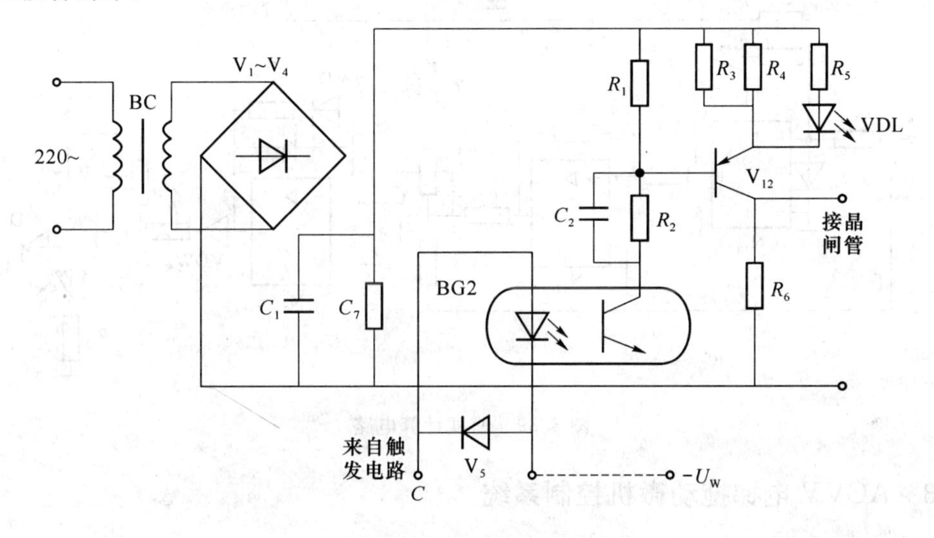

图 3.38 脉冲放大电路

④ 辅助触发脉冲。电动机工作时，在任一时刻主回路中必须有正、反两个(不在同一相上的)晶闸管同时导通。为了保证这种情况，每相触发电路在为本相提供主触发脉冲的同时，还要向相邻触发电路输出端发辅助触发脉冲，供需要同时导通的晶闸管使用，所以，对于电动晶闸管实际上有主、副两个触发脉冲在对其起作用，这样提高了晶闸管导通的可靠性。

(6) 速度计算电路。当电梯启动后，在速度还没有达到给定值时，出现截梯信号，这时高速运行继电器释放，若无速度计算电路的话，电梯会立刻换速，电梯运行效率降低。为提高电梯的运行效率，要根据电梯的运行情况确定实际换速点，因此要加入速度计算电路，如图3.39所示。

速度计算电路由可调积分器、差值积分器和求和比较器组成。可调积分器由N_{16}和N_{17}为主组成，用来建立速度计算基准；差值积分器由N_{18}和N_{19}为主组成，用来反映实际运行速度与高速给定值之间的差值大小；求和比较器由N_{20}为主组成，N_{20}有三个输入信号：负的高速给定电压(即N_{17}的输出)、负的差值积分电压(即N_{19}的输出)和正的测速反馈电压，它们在RP_{55}的中点处相加。电梯运行在高速状态时出现截梯信号时，电梯是否立刻换速，何处换速，主要根据电梯实际运行速度和高速给定速度经速度计算电路判断后决定。

出现截梯信号时，若实际运行速度未达到高速给定速度时，即U_{17}大于实际速度反馈信号U_f，差值积分器N_{18}输出正值，经N_{19}反相输出负值U_{19}，此时，负值U_{17}、U_{19}与U_f在N_{20}的输入端合成为负值，N_{20}的输出为负值，使开关管V_{13}导通，电梯继续加速。当加速到一定值时，N_{20}的输入端合成为零，开关管V_{13}截止，电梯开始换速。可通过调节RP_{36}和RP_{55}值来改变高速给定值与实际速度反馈值的比例，从严控制实际换速点。

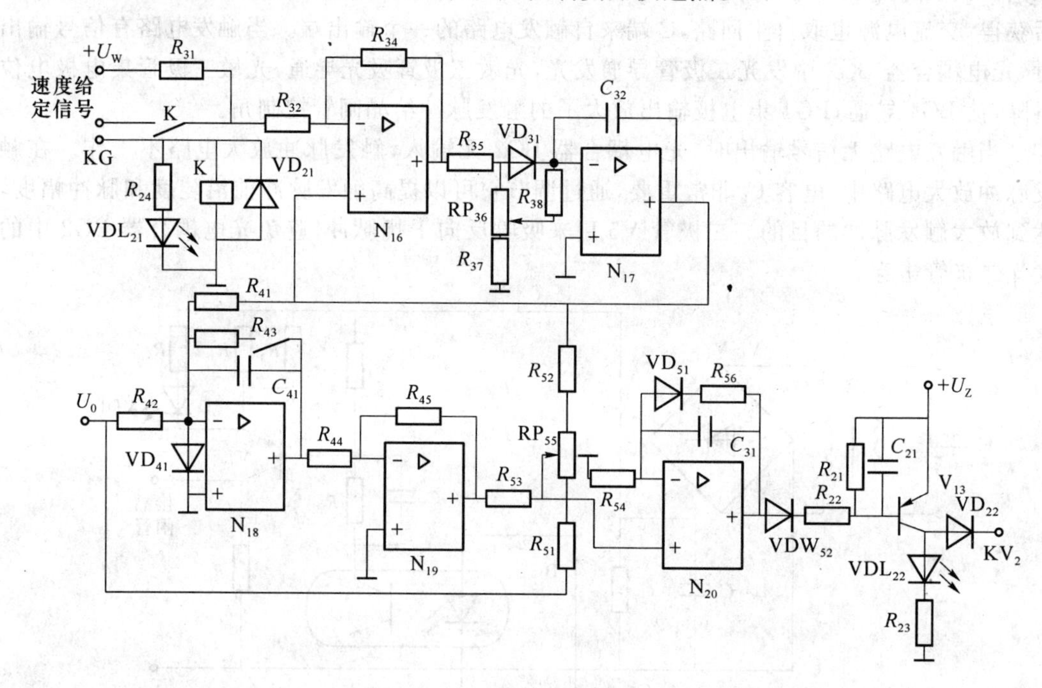

图 3.39　速度计算电路

3.6.3　ACVV电梯拖动微机控制系统

电梯拖动模拟控制系统在技术上较为成熟，性能令人比较满意，但也存在一些不足。如：模拟控制系统不能根据轿厢的运行方向和负载大小，自动调整启动给定增量和预制动力矩的大小；不能实现变参数比例积分(PI)调节功能；更不能按更完善的现代控制算法对系统进行控制。用模拟电路产生理想速度给定曲线，以及在实现按距离原则制动减速时，在为改善乘坐舒适感和提高平层精度而采取的相应校正措施等方面，都显得很麻烦，稳定性也较差。此外，通过模拟信号不便于实时检测轿厢在井道中的位置。若采用微型计算机构成数字控制系统，可以充分发挥微机软件功能，能较好地解决上述问题，并简化系统结构，提高可靠性，同时，便于现场调试、操作和维护。

用微型计算机构成的电梯拖动数字控制系统，即微机调速器，主要包括三个环节：数字化理想速度给定曲线生成环节、变参数数字PI调节器以及晶闸管数字触发器。数字控制系统原理框图见图3.40。重点介绍理想速度给定曲线的产生和启动增量的设定。

用微型计算机构成的电梯拖动数字控制系统，通常采用查表法或实时计算法产生理想速度给定曲线。为了产生速度给定曲线以及实时控制的需要，必须对电梯运行速度和运行距离(也用以表示轿厢在井道中的位置)进行检测。

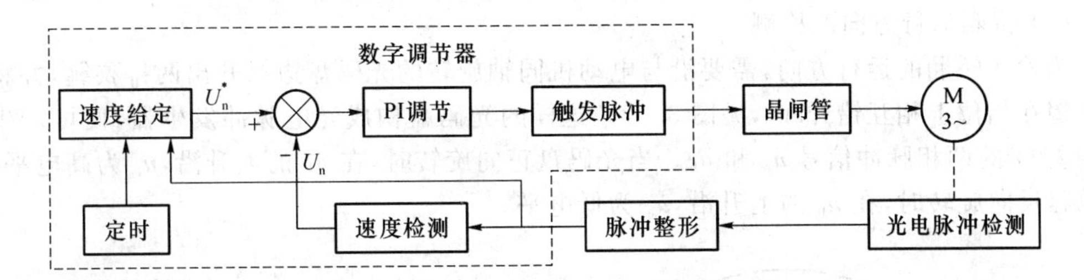

图 3.40　电梯数字调速系统原理框图

1. 轿厢运行距离和运行速度的检测

(1) 轿厢运行距离的检测

使用高精度光电脉冲发生器(工程上也称作光电码盘),能精确地检测轿厢的运行距离。

光电脉冲发生器有一个沿圆周开有许多狭缝的圆盘(例如:开有 1 024 个狭缝),与曳引电动机同轴旋转。在盘孔的一侧有一光源,对着盘孔的另一侧装有光敏三极管。当孔盘转动时,将其对光源的间断性遮挡,转换为脉冲信号。检测电路见图 3.41。

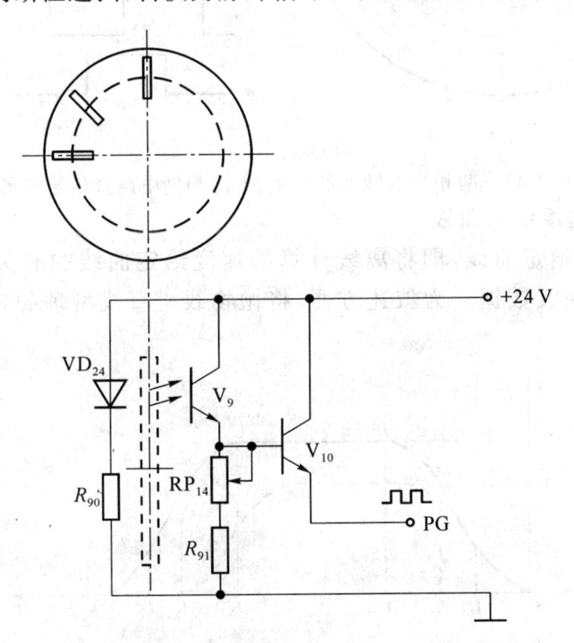

图 3.41　光电脉冲发生器及光电信号检测电路

轿厢运行距离可以表示为

$$S=\frac{\pi D}{BRi}\cdot N=KN \tag{3.29}$$

式中,N 为总的脉冲个数;D 为曳引轮直径(mm);B 为电动机每转光电脉冲发生器发出的脉冲数;R 为钢丝绳曳引比,1∶1 时,$R=1$;1∶2 时,$R=2$;i 为传速比。K 为距离脉冲当量,$K=\frac{\pi D}{BRi}$表示一个脉冲对应的运行距离。

对确定的曳引机构和光电脉冲检测装置,K 为常数。因此,只要将光电脉冲发生器发出的脉冲信号输入到计算机,对脉冲进行计数,按(3.29)式就可求得轿厢运行距离,确定轿厢的位置。

(2) 轿厢运行方向的检测

为检测轿厢的运行方向,需要沿与电动机同轴旋转的光码盘边缘开出两排狭缝,并将两排狭缝在相位上相互错开90°,见图 3.42。这样的光码盘构成光电脉冲发生器,便可产生相位相差90°的两相脉冲信号 u_a 和 u_b。当光码盘正向旋转时,在 u_b 的上升沿,u_a 为高电平,当光码盘反向旋转时,在 u_b 的上升沿,u_a 为低电平。

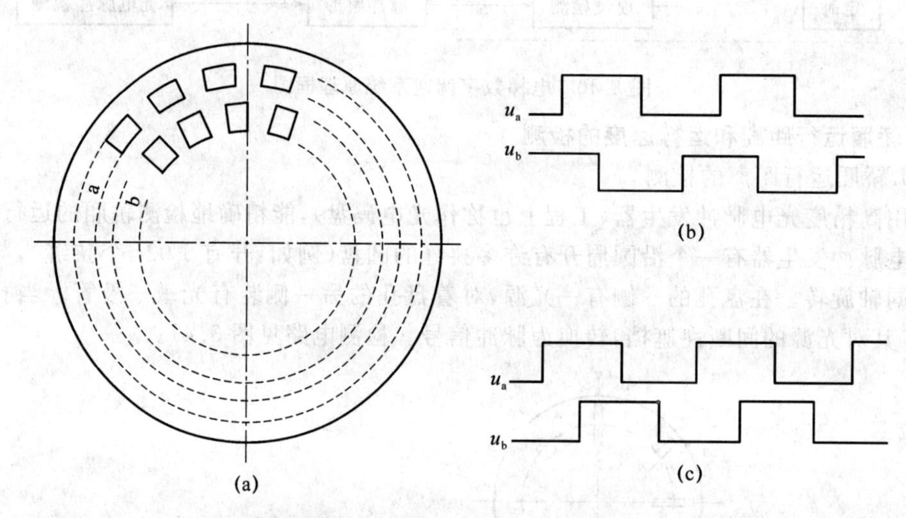

图 3.42　两相光电脉冲的产生、方向判别电路及信号波形

2. 查表法产生速度给定曲线

查表法产生速度给定曲线,即将离线计算的速度给定曲线的有关数据,存入 EPROM 中,根据需要再读出曲线数据。为叙述方便,将抛物线—直线型理想速度给定曲线重新绘制,见图 3.43。

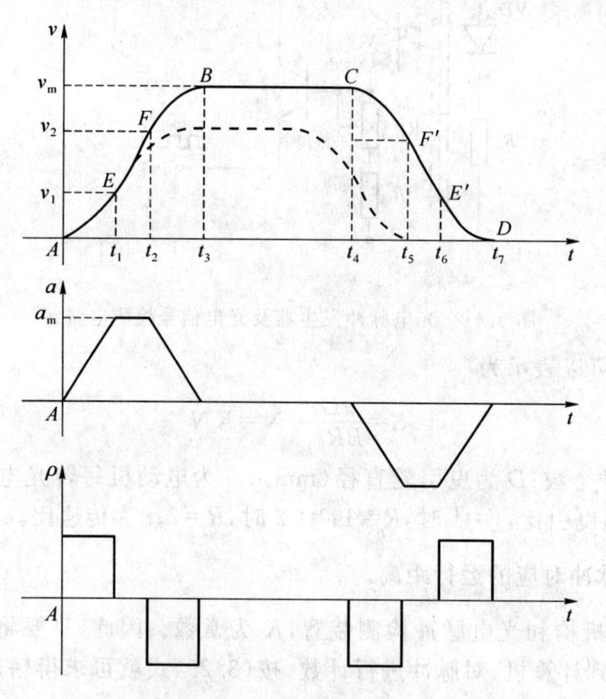

图 3.43　理想速度曲线

(1) 按时间原则启动加速段速度给定曲线的产生

在本章 3.2 节中，已对抛物线—直线型理想速度给定曲线进行了详细分析，描述了 $AEFB$ 各段曲线的速度与时间的关系。根据各曲线段的函数关系 $v=f(t)$，便可计算各时间点 t 所对应的速度 v。尤其是根据时间 t_1、t_2 和 t_3 分别对应的 E、F 和 B 点的速度 v_1、v_2 和 v_3 值，能够正确进行各段曲线的连接。令 EPROM 存储单元的地址空间为 M，则可将按时间原则启动的速度曲线 $v=f(t)$，按 $\frac{t_3}{M}\times M$ 离散化之后，将各段曲线的速度数据，存入相应地址的存储单元。根据需要，按时间 t 读出相应内存的给定速度 v。按同样方法可得到中速给定曲线。

(2) 按距离原则制动减速段速度给定曲线的产生

按距离原则减速的速度给定曲线，是速度 v 与减速段剩余距离 S 的函数曲线 $v=f(S)$。可根据图 3.43 所示的减速段曲线 $CE'F'D$ 各段的函数关系，计算各时间 t 点对应的速度 v 以及剩余距离 S，将速度—时间关系曲线 $v=f(t)$，换算为速度—距离关系曲线 $v=f(S)$。

令 EPROM 存储地址空间为 M，减速距离为 S_0，则按 $\frac{S_0}{M}\times M$ 将速度-距离曲线离散化，将各段 $v=f(S)$ 曲线数据存入 EPROM 相应地址的存储单元。这样，以剩余距离为相对地址，寻找并读取相应内存的制动减速段速度给定值。

3. 用实时计算法产生理想速度给定曲线

(1) 多层高速运行曲线的产生

① 启动加速段曲线的产生。高速运行速度给定曲线如图 3.44 所示。

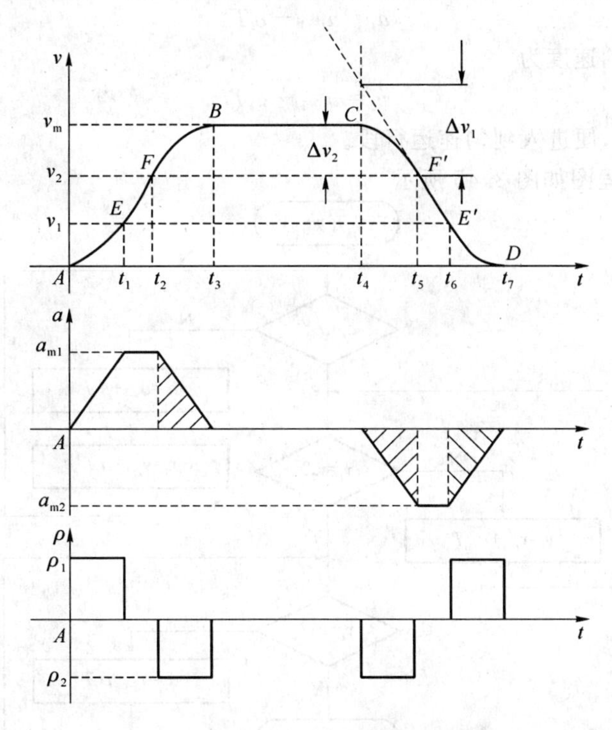

图 3.44　高速运行速度给定曲线

已知时间 t_1、$t_3-t_2=t_1$ 和最大加速度 a_{m1}，则可求得加速度变化率为

$$\rho_1=\frac{a_{m1}}{t_1},\quad \rho_2=\frac{-a_{m1}}{t_3-t_2}=-\frac{a_{m1}}{t_1}$$

由此，采用递推计算法，可求取加速度和速度。加速度为

$$a_t=a_{t-1}+\rho_t T \tag{3.30}$$

速度为

$$v_t=v_{t-1}+a_t T \tag{3.31}$$

式中，a_t、ρ_t、v_t 为 t 时刻的加速度、加速度变化率和速度；a_{t-1}、v_{t-1} 为 $(t-1)$ 时刻的加速度和速度；T 为采样周期。

由曲线 AE 段转入到 EF 段的条件是

$$a_{t1}=a_{m1}$$

在 EF 匀加速段的速度为

$$v_t=v_{t-1}+a_{m1}T \tag{3.32}$$

由曲线 EF 段转入到 FB 段的条件是

$$v_m-v_2=\int_{t_2}^{t_3}a_t\,dt=\frac{1}{2}a_{m1}(t_3-t_2)$$

所以

$$v_2=v_m-\frac{1}{2}a_{m1}(t_3-t_2)$$

当 $v_t=v_2$ 时，EF 段转入到 FB 段。

在曲线 FB 段的加速度为

$$a_t=a_{t-1}-\rho_t T \tag{3.33}$$

在曲线 FB 段的速度为

$$v_t=v_{t-1}+a_t T \tag{3.34}$$

直到 $v_t=v_m$ 时，便进入到匀速运行段。

计算机程序流程图如图 3.45 所示。

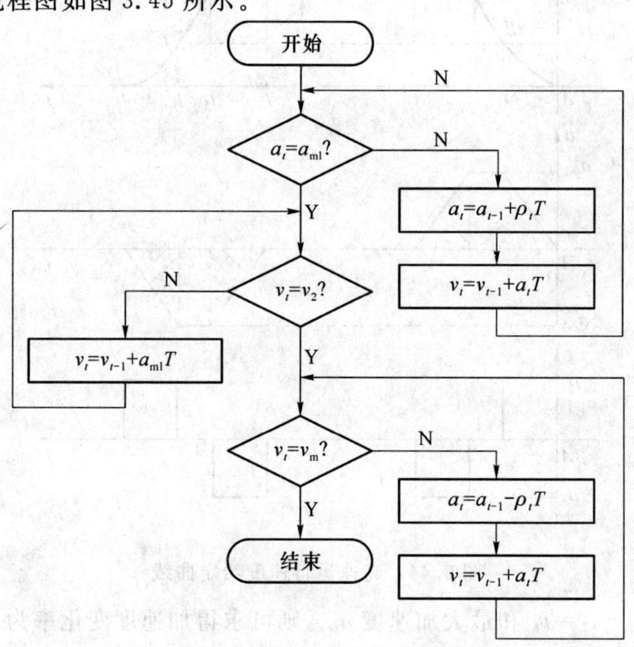

图 3.45　启动加速段速度给定曲线生成程序流程图

② 按距离原则的制动减速段曲线的产生。

已知参数为:时间(t_5-t_4)和(t_7-t_6)减速段最大加速度 a_{m2}、从换速点到停靠层站的减速距离 S_0。

当轿厢经过换速点并向计算机发出减速信号时,微机便根据由换速点开始的检测距离 S_1,按 $S=S_0-S_1$ 计算轿厢运行的剩余距离 S。再根据剩余距离 S 计算制动减速段的给定速度 v_n^*

$$v_n^*=\sqrt{2|a_{m2}|S}$$

在此基础上,微机判断给定速度 v_n^* 与最大速度 v_n 之间差值的大小。当 $v_n^*-v_m\leqslant\Delta v_d$ 时,便由 BC 稳速运行段转入到 CF'减速段。其中 Δv_d 可由图 3.44 求得

$$\begin{aligned}\Delta v_d&=\Delta v_1-\Delta v_2\\&=|a_{m2}|(t_5-t_4)-\frac{1}{2}|a_{m2}|(t_5-t_4)\\&=\frac{1}{2}|a_{m2}|(t_5-t_4)\end{aligned}\tag{3.35}$$

在曲线 CF'段的加速度为

$$a_t=a_{t-1}-\rho_t T\tag{3.36}$$

在曲线 CF'段速度为

$$v_t=v_{t-1}-a_t T\tag{3.37}$$

当 $a_t=-a_{m2}$、$v_t=v_n^*$ 时,便进入 $F'E'$匀减速段。该段速度为

$$v_t=v_{t-1}-a_{m2}T$$

当 $v_t\leqslant\frac{1}{2}a_{m2}(t_7-t_6)$时,便进入 $F'D$ 段,在该段的加速度为

$$a_t=a_{t-1}+\rho_t T\tag{3.38}$$

该段加速度为

$$v_t=v_{t-1}-a_t T\tag{3.39}$$

当 $v_t=0$ 时,电梯便停车。

减速给定曲线生成程序流程图如图 3.46 所示。

(2) 单层分速度运行给定曲线的产生

当电梯单层运行经过换速点时,还未达到额定速度就开始制动减速,准备停靠。为提高单层运行效率,尤其是高速电梯,希望分速度运行给定曲线为三角形,如图 3.47 所示。

对于这种速度给定曲线,主要解决按时间原则启动加速段曲线与按距离原则制动减速段曲线的平滑连接问题。

已知时间 t_1、(t_3-t_2)、(t_4-t_3)、(t_6-t_5)和加速度 a_{m1}、a_{m2},且 $a_{m1}=a_{m2}$;令 t_2 为切换点,在此之前的曲线生成方法与多层速运行速度给定曲线生成方法相同,由切换点 t_2 开始检测制动减速曲线与启动加速曲线的速度差值 Δv,速度差值 Δv 为

$$\Delta v=v_2-v_1$$

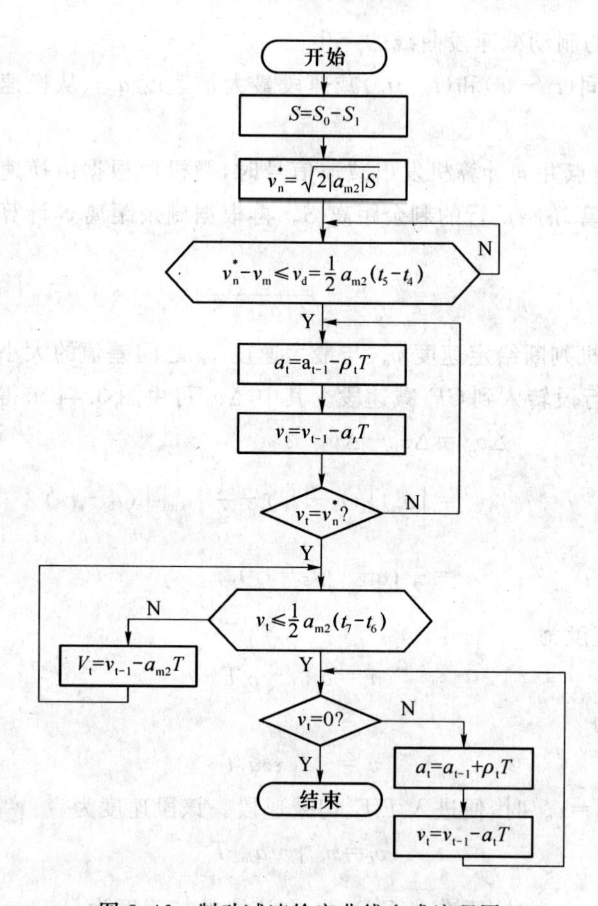

图 3.46　制动减速给定曲线生成流程图

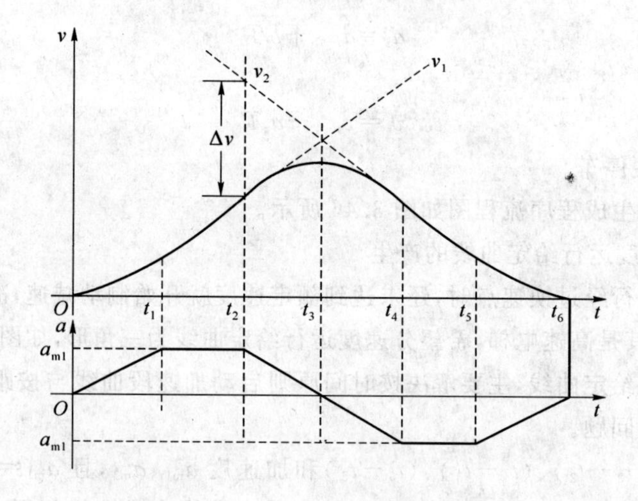

图 3.47　单层分速运行给定曲线

根据加速度曲线的几何关系求得以 t_2 为起始点的 $\Delta v=f(t)$ 函数表达式为

$$\Delta v=\frac{1}{2}\frac{a_{m1}+a_{m2}}{t_4-t_2}(t_4-t_2-t)^2$$

在 t_2 时为

$$\Delta v_{t2}=\frac{1}{2}(a_{m1}+a_{m2})(t_4-t_2)$$

在此之后，Δv 逐渐减小，运行速度开始减缓。

实际运行速度为

$$v=v_2-\Delta v$$

当 $\Delta v=0$ 时，实际速度 $v=v_2$，则便开始进入按距离原则减速的运行段。之后的曲线生成方法与多层高速运行曲线相同。单层分速运行给定曲线生成程序流程图，如图 3.48 所示。

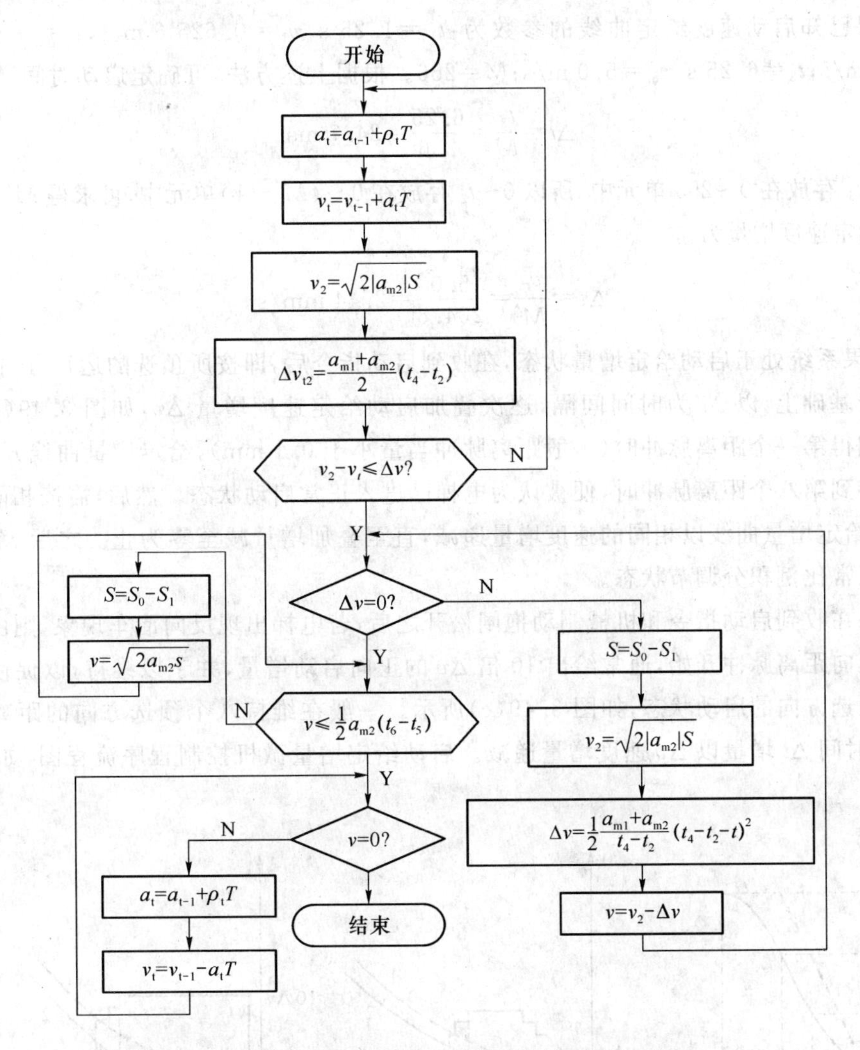

图 3.48　单层分速运行给定曲线生成程序流程图

4. 启动给定增量的设定

与模拟控制系统一样，为克服启动时机械系统的静摩擦阻力矩和反向倒拉制动力矩，要求数字控制系统提供启动给定增量。

当电梯启动时，在微机收到启动指令之后，若没有收到由光电脉冲发生器发出的第一个距离脉冲，则系统便处于给定启动增量运行状态。

令速度给定曲线的启动加速段在 EPROM 中的存储单元数为 M，则如图 3.49(a)所示

的启动时间 t_3 的离散化时间增量为

$$\Delta t=\frac{t_3}{M}$$

假设电梯以加速度 a_m 匀加速启动运行，则在时间 t_2 时的对应速度为最大速度 v_m，如图 3.49(a)所示。若对应时间 t_2 的存储单元数为 M'，则启动速度增量可确定为

$$\Delta v=\frac{v_m}{M'}$$

如果已知启动速度给定曲线的参数为：$t_1=1.25$ s，$v_1=0.6256$ m/s；$t_2=5.0$ s，$v_2=4.3756$ m/s；$t_3=6.25$ s，$v_m=5.0$ m/s；$M=256$。根据上述方法，可确定启动时间增量为

$$\Delta t=\frac{t_3}{M}=\frac{6.25}{256}=24.7\ \text{ms}$$

因为 $0\sim t_3$ 存放在 0～255 单元中，所以 $0\sim t_2$ 存放在 $0\sim(M'-1)$ 单元中，可求得 $M'=204.8$。由此可确定速度增量为

$$\Delta v=\frac{v_m}{M'}=\frac{5.0}{204.8}=2.44\ \text{mm/s}$$

这样，如果系统处于启动给定增量状态，在收到启动指令后，即按所预选的运行方向，在给定速度曲线基础上，以 Δt 为时间间隔，逐次叠加启动给定速度增量 Δv，如图 3.49(b)所示。当微机测得第一个距离脉冲时(一般距离脉冲当量小于 0.1 mm)，给定增量曲线开始保持，一般保持到第八个距离脉冲时，便被认为电梯已进入正常启动状态。然后，需按相同时间间隔 Δt 将给定增量曲线以相同的速度增量递减，直至叠加增量减至零为止。之后，系统便开始进入正常比例积分调节状态。

如果在收到启动指令和机械制动抱闸松开之后，若电梯出现反向溜车现象，则由测得的第一个反向距离脉冲开始，通常给出 10 倍 Δv 的正向启动增量，并予以维持，以促使轿厢尽快恢复预选方向的启动状态，如图 3.49(c)所示。一般在维持八个预选方向的距离脉冲之后，再按时间 Δt 增量以 Δv 速度增量递减。启动给定增量微机控制程序流程图，如图 3.50 所示。

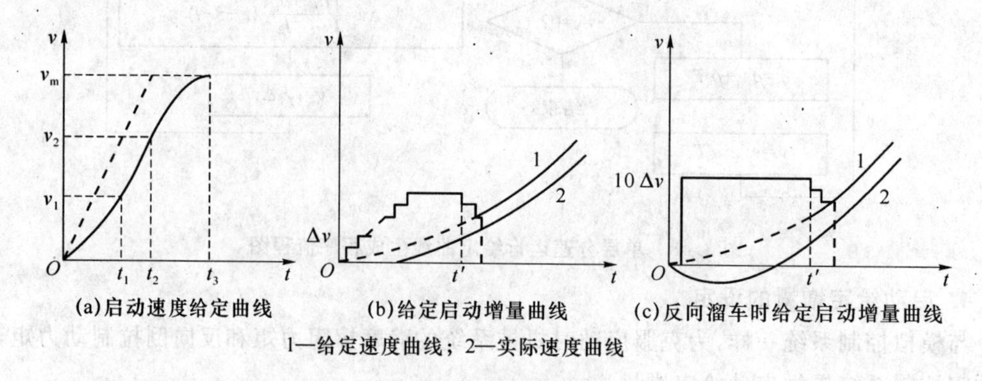

图 3.49　启动速度曲线

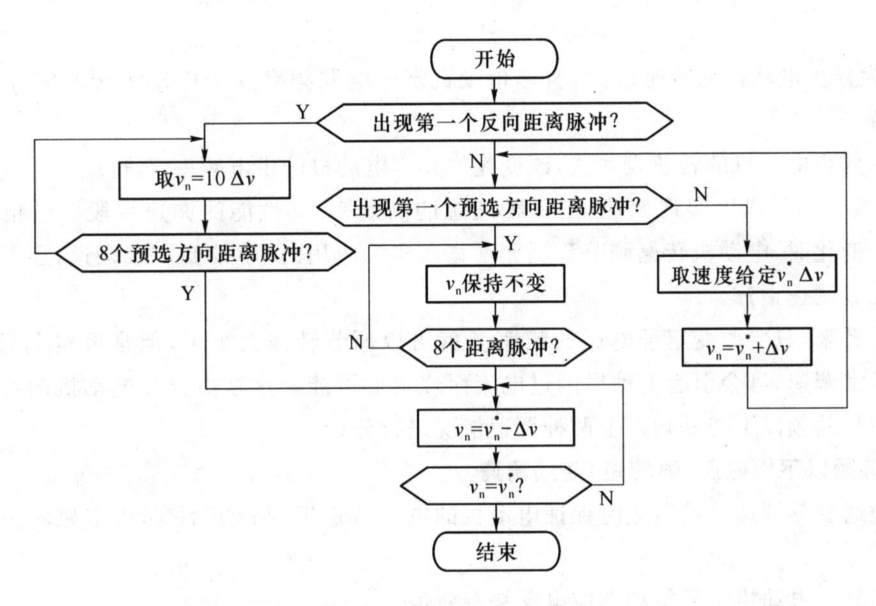

图 3.50　启动给定增量程序框图

3.7　变频调速电梯拖动系统

随着新型电力电子技术、计算机及控制技术的不断发展和完善，变频调速系统以其优良的性能在很多领域取得了成功的应用，特别是在电梯拖动系统中发挥了重大的作用。

3.7.1　变频调速控制技术

在过去，直流系统具有较为优良的静、动态性能指标，直流调速一直优于交流调速。因此很长的一个历史时期，直流电动机调速系统垄断着调速传动领域。但由于直流电动机构造复杂，导致使用环境及容量都受到了限制；而笼型电动机构造简单，使用环境及容量都不受约束，但采用变磁极对数调速与调转差率 s 调速，其调速性能又太差，远远不能满足控制的要求。

根据异步电动机的转速表达式可知，只要平滑地调节异步电动机的供电频率 f_1，就可以平滑调节异步电动机的同步转速 n_0，从而实现异步电动机的无级调速，从机械特性分析，其调速性能比调磁极对数和转差率好得多，近似直流电动机调压的机械特性。但电源都是固定的工频电源，无法变频，所以制造变频电源装置，即变频器就成了关键问题。

过去采用旋转变频发电动机组作为变频电源，这种电源无法实际应用。随着晶闸管的问世，逆变器的产生，静止式的变频电源，即晶闸管式变频器就应运而生，但其性能差、效率低；近年来随着功率晶体管的出现，微机控制技术的成熟，变频器调速得到迅猛发展。特别是近 10 多年来，交流调速达到了与直流调速一样的水平，并且在某些方面超过了直流调速，操作者通过设置必要的参数，变频器就能控制电动机按照人们预想的曲线运行。例如：电梯运行的“S”形曲线、恒压供水控制、珍珠棉生产线的卷筒速度控制等。目前由于出现了高电压、大电流的电力电子器件，对 10 KV 的电动机直接进行变频调速，可以达到节能的目的。

交流电动机的转速表达式：

$$n=60(f_1/p)(1-s)=n_0(1-s) \tag{3.40}$$

式中，n 为异步电动机的转速；f_1 为异步电动机定子电源频率；s 为电动机转差率；p 为电动机极对数。

根据异步电动机的转速表达式，改变笼型异步电动机的供电频率 f，也就是改变电动机的同步转数 n_0，就可以实现调速，是一种理想的高效率、高性能的调速手段。当频率 f 在 0～50 Hz变化时，电动机转速调节范围非常宽。实际应用时，不仅要实现调速，还要能满足机械特性和调速指标。

表面看来，只要改变定子电压的频率 f 就可以调节转速大小了，但是事实上只改变 f 并不能正常调速，且会引起电动机因过电流而烧毁的可能。这是由异步电动机的特性决定的。现在从基频以下与基频以上两种调速情况进行分析。

1. 基频以下恒磁通(恒转矩)变频调速

恒磁通变频调速就是调速时保证电动机的电梯转矩恒定转矩不变，因电磁转矩与磁通成正比。

三相异步电动机定子每相感应电动势有效值

$$E_1=4.44f_1N_1K_1\varphi_m \tag{3.41}$$

因为电压 $U_1=E_1+IZ_1$，如果忽略定子电压 IZ_1，则

$$E_1=4.44f_1N_1K_1\varphi_m\approx U_1 \tag{3.42}$$

式中：N_1 为定子每相绕组串联匝数；K_1 为基波绕组系数；φ_m 为每极气隙磁通量。

由(3.42)式可见，在 E_1 一定时，若电源频率 f_1 发生变化，则必然引起磁通 φ_m 变化。若磁通 φ_m 太弱，铁心利用不充分，同样的转子电流下，电磁转矩就小，电动机的负载能力下降，要想负载能力恒定就得加大转子电流，这就会引起电动机因过电流发热而烧毁；若磁通 φ_m 太强，则会使铁心饱和，电动机会处于过励磁状态，使励磁电流过大，同样会引起电动机过电流发热，使电动机效率降低，严重时会使电动机绕组过热，甚至损坏电动机。因此，所以变频调速一定要保持磁通 φ_m 恒定不变。为此，在改变 f_1 的同时，必须改变 E_1，以使 $E_1/f_1=$ 常数，即保持电动势与频率之比为常数进行控制即可。但 E_1 难以直接检测和直接控制。当 E_1 和 f_1 的值较高时，定子的漏阻抗压降相对比较小，如忽略不计，即认为 U_1 和 E_1 是近似相等的，这样则可近似地保持定子相电压 U_1 和频率 f_1 的比值为常数。这就是恒压频比控制方程式。其特点是控制电路结构简单、成本较低、机械特性硬度也较好，能够满足一般传动的平滑调速要求，已在产业的各个领域得到广泛应用。

$$U_1/f_1=\text{常数} \tag{3.43}$$

当频率较低时，U_1 和 E_1 都变得很小，此时定子电流却基本不变，所以定子的阻抗压降，特别是电阻压降，相对此时 U_1 来说是不能忽略的。我们可以想办法在低速时，人为地提高定子相电压 U_1 以补偿定子的阻抗压降的影响，使气隙磁通 φ_m 保持额定值基本不变，如图 3.51 所示。1 为 $U_1/f_1=$ 常数时的电压与频率关系曲线；2 为有电压补偿时，即近似的 $E_1/f_1=$ 常数的电压与频率关系曲线。实际上变频器装置中相电压 U_1 和频率 f_1 的函数关系并不简单地如曲线 2 一样，通用的变频器有几十种电压与频率函数关系曲线，可以根据负载性质和运行状况加以选择。

由上面分析可知，笼型异步电动机的变频调速必须按照一定的规律同时改变其定子电

压和频率，采用所谓变压变频(Variable VoltageVariable Frequency—VVVF)调速控制。现在的变频器都能满足笼型异步电动机的变频调速的基本要求。

用 VVVF 变频器对笼型异步电动机在基频以下进行恒磁通变频控制时的机械特性如图3.52所示，其控制条件为 $E_1/f_1=$常数。

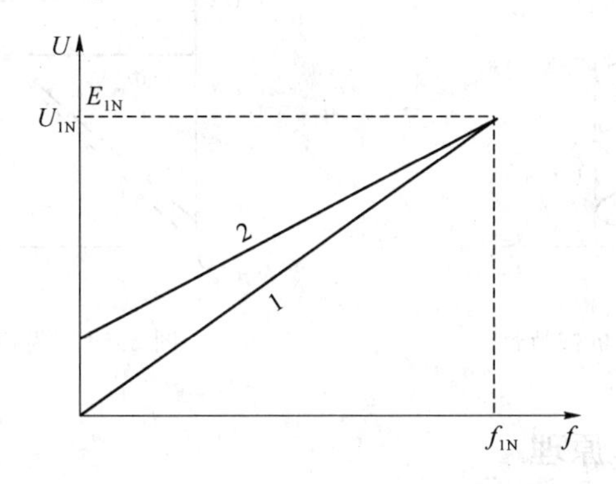

图 3.51 恒压频和恒势频的控制特性

图 3.52(a)表示在以 $U_1/f_1=$常数的条件下得到的机械特性。在低速区，由于定子电阻压降的影响使机械特性向左移动，这是由于主磁通减小的缘故。图 3.52(b)表示采用了定子电压补偿后的机械特性，保证电动机具有最大转矩(或转矩恒定)。图 3.52(c)表示出端电压补偿的以 U_1 与 f_1 之间的函数关系。

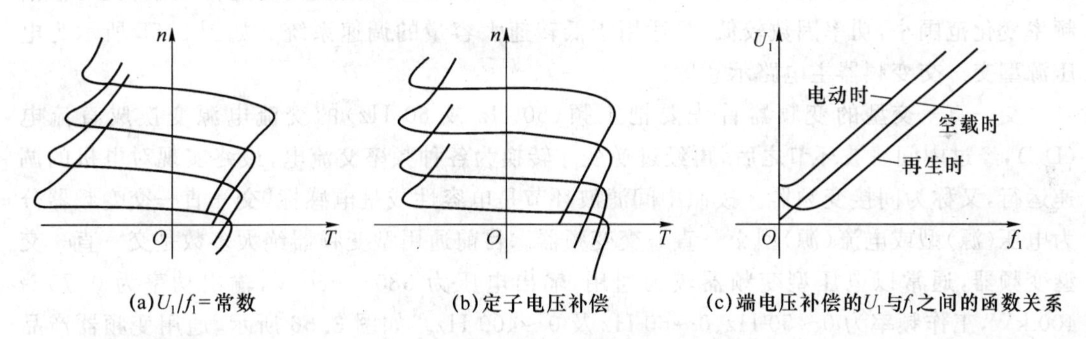

(a)U_1/f_1=常数 (b)定子电压补偿 (c)端电压补偿的U_1与f_1之间的函数关系

图 3.52 变频调速机械特性

2. 基频以上恒功率(恒电压)变频调速

恒功率变频调速又称为弱磁通变频调速。这是考虑由 f_{1N} 基频开始向上调速的情况，频率由额定值 f_{1N} 向上增大，如果按照以 $U_1/f_1=$常数的规律控制，电压也必须由额定值以 U_{1N} 向上增大，但实际上电压 U_1 受额定电压 U_{1N} 的限制不能再升高，只能保持 $U_1=U_{1N}$ 以不变。根据公式 $\Phi\approx U_1/(4.44f_1)$ 分析，主磁通 Φ 随着 f_1 的上升而应减小，这相当于直流电动机弱磁调速的情况，属于近似的恒功率调速方式。证明如下。

在 $f_1>f_{1N}$、$U_1=U_{1N}$ 时，公式 $E_1=4.44f_1N_1\Phi$，近似为以 $U_1\approx4.44f_1N_1\Phi$。可见随着 f_1 升高，即转速升高，ω_1 越大，主磁通 Φ 相应下降，才能保持平衡，而电磁转矩越低，T 与 ω_1 的乘积可以近似认为不变，即 $P_N=T\times\omega_1\approx$常数。也就是说随着转数的提高，电压恒定，磁通就自然下降，当转子电流不变时，其电磁转矩就会减小，而电磁功率却保持恒定不变。对笼型异步电动机在基频以上进行变频控制时的机械特性如图 3.53 所示。综合上述，笼型异步电动机基频以下及基频以上两种调速情况下的变频调速的控制特性如图 3.54 所示。

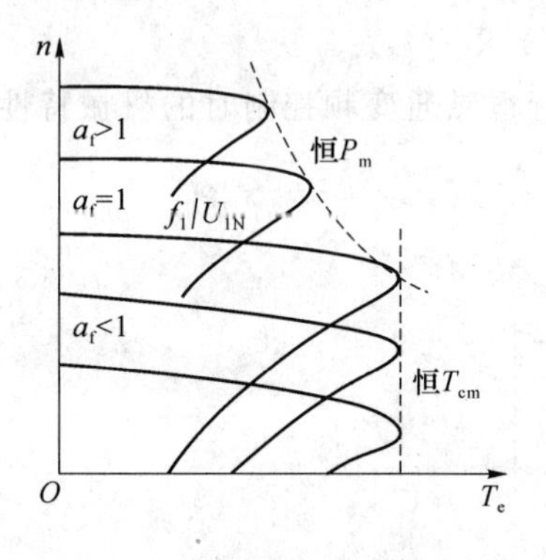

图 3.53　不同调速方式机械特性

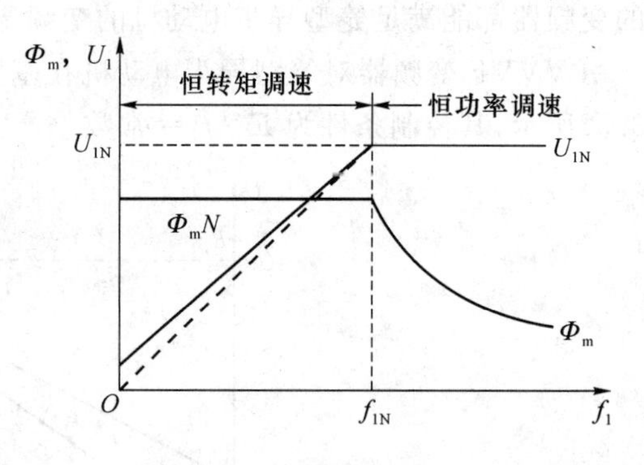

图 3.54　调频调速控制特性

3.7.2　变频器的工作原理

变频器是通过对电力半导体器件(如 IGBT 等)的通断控制将电压和频率固定不变的交流电(工频)电源变换为电压或频率可变的交流电的电能控制装置。变频器主要分为交—交变频器、交—直—交变频器两大类型。

交—交变频器为一次换能形式,没有明显的中间滤波环节,电网交流电被直接变成可调频调压的交流,又称为直接变频器。交—交变频器效率较高,但所用的元件数量较多,输出频率变化范围小,功率因数较低,只适用于低转速大容量的调速系统。如图 3.55 所示为电压源型交—交变频器主电路示意图。

交—直—交型的变频器首先要把工频(50 Hz 或 60 Hz)的交流电源变换成直流电(DC),经过中间滤波环节之后,再经过逆变才转换为各种频率交流电,最终实现对电机的调速运行,又称为间接变频器。按照中间滤波环节是电容性或是电感性,交—直—交变频器分为电压(源)型或电流(源)型交—直—交变频器。目前通用型变频器绝大多数是交—直—交型变频器,通常以电压型变频器较为通用,输出电压为 380～650 V,输出功率为 0.75～400 kW,工作频率为 0～50 Hz、0～60 Hz 及 0～400 Hz。如图 3.56 所示,通用变频器产品变频器通常包括整流电路(交—直交换),直流滤波电路(能耗电路)、控制电路、驱动电路、逆变电路(直—交变换)等几大部分。该电路首先用二极管整流器接入电网,将交流电变成直流电,整流之后采用电容滤波,获得平直的直流电压,再由逆变器将直流能量逆变成可以调频调压的新交流电。

控制电路完成对主电路的控制,现代的变频器基本是用 16 位、32 位单片机或 DSP 为控制核心来实现全数字化控制的。对变频器是输出电压和频率的调节提供控制信号的电路称为主控电路。主控电路主要有:频率、电压的"运算控制电路"、主电路的"电压、电流检测电路"及电动机的"速度检测电路"等。其中,"运算控制电路"一方面接收发来的检测信号;另一方面又发出控制信号至"驱动电路",并由"驱动电路"驱动逆变器(IGBT 等)来实现对电动机的调速控制。矢量控制这类需要大量运算的变频器,有时还需要一个进行转矩计算的 CPU 以及一些相应的电路。

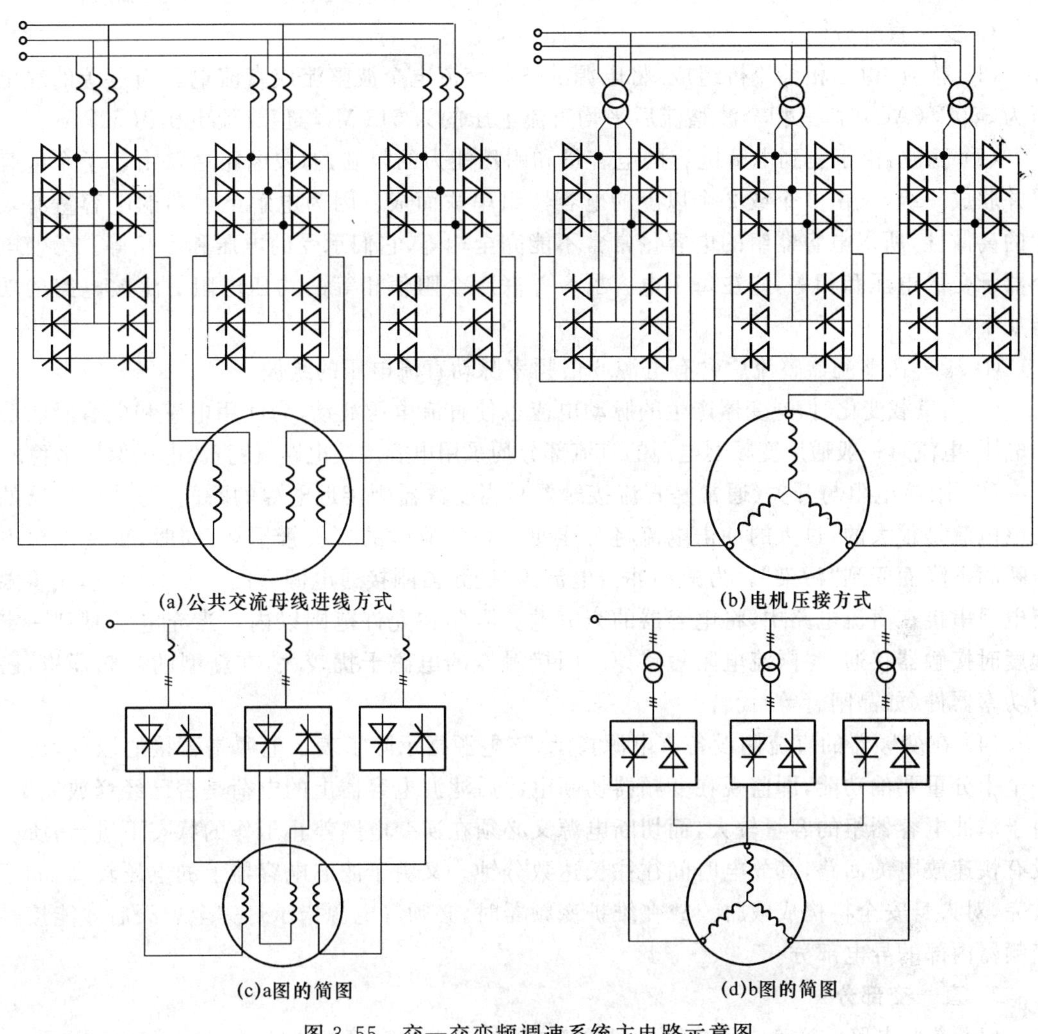

图 3.55　交—交变频调速系统主电路示意图

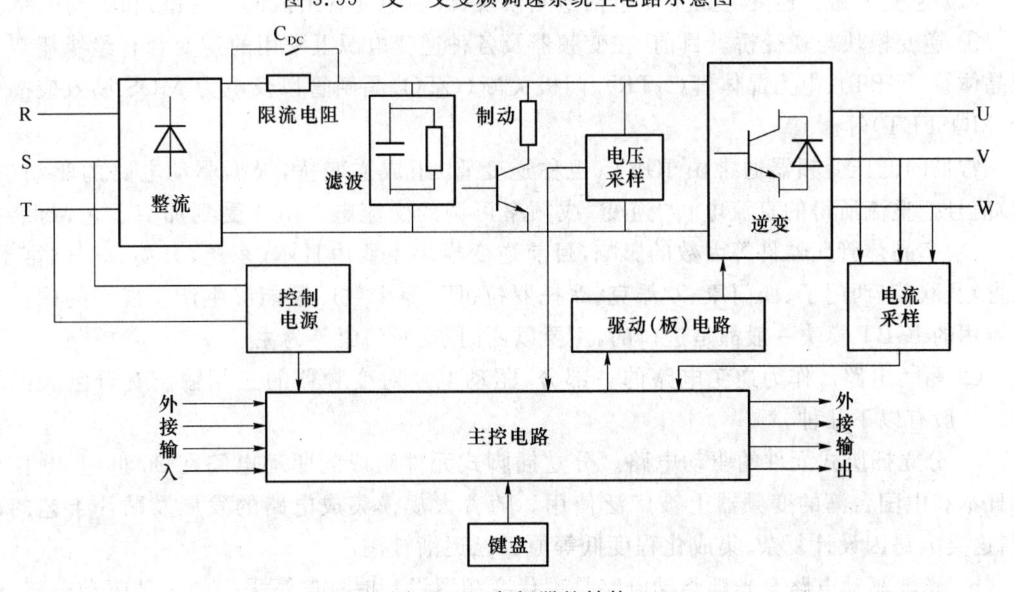

图 3.56　变频器的结构

1. 交—直部分

(1) 整流:由三相整流桥组成,将电源的三相交流电全波整流成直流电。当电源的线电压为 380 V(AC)时,三相全波整流后平均直流电压的为 513 V,峰值直流电压为 537 V。

(2) 滤波:由于受到电解电容的电容量和耐压能力的限制,滤波电路通常由若干个电容器并联成一级,又由 2 个或 2 个以上的电容器组串联而成。因为电解电容器的电容量有较大的离散性,所以电容器组的电容量常常不能完全相等,它们承受的电压和不相等。为使电容器承受的电压和相等,应在每个电容器旁并联 1 个阻值相等的均压电阻。滤波电路的功能如下。

① 滤平在整流器整流后含有电源 6 倍频率脉动直流电压的纹波。

② 当负载变化时,逆变器产生的脉动电流也使直流电压波动,为此用电感和电容吸收脉动电压(电流),一般通用变频器电源的直流部分均采用电容滤波电路,使直流电压保持平稳。

(3) 限流电阻与开关(通常是直流接触器):当变频器刚接近电源的瞬间,滤波电容器的充电电流是很大的,过大的冲击电流将可能使三相整流桥的二极管损坏;同时,也使电源电压瞬间下降而受到"污染"。为减小冲击电流,在变频器刚接通电源后的一段时间里,先将限流电阻串接在直流电路中,将电容器的充电电流限制在允许范围以内。当充电延时到一定程度时接触器接通,将限流电阻短路掉。因接触器的电磁干扰较大,在新型的变频器里,已由功率器件(如晶闸管等)代替。

(4) 在变频器的直流侧设备有电源指示,该电源指示除了表示电源是否接通以外,还有一个十分重要的功能,即监视在变频器切断电源后滤波电容器上的电荷是否已经释放完毕。由于滤波电容器组的容量较大,而切断电源又必须在逆变电路停止工作的状态下进行,所以没有快速放电的回路,其放电时间往往长达数分钟。又由于滤波电容器上的电压较高,如不放完,对人身安全将构成威胁。故在维护变频器时,必须等电源指示灯完全熄灭后才能接触变频器内部的导电部分。

2. 直—交部分

(1) 逆变电路。逆变电路主要包括逆变模块(或由逆变管组成的逆变桥)和驱动电路。

① 逆变模块与逆变桥。目前,在变频器及各种逆变电源上常用的逆变管有绝缘栅双极型晶体管(IGBT)、电力晶体管(GTR)、门极关断(GTO)晶闸管以及电力 MOS 场效应晶体管(MOSFET)等。

常见的低压变频器通常由 IGBT(也称逆变管)组成逆变桥,根据驱动电路的驱动(控制)信号把整流所得的直流电再"逆变"成频率可调的交流电。由于受到加工工艺、封装技术、大功率晶体管元器件等因数的影响,目前逆变模块主要由日本(东芝、三菱、三社、富士、三肯)及欧美(西门子、西门康、欧派克、摩托罗拉、IR)等少数厂家能够生产。现在的国产变频器用的 IGBT 模块一般都是进口的,主要以西门子、西门康等为主。

② 驱动电路。作为逆变电路的一部分,驱动电路对变频器的三相输出有着巨大的影响。一般有以下几种。

a. 分立插脚式元件的驱动电路。分立插脚式元件组成的驱动电路在 20 世纪 80 年代的日本和中国台湾的变频器上被广泛使用。随着大规模集成电路的发展及贴片工艺的出现,这类电路因设计复杂、集成化程度低等原因已逐渐被淘汰。

b. 光耦驱动电路。光耦驱动电路是现代变频器设计时被广泛采用的一种驱动电路,由于线路简单、可靠性高、开关性能好，被欧美及日本的多家变频器厂商采用。由于驱动光耦的型号很多，所以选用的余地也很大。

驱动光耦选用较多的主要有东芝的 TLP 系列、夏普的 PC 系列、惠普的 HCPL 系列等。以东芝 TLP 系列光耦为例，驱动 IGBT 模块主要采用的是 TLP250、TLP251 两个型号的驱动光耦。对于小电流(15 A)左右的模块一般采用 TLP251，外围再辅佐以驱动电源和限流电阻等就构成了最简单的驱动电路。而对于中等电流(50 A)左右的模块一般采用 TLP250 型号的光耦。而对于更大电流的模块，在设计驱动电路时一般采取在光耦驱动后面再增加一级放大电路，达到安全驱动 IGBT 模块的目的。

c. 厚膜驱动电路。厚膜驱动电路是在阻容元件和半导体技术的基础上发展起来的一种混合集成电路。它是利用厚膜技术在陶瓷基片上制作模式元件和连接导线，将驱动电路的各元件集成在一块陶瓷基片上，使之成为一个整体部件。使用驱动厚膜对于设计布线带来了很大的方便，提高了整机的可靠性和批量生产的一致性，同时也加强了技术的保密性。现在的驱动厚膜往往也集成了很多保护电路、检测电路，驱动厚膜的技术含量也越来越高。

d. 专用集成块驱动电路。主要有 IR 的 IR2111、IR2112、IR2113 等，其他还有三菱的 EXB 系列、M57956、M57959 等驱动厚膜。此外，现在的一些欧美变频器将高频隔离变压器加入到驱动电路中(如丹佛斯 VLT 系列变频器)，通过这些高频的变压器对驱动电路的电源及信号的隔离，增强了驱动电路的可靠性，同时也有效地防止了强电部分的电路出现故障时对弱电电路的损坏。

(2) 续流二极管。逆变桥中每只逆变管旁都有 1 只续流二极管，其主要功能如下。

① 电动机的绕组是电感性的，其电流具有无功分量。续流二极管可为无功电流返回直流电源时提供“通道”。

② 当频率下降得较快时，电动机处于再生制动状态，此时的再生电流将通过续流二极管整流后回馈给直流回路。

③ 进行逆变的基本工作过程是，同一桥臂的两个逆变管处于不停交替导通和截止的状态。在这交替导通和截止的换相过程中，也不时地需要提供通路。

(3) 制动。包括制动电阻和制动控制单元。

① 制动电阻：电动机在工作频率急速下降时，被拖动系统的动能要反馈到变频器的直流回路中，使直流电压不断上升，甚至可能达到危险的地步。因此，必须将再生到直流回路的能量消耗掉，将制动电阻投入并处于再生制动状态，使直流电压保持在允许范围内。制动电阻就是用来消耗再生能量的。

② 制动单元：制动单元通常由 GTR 或 IGBT 及其驱动电路构成。其功能是起开关的作用，为放电电流(再生能量)流经制动电阻提供通路。

3. SPWM 逆变器的脉宽调制原理

现代变频器中，逆变电路是变频器的核心。因为二极管整流的直流电压幅度不可调节，变频器输出脉冲的幅值就是整流器的输出电压幅值，逆变器的输出电压调节靠改变电压输出脉冲的宽度来完成，所以现代变频器产品的主导设计思想是在逆变器侧采用脉冲宽度调制(Pluse Width Modulation，PWM)技术以合成变频变压的交流输出波形。脉宽调制变频的设计思想源于通信系统中的载波调制技术，1964 年由德国科学家率先提出并付诸实施。PWM 变频技术使近代交流电动机调速技术上升到了新的水平。从最初采用模拟电路完成三角调制波和参考正弦波的比较，产生正弦脉宽调制 SPWM 信号以控制功率器件的开关开始，到目前采用全数字化方案，完成优化的实时在线的 PWM 信号输出，PWM 在各种应用场合仍占主导地位，并一直是人们研究的热点。由于 PWM 可以同时实现变频变压反抑制谐波的特点，因此在交流传动乃至其他能量交换系统中得到广泛的应用。PWM 控制技术大致可以分为正弦波脉宽调制（SPWM）、优化 PWM 和随机 PWM。SPWM 具有改善输出电压和电流波形、降低电源系统谐波的多重 PWM 技术，在大功率变频器中有其独特的优势。优化 PWM 则是实现电流谐波畸变率最小、电压利用率最高、效率最优、转矩脉动最小及其他特定优化目标。随机 PWM 原理是随机改变开关频率使电机电磁噪声近似为限带白噪声，尽管噪声的总分贝数未变，但以固定开关频率为特征的有色噪声强度大大削弱。

SPWM 是把正弦波等效为一系列等幅不等宽的矩形脉冲波形。变器的功率器件工作在开关状态。当开关器件导通闭合时，逆变器输出电压的幅度等于整流器的恒定输出电压；当开关器件断开时，输出电压为零。因此，逆变器输出电压为等幅的脉冲列。为使该脉冲列与正弦波等效，以便尽量减少谐波，现将正弦波形分作 N 等份，见图 3.57(a)。令正弦波的每一等份的中心线与相应的矩形脉冲波形中心线相重合，并使矩形脉冲波的面积与对应等份的局部正弦波面积相等，则所得到的等幅但不等宽的矩形脉冲列，必然与该半周正弦波等效。即各矩形波分段平均值的包络线为等效的正弦波，见图 3.57(b)。因此，若逆变器的开关器件工作在理想状态，则开关器件驱动信号的波形也应与该脉冲列相似。显然，开关器件开、断的工作频率越高，等幅不等宽的脉冲列等效波形就越逼近对应的正弦波形。

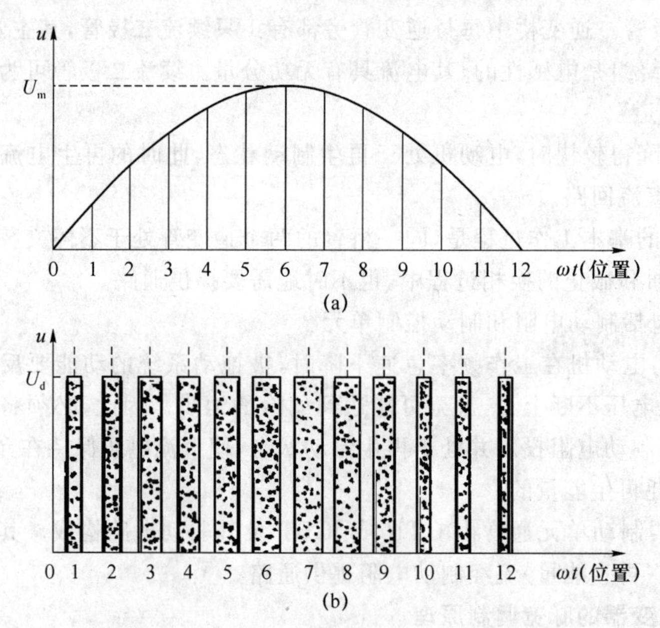

图 3.57　与正弦波等效的等幅脉冲列

上述等效控制方式是通过调制的方法来实现，即将所期望的正弦波形作为调制波（控制信号），将等腰三角形波作为被调制的载波（载波信号）。利用三角波线性变化的上升沿、下降沿与连续变化的正弦线的交点时刻，来控制逆变器开关器件的导通与截止。SPWM 变频器主电路原理图如图 3.58(a)所示。由整流二极管构成相不控整流电路，输出恒定直流电

压 U_d。逆变电路由 6 个功率开关器件电力晶体管 GTR(Giant Transistor)组成。在每个 GTR 上均反并联 1 个续流二极管,以便连接感应电动机负载。图 3.58(b)为 SPWM 控制电路原理框图。将三相正弦波振荡器的输出电压 u_{rU}、u_{rV}、u_{rW} 作为调制波的参考信号,其信号频率和波形幅度均在一定范围内可调。将三角波振荡器的输出电压 u_c 作为被调制的载波信号,分别与各相参考电压进行比较。载波信号 u_c 的频率高于参考电压频率,载波信号 u_c 的最大值也大于调制波的最大值。

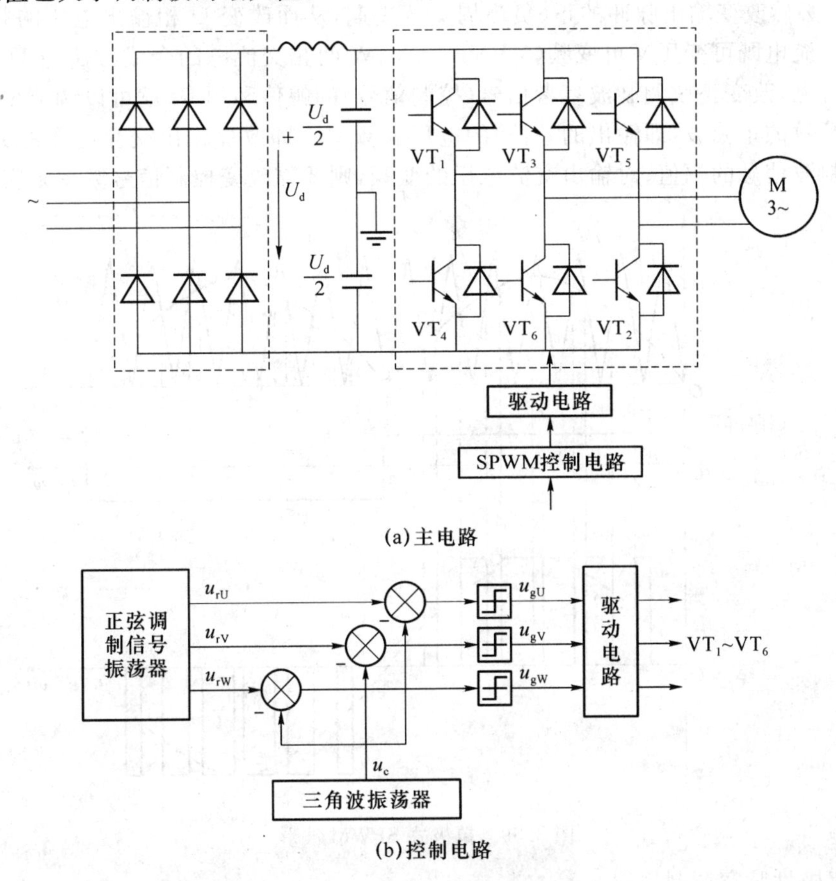

图 3.58　SPWM 变频器原理框图

(1) 单极性 SPWM 调制规律

单极性脉宽调制方法的特征是控制信号与载波信号都是单极性弱电信号。在 U 相正弦参考信号半周期内的比较工作过程如图 3.59 所示。U 相控制信号为单极性正弦波 u_{rU},载波为高频三角波 u_c,图中中间的倒向信号作区分正、负半周的矩形波使用,高电平表示在正半周,低电平表示在负半周。u_{dU} 即为图 3.59(a)中负载 U 相的交流输出信号(相对于 O 点)。U 相的输出电压 u_{dU} 主要取决于图 3.58(a)中 VT_1 与 VT_4 两个功率开关管的通断状态。控制信号在正半周时,当 $u_{rU}>u_c$ 时,比较器输出电压 u_{gU} 为高电平,使 VT_1 导通、VT_4 断开,U 点相对于 O 点相当于获得直流电压的正一半 $+\frac{U_d}{2}$;当 $u_{rU}<u_c$ 时,u_{gU} 为低电平,应使 VT_1、VT_4 都断开,U 点相对于 O 点获得电压为零;于是整个正半周的输出电压由一系列恒幅且不等宽(宽度受 u_{rU} 控制的正弦规律窄—宽—窄变化)的脉冲波列组成。当控制信号

在负半周时，当 $u_{rU}>u_c$ 时，控制使 VT_4 导通、VT_1 断开，U 相对 O 点相当于获得直流电压的负一半$\left(-\dfrac{U_d}{2}\right)$；当 $u_{rU}<u_c$ 时，使 VT_1、VT_4 都断开，U 相对 O 点获得电压为零；则整个负半周的输出电压也由一系列恒幅且不等宽（宽度受 u_{rU} 控制的正弦规律窄—宽—窄变化）的负脉冲波列组成。从图 3.59 中可以看出，如果加大（或减小）控制波 u_{rU} 的幅值，必然引起输出脉冲的宽度整体变宽，从而使得输出电压 u_{dU} 的有效值增大（或减小）；如果改变控制波 u_{rU} 的频率，必然改变输出脉冲的正、负半周交替周期，从而改变 U 相输出电压的频率，使得输出的新交流电既可变压又可变频（VVVF）。V、W 两相交流电的合成方法与 U 相原理相同。由此可见，改变正弦调制波参考信号（控制信号）的幅值和频率，就可以调节变频器输出的脉冲列等效的正弦波（即输出的基波）的电压和频率。即改变输出交流电压的大小，则需要改变控制波信号的幅值；对输出交流电压的变频，则要靠改变控制信号频率来实现。

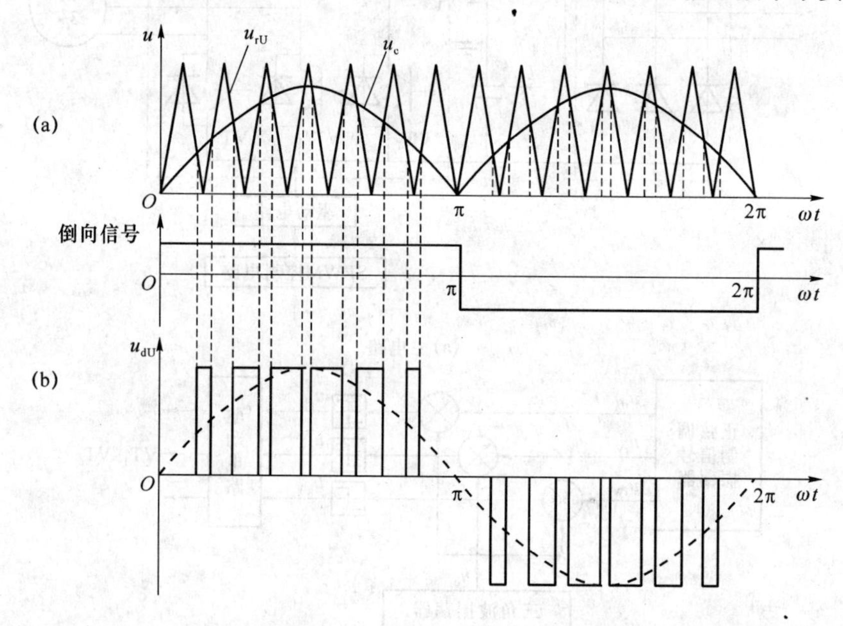

图 3.59 单极式 SPWM 波形

(2) 双极性脉宽调制规律

使用双极性脉宽调制时，控制信号与载波信号都是双极性弱电信号。由于参考信号本身具有正负半周，无须反向器进行正负半波控制。双极性 SPWM 波形的调制规律相对简单，且不需分正负半周。图 3.60 为双极性 SPWM 波形调制波形图，这种调制方式中，U、V、W 三相控制信号均为互差 120°的普通正弦波 u_{rU}、u_{rV}、u_{rW}，载波为双极性高频三角波 u_c，u_{dU}、u_{dV}、u_{dW} 即为负载 U、V、W 三相的交流输出信号（相对于 O 点）。以 U 相为例，双极性 SPWM 波形的调制规律为不分正负半周，当 $u_{rU}>u_c$ 时，使 VT_1 导通、VT_4 断开，U 相对 O 点相当于获得直流电压的正一半，为$+\dfrac{U_d}{2}$；当 $u_{rU}<u_c$ 时，使 VT_1 断开、VT_4 导通，U 相对 O 点相当于获得直流电压的负一半，为$-\dfrac{U_d}{2}$。因此，U 相电压 u_{dU} 是以$+\dfrac{U_d}{2}$和$-\dfrac{U_d}{2}$为幅值作为正、负跳变的脉冲波形，但脉冲宽度仍基本上呈正弦分布。双极性脉宽度调制方式控制的逆变器，其调压调频方式与单极性相同。

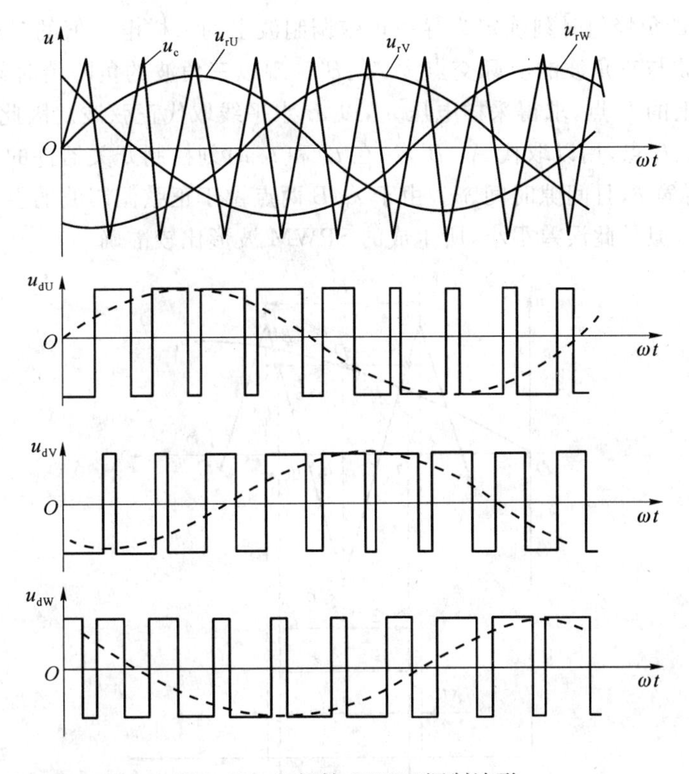

图 3.60　双极性 SPWM 调制波形

(3) SPWM 波形的产生

图 3.58(a)所示的 SPWM 控制电路框图,采用模拟电子电路构成幅度和频率均可调的正弦波振荡器、三角波振荡器和比较器等环节,来产生 SPWM 驱动控制波形。这种方法所用元件较多,线路较复杂,控制精度也难以保证;可以用专用集成芯片,如 HEF4752、SLE4520、MA818 和 4752LS 发生器等来产生 SPWM 控制波形;还可以通过微机软件来生成 SPWM 波形。

在实际的变频器控制中,各控制信号及载波信号的产生及 $VT_1 \sim VT_6$ 功率开关的开关点实时控制均由微机程序配合大规模专用集成电路来完成。变频器的变频范围越大,分辨率越高,计算机存储的曲线数值就越多,实时计算就越困难。若以微机为基础来生成 SP-WM 波形,首先应找到确定逆变器功率开关器件开、关时刻的有效方法,即采样方法。有自然采样法和规则采样法。

自然采样法是按三角形载波与正弦调制波的实际交点,来对脉冲宽度和脉冲间隙时间进行采样,从而生成 SPWM 波形。这种采样方法能真实准确地反映脉冲的产生与结束的时间。然而,由于求解三角方程较困难,以及实时计算量较大等原因,限制了该种控制模式在实际控制中的应用。

规则采样法是为尽量克服自然采样法的不足,同时又要尽量取得与自然采样法相接近的效果,而作了在工程应用上允许的近似处理。因此,使有关的计算得以简化,计算工作量明显减少,现已被广泛采用。本节对规则采样法进行讨论。

自然采样法中,脉冲中点不和三角波(负峰点)重合。规则采样法使两者重合,计算大为减化。规则采样法是设法使 SPWM 波形的每一个脉冲,都与三角波的中心线对称,并将三角载波每一周期的负峰值时刻确定为寻找正弦调制波上的采样电压值的时刻，参见图 3.61。由图可见，正弦波与三角波的实际交点为 A'、B'。现以三角波的负峰值时刻 t_D 作为采样时刻，对应正弦波上的 D 点，求得采样电压 u_c，以 u_c 水平线取代正弦波。因此，用 u_c 水平线截得三角波上的 A、B 点，用以取代 A'、B'点，在 t_A 和 t_B 时刻控制开关器件的通断。以此确定 SPWM 波形的脉宽 δ，且间隙时间 δ'。由于 A、B 两点位于正弦调制波的上、下两侧，虽然脉宽的生成有误差，但是此误差很小，所生成的 SPWM 波形比较准确。

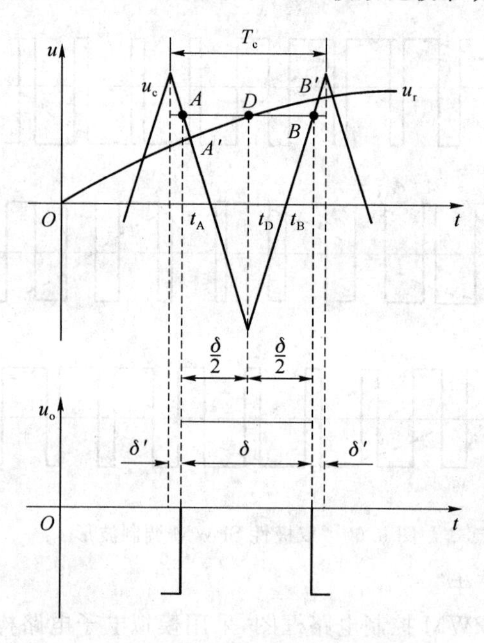

图 3.61　生成 SPWM 波形的规则采样

由于三角波每一周期的采样时刻都已确定，因此所生成的 SPWM 波形的脉宽和位置均可被事先计算。设正弦波幅值为 U_{rm}，三角波幅值 U_{cm} 为单位量 1，则调制度为

$$a=\frac{U_{rm}}{U_{cm}}=U_{rm}$$

若正弦波的角频率，即逆变器输出的角频率为 ω_1，则正弦调制波可表示为

$$u_r=a\sin\omega_1 t$$

若三角载波的周期为 T_c，则根据图 3.60 的几何关系，可求得 SPWM 波形的脉宽 δ 为

$$\frac{\frac{\delta}{2}}{\frac{T_c}{2}}=\frac{1+a\sin\omega_1 t_D}{2}$$

$$\delta=\frac{T_c}{2}(1+a\sin\omega_r t_D) \tag{3.44}$$

三角波一周期内，脉冲两边间隙宽度

$$\delta'=\frac{1}{2}(T_c-\delta)=\frac{T_c}{4}(1-a\sin\omega_r t_D) \tag{3.45}$$

由于三相正弦调制波形在时间上互差120°，而三角载波是共用的，因此，可以在同一个三角载波周期内生成三相 SPWM 脉冲波形，其各相脉宽分别为 δ_U、δ_V、δ_W，仍可用(3.44)式

计算；间隙时间分别为 δ'_U、δ'_V、δ'_W，也可用(3.45)式计算。

用计算机实时产生 SPWM 波形时，可以有三种方法。一种是查表法，就是以三角载波各负峰值为采样时间 t_D，根据控制需要的调制 a、频率 ω_1 以及已知的三角载波周期 T_c，用(3.44)式和(3.45)式计算出脉宽 δ 和隙时间 δ'，存入 EPROM 中，调速时通过查表法得到所需的 SPWM 脉冲波；第二种使用查表法与运算相结合的方法，就是将 $\frac{T_c}{2}\sin\omega_1 t_D$ 先计算之后存入 EPROM。调速时，通过查表、加减运算，得到 δ 和 δ'；第三种可以用实时计算法，就是在存储器中存入采样点的正弦函数和 $\frac{T_c}{2}$ 值，在调速控制时，根据 $\omega_1 t_D$ 取出相应正弦函数值，并与所需的调制 a 相乘，根据给定的三角载波频率取出对应的 $\frac{T_c}{2}$ 值，再按(3.44)式和(3.45)式作乘、加或减运算以及右移位，即可得到脉宽 δ 和间隙时间 δ'。

用以上各种方法求出脉宽 δ 和间隙时间 δ' 之后，，送入定时器，按这些时间定时中断，在输出端口输出相应的高电平和低电平，便最后产生 SPWM 波形的相应脉冲列。此外，有些单片机专为能控制三相异步电动机而设置了 SPWM 波形输出功能，实用上极为方便。

(4) SPWM 逆变器的驱动电路

驱动电路是电力电子主电路与控制电路之间的接口。若交—直—交逆变器的功率器件不同，则其驱动电路也不相同。以下介绍常用的电力晶体管 GTR 的驱动电路。由 SPWM 脉冲生成环节输出的 SPWM 脉冲，必须经基极驱动电路控制 GTR 的导通与截止。为防止误驱动，要求驱动电路必须具有很强的抗干扰能力，一般都使用光电耦合器件将主电路与控制电路进行隔离。GTR 的驱动电路需要提供足够大的基极驱动电流，以确保逆变器在最大负载时，甚至在瞬间过载时，GTR 均能处于饱和导通状态，防止 GTR 由于退出饱和区而损坏。为了减少 GTR 的导通时间，要求驱动电路的上升速率要足够快。现以主电路容量为 22 KW 的驱动电路为例，说明的驱动电路的组成和基本功能，电路如图 3.62 所示。

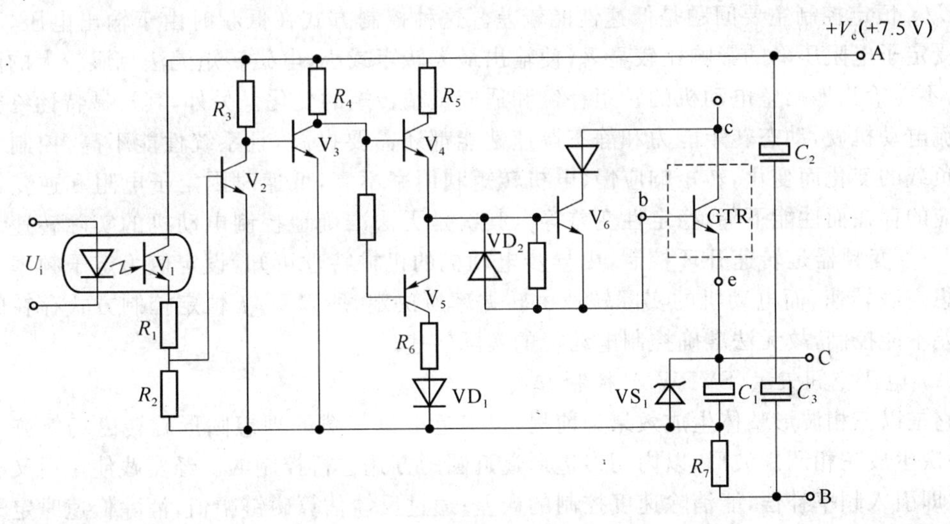

图 3.62　GTR 逆变器基极驱动电路

该电路中，电源 $+V_C$(7.5)加在 A、B 两端。当输入信号 U_i 为高电平时，光耦器件 V_1 导通，使三极管 V_2 导通，V_3 截止，推拉式电路 V_4 导通，V_5 截止。三极管 V_4 为射极跟随器，则电源$+V_C$经V_4发射极以很小的输出电阻快速向三极管V_6提供放大了的基极电流，使V_6导通，经V_6的功率放大作用，以很小的输出电阻，快速向GTR基极提供足够大的导通驱动电流，使其快速饱和导通。在GTR导通期间，电源$+V_C$经V_4、V_6和GTR的三个发射结向电容C_1充电，C_1的充电电压由稳压管VS_1限定。

GTR在关断时，驱动电路要确保其基极电流能够快速减小，以缩短饱和存储时间和下降时间，同时要对GTR的发射结提供反偏电压，以使GTR可靠截止。当输入信号U_i为低电平时，光耦器件V_1截止，三极管V_2截止，V_3导通，V_4截止，V_5导通，则GTR的基极电荷通过二极管VD_2和射极跟随器V_5，在电容C_1和稳压管VS_1的电压作用下快速泄放，确保GTR快速截止，可靠关断。

3.7.3 变频器控制方式

变频器对电动机的控制是根据电动机的特性参数及电动机运转要求对电动机提供电压、电流、频率进行控制达到负载的要求。因此就是变频器的主电路一样，逆变器件也相同，单片机位数也一样，只是控制方式不一样，其控制效果是不一样的，所以控制方式是很重要的，它代表了变频器的水平。目前，变频器对电动机的控制方式大体可分为恒定控制、电压空间矢量(SVPWM)控制方式、转差频率控制、矢量控制(VC)方式、直接转矩控制(DTC)方式。

1. "交—直—交"变频器的控制方式

(1) 恒定控制

恒定控制是在改变电动机电源频率的同时改变电动机电源的电压，使电动机磁通保持一定，在较宽的调速范围内，电动机的效率、功率因数不下降。因为是控制电压与频率之比，所以称为U/f控制。它的控制电路结构简单、成本较低、机械特性硬度也较好，能够满足一般传动的平滑调速要求，已在产业的各个领域得到广泛应用。

U/f恒定控制主要问题是低速性能较差。这种控制方式在低频时由于输出电压较低，转矩受定子电阻压降的影响比较显著，使输出最大转矩减小，电磁转矩无法克服较大的静摩擦力，不能恰当地调整电动机的转矩补偿和适应负载转矩的变化。另外，其机械特性终究没有直流电动机硬，动态转矩能力和静态调速性能都还需要提高，且系统性能不高，控制曲线会随负载的变化而变化，转矩响应慢、电机转矩利用率不高，低速时因定子电阻和逆变器死区效应的存在而性能下降，稳定性变差等。其次是无法准确地控制电动机的实际转速。由于恒U/f变频器是转速开环控制，由异步电动机的机械特性可知，设定值为定子频率也就是理想空载转速，而电动机的实际转速由转差率所决定，所以U/f恒定控制方式存在的稳定误差不能控制，故无法准确控制电动机的实际转速。

(2) 电压空间矢量(SVPWM)控制方式

它是以三相波形整体生成效果为前提，以逼近电机气隙的理想圆形旋转磁场轨迹为目的，一次生成三相调制波形，以内切多边形逼近圆的方式进行控制的。经实践使用后又有所改进，即引入频率补偿，能消除速度控制的误差；通过反馈估算磁链幅值，消除低速时定子电阻的影响；将输出电压、电流闭环，以提高动态的精度和稳定性。但控制电路环节较多，且没有引入转矩的调节，所以系统性能没有得到根本改善。

(3) 转差频率控制

转差频率是施加于电动机的交流电源频率与电动机速度的差频率。根据异步电动机稳定数学模型可知，当频率一定时，异步电动机的电磁转矩正比于转差率，机械特性为直线。转差频率控制就是通过控制转差频率来控制转矩和电流。转差频率控制需要检出电动机的转速，构成速度闭环，速度调节器的输出为转差频率，然后以电动机速度与转差频率之和作为变频器的给定频率。与 U/f 控制相比，其加减速特性和限制过电流的能力得到提高。另外，它有速度调节器，利用速度反馈构成闭环控制，速度的静态误差小。然而要达到自动控制系统稳态控制，还达不到良好的动态性能。

(4) 矢量控制(VC)方式

矢量控制，也称磁场定向控制。它是 20 世纪 70 年代初由 F. Blasschke 首先提出，以直流电机和交流电机比较的方法阐述了这一原理，由此开创了交流电动机和等效直流电动机的先河。矢量控制在各类电动机的控制中均获得普遍应用。矢量变换控制对于三相异步电动机，主要用于变频器—电动机调速系统或交流伺服系统(尤其是在大功率伺服场合)。

由三相异步电动机的原理知，当定子三相绕组在空间分布上互差 120°，并通以时间上互差 120°的三相正弦交流电 i_U、i_V、i_W 时，在空间上会建立一个转速为 n_0 的旋转磁场，如图 3.63(a)所示。事实上，产生旋转磁场不一定非要三相绕组，取空间上相互垂直的两相绕组 α、β，且在 α、β 绕组中通以互差 90°的两相平衡交流电流 i_α、i_β 时，也能建立一个旋转磁场，如图 3.63(b)所示。当该旋转磁场的大小和转向与三相绕组产生的旋转磁场相同时，则认为 i_α、i_β 与 i_U、i_V、i_W 等效。

因上述两图中产生两个旋转磁场的定子绕组都是静止的，因而可将图 3.63(a)称为三相静止轴系，将 3.63(b)称为两相静止轴系，这是从三相静止轴系 i_U、i_V、i_W 等效变换到两相静止轴系 i_α、i_β 的变换思路。

图 3.63(c)中也有两个空间上相互垂直的绕组 M、T，如分别通入直流电流 i_M、i_T，则可以建立一个不会旋转的磁场，但如果让 M、T 轴都以 n_0 的同步速度旋转起来，也可以获得与上述两图同样效果的旋转磁场。图 3.63(c)被称为两相旋转轴系，在该轴系中，因为使用两个互相独立的直流电流 i_M、i_T 进行控制，i_M 为励磁分量，i_T 为转矩分量，所以可以实现类似于直流电动机的控制性能。

矢量控制变频调速的基本思想是将异步电动机在三相坐标系下的定子交流电流 i_U、i_V、i_W，通过三相—二相变换，等效成两相静止坐标系下的交流电流 i_α、i_β，再通过按转子磁场定向旋转变换，把两相交流电流 i_α、i_β 等效变换成两相旋转轴系 M、T 的直流电流 i_M、i_T。(i_M 相当于直流电动机的励磁电流，i_T 相当于直流电动机的电枢电流)，然后模仿直流电动机的控制方法，求得直流电动机的控制量，经过相应的坐标反变换实现对异步电动机的控制。其实质是将交流电动机等效为直流电动机，分别对速度、磁场两个分量进行独立控制。通过控制转子磁链，然后分解定子电流而获得转矩和磁场两个分量，经坐标变换，实现正交或解耦控制。实质上就是通过数学变换把三相交流电动机的定子电流 i_U、i_V、i_W 分解成转矩分量和励磁分量，以便像直流电动机那样实现精确控制。矢量控制方法的提出具有划时代的意义。在实际应用中，由于转子磁链难以准确观测，系统特性受电动机参数的影响较大，且在等效直流电动机控制过程中所用矢量旋转变换较复杂，使得实际的控制效果难以达到理想分析的结果。矢量控制方法的出现，使异步电动机变频调速在电动机的调速领域里全方位地处于优势地位。但是，矢量控制技术需要对电动机参数进行正确估算，如何提高参数的准确性一直是研究话题。要进行矢量变换控制的矩阵运算，除了需要实时检测定子的三相电流之外，还需要直接或间接检测转子速度、磁通等许多变量，需要多位、高速的微处理器才能完成运算。

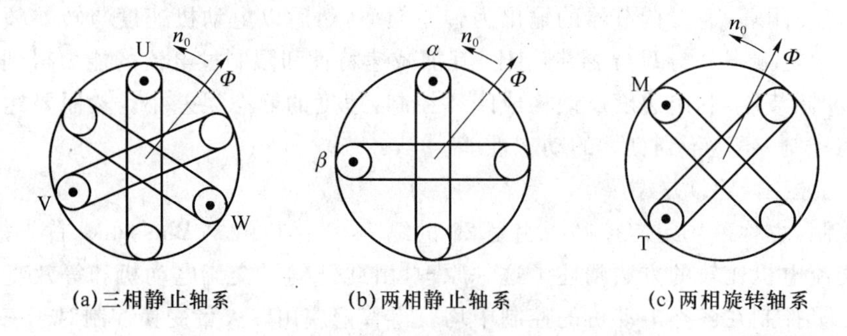

图 3.63　等效交流电机绕组和直流电机绕组

(5) 直接转矩控制(DTC)方式

1985 年，德国鲁尔大学的 DePenbrock 教授首次提出了直接转矩控制理论，该技术在很大程度上解决了上述矢量控制的不足，并以新颖的控制思想、简洁明了的系统结构、优良的动静态性能得到了迅速发展。目前，该技术已成功地应用在电力机车牵引的大功率交流传动上。

直接转矩控制不是通过控制电流、磁链等量间接控制转矩，而是把转矩直接作为被控量来控制。转矩控制的优越性在于转矩控制是控制定子磁链，在本质上并不需要转速信息，控制上对除定子电阻外的所有电机参数变化鲁棒性良好，所引入的定子磁链观测器很容易估算出同步速度信息，因而能方便地实现无速度传感器，这种控制被称为无速度传感器直接转矩控制。

直接转矩控制是直接在定子坐标系下分析交流电动机的数学模型，控制电动机的磁链和转矩。它不需要将交流电动机等效为直流电动机，因而省去了矢量旋转变换中的许多复杂计算；不需要模仿直流电动机的控制，也不需要为解耦而简化交流电动机的数学模型。

上述的 V/F 变频、矢量控制变频、直接转矩控制变频都是交—直—交变频中的控制方式。其共同缺点是输入功率因数低、谐波电流大，直流电路需要大的储能电容，再生能量又不能反馈回电网，只能通过制动单元消耗掉，即不能进行四象限运行。

2. 变频器的矩阵式交—交控制方式

矩阵式交—交变频器(装置)省去了中间直流环节，也省去了体积大、价格贵的电解电容，这种变频器的功率因数能可达到“1”，输入电流为正弦且能四象限运行，系统的功率密度大。其实质不是间接的控制电流、磁链等量，而是把转矩直接作为被控制量来实现的。具体方法如下：

(1) 控制定子磁链引入定子磁链观测器，实现无速度传感器方式；

(2) 自动识别(ID)依靠精确的电机数学模型，对电机参数自动识别；

(3) 根据定子阻抗、互感、磁饱和因素、惯量等算出实际的转矩、定子磁链、转子速度进行实时控制；实现 Band-Band 控制按磁链和转矩的 Band-Band 控制产生 PWM 信号，对逆变器开关状态进行控制。

矩阵式交—交变频具有快速转矩响应(<2 ms)、很高速度精度(±2%，无 PG 反馈)、高转矩精度(<+3%)；还具有较高的启动转矩及高转矩精度，尤其低速时(包括零速度时)，可

输出 150%～200%的转矩。

3.7.4　可四象限工作的变频器

普通的变频器一般只能将供配电系统的工频电源通过整流、逆变后，使其频率、电压成为可调节的变频电源，再向被驱动设备(如电动机等)提供。这种变频器及其工作模式只能工作在电动状态，也就是只能工作在一、三象限，故也可称之为两象限变频器。实际应用中的变频器在很多场合(比如电梯、提升机等)，会存在处理电动机回馈能量的情况。普通变频器的整流电路大都由二极管组合成整流桥，只能将交流电转化成直流电，无法实现能量的双向流动，也就不能将电机回馈到变频器的能量再回馈到电网。通常只能在两象限变频器的直流侧增加电阻制动单元，将电动机回馈的能量消耗掉，这种能量消耗非常可观。另外，在一些大功率变频器的应用中，二极管整流桥对电网产生的谐波污染也较为严重。输出交流电压的谐波对电机的影响、对电网的谐波污染、输入功率因数、自身的能量损耗(即效率)是衡量变频器性能的优劣的几项指标。

IGBT 功率模块可以实现能量的双向流动。例如：电动机回馈到变频器的能量就是通过 IGBT 模块的续流二极管来实现的。而采用 IGBT 做整流桥，再用具有高速运算能力的 DSP 芯片产生 PWM 脉冲进行控制，不仅可以调整输入的功率因数，减小或消除对电网的谐波污染，让变频器真正成为“绿色产品”，而且可以将电动机回馈产生的能量反送到电网，达到较普通变频器来说具有相当可观的节能效果。一些公司像 SIEMENS(西门子)出产较为高档的、较大功率的变频器，已具有四象限运行的功能。国内一些公司近几年也开始进行四象限变频器开发和研制工作，到目前已经有 380 V、660 V 两个系列各种功率等级的成熟的产品和技术，并广泛应用于起重、煤矿和油田等领域。

1. 四象限变频器的工作原理

(1) 四象限变频器的主电路示意图

如图 3.64 所示，该四象限变频器的整流电路中也是使用 IGBT。

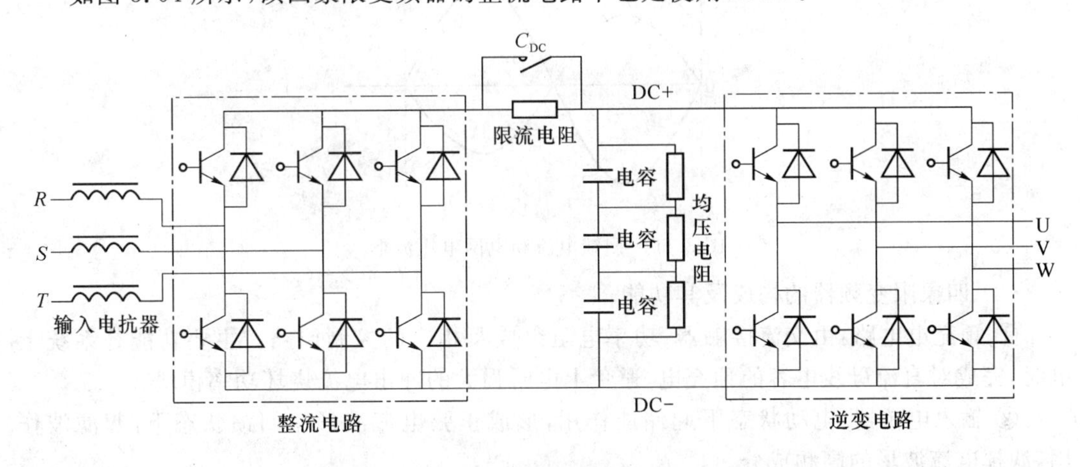

图 3.64　四象限变频器的主电路示意图

(2) 四象限变频器的工作过程

① 电动工作状态。当电动机工作处在电动工作状态时，整流控制单元的 DSP 产生 6 路高频的 PWM 脉冲控制整流电路中的 6 个 IGBT 的通断，并且使 IGBT 的通断与输入电

抗器共同作用产生了与输入电压相位一致的正弦电流波形，这样就消除了二极管整流桥产生的6K±1次谐波，并可消除对电网的谐波污染。功率因素也可得到很大的提高(可高达99%)。

当电动机工作处在电动机工作状态时，能量从电网经变频器的整流回路和逆变回路流向电动机，变频器工作在一、二象限。输入电压和输入电流的波形如图3.65所示。

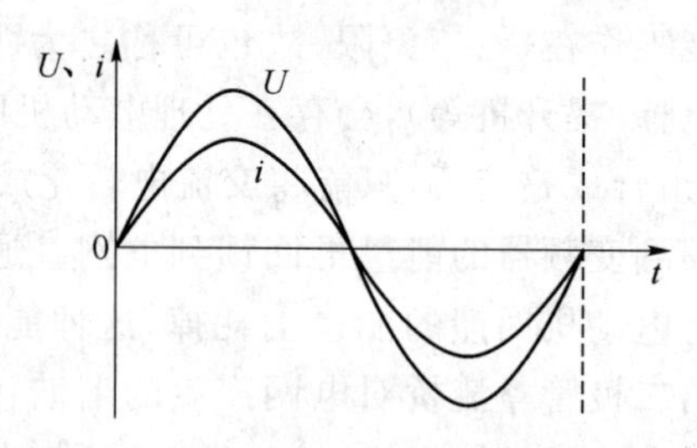

图3.65 输入电压和输入电流的波形

② 发电工作状态。当被驱动负载(如电梯、提升机等)的位能、势能等反拖动电动机运转，并且使电动机处在发电工作状态，此时，电动机的再生能量会通过逆变桥(IGBT)的续流二极管回馈到变频器的直流侧；当变频器直流侧的电压超过一定的值，整流桥(也是IGBT)的能量回馈控制系统启动，通过对电网电压相位和幅值的跟踪、采样和计算，来控制整流桥逆变电压相位和幅值，驱动整流桥的IGBT，将变频器的直流侧的直流电逆变成与电网电压频率相同的交流电并回馈到电网，达到节能的效果。

当电动机工作处在电动工作状态时，能量由电动机通过变频器的逆变侧、整流侧流向电网，变频器工作在二、四象限。输入电抗器的主要功能是电流滤波。回馈电流和电网电压波形如图3.66所示。

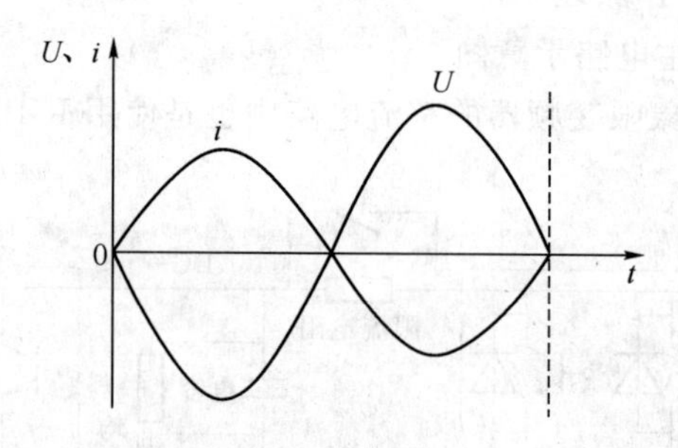

图3.66 回馈电流和电网电压波形

(3) 四象限变频器的构成及其功能

① 预充电电路：由交流接触器、功率电阻组成及相应的控制回路。主要功能是系统上电时，完成对直流母线电容的预充电，避免上电时强大的冲击电流烧坏功率模块。

② 输入电抗器：电动状态下起储能作用，形成正弦电流波形。回馈状态下，起滤波作用，滤掉电流波形的高频成分。

③ 智能功率模块：整流侧和逆变侧IGBT、隔离驱动、电流检测以及各种保护监测功能。

④ 电解电容：储能，滤波。

⑤ 输出电抗器：降低输出$\frac{dv}{dt}$，对电机起到一定的保护作用。

⑥ 控制部分组成:系统辅助电源模块、预充电控制、功率接口板、DSP 控制板及人机接口板。

- 系统辅助电源。产生系统控制所需的 5、15 和 24 V 电源。
- 预充电控制。用于控制预充电交流接触器的动作。
- 功率接口板。反馈系统控制所需的电流信号,电压信号及温度信号,并且传递 PWM 控制波形到驱动板。接口板要对信号进行滤波处理。
- DSP 控制板。完成整流、逆变 PWM 控制算法,是系统的大脑。
- 人机接口板。显示变频器运行的各种状况以及用户参数输入。

2. 整流部分系统控制

整流部分系统控制方框图如图 3.67 所示,系统的给定是直流母线电压指令,这个指令与直流母线电压反馈的误差送到电压环的 PI 调节器。电压环的 PI 调节器与三相输入正弦波的乘积成为三相电流的指令,三相电流指令与各自电流反馈作比较,误差送到电流环的 PI 调节器。电流环 PI 调节器的输出可以通过载波调制产生各相 IGBT 的 PWM 控制信号,也可以通过空间矢量的方式产生 PWM 信号控制 IGBT。上述的运算都是通过 DSP 完成的。

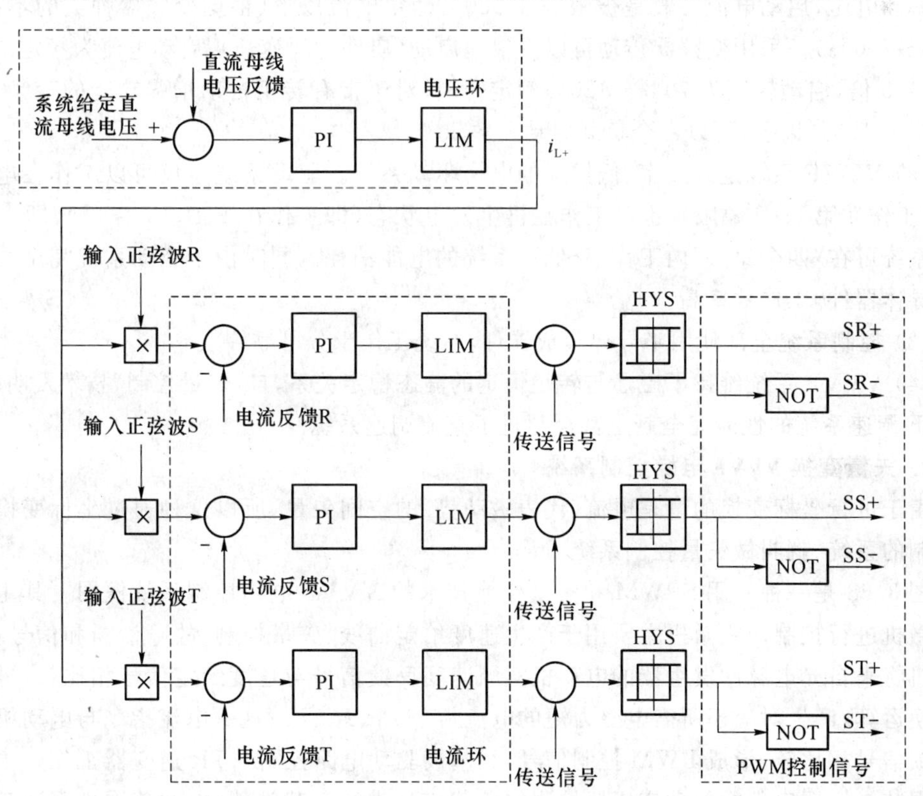

图 3.67　整流部分系统控制方框图

3. 四象限变频器的应用

四象限变频器的典型应用是具有位势负载特性的场合,例如:提升机、机车牵引、油田磕头机、离心机等。采用带有 PWM 控制整流器变频器具有四象限运行的功能,能满足各种位势负载的调速要求,可将电机的再生能量转化为电能送回电网,达到最大限度的节能的目的。在一些大功率的应用中，也需要四象限变频器以减小对电网的谐波污染，功率因数可接近于1，是一种真正的“绿色”变频器。

以提升机的应用为例，当提升重物时，四象限变频器拖动电机克服重力做功，电动机处于电动状态。当下放重物时，逆变器产生励磁电流，重力牵引电机发电，电动机处于发电状态，势能转化为电能通过整流反回馈的电网。

3.7.5 VVVF电梯调速系统设计

1. VVVF电梯调速系统的性能和特点

(1) 变频调速电梯的启动和制动减速过程非常平稳舒适。电梯按距离制动直接停靠停层，准确度可在±5 mm之内。

VVVF电梯启动多采用降频软启动，电动机启动电流很小，不超过额定电流。在电梯的制动段，电梯调速系统工作在发电制动状态，不需从供电网中取得电能，从而降低了电能的消耗，避免了电动机过热，调速系统的功率因数较高(接近1)。用工频电源直接启动时，启动电流为6～7倍，会对配电系统产生冲击。采用变频器运转时，随着电机的加速相应提高频率和电压，启动电流一般是被限制在150%额定电流以下(根据变频器种类的不同，为125%～200%)。采用变频器传动可以平滑地启动(启动时间变长)，启动电流为额定电流的1.2～1.5倍，启动转矩为70%～120%额定转矩；对于带有转矩自动增强功能的变频器，启动转矩为100%以上，可以带全负载启动。

(2) VVVF系统是高效率、低损耗的电梯驱动系统。驱动系统不仅可以工作在电动状态(即工作在第I、III象限)，也可工作在再生发电状态(即工作在第II、IV象限)，即VVVF调速系统可在“四个象限”内工作，降低了系统的电能消耗。同时由于驱动系统完全采用电力半导体器件，工作效率高。

(3) 控制系统全部使用半导体集成器件，系统工作十分可靠。

(4) VVVF系统维持了磁通与转矩恒定的静态稳定关系，自“矢量控制”技术发明以来，VVVF调速系统的性能完全赶上甚至超过了直流调速系统。

2. 矢量变换VVVF电梯控制系统

由于进行坐标变换的量是电流(代表磁动势)的空间矢量，所以这种通过坐标变换来实现控制的系统，就叫做矢量控制系统。

图3.68是一种应用SPWM和矢量变换技术的VVVF电梯控制系统框图。其主回路由双微机进行控制。主微机主要用于产生速度给定曲线、矢量控制、故障诊断和信号显示。主微机将来自光电脉冲发生器的电动机实测速度反馈信号与速度给定信号相比较，进行矢量变换运算，产生对应于所需电磁力矩的电流指令I_U^*、I_V^*、I_W^*；这一电流指令与电动机的电流反馈信号相比较，形成PWM控制信号，经基极驱动电路控制GTR逆变器工作。主微机还根据装在轿厢底部的差动变压器检测的负载信号进行负载补偿，以改善乘坐舒适感。系统的副微机主要进行内外指令信号的采集与运行逻辑控制，并与主微机并行通信。

系统的主回路有泄放电阻R和控制三极管。在电梯回馈制动过程中，通过电压检测电路和回馈制动控制电路使三极管自动导通，以泄放制动能量。为更利于节能，有时主回路的整流器中设置由晶闸管组成的将制动能量返回电网的变换电路。为稳定直流电压和滤波，接有大容量电容器和RC滤波回路。采用微机控制的SPWM和矢量变换技术的VVVF电梯，其调速性能得到了明显改善，乘坐舒适感十分良好，使电梯运行平稳，节约能量，降低了噪声，并大大提高了可靠性和安全性。

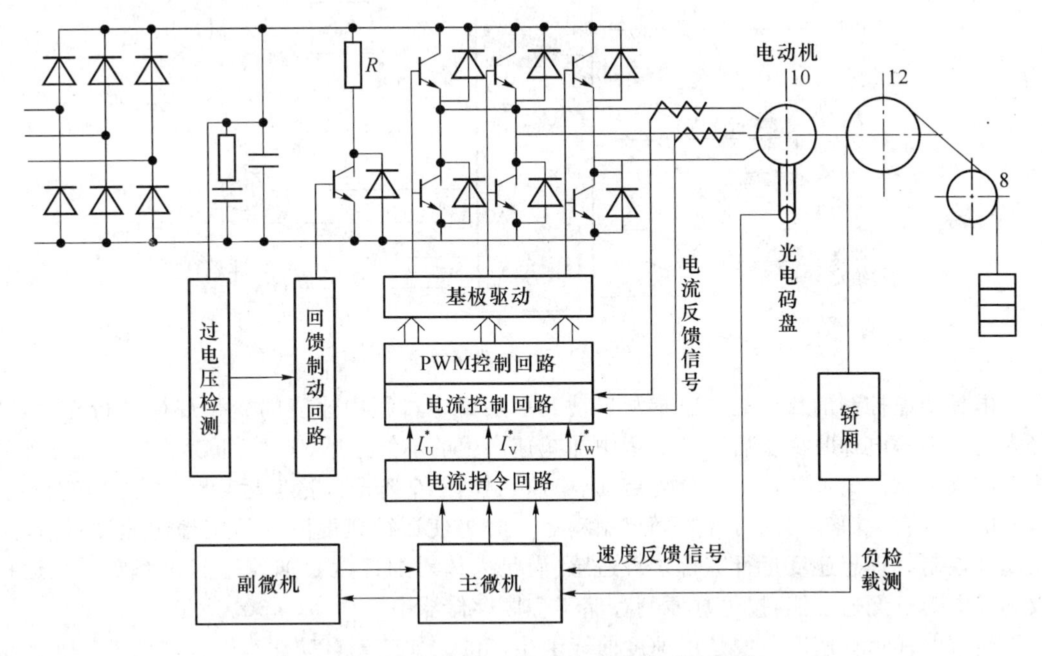

图 3.68　矢量变换 VVVF 电梯控制系统框图

3. 变频器的选择

变频器对所驱动的电动机进行自学习，即将曳引机制动轮与电动机轴脱离，使电动机处于空载状态，再启动电动机，变频器便可自动识别并存储电动机有关参数，对该电动机进行最佳控制。

(1) 变频器的容量选择

变频器的容量可根据曳引电动机功率、电梯运行速度、电梯载重与配重进行选取。设电梯曳引电动机功率为 P_1，电梯运行速度为 v，电梯自重为 P，电梯载重为 Q，重力加速度为 g，则

$$P_1 = K_2 v(1+K_1)(P+Q)g$$

式中，K_1 为摩擦系数，K_2 为可靠系数。确定曳引电动机功率后，根据变频器额定电流大于电动机最大工作电流原则，可选定变频器的容量。

(2) 变频器的接线及功能

变频器接线如图 3.69 所示。变频器的上下行驶信号及高低速信号，由 PLC 的输出触点进行控制。当 Y4 闭合时，电梯上行，Y5 闭合时电梯下行；Y6、Y7 的通断控制着电梯的运行速度。另外，在变频器内部可通过参数设置，决定电梯的加减速曲线、加减速时间、各种运行速度、过流过载保护和电流、速度、频率显示功能。

目前，电梯专用变频器价格较高昂贵，对要求不高的场所，可以采用通用型变频器，通过合理设计，使其达到专用变频器的控制效果。为满足电梯控制上的要求，参数设置比专用型变频器要复杂得多。为减少启动冲击及增加调速的舒适感，其速度环的比例系数宜小些(3 s)，而积分时间常数宜大些(5 s)。为提高运行效率，快车频率应选为工频(50 Hz)，爬行频率要尽可能低些(4 Hz)，以减少停车冲击，检修慢车频率可选 10 Hz。为保证平层精度及

运行的可靠性，曳引电动机的转速采用闭环控制，其转速由旋转编码器检测。

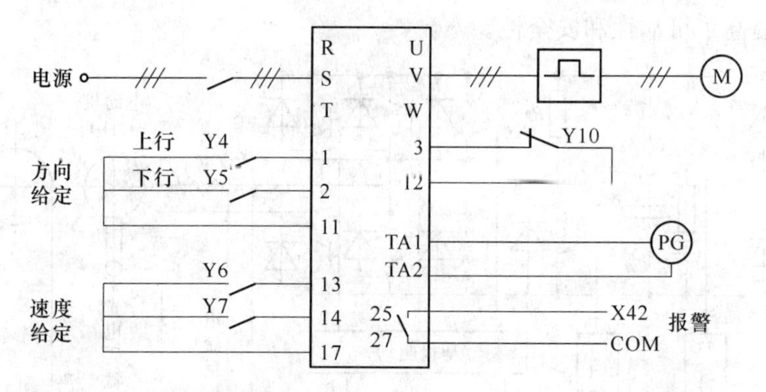

图 3.69　变频器接线图

电梯调速控制的目的是对电梯从启动到平层整个过程中速度的变化规律进行控制，减轻人们在乘坐电梯时由于启制动过程中加减速产生的不舒适感（上浮、下沉感），并保证呼层停车准确可靠。电梯的运行可分为启动、稳速、制动三个阶段。稳速运行时考虑到节能和对电网的干扰，系统采用开环控制，而启制动运行时为使运行速度跟随给定理想速度运行，采用闭环控制。理想速度运行综合了舒适感（满足人体对加速度及加速度变化率要求）、运行效率及电动机调速性能，按位置原则存储于程序存储器中。

通常电梯运行速度曲线是由速度曲线卡生产的。如蓝光自动化有限公司的 G5-PCB 型速度曲线卡是专为 616G5(676VG3)型变频调速器配套生产的，能够生产电梯启制动曲线。该卡以 MCS-51 单片机为核心，分别按照时间原则、位置原则产生电梯启制动曲线，并能给出必要的异常保护。安川变频器在电梯控制系统中采用速度闭环控制方式，因此必须配接安川公司生产的 PG-B2 测试脉冲卡，用于检测电动机转速，G5-PCB 型速度曲线卡利用变频器模拟给定输入端口。在电梯启动阶段发出 S 型时间原则的启动曲线。在电梯制动阶段，根据 PG-B2 卡脉冲分频输出信号产生电梯位置原则的制动曲线，但电梯检修运行的速度给定是由变频器内部参数决定，与该位置曲线无关。

3.8　液压电梯拖动控制系统

液压电梯是一种高科技的机电液一体化系统，由多个相对独立又相互协调配合的子系统构成，是多层建筑中安全、舒适的垂直运输设备，也是厂房、仓库、车库中最廉价的重型垂直运输设备。二战后期液压技术转为民用，液压驱动式电梯重新受到电梯厂家的重视，并研制了新的液压控制系统，在 20 世纪 60 年代末 70 年代初，液压控制元件有了新一轮的创新，液压电梯也逐步系列化、批量化，并保持持续增长的势头，在发达国家里获得了广泛的应用。液压电梯之所以在国际市场上保持畅销的势头，主要是它与其他驱动形式（如曳引电梯）的垂直运输工具相比，具有以下特点。

1. 建筑结构特点

(1) 不需要在井道上方设置造价较高的机房，顶房可与房屋平齐。

(2) 机房设置灵活。液压传动系统是依靠油管来传递动力的，因此机房位置可设置在离井道 20 m 内的范围内，且机房占有面积也仅为 4～5 m^2。

(3) 井道利用率高。通常液压电梯不设置对重装置，故可提高井道面积利用率。

(4) 井道结构强度要求低。由于液压电梯轿厢自重及载荷等是垂直负荷,均通过液压缸全部作用于井道地基上,对井道的墙及顶部的建筑性能要求较低。

2. 技术技能特点

(1) 运行平衡、乘坐舒适。液压系统传递动力均匀平稳,比例阀能实现无级调速,电梯运行速度曲线变化平缓,因此舒适感优于调速电梯。

(2) 安全性好,可靠性高,易于维修。液压电梯不仅装有普通曳引式电梯具备的安全装置,还设有溢流阀、应急手动阀、手动泵、管路破裂阀、油箱油温保护等装置。溢流阀可防止上行运动时系统压力过高;当电源发生故障时,应急手动阀可使轿厢应急下降到最近的层楼位置自动开启轿门,使乘客安全走出轿厢;当系统发生故障时,可操纵手动泵打出高压油使轿厢上升到最近的层楼位置;当液压系统管路破裂轿厢失速下降时,管路破裂阀可自动切断油路;当油箱中油温超过某一值时,油温保护装置发出信号,暂停电梯使用。当油温降低后方可启动电梯。

(3) 载重量大。液压系统的功率重量比大,同样规格电梯,可运载的重量比较大。

(4) 噪声低。液压系统采用低噪声螺杆泵,同时泵、电动机可设计成潜油式结构,构成一个泵站整体,大大降低了噪声。

(5) 防爆性能好。液压电梯采用低凝阻燃液压油,油箱为整体密封,电动机、液压泵浸没在液压油中,能有效防止可燃气、液体的燃烧。

(6) 成本低廉。驱动马达和泵仅在轿厢上升时工作。由于液压驱动的运动部件是浸在油中,因而其磨损轻微。

3. 使用维修特点

(1) 故障率低。由于采用了先进的液压系统,且有良好的电液控制方式,电梯故障率可降至最低。

(2) 节能性好。液压电梯下行时,靠自重产生的压力驱动,能节省能源。

3.8.1 液压电梯拖动控制系统组成

从控制角度,液压电梯拖动控制系统由液压控制系统和电气控制系统组成。

液压电梯控制系统主要由集成阀块、止回阀、液压系统控制电路组成,主要用于接收输入信号并操纵电梯的启动、运行、停止,控制液压电梯的运行速度等。集成阀块可应用在阀控系统和泵控系统中。对于阀控系统,在泵站输入恒定流量的情况下,集成阀块用来控制输出流量的变化,并具有超压保护、锁定、压力显示等功能。对于泵控系统,集成阀块除具有流量检测功能,也具有超压保护、锁定、压力显示等功能。止回阀用于停机后对系统锁定。液压控制电路完成对系统液压流量控制,通常有开环和闭环控制系统之分。闭环控制电路一般比较复杂,能够自动生成理想速度变化曲线,可利用 PID、模糊控制等技术来控制系统流量变化;开环控制电路比较简单,只能利用多个输入信号来控制液压系统电磁阀的启闭。

电气控制系统控制电梯的运行、协调各部件的工作,并显示电梯运行情况。主要由控制柜、操作装置、位置显示装置等组成。控制柜用来控制并调节电梯各部件的工作;操纵装置包括轿厢内的按钮操纵箱和厅门的召唤按钮箱,主要用于外部指令的输入;位置显示装置显示电梯所在位置及运动方向。

液压电梯的液压回路可分为容积调速、节流调速和复合控制调速三大类。针对各自的特点,目前液压电梯中广泛采用的是节流调速系统。如图 3.70 所示为侧置直顶式液压电梯的控制信号流程图。

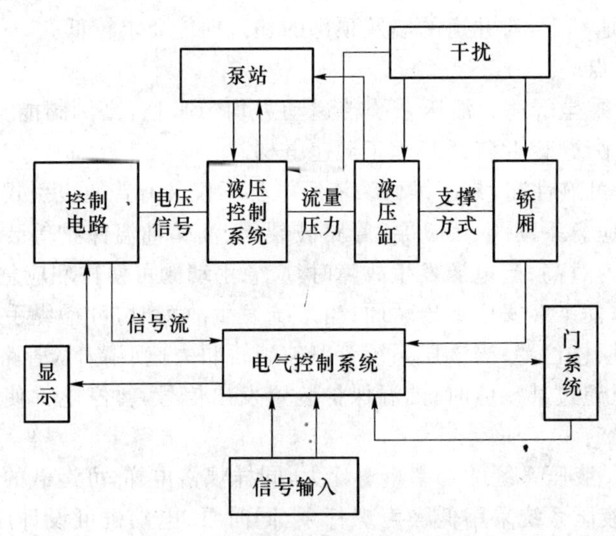

图 3.70 液压电梯控制信号流程图

3.8.2 VVVF 液压电梯控制系统

变压变频技术适用于液压电梯调速系统中，图 3.71 是一个典型的变频闭环控制的系统原理图。

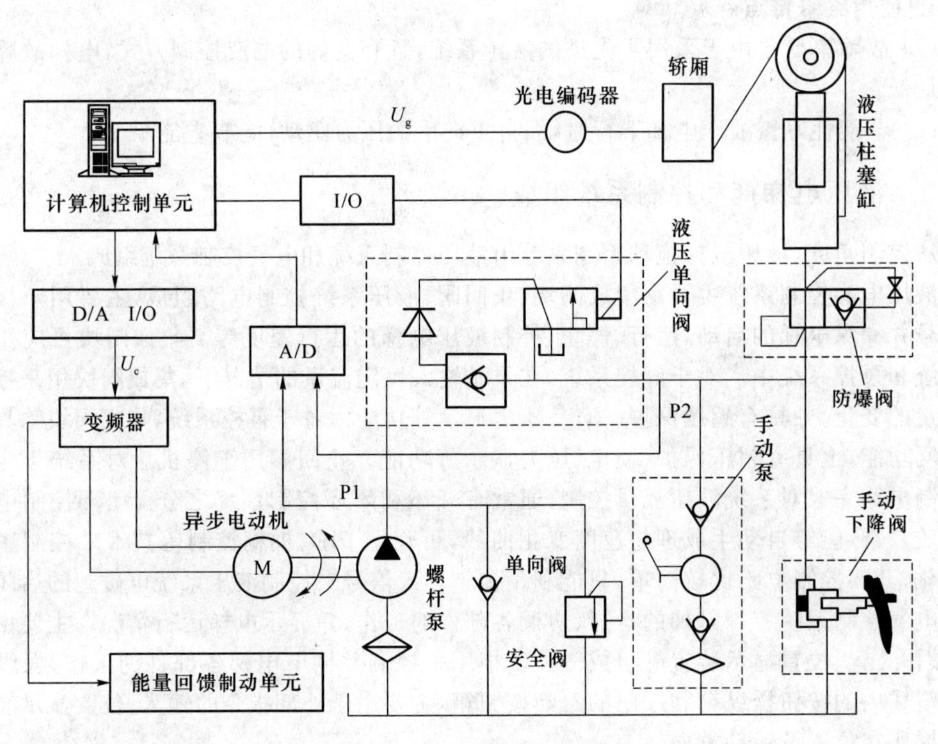

图 3.71 VVVF 液压电梯工作原理图

1. 工作原理

变频调速液压电梯上行工作比较简单。电梯上行工作开始时，由计算机输出上行控制信号 U_c(0～5 V)经 D/A 到变频器，变频器根据输入的控制信号 U_c，经二极管整流、电容滤波及 PWM 控制的逆变器后，产生相应频率和电压的交流电，驱动三相交流异步电动机运转，实现了电能与机械能之间的转换。三相交流异步电动机与螺杆泵刚性连接，螺杆泵随三相交流异步电动机一起运转，使管道中油液压力迅速增高，直至顶开单向阀，与负载压力相平衡，所有液压油全部进入油缸，推动着柱塞以相应速度向上运动。在电梯上行工作过程中，轿厢速度经光电编码器检测不断反馈到计算机中，计算机根据电梯理想曲线和实际电梯速度曲线，不断校正控制信号 U_c，使轿厢按预定速度运行曲线运行。

液压电梯下降过程较为复杂，电梯下降主要是利用自身的势能做功，外界基本上无须再给能量。一般阀控液压电梯下降系统为节流调速系统，即通过调节节流阀开口的大小来控制液压电梯轿厢的下行速度。对于变频调速液压电梯，下行速度控制是利用三相交流异步电动机的发电工作状态来工作的，在电梯下降过程中，液压缸起到的是液压泵的作用，螺杆泵作为液压电动机来使用，而三相交流异步电动机则作为发动机来使用。

液压电梯下行过程开始时，液控单向阀两端压力是不平衡的，这时如果单向阀突然打开，电梯会产生瞬时的失重，急速下降，同时由于三相交流异步电动机刚刚启动，尚处于电动机状态，电磁力矩与负载力矩方向相同，这使得液压电梯向下加速度更大，电梯瞬时完全失控，这种情况对于电梯来讲是不允许的。因此，调速液压电梯下降启动时，必须首先进行单向阀两端的压力平衡控制。

通常借助计算机实现单向阀两端的压力平衡控制，单向阀两端压力由压力传感器 P1、P2 检测，经 A/D 转换后进入计算机。计算机给出控制信号控制三相交流异步电动机正向运转，使液控单向阀两端压力基本平衡，打开液控单向阀，单向阀的开启要有一个过程，不能一下全部打开，否则电梯将产生一次下沉的感觉。当单向阀两端的压力平衡，液压电梯下降开始，计算机给出控制信号驱动电动机反向运转，经过短时间加速后，电动机的运转速度将超过其同步转速，电动机由电动状态转变为发电状态运行，此时电动机的力矩与负载力矩相反。电动机发电状态所产生的能量，可以采用在变频器直流侧配装制动电阻或制动组件的方式，利用电阻消耗掉。这种方法对能量是一种浪费。目前，具有回馈功能的变频器或专门的变频调速再生电能回馈制动装置已有产品出现，可以将电动机制动或发电运行所产生的能量回馈电网，启动节能的作用；另外由于能量吸收可以无穷大，制动效果相当稳定。在该电梯系统整个下降工作过程中，轿厢速度经光电编码器检测出来并不断反馈到计算机中，计算机根据电梯理想曲线和实际电梯速度曲线，不断校正控制信号 U_c，控制电梯轿厢按预定速度曲线运行。系统其他组成部件中，限速切断阀安装在靠近液压缸底部，当单向阀至限速切断阀之间的管道破裂导致突然失压时，限速切断阀快速进入工作状态，切断液压缸回油路，使电梯轿厢安全制动。和限速切断阀一样，安全阀和手动泵在系统处于正常状态时，不参与工作。当系统压力因某种原因达到超常值时，安全阀迅速打开，将压力停留在工作压力上限，防止其继续上升。当系统失电或变频器—电动机—泵动力环节出现故障时，手动泵能将电梯轿厢上升至期望位置。

当电梯运行过程中出现轿厢蹲底，或由于某些意外原因使液控单向阀关断，而电动机仍在反向运转时，与液压泵并联的单向阀将立即打开，防止液压泵吸空而损坏，并且通过程序中定时控制,使电动机空转时间不超过正常运行所需最长时间外加 60 s。另外,在冬季液压电梯运行前,油箱中温度较低,可利用此单向阀构成的回路使液压泵反转对油箱加温。

2. VVVF 液压电梯控制系统的主要问题

(1) 液压泵泄漏量的补偿。在容积调速系统中,液压泵的内泄漏对系统的性能产生重大影响,这一点与阀控液压电梯系统不同,因此必须采取一定的措施或手段来解决由此而来的问题。一种常用的液压泵泄漏量的补偿方法,是通过检测单向阀在上行阶段开启时的控制板给出的电流值来确定泵的泄漏量的大小,然后在程序中进行补偿。

(2) 低频转矩。电梯是恒转矩负载,整个运行周期速度从零变化到最大额定速度,因此要求在整个速度变化范围内都能提供满足要求的转矩,这对变频器提出了较高要求。而 VVVF 液压电梯对这个指标要求更高,这是由它的工作原理决定的(这里不包括下行回路启动加速和减速停止段采用阀控制的系统)。市场上能提供低频转矩较高指标的是采用电机轴转速反馈的矢量控制变频器或最新研究的直接力矩控制变频器,价格比较昂贵。因此,有待开发液压电梯专用的价格低廉的变频器。

(3) 下行回路启动压力平衡。采用变频器控制液压电梯下降时,液控单向阀一打开,液压电梯靠自重加速,而异步电动机在电梯启动瞬间未处于发电状态,电动机无制动力矩。电梯在系统负载和电动机力矩的作用下,系统相当于被输入了一个阶跃信号。同时由于系统的阻尼很低,主油路中液控单向阀完全打开,系统油液可上下流通,使系统压力和轿厢速度大幅度振荡。为了防止电梯启动的振荡,电梯下降开始液控单向阀打开时,两端压力必须保持平衡。电梯开始运行前,先做液控单向阀两端的压力平衡控制,即控制器给变频器输出为负值,电动机正转(同电梯上升时的电动机旋转方向),当单向阀两端压力平衡或大于系统的负载压力时,单向阀打开,电梯开始下降运行,经过如此处理的电梯下降运行无论是压力曲线,还是电梯轿厢速度曲线,其振荡大大减小,说明在两端压力平衡时开启单向阀,电梯开始运行,可以保持较好的运行特性。

(4) 电磁屏蔽。由于变频器是对工频电源进行波形处理,大量的谐波会对电气控制部分产生很大影响,它是关系 VVVF 系统工作的可靠性的主要因素,必须合理安排整个电梯系统的接地和电脑部分的接地,并且在电子控制板和速度反馈信号线的屏蔽上及电路的设计上进行必要的处理。为此必须引起设计人员的高度重视。

(5) 大闭环系统的鲁棒性。液压电梯是一种典型的变负载(乘客流量随机变化)、变液容(电梯运行过程中,液压缸的容腔体积连续变化)和变黏度(温升变化)的非线性电液流量系统,所以建立它的精确数学模型十分困难。目前,国外在对液压电梯的实际控制上一般都采用闭环 PID 等传统的控制算法。但对这样复杂的电液控制系统,被控对象和控制系统中存在的非线性、时变、外部干扰、模型的简化与线性化等因素,使传统的控制策略很难收到满意的控制调节效果。虽然 PID 控制器不要求系统建模,但仍存在着变工况下的超调、振荡、不易调节等缺点,尤其在电梯启动与制动阶段,电梯运行存在着明显的死区和抖动现象。在实际电梯的调试中,控制系统的参数经常发生漂移现象,这给电梯调节人员带来很大的困难。

液压电梯控制系统的参数存在漂移现象的主要原因有以下几点。

① 液压电梯是一种典型的变负载、长行程、变黏度的非线性变参数电液流量系统，系统频响较低；常规 PID 是由常系数二阶多项式控制函数所组成，为简单的线性控制，控制参数不能随电梯系统参数的变化而变化，以一组控制参数控制液压电梯这样一个复杂的变参系统，很难收到令人满意的控制效果。

② 电梯在启动阶段，由于轿厢、油缸等存在着静摩擦，静摩擦和动摩擦是不相等的，在电梯的启动瞬间它们将发生转换，相当于系统在启动瞬间被输入了一个小的阶跃信号。由于系统阻尼很低，电梯启动易产生轿厢的抖动。

③ 电梯系统中存在着许多非线性环节（死区、滞环等）和随机扰动，将给电梯运行的起始段和平层段带来不利的影响。

④ 变频器较差的低频特性严重影响电梯的启动特性，特别是电梯下降的启动。

（6）下行能量回收。目前，在电梯领域中应用的变频器下行制动回路，对于 15 kW 以下的一般采用制动单元或制动电阻，对于 15 kW 以上的系统则需要采用能量回馈单元，价格昂贵。更为重要的是，能量再生回收装置需要很多附件才能把对电网无污染的多余电力返回电网，结构设计复杂。因此降低成本，设计出专门用于液压电梯的价格低廉的制动组件是当务之急。

（7）降低装机功率。VVVF 液压电梯控制系统虽然节能，但并没有降低整机装机功率，电梯系统装机功率大将导致如下问题：

① 目前电梯应用的大功率变频器价格昂贵（批量小），使 VVVF 液压系统成本较高；

② 系统装机功率大导致启动时对电网冲击严重，影响建筑物中其他用电设备。

目前，阀控液压电梯中的一些解决方案，有的不理想，有的延长启动时间，降低了电梯运行效率，尽管 VVVF 系统比节流阀控系统启动电流小，能耗虽然比阀控制动系统电梯小，但是与曳引电梯相比，能耗仍然较大。

降低 VVVF 液压系统装机功率是非常吸引人的方案。加配重是人们考虑的方案之一，但是由于配重结构抵消了液压电梯的一些优点，因此没有得到广泛应用。但液压电梯配重结构的设计历来受到设计工程师的重视，现在无论是活塞缸带配重，还是柱塞缸带配重结构设计都已经成熟了，迅速推广应用不可避免。近年来，浙江大学流体传动及国家重点实验室在“液压配重”的研究方面取得了一定的成果，这种采用蓄能器的“液压配重”系统在液压电梯阀控系统的应用中，取得了显著的节能效果。VVVF 液压系统加配重方案，不但降低了系统的装机功率，而且节能效果更加显著，应该是前景光明的液压电梯节能方案之一。

3.8.3　液压电梯拖动控制系统的电气设计

液压电梯拖动控制系统电气设计主要包括主回路、安全回路、控制回路、开门回路等设计。

1. 主回路的电路设计

主回路主要由下列元器件组成：交流电动机 M、上行接触器 KMU、星形启动接触器 KMS、三角形启动接触器 KMT、相序保护继电器 KO、主回路自动空气断路器 Q_1，见图 3.72。

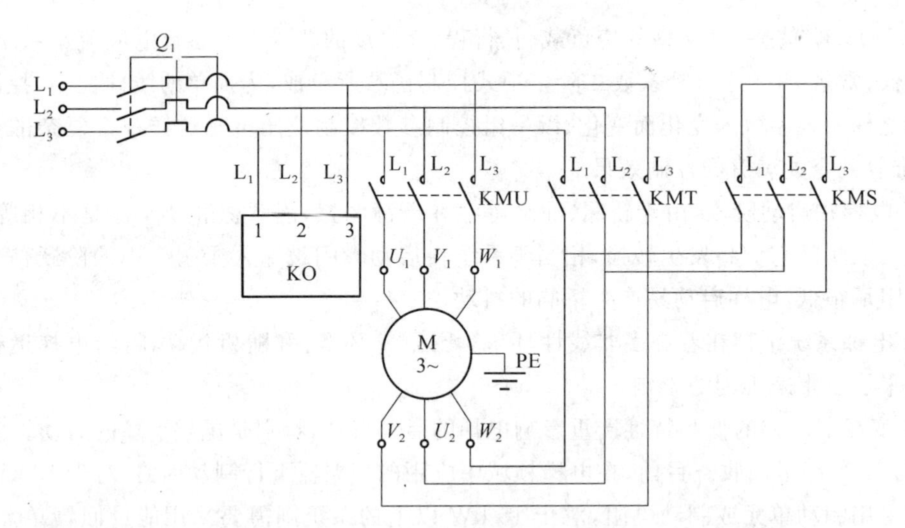

图 3.72　液压电梯控制主回路

(1) 电梯上行。电梯是经常需要频繁运行的，假如采用直接启动电动机的方法，可能会对电动机造成损害，所以在主回路中采用星—三角的启动方式来启动电动机。在主回路自动空气断路器 Q_1 闭合，相序正常的状态下，控制器输出指令，星形启动接触器 KMS 闭合，电动机以星形接法启动，持续到一定时间后(3～5 s)断开，三角形启动接触器 KMT 闭合(在控制回路中采用电路互锁的方法，以保证星形启动接触器 KMS 和三角形启动接触器 KMT 不能够同时闭合)。同时，上行接触器 KMU 闭合，电梯在控制器的控制下完成上行动作。

(2) 电梯下行。由于液压电梯的下行是依靠轿厢的重力驱动的，不必要再对电动机进行控制，电梯会在控制器的控制下完成下行动作。

2. 安全回路的设计

由于电梯使用场合的特殊性，所以其安全性尤为重要。在安全回路中设置了很多的安全保护开关，如上、下极限开关、安全钳开关、限速器开关、急停开关和门联锁开关等。考虑到液压电梯的特点，除了一般电梯所具有的安全开关外，还增加了过高压保护开关和温度监控开关，一旦检测到油压过高或者油温过高，立刻禁止电梯继续运行。为了方便调试和维修，采用电路分块的设计方案，即底坑安全回路、紧急停止回路和门联锁回路，并在控制柜设置了一个转换开关，在调试或者维修时，通过转换开关可以短接底坑安全电路。考虑到实际的可操作性，还对安全回路中的主要安全开关进行检测，通过控制柜就可以了解到各部分的安全回路是否接通。

3. 控制回路的设计

控制电路主要由以下元器件组成：快车继电器 K_{22}、快速上升继电器 K_{25}、快速下降继电器 K_{26}、慢速上升继电器 K_{27}、慢速下降继电器 K_{28}、下行接触器 KMD1、下行接触器 KMD2、上升阀 FU、下降阀 FD、电源模块 NTA-1。见图 3.73。

液压电梯的速度控制实际上就是液压系统的流量控制，所以通过阀来控制油的流量就可以控制液压电梯的运行速度。在轿厢上行时，压力油从油泵压出，一部分油经单向阀和反馈装置，通过球阀和限速切断阀进入油缸；另一部分油经电液比例阀旁通回流油箱。电液比例阀的开口是由调速器根据反馈装置的反馈信号和运行曲线的要求来决定，需要加速时开小一点，需要减速时开大一点。在轿厢下降时，负载的压力将油缸的油压出，经电液比例阀回流油箱。同时电液比例阀也是由调速器控制的，根据反馈和运行曲线来决定开口的大小，使下降符合运行曲线的要求。

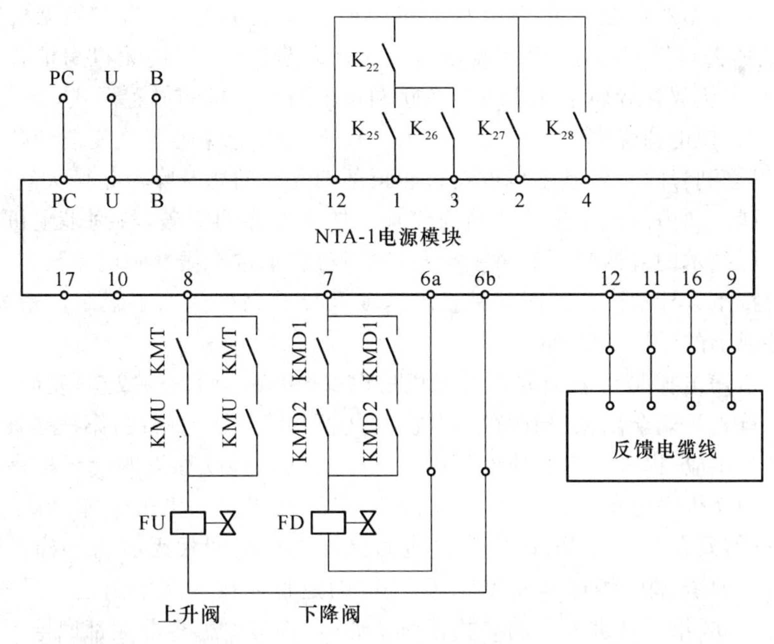

图 3.73　液压电梯控制电路

4. 提前开门回路的设计

液压电梯的特殊结构和使用的场合，一般其运行的速度不大，电梯减速到停站开门时，要以很慢的速度爬行一小段距离才停车开门，使电梯爬行至停站开门的等待时间过长。提前开门功能可解决该问题。仅当电梯速度小于 0.3 m/s、电梯正在减速和电梯在门区三个条件同时具备时，才能够实现提前开门功能。由于增加了提前开门功能，轿厢运行至离平层大约 50 mm 时，如果同时满足以上的三个条件，控制器就会发出开门指令，电梯开门的同时也以很慢的速度继续运行，当运行至平层停车时，门也开到位了，这样就减少了等待开门的时间，提高了电梯的运行效率。

3.9　无机房电梯拖动系统

随着建筑业的发展，20 世纪 90 年代世界各大电梯公司纷纷研制出无机房电梯，并分别于 1997 年上海第二届和 1998 年北京第三届中国国际电梯设备及技术展览会上先后推出无机房电梯实物展品和录像介绍。它不仅是电梯无机房的简单局部改进，而且是电梯技术的一次意义深远的多方面变革。因为目前无机房电梯采用的一些关键技术，将会推广应用到其他电梯产品上，进而带动整个电梯行业的技术进步。如今，各大电梯公司推出的无机房电梯，要么申请了专利，如通力电梯公司采用碟形无齿同步曳引机制造的无机房电梯；要么采用了自己的专有技术，如奥的斯公司最近推出的 GEN2 无机房电梯，采用钢丝带取代了钢丝绳，使得主机的驱动轮直径也相应减少，曳引机体积更小。

国际上无机房电梯的发展经历了四代。第一代无机房电梯诞生于意大利，其诞生的主要原因是欧洲对古建筑的保护以及与液压电梯的竞争。它为下置式蜗轮蜗杆曳引机，井道面积大；第二代无机房电梯也是井道底置式，是将电梯曳引机合理安排后，增加导向轮，而使曳引机安装在电梯井道中间。这两代无机房电梯目前在欧洲已经淘汰,其原因是安全隐患严重,从1997年开始欧洲公司几乎没有再使用该类无机房电梯;第三代无机房电梯是由KONE通力电梯公司发明的,采用蝶式马达的永磁同步曳引机,使无机房电梯有了根本性的发展,主要有主机放在导轨上和主机放在轿厢顶上两种主机的放置形式,但是由于电梯曳引机放在导轨上,使电梯噪声与震动很大。第三代无机房电梯属于改变前两代无机房电梯的新产品,所以受到青睐。但是主机放在轿厢顶部的安全问题及噪声是两人缺憾,所以在欧洲没有得到发展。通力的产品虽然比前两代有了技术方面的突破,特别是主机方面的突破应该说对无机房技术的普遍应用提供了十分好的契机,不过共振共鸣问题没有彻底解决,成为一个重要的技术设计缺陷。同时该种技术速度及提升高度受到了限制。图3.74所示为主机安装在导轨上的无机房电梯。

第四代无机房电梯是目前最先进的无机房电梯,由WALESS(威森)发明,它弥补了前三代的缺陷。首先是安全隐患得到解决,其次是共振共鸣问题的解决,第三是速度上只要主机生产企业能够供应,提升高度及速度不存在技术问题。所以称第四代无机房电梯是目前世界上最先进的无机房电梯。目前WALESS采用的第四代无机房电梯,由于该技术只提供中国,所以目前只有中国的WALESS供应商能够提供第四代无机房电梯。第四代无机房电梯不仅是电梯技术已经得到完美体现,关键的是整体技术在中国达到最先进的程度。然而该技术在2002年3月进入中国寻找合作企业时,许多电梯企业大都回绝了。只有两个企业为该技术提供了运转场所,并且在半年多时间里有三大系列、数十个型号的产品问世。目前很多国家招标项目及房地产商使用。由于该技术为2002—2003年世界最新技术,比目前中国生产的任何电梯的技术先进3~5年。所有载人垂直升降电梯全部采用双向安全钳与双向限速器,该双向安全系统是目前中国电梯标准修改中选择的安全系统标准,也是欧洲已经采用的安全标准。

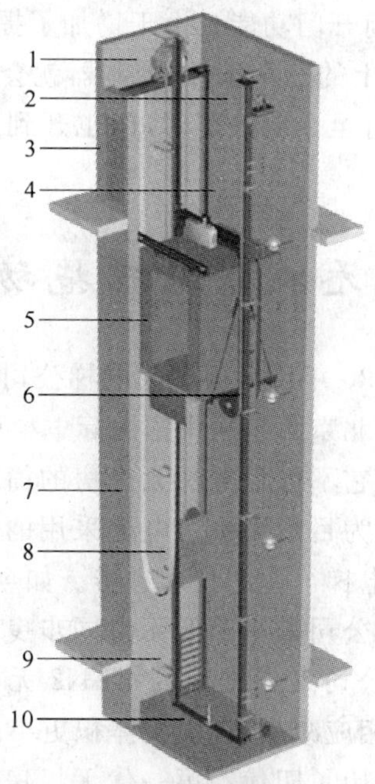

1—曳引机;2—限速器;3—控制柜;4—轿顶检修装置;5—轿厢;6—井道照明;7—随行电缆;8—对重;9—地坑防护栏;10—轿厢缓冲器

图3.74 无机房电梯

3.9.1　无机房电梯的性能特点

无机房电梯摒弃了传统的又大又重的曳引机，应用全新的电动机拖动技术，其核心部件就是碟式电动机，它完美地实现了无齿轮的驱动。合理利用行星齿轮传动装置的优点，使小型化的曳引机可紧贴井道，扁平的控制屏可设置在顶层的电梯门旁，解决了传统电梯必须有单独机房的问题。表 3.3 为载重量 1 000 kg、速度 1 m/s 的液压电梯、双速电梯、VVVF 电梯与无机房电梯的性能比较。

表 3.3　不同电梯的性能比较

载重量 1 000 kg	液压电梯	双速电梯	VVVF 电梯	无机房电梯
启动电流/A	80	100	35	18
主保险丝/A	80	50	35	25
一年启动次数 100 000 次	10 000	4 700	3 700	2 800
一年启动次数 200 000 次	1 800	7 500	6 200	3 500
一年启动次数 300 000 次	26 000	10 000	7 500	4 400
热损失/kW	6.0	4.2	3.5	1.0
耗油量/L	300	3.5	3.5	0
质量/kg	1 200	650	650	330
噪声/dB	65～70	65～70	65～70	50～55
典型机房面积/m^2	10	15	15	0
速度/($m \cdot s^{-1}$)	1.0	1.0	1.0	1.0
电动机功率/kW	27	10	10	5.7
额定电流/A	65	30	25	12

通过以上电梯的性能比较，可得出无机房电梯具有以下优点。

(1) 节省空间、简化建筑设计

不需要建造普通意义上的机房，既节省空间，又节约了机房的建造费用，还提高了井道上层空间的利用率。从设计的角度来讲，减少因要考虑机房而对建筑设计造成的限制，将建筑师从需要考虑电梯机房的痛苦中解脱出来，从而设计出更完美的建筑方案。不需要机房和井道顶部无荷载的特点，使电梯可以方便地和建筑设计融为一体。无机房可以解决结构噪声问题，使电梯可以自由地安排在建筑物内的任何位置。井道壁不再承受电梯的质量，超载与轻载现象将得到缓解。

(2) 高效节能、减少火灾隐患

无机房电梯高效节能，污染大大减少，符合绿色电梯发展的趋势。

电梯曳引机行星齿轮箱的对称平衡力分布和瞬间多重齿合，使曳引机能产生极大的扭动矩，有效功率达到 95%以上，并且采用变频驱动技术。这样，使电梯用较小功率的电动机就能达到所要求的运行速度和载重能力。在同样速度、载重条件下，与蜗轮蜗杆电梯相比能节约 40%～50%。小曳引机经济节能，消耗能量为传统曳引机所需的一半。一部电梯每年可节电几千千瓦时，启动峰值电流只是液压和其他曳引系统的20%～40%。无机房曳引机不仅耗能低，而且无需润滑，从而消除了液压系统中油的污染和火灾的潜在危险。

(3) 平稳舒适、低噪声运行

行星齿轮间良好的啮合性促进了电梯的平稳、低噪声运行。电梯的伺服电动机驱动系统使电梯运行精度更高、响应更快。

(4) 减少维护

采用的曳引机为全封闭自润滑的长寿命曳引机，其齿轮磨损系数小，在通常情况下连续运行10年不需检修，不需要因齿轮磨损而进行校正，不需要换油和经常性的维修保养。这种无齿轮结构以非常低的速度转动，从而保证了电梯长时间的可靠运行。

小型曳引机可固定在导轨上，也可内置于通用井道，而控制柜又可在顶层任意地方设置，这就使电梯只需井道而不需要独立机房，无机房电梯结合了传统曳引驱动电梯和液压驱动电梯优点。

(5) 节约建筑成本

由于无机房电梯取消了电梯机房，也无须在井道上方设置承重结构以支撑曳引机，令建筑结构的设计简化，减少建造机房的费用，节约了建造时间和人工、材料等建筑成本；由于它的安装无须脚手架和特殊起吊设施，可以降低安装费用，缩短安装工期。

另外，无机房电梯的价格普遍低于同规格、同性能的其他电梯。

3.9.2 无机房电梯拖动控制系统

无机房电梯省去了传统的电梯机房，一般情况下，将电梯驱动主机和控制系统以及一些其他的部件统统放到了井道中。

1. 电梯驱动主机和控制系统的特殊要求

(1) 对主机的要求

① 结构紧凑，功率密度高，适于安装在井道内。

② 噪声低，振动小，运行平稳舒适。

③ 可靠性高，平均无故障时间长。

④ 高效率，维护费用少，运行成本低。

⑤ 价格低。

(2) 对电梯控制系统的要求

① 结构紧凑，体积小，便于安装。

② 抗干扰，可靠性高，安全裕量大。

③ 检修方便。

④ 省电高效。

2. 无机房电梯常见的井道布置形式

(1) 主机上置式

这种布置方式中，主机放在井道顶层轿厢和电梯井道壁之间的空间中，为了使控制柜和主机之间的连线足够短，一般将控制柜放在顶层的厅门旁边，也便于检修和维护。

(2) 主机下置式

主机放在井道的底坑部分，放在底坑轿厢和对重之间的投影空间上，控制柜一般采取壁挂形式。这种布置方式给检修和维护也提供了方便。

(3) 主机放在轿厢上

主机放在轿厢的顶部,控制柜放在轿厢侧面,这种布置方式,有随行电缆的数量比较多的特点。

(4) 主机和控制柜放在井道侧壁的开孔空间内

这种方式对主机和控制柜的尺寸无特殊要求,但是要求开孔部分的建筑要有足够的厚度,并要留有检修门。

3. 无机房电梯的驱动方式

从驱动系统看,无机房电梯除了液压驱动方式外,还有下列几种。

(1) 钢丝绳曳引驱动

这种驱动方式与传统钢丝绳曳引驱动有两大变化:一是采用2∶1曳引比,使曳引驱动转矩减小一倍和曳引轮转速提高一倍后来压缩驱动主机外形尺寸;二是研制扁形盘式同步无齿驱动主机,以便能够安放在井道上端轿厢和井道壁之间。

(2) 钢丝带曳引驱动

这种驱动方式的重大改进是采用扁形钢丝带代替圆形钢丝绳,这样在同样绳径比条件下,大大减小了曳引轮直径,再加上采用2∶1曳引比,使曳引驱动转矩进一步减小和曳引轮转速更加提高,因此大大压缩了驱动主机外形尺寸,以致可以容易地将其安放在井道顶层轿厢和井道壁之间。

(3) 直线电机驱动

这种驱动方式可以不要对重,将永久磁铁直接安装在轿厢上而把线圈固定在对应侧的井道壁上,通过组成的直线电机直接驱动轿厢上下运动。另外也可将线圈安装在对重上而把永久磁铁固定在对应侧的井道壁上,通过组成的直线电机间接驱动轿厢运动。直线电动机驱动的无机房电梯省掉了机房。这样便于建筑物外观造型的美学设计,而且占用较小的井道面积。但其最大的缺点是在电梯井道内需要安装很长的原、副绕组,很难保证定、转子之间气隙均匀,进而会影响电动机的运行性能。另外,直流电动机工作电流比较大,功耗也较大,因此,此方案至今尚未形成商品。

(4) 外转子电动机驱动

电动机为内定子,转子在外部,与定子共轴。其曳引轮直接安装在转子上,不需要单独的变速装置或曳引轮。从曳引钢丝绳到轿厢间曳引力的传递是直接的,同传统的装置相比,它的损耗相对较小,电动机采用变压变频VVVF驱动。但为了产生足够的转矩,它的径向和轴向尺寸都较大,而且轴伸的支撑增加了电动机的长度、质量和体积,这将给它用做无机房电梯的曳引机带来一定的影响。

(5) 摩擦轮驱动

这种驱动方式是把带有摩擦轮的驱动主机直接安装在轿厢底部,使其与特制的轿厢导轨接触并借助压轮施加一定的正压力,这样通过驱动主机带动摩擦轮旋转时产生的摩擦力来驱动轿厢沿着导轨上下运动。

(6) 交流永磁同步电动机(无齿轮)驱动

交流永磁同步电动机是无机房电梯曳引机的一种较为理想的选择方案,它主要由三部分组成:盘式永磁电动机、制动器和曳引绳轮。电动机的励磁部分为稀土永磁材料制成。稀土永磁材料的磁能大,因此电动机体积小,质量轻。因为无滑差损耗,无励磁损耗且定子铜耗也相对较小,功率因数近似等于1,效率高、发热量小、噪声低。

永磁同步电动机提高转矩的主要措施。

① 永磁同步电动机采用碟式扁平结构，可以增大电动机的等效直径，在同样的电磁力下增大了电动机的输出转矩。扁平结构也是能将曳引机置于井道中导轨后面的必要条件。再次，扁平结构的采用有利于电动机的散热，这就为尽量增加电动机中的电流创造了条件。这个设计方案可以增加的转矩倍数接近 2.0。

② 可以将曳引轮的直径降至最小，使所需电动机的输出转矩减小。但曳引轮直径减小后，钢丝绳的直径也应相应减小，以满足两者直径之比大于 40。这一措施相当于增大电动机转矩的倍数(接近 2.0)。

③ 采用 2∶1 的绕绳方式，在不过多增加曳引轮绳槽数量的情况下，这是保证钢丝绳安全系数的必要措施，这也相当于增大电动机转矩 2.0 倍。

④ 提高了功率因数。使用同步电动机驱动，电动机转子中采用最新的稀土永磁材料取代励磁系统。同步电动机的功率因数可以接近甚至达到 1.0，而功率因数的提高意味着在其他电参数不变的情况下，电动机有效转矩的提高。功率因数的提高以及励磁系统的取消也大大提高了电动机的运行效率。如前所述，同步电动机中的磁场也可以比异步电动机中的磁场更强。综合磁场和功率因数两个方面使得电动机转矩可增加的倍数约为 2.0。

⑤ 增大承载能力。不管是直流电动机还是交流电动机，其额定转矩与最大转矩之间都还有一定的余量，也就是所谓的电动机转矩过载倍数。一般情况下，直流电动机的过载倍数为 1.5～2.0，笼型感应电动机的过载倍数为 1.8～2.0，绕线型感应电动机为 2.0～2.5，而同步电动机为 2.0～2.5。如果采取某些特殊措施，转矩过载倍数还可更高。在满足电梯启制动的要求和电动机发热两个前提下，尽量使电动机的额定转矩接近其最大转矩，以充分利用电动机产生转矩的能力。同步电动机在过载倍数太小的情况下，由调速系统来解决振荡和失步的问题。由于在电梯中同步电动机的供电并非恒定频率的交流电，而是通过闭环控制能自动根据电动机转速进行变频的电源，因此同步电动机在运行过程中始终保持稳定的同步，完全不会发生失步的问题。此项措施电动机转矩可以挖掘的倍数约为 2.0。

通过估算，以上 5 条措施的综合采用使得电动机的转矩相当于增大了约 30 倍，显然这已使得无齿轮的驱动变成了现实的可能。

通力公司 KONE 研发的碟式电动机技术，不仅是一种实用的方案，而且由于它采用了众多综合技术，还实现了无齿轮驱动，无论从节能经济性、结构紧凑性、坚固可靠性、低成本可扩充性，还是从安全性等方面来看都是目前最好的方案。对电动机的调速控制实质是对电动机转矩的控制，而对转矩的控制归根到底是对电流的控制。电流的控制包含两个方面，即大小和相位，矢量控制的高明之处就是增加了对电流相位的控制。根据电动机的统一理论，在对电动机的转矩(电流)进行控制时，变压变频(VVVF)只不过是自然产生的附加结果，是表面而不是核心。因此不管是直流电动机、直线电动机、交流异步电动机，还是交流同步电动机，最终都必须采用“变压变频”的调速方式。对于同步电动机来说，这一技术还从根本上解决了其振荡和失稳的问题，并为进一步提高其承载能力开辟了道路。

无机房电梯利用小型曳引机驱动，这种扁平盘式曳引机，可以安装在井道内任何地方，易维护、无须加油、机械特性好。这种优越的曳引机能合理利用空间、节约建筑成本、提高长期运行效益等，符合当今环保意识日渐增强的市场设计要求，使之成为建筑业电梯市场新的选择。尽管这种电动机目前价格尚高，但其性价比高，已经得到了市场的认可。我国稀土永磁材料矿藏丰富，今后随着技术的进步，永磁电动机的价格将会下降，所以我国采用稀土永磁电动机作为电梯(不仅只是无机房电梯)的驱动电动机有着非常广阔的前景。

由于无机房电梯发展的时间不长，尚有很多缺点和不足，一些装置的性能和安全系数正在研究和调试阶段。无机房电梯的提升速度目前最高只有 1.5 m/s、提升高度为 45 m 以下等，通过不断的发展和改进，相信无机房电梯将会成为电梯市场历史上最快的变革。

3.10　直线电机驱动电梯

现在国际建筑界提出并将有可能实现的超 1 000 m 的超超高层大厦的构想，从而引发了如何处理超超高层大厦的垂直输送这一迫切需要解决的问题。以前，超超高层大厦的垂直输送是使用悬吊的绳式电梯，当提升高度增大时，在总垂直载荷中钢丝绳重量所占比例增加，如果要满足标准中规定的钢丝绳极限强度的安全系数为 10 倍以上的话，受现行钢丝绳材料和构造的限制，电梯提升高度的实用界限为 700～800 m。另外，绳式电梯一般在一个井道内只能运行一个轿厢，假如要限制候梯时间就得增加电梯台数，因而就得增加辅助建筑面积。可以测算，这样的超高层建筑其电梯中心区的面积将占大厦总水平投影面积的比例会超过 50%，因此将成为非常不经济的建筑。然而直线电机驱动的无绳电梯将能改变这种状态，打破现行绳式电梯的界限。目前世界上认为先进的电梯技术正如 Albert. T. P 等所著《电梯技术发展概况》一文中的树形图所示(见图 3.75)，直线电机驱动的电梯是一种先进的电梯，它将是未来电梯的发展方向。

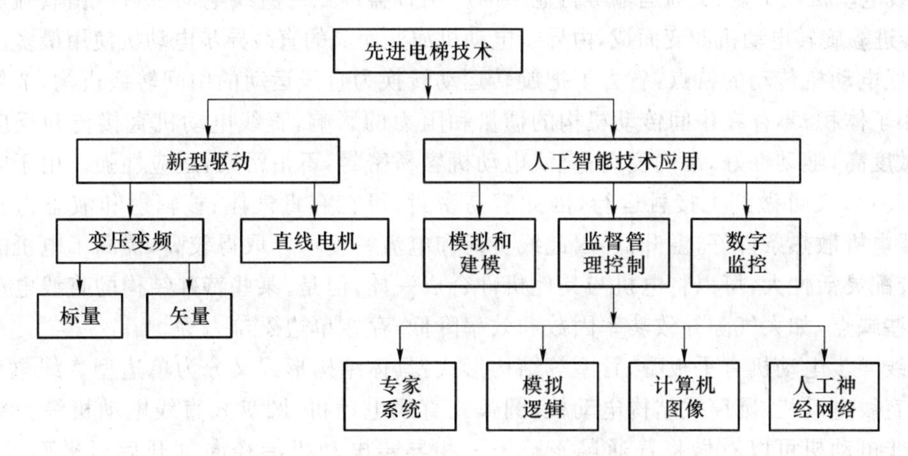

图 3.75　先进电梯技术主要组成部分的树形图

国外从 1983 年开始将直线电机应用于电梯驱动的研究。1990 年 4 月，第一台使用直线电机驱动的电梯被安装在日本东京都丰岛区万世大楼，它的载重量为 600 kg，速度为 105 m/min，提升高度为 22.9 m。国内浙江大学、哈尔滨泰富科技实业公司、焦作矿业学院都在这方面进行研究，并研制出了样机。图 3.76 所示为哈尔滨泰富电气有限公司开发的直线电机驱动的电梯，该产品采用 2 台 1 000 N 圆筒型直线电机直接驱动电梯。

图 3.76　哈尔滨泰富公司直线电机电梯

3.10.1　直线电机简介

直线电动机与普通旋转电动机都是实现能量转换的机械，普通旋转电动机将电能转换成旋转运动的机械能，直线电动机将电能转换成直线运动的机械能。直线电动机应用于要求直线运动的某些场合时，可以简化中间传动机构，使运动系统的响应速度、稳定性、精度得以提高。直线电动机在工业、交通运输等行业中的应用日益广泛。直线电动机可以由直流、同步、异步、步进等旋转电动机演变而成，由异步电动机演变而成的直线异步电动机使用最多。

直线电动机传动的特点：省去了把旋转运动转换为直线运动的中间转换机构，节约了成本，缩小了体积；不存在中间传动机构的惯量和阻力的影响，直线电动机直接传动反应速度快，灵敏度高，随动性好，准确度高；直线电动机容易密封，不怕污染，适应性强。由于电机本身结构简单，又可做到无接触运行，因此容易密封，可在有毒气体、核辐射和液态物质中使用；直线电机散热条件好，温升低，因此线负荷和电流密度可以取得较高，提高了电机的容量定额；装配灵活性大，可以将电机与其他机件合成一体；但是，某些特殊结构的直线电动机也存在一些缺点，如大气隙导致功率因数和效率降低，存在单边磁拉力等。

直线异步电动机有平板型、管型等结构形式，具体结构形式又分为单边型直线电动机 、双边型直线电动机、圆筒式结构电动机，圆弧式直线电动机、圆盘式直线电动机等。平板型直线异步电动机可以看做将普通鼠笼转子三相异步电动机沿径向剖开后展平而成，如图3.77所示。对应于旋转电动机定子的一边嵌有三相绕组，称为初级；对应于旋转电动机转子的一边称为次级或滑子。实际平板型直线异步电动机初级长度和滑子长度并不相等，通常是滑子较长。为了抵消初级磁场对滑子的单边磁吸力，平板型直线异步电动机通常采用双边结构，即有两个初级将滑子夹在中间的结构形式。初级铁心由硅钢片叠成，其表面的槽中嵌有三相绕组(有些是单相或两相绕组)，滑子由整块钢板或铜板制成片状，其中也有嵌入导条的。

如图 3.77 所示，在普通鼠笼转子三相异步电动机的定子绕组中通入三相对称电流时，会在气隙中产生转速为 n_1 的旋转磁场，转子导条切割旋转磁场而在其闭合回路中生成电流，带电的转子在磁场作用下产生电磁转矩，使转子沿旋转磁场的转向以转速 n 旋转。改变三相电流的相序时，可以使旋转磁场及转子的旋转方向改变。在直线异步电动机初级的三相绕组中通入三相对称电流时，其在气隙中产生运动速度为 v_1 的磁场，只是沿直线方向移动，称之为移行磁场或行波磁场。滑子也会因此而沿移行磁场运动的方向以速度 v 移动，移行磁场及滑子的移动方向也由三相电流的相序决定。设电机极距为τ，电源频率为 f，则磁场移动速度为 $v_1=2f\tau$，滑差率 s 为 $s=(v_1-v)/v_1$，次级移动速度 $v=2f\tau(1-s)$。

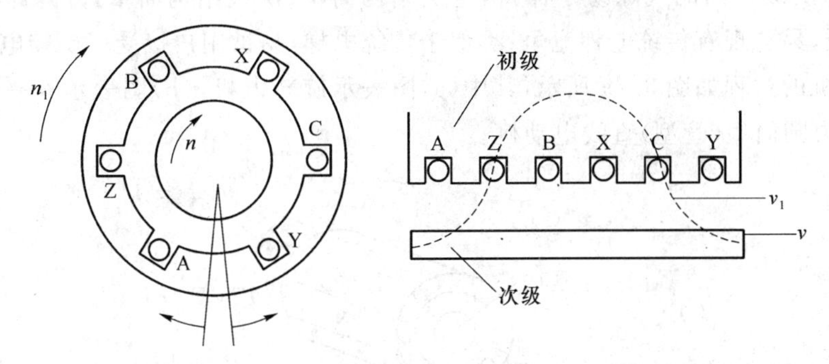

图 3.77　平板型直线电动机结构、原理图

3.10.2　直线电机电梯的类型

目前国内外所研究的直线电机电梯中，有多种不同的类型、结构和控制方式，但归结起来主要为两大类，一类为直线感应电机驱动形式，它包括圆筒型电动机和扁平型电动机的驱动方式；另一类为直线同步电机驱动形式，它包括永磁直线同步电动机和超导直线电动机的驱动形式。

1. 直线感应电机驱动的电梯

直线电机驱动的电梯中，目前被认为比较实用的结构方式是采用圆筒型直线感应电动机驱动方式，其总体结构与一般曳引式电梯类同，该电梯的结构方式如图 3.78 所示。

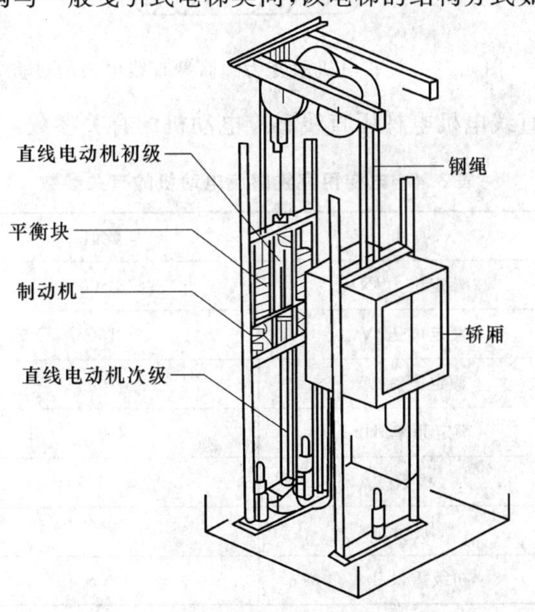

图 3.78　直线电机驱动电梯结构示意

这种直线电机驱动的电梯也用钢丝绳将轿厢和对重相连接。对重装置中装有圆筒型直线感应电动机的初级。而次级则呈立柱贯穿于对重,并延伸到整个井道。直线感应电动机既是驱动装置,又是对重的一部分。此外,对重装置上还装有制动器和速度检测装置以及其他传感器。

采用圆筒型直线感应电动机驱动电梯的主要原因:初次级之间的单边磁拉力间距可以基本消除,初次级之间的气隙易于保持,电机结构简单;次级结构简单,升降路线构造亦简单;成本较低,易与现有传统电梯竞争;类似于传统电梯,易被用户接受。旋转电机演变为圆筒型直线电机的过程如图 3.79 所示,其中(a)图表示旋转电机,(b)图表示扁平型单边直线电机,(c)图为圆筒型(管型)直线电动机。

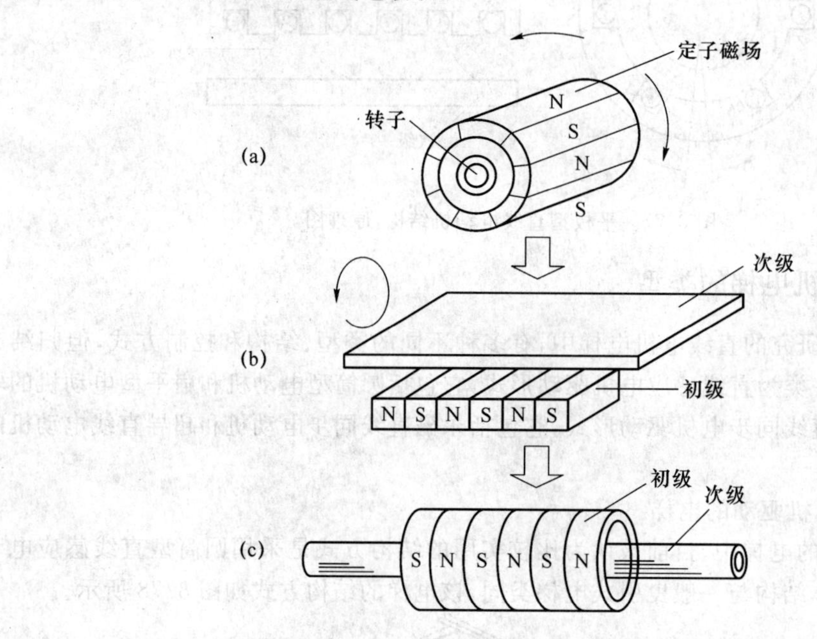

图 3.79　旋转电机演变为圆筒型直线电机的过程

表 3.4 为日本某直线电机电梯用直线感应电动机的有关参数。

表 3.4　电梯用直线感应电动机的有关参数

项目	数值
额定推力/N	3 600
额定电压/V	150
额定电流/A	100
额定频率/Hz	6
极数	6
气隙/mm	2
初级重量/kg	265

圆筒型直线感应电动机电梯的整个控制系统结构如图 3.80 所示，它由四个控制部分组成：运行管理控制部分，包括电梯的呼叫、登录、层次表示以及电梯的运行管理等；运动控制部分，包括电梯安全装置的监视，产生到达目标层的指令等；电动机控制部分，包括直线电动机的运行速度控制，它通过安装在对重（平衡块）中的速度传感器的反馈信号，在运动控制部分产生速度指令进行跟踪反馈控制，由变频器控制得直线电动机的速度和推力；门的控制部分，包括电梯门的开闭控制。

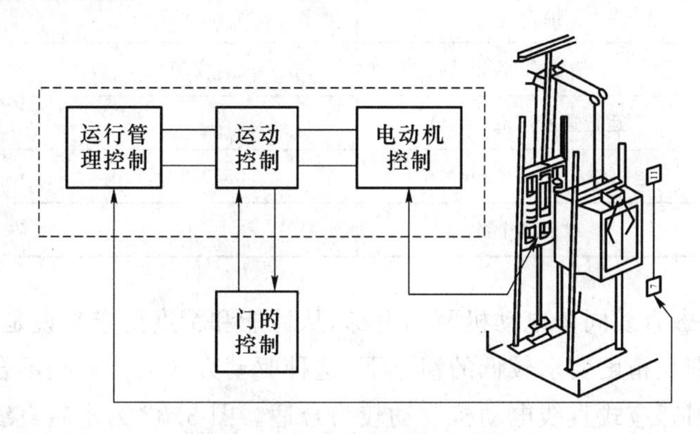

图 3.80 直线感应电动机电梯控制系统图

以上各部分的控制由微型计算机进行控制，各部分之间的微型计算机通过通信构成了整个电梯的控制系统。这种直线电机电梯产品已得到了实际应用。直线感应电动机驱动的电梯除圆筒型以外，也有人研究采用扁平型感应电动机驱动电梯方式，它包括轿厢上放置初级或井道上布置初级，电机有单边型的也有双边型式的。但目前未见有得到应用的例子。

2. 直线同步电机驱动的电梯

在垂直驱动用直线电机中，直线同步电动机被认为是一种能使效率增加，提高运行性能，值得发展的直线电机，电梯作为垂直运动的装置，直线同步电动机作为其驱动方式亦被认为是很有前途的。其中永磁直线同步电动机驱动的电梯又是人们研究最多的形式。驱动电梯用永磁直线同步电动机的结构形式如图 3.81 示意图所示。

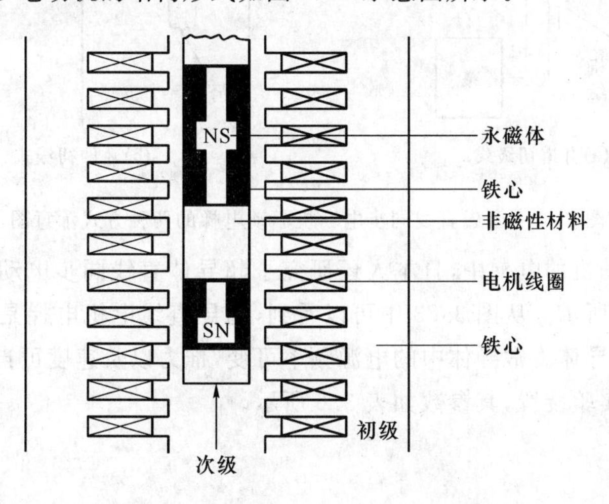

图 3.81 双边型永磁直线同步电动机的构成示意图

图中永磁体布置在运动体(或称次级)上,而永磁体的两边有电枢(或称初级),初级固定不动。这种双边型永磁直线同步电动机对于单边磁拉力会大大减低,可以不考虑。电机的永磁材料一般选用钕铁硼。表 3.5 是日本某一电梯用永磁直线同步电动机样机的有关参数。

表 3.5　电梯用永磁直线同步电动机有关参数

项目	参数
推力/N	3 000
输送质量/kg	270
运行速度/($m \cdot s^{-1}$)	1
电机铁心/mm×mm×mm	3 055×90×150
永磁体个数	32

采用双边型永磁直线同步电动机驱动电梯,从性能和精度要求来说是合适的,但如果对性能要求不高,特别是精度要求较低的情况下,这种驱动方式的价格是不合适的。一般对于后一种情况,仍采用感应式直线电动机驱动较为合适。图 3.82 为永磁直线同步电动机驱动电梯的两种方式示意图(a)和(b)。

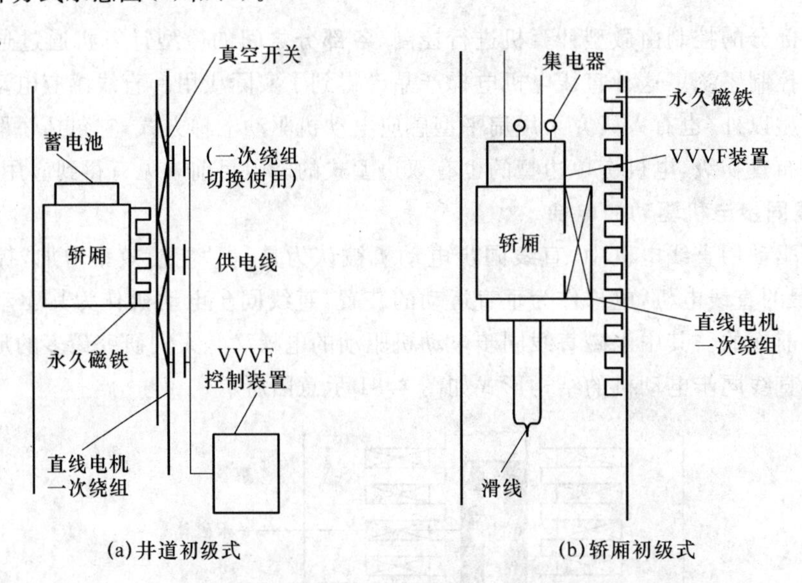

图 3.82　永磁直线同步电动机驱动电梯的两种方式示意图

在直线同步电动机的电梯中,日本人还研究了超导体直线同步电动机电梯。该电梯的驱动原理如图 3.83 所示。从图 3.83 中可以看到,超导直线电机电梯是将超导体布置在轿厢上,井道边布置常导体。常导体中的电源频率可变,推力以及速度可自由控制。它们曾经完成了一个小型的实验装置,其参数如表 3.6 所示。

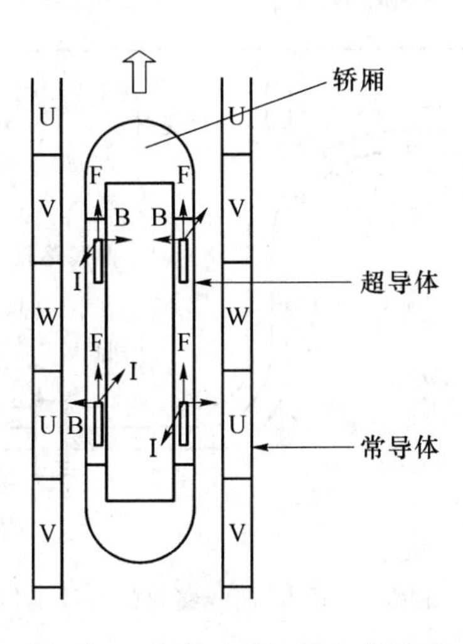

图 3.83　超导直线电机电梯原理

表 3.6　超导直线电机电梯试验样机参数

项目	参数
搬运重量/kg	25
搬运距离/m	3.6
搬运速度/(m・s^{-1})	2
停止精度/mm	±1

日本还提出了超导直线电机电梯的实用化构想，该构想中的电梯将要达到如表 3.7 所示的要求。

表 3.7　超导直线电机电梯实用化构想目标参数

项目	参数
定员/人	24
载重量/kg	1 600
总重量/kg	7 000
笼径/m	2.5
最大速度/(m・s^{-1})	10
最大加速度	0.1

采用超导直线电机电梯具有以下优点：连续运行的效率高，系统运行成本低；占用的楼层面积减少，大楼有效利用率提高；电流密度高，与非超导比，同样体积下推力大。

除以上介绍的永磁直线同步电动机、超导直线同步电动机驱动的电梯外，在日本地下空间发展和应用研究中心的组织下，日本富士、富士达、川崎重工、石川岛播磨和清水建设 5 家公司首次推出一种可同时垂直、水平、曲线线路和有分支线路上运行的直线同步电机运输系统，如图 3.84 所示。该电机的电枢采用稀土钕铁硼永磁材料，从而使轿厢自重大大减轻。

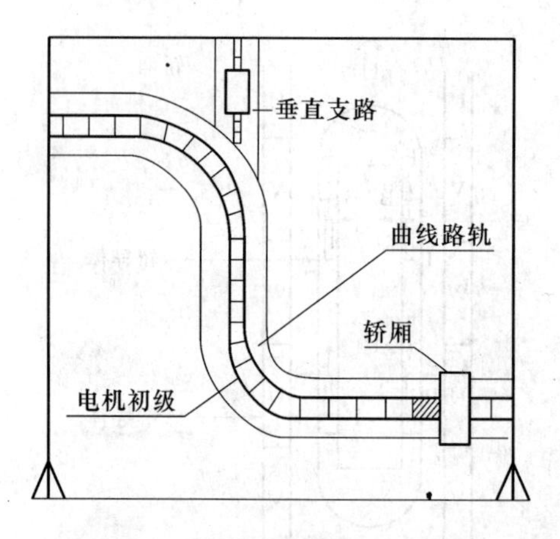

图 3.84 具有水平、垂直、曲线路轨的直线电机运输系统

该系统采用 VVVF 控制,系统运行十分平衡。由于该系统还具有单个井道内容纳多台电梯的特点,故为将来地下城市和超高层建筑内的交通问题提供了良好的方案。该系统的主要参数见表 3.8。

表 3.8 垂直、水平、曲线电梯的主要参数

项目	参数
轿厢尺寸/m^3	1×0.9×1.8
轿厢自重/kg	200
载荷/kg	70
推力/N	3 000
垂直行程/m	9
水平行程/m	10
速度/($m \cdot s^{-1}$)	0～1
加速度/($m \cdot s^{-2}$)	1

3.10.3 传统电梯与直线电机电梯比较

1. 现有几种传统电梯驱动方式的优缺点

传统电梯驱动方式中,目前应用最多的是曳引驱动,然后是液压驱动。虽然曳引式驱动电梯更有优势,然而它亦存在着一些的缺点,主要有以下两点。

(1) 由于该方式以摩擦产生驱动力,因此,其曳引轮和钢丝绳的摩损是该方式的突出问题,而引起摩擦的原因包括轮的大小、轮槽的形状、轮的材质、加工精度的影响,钢丝绳的构造、材质;载荷的速度、重量、高度的影响;以及环境的腐蚀,润滑的情况等。

(2) 无法满足超高层以上建筑的需要。如大于 600 m 以上的建筑,按电梯要求,其钢丝绳的强度已到极限,且钢丝绳自身重量也已成为负担。

液压驱动方式与曳引式相比,其优点主要表现在空间利用率上,井道面积可减少 12% 左右;载荷量大,在低速情况下,最大载荷可达 50 t;且安装、维修费用也比曳引式低一半左右。液压驱动虽然具有以上优点,但它至今不能在大范围应用,其明显的缺点主要表现:由于控制、动力及结构等方面的原因，液压电梯的速度一般限于 1 m/s 以下（高速电梯可达 12 m/s），提升高度限于 20 m 以内；液压梯的运行状态会受油温影响，油温变化时，运行速度将有波动；埋入地下的油管难以进行安全及泄漏检查，一旦化学及电解性腐蚀导致系统漏油会污染环境及水源；液压驱动所需功率是同规格曳引电梯的 2～3 倍，尽管液压泵站在轿厢上行时运行，但其能耗至少是曳引电梯的两倍；泵站噪声大。液压驱动与曳引驱动相比，各有利弊，目前，液压驱动主要用于停车场、仓库以及小型低层建筑中。

2. 传统电梯与直线电机电梯的几种比较

直线电机驱动的电梯，主要有两大类，四种电机驱动形式，即：筒型直线感应电机驱动方式、扁平型直线感应电机驱动方式、永磁直线同步电动机驱动方式、超导直线同步电机驱动方式。目前，认为比较实用的主要是筒型直线感应电机驱动方式、永磁直线同步电动机驱动方式。

筒型直线感应电动机的驱动电梯，其主要优点：与传统曳引式有些类似，易被人们接受；无单边磁拉力，圆柱定位方便；无机房，占地少，结构简单，成本低；可高速运行，控制方便，节能、可靠性高，维修方便。它的主要缺点：有钢丝绳，仍然摆脱不了曳引绳，在超高建筑的同一井道内，从技术上讲很难安装多台独立轿厢；运行性能不及永磁同步电动机，例如：次级导体的发热问题等。

对于永磁直线同步电动机的驱动方式，它的突出优点：完全实现了无绳驱动，两台或多台轿厢可在同一井道内运行、空间利用率高，结构简单，运行性能好，可靠性高。但永磁直线同步电动机驱动方式的最突出缺点是电机造价较高。

表 3.9 是日本松下奥的斯公司 6 层住宅，层高 2.8 m，可乘 9 人的电梯分别用直线感应式和油压式驱动的比较。从表中数据的对比，可以看出直线电机具有诸多优势。

表 3.9　直线感应式电梯与油压式电梯的比较

项目	直线感应式	油压式
载重量/kg	600	600
提升高度/m	18	18
速度/$(m \cdot s^{-1})$	1	1
所需面积/m^2	25.701	34.725
变压器容量/KVA	10	20
消耗电能/kW·h	158	262
噪声	无	有
地震	可防	不可

综上所述，目前广泛应用的旋转电机驱动电梯，多数为曳引式、有绳、有机房、单井道、单轿厢特征的传统电梯。直线电机驱动电梯不需要机房，可省去电梯工程费用的 1/4，可以不需要对重和钢丝绳，甚至可在同一高层井道内运行两台以上的轿厢，将大大节省超高层建筑电梯井道的投影面积，简化复杂的辅助设备与机构，可解决传统电梯检修不方便、能耗大的弊端。从驱动的原理与结构上进行了变革。直线电机驱动电梯无论在主体结构、驱动形式、控制理念上都具有开创性、新颖性和前瞻性。具有结构简单，节约空间，噪声低等优点。直线电机驱动电梯将是未来发展的方向。

第4章 电梯的运行逻辑控制系统

电梯的电力拖动控制系统是保证电梯在运行效率和乘坐舒适感等方面具有良好性能的速度调节系统。除此之外，还需要对电梯运行进行逻辑控制，即对轿内指令、厅召唤信号和井道信号等多种外来信号按一定逻辑关系自动进行综合处理，并通过拖动控制系统操纵电梯的运行，电梯控制的自动化程度主要反映在运行逻辑控制系统上。电梯的运行逻辑控制系统与拖动控制系统各自有明确的控制任务，但两者又是相互联系紧密相关的，它们共同构成一个电梯控制系统的有机整体。

传统的电梯运行逻辑控制系统采用继电器逻辑控制线路。这种控制线路，存在易出故障、维护不方便、运行寿命较短、占用空间大等缺点。目前已退出了历史的舞台，许多电梯从业者对继电器控制系统已非常陌生。但电梯的控制逻辑还是从继电器控制系统逐渐进化而来的，特别 PLC(可编程逻辑控制器)梯形图结构与继电器回路图极为相似，而且电梯控制系统中多少还有一些继电器回路，所以也有必要了解继电器控制系统。目前，市场上主流的变频电梯的控制方式主要有 PLC 控制和微机板控制两种。PLC 控制又分为全并行控制电梯(点对点)和串行控制电梯。对于全并行控制电梯，低楼层四五层的就可以用 60 点或 80 点；如果是高楼层就可以用 128 点或者更多点数的 PLC。串行控制电梯，如三菱小点数 PLC，60 点加 485 通讯卡(另加一块串行微机板)，所有外呼以及轿内信号通过 485 通讯给 PLC。微机板控制又分为并行微机板控制和串行微机板控制，如图 4.1 所示。并行微机板与 PLC 使用类似，所有外呼以及轿内信号通过直连方式给主机，它们区别在于微机板硬件和软件固定，硬件资源不开放，工艺控制要求通过底层语言固化在微机板内，使得用户无法对工艺以及硬件资源修改和重新定义。串行微机板，所有外呼以及轿内信号通过 CAN 总线通信方式传递到主机，一般的微机板是用 DSP、ARM 芯片，嵌入式系统开发，特点是工艺固化，软件和硬件资源不对外开放。采用微机控制的电梯可靠性高、维护方便、开发周期短，具有很大的灵活性，可以完成更为复杂的控制任务，许多功能是传统的继电器控制系统无法实现的。

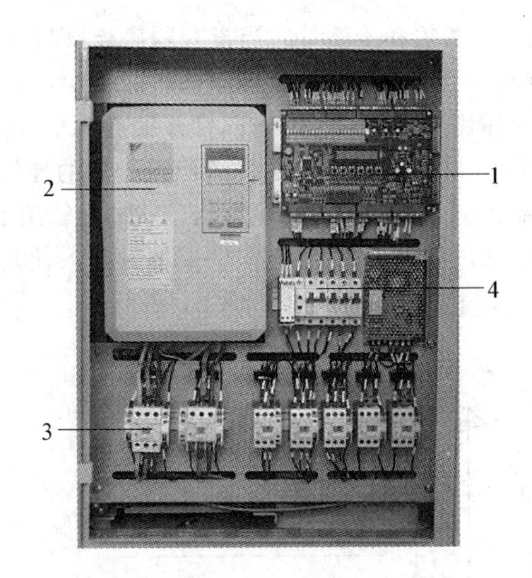

1—微机控制板；2—变频器；3—交流接触器；4—相序继电器

图4.1　微机控制板控制柜

4.1　电梯的选层器

选层器是电梯逻辑控制系统中的核心部件之一，它的功能是精确的反映电梯所在楼层位置，产生位置信号、楼层指示、向上与向下、单层运行与多层运行的换速、门区信号、消号、保号、定向、顺向截车及反向截车等，对电梯运行安全与可靠性影响很大。选层器的类型有机械式选层器，井道楼层感应器、轿厢换速感应器和数字选层器等。

1. 机械式选层器

最早的电梯是采用机械式选层器，有的是采用同步钢带，有的是采用走灯机，随着电梯的运行，模拟反映出电梯实际所在的位置。选层的驱动是通过固定在轿厢上的穿孔钢带及随着轿厢升降转动的钢带轮，通过链条的驱动，使选层器的滑动拖板上下移动。选层器立架上有与楼层相对应的固定触点架板，架板数就是楼层数，架板之间的间距就是楼层之间的高度。本质上选层器的标高等于楼层提升高度乘以压缩比。选层器的压缩比有1∶40和1∶60两种，压缩比越小，控制精度越高。图4.2为选层器工作原理示意图。

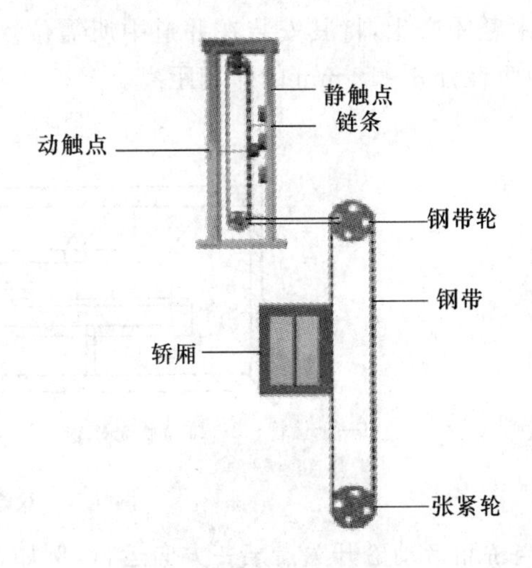

图4.2　选层器工作原理

2. 干簧感应器式井道选层器

20世纪80年代中期前采用的是永磁式干簧管传感器作为开关器件的换速平层装置。干簧感应器的结构如图4.3所示。

在U形槽两侧,分别放置永久磁铁和干簧管。当没有隔磁板(即桥板)插入U形槽时,在磁场作用下,常闭触点2、3闭合;当将隔磁板插入U形槽时,永久磁铁磁场经气隙和隔磁板构成闭合磁路,则在簧片弹性作用下,触点2、3断开,常开触点3、4闭合。根据电梯控制需要,可将感应器安装在轿厢顶部,将隔磁板固定在井道所需位置的导轨架上,产生某种井道信号,如:楼层信号;有时需要将感应器安装在井道适当位置的导轨架上,而将隔磁板装在轿厢顶上。在轿厢运行过程中,通过隔磁板对感应器U形槽的插入使其触点动作,以获得电梯控制所需要的井道信号。

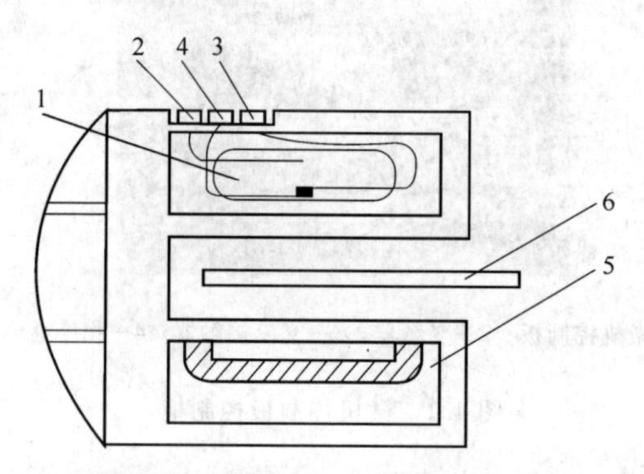

1—干簧管; 2—常闭触点; 3—转换触点; 4—常开触点; 5—永久磁铁; 6—隔磁板

图4.3　干簧感应器

3. 双稳态开关式井道选层器

20世纪80年代中期以来,国内的电梯生产厂家和电梯安装、维修企业,开始采用双稳态磁性开关作为电梯换速平层装置的器件。双稳态磁开关主要由干簧管、小磁铁及磁屏蔽组成,如图4.4所示。双稳态磁开关具有两个稳定的开关状态,通过外磁场作用,实现两个稳定状态之间的相互转换,两个稳态的维持是靠内部的维持磁铁。内部维持磁铁的磁场强度大小,应该是在触点断开时,不足以通过触点气隙将其吸合,而当在外磁场作用下使触点吸合时,则维持磁铁可将触点的闭合状态维持。外磁场通过一个尺寸为$\Phi 20\times 10$ mm的圆柱形永磁体产生,将其安装在井道中所需位置的磁体架上,而将双稳态开关安装在轿厢顶上,使两者有8~12 mm的作用距离。

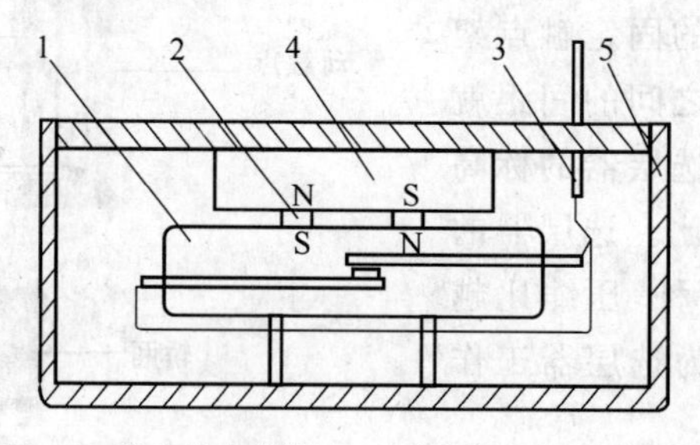

1—干簧管; 2—维持状态磁铁; 3—引出线; 4—定位弹性体; 5—外壳

图4.4　双稳态磁开关

当轿厢带动磁开关沿某一方向运行,例如,向上运行,并且遇到不同极性的井道永磁体时,磁开关的状态翻转过程如图4.5(a)所示。设磁开关内部的维持磁体的极性如图所示。

当双稳态磁开关向上运行到与 S 极井道永磁体相对位置如图(1)所示时，内外磁体之间的磁力线 ϕ 不经过磁开关触点；当运行到二者相对位置如(2)所示时，则内外永磁体之间的磁力线 ϕ 经过开关触点，使触点吸合；当磁开关离开外部的井道永磁体时，开关内部的维持磁体便保持其闭合状态。当双稳态磁开关在上行过程中又遇到 N 极井道永磁体，并且与其相对位置如(3)所示时，磁开关仍保持其闭合状态；而当磁开关上移到与井道永磁体的相对位置如图(4)所示时，开关内外永磁体之间的磁通 ϕ 不再经过开关触点，且外磁场抵消了内部保持磁场，则磁开关便由原来的闭合状态翻转为开断状态。

当所遇井道永磁体的极性不变，例如，为 S 极，而双稳态磁开关在轿厢带动下改变其运行方向，例如，先上行，而后又改为下行时，磁开关的状态转换过程如图 4.5(b)所示。若磁开关上行遇 S 极井道永磁体时，磁开关闭合，磁开关离开 S 极井道永磁体时，开关的闭合状态被保持；而当磁开关改为向下运行且仍遇 S 极井道永磁体时，磁开关便由原来的闭合状态转换为开断状态，并被保持。以上详细过程可按图(b)自行分析。

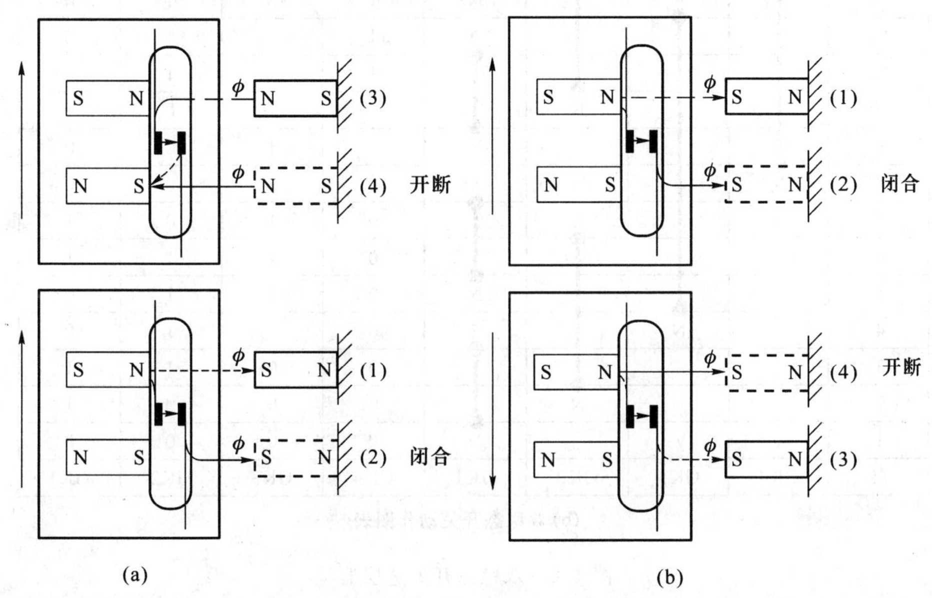

图 4.5　双稳态磁开关工作原理

由以上分析可知，双稳态磁开关状态翻转条件：当磁开关在轿厢带动下沿某一方向移动，若受到的外磁场作用极性与使其处于现态(闭合或开断)的外磁场极性相反时，则开关状态翻转(开断或闭合)；当磁开关受到某一极性的外磁场作用，若其移动方向与使其处于现态(闭合或开断)的方向相反时，则开关状态翻转(开断或闭合)。

如图 4.6(a)所示，双稳态开关盒装在轿厢顶上，盒上装有不同功能的双稳态开关。GK1、GK2、GK3 用做格雷码的楼层位置信号。GZ 用做换速，GP 用做平层及门区信号。圆柱型永磁体设置数量及位置是依据换速距离及控制电路的要求决定。位置信号双稳态开关的数量是依据层站数而定，例如 16 楼层，需用 4 个双稳态开关，因为 $2^4=16$ 个状态，其圆柱型永磁体的设置依据格雷码布置，如图 4.6(b)所示。采用格雷码来表达楼层信号，主要是可靠性高。从格雷码数据不难看出，电梯每运行一层仅一个双稳态开关动作，对于其他进制是作不到的。双稳态开关用在电梯上的优点是永久记忆楼层位置，不受任何电磁干扰及断电的影响。电梯停在井道任何位置，都能做到即停即开不需校正运行。

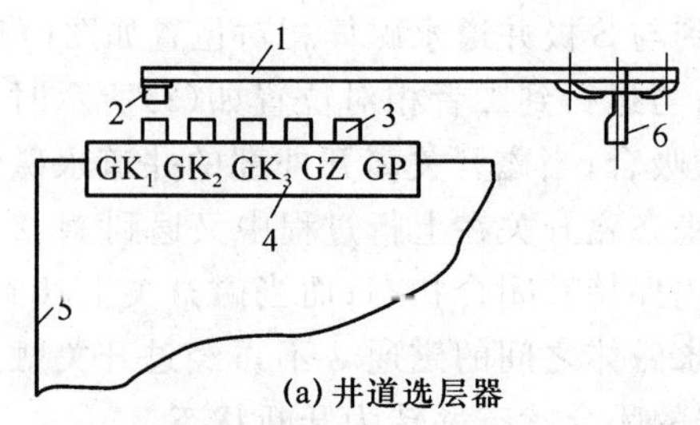

(a) 井道选层器

1—支架；2—磁珠；3—双稳态开关；4—开关盒；5—轿厢；6—丁字道

双稳态动作图					格雷码			
16				S	1	0	0	0
15			S		1	0	0	1
14					1	0	1	1
13		S		N	1	0	1	0
12				S	1	1	1	0
11					1	1	1	1
10			N		1	1	0	1
9				N	1	1	0	0
8	N			S	0	1	0	0
7			S		0	1	0	1
6					0	1	1	1
5				N	0	1	1	0
4		N		S	0	0	1	0
3					0	0	1	1
2			N		0	0	0	1
1				N	0	0	0	0
层	GK4	GK3	GK2	GK1	GK4	GK3	GK2	GK1

(b) 双稳态开关动作图表

图 4.6　双稳态开关选层器

4. 轿厢换速感应器

目前有些电梯省掉了楼层感应器，而采用装在轿厢上的换速感应器来计算楼层。这种电梯在轿厢侧装有一只上换速感应器和一只下换速感应器，在井道中每层停站的向上换速点和向下换速点分别装有一块短的隔磁板。当电梯上行时，到达换速点时，隔磁板插入感应器，感应器动作，控制屏接收到一个信号，使原来的楼层数自动加 1。当电梯下行时，到达换速点时，隔磁板插入感应器，感应器动作，控制屏接收到一个信号，使原来的楼层数自动减 1。当电梯到达最底层时，下强迫减速限位动作时，能使电梯楼层数字强制转换为最低层数字。当电梯到达最高层时，上强迫减速限位动作时，能使电梯楼层数字强制转换为最高层数字。但这种类型的电梯往往会造成电梯在运行中有乱层现象，如：上换速感应器坏（不能动作）时、电梯向上运行时数字不会翻转，也不能在指定的楼层停靠，而是一直向上快速运行到最高层，楼层数字一下子翻到了最高层，使电梯在最高层减速停靠。

5. 数字选层器

数字选层器实际上就是利用旋转编码器得到的脉冲数来计算楼层的装置。这在目前大多数变频电梯中较为常见。它是利用装在电动机尾端（或限速器轴）上的旋转编码器，跟着电动力同步旋转,电动机每转一转,旋转编码器能发出一定数量的脉冲数(一般为 600 或 1 024 个)。在电梯安装完成后,一般要进行一次楼层高度的写入工作,这个步骤就是预先把每个楼层的高度脉冲数和减速距离脉冲数存入电脑内,在以后运行中,旋转编码器的运行脉冲数再与存入的数据进行对比,从而计算出电梯所在的位置。一般地,旋转编码器也能得到一个速度信号,这个信号要反馈给变频器,从而调节变频器的输出数据。对于这类电梯,旋转编码器损坏(无输出)时,变频器不能正常工作,变得运行速度很慢,而且变频器保护进入保护状态 1,显示"PG 断开"等信息。如果旋转编码器部分光栅损坏时,运行中会丢失脉冲,电梯运行时有振动,舒适感差。旋转编码器的接线要牢靠,走线要离开动力线以防干扰。有时因为旋转编码器被污染,光栅堵塞等情况,可以拆开外壳进行清洁。由于旋转编码器是精密的机电一体设备,拆除时要小心。

4.2　电梯门机控制系统

电梯门机是集光机电技术为一体的电梯设备的一个重要组成部分,是电梯平层停梯后,乘客进出轿厢的通道。由于门机使用频繁,门机运行的快速性和可靠性对保证电梯的正常工作十分重要,其质量和性能直接影响整部电梯的质量和运行效果。

电梯的门机控制系统一般使用电动机为动力,通过减速机构和开门机构带动轿厢门和厅门完成开关门的过程。为了使轿厢门开闭平稳迅速而又不产生撞击,要求轿厢门的开门和关门过程是一个变速运动过程:开门时,初始阶段要求速度较慢以求开门平稳,然后加快速度以求开门迅速,在开门即将到位时,为避免产生撞击,又要求低速运行,直到轿厢门全部开启完毕;关门时,初始阶段要求速度较快,然后减速运行,在关门即将到位时,要求低速运行,直到轿厢门全部合拢。为实现上述运行要求,就要对电梯门系统的驱动电动机进行调速控制。据统计,门机系统的故障占电梯总故障的 75%以上。为此,国内外电梯业一直在不断努力加紧研制开发新门机。

4.2.1　门机控制系统设计基本要求

门机动作机构可以是手动,也可以是自动的。电梯对自动开关机构(或称自动门机系统)有如下要求。

(1) 自动门机构必须随电梯轿厢移动,即要求把自动门机构安装于轿厢顶上,除了能带动轿厢门启闭外,还应能通过机械方法使电梯轿厢在各个楼层门区安全范围内能方便地使各层的外层门也能随着轿厢门的启闭而同步启闭。

(2) 当轿厢门和某楼层的层门闭合后,应由电气机械设备予以确认和显示。

(3) 开关门动作应当平稳,不得有剧烈的抖动和异常响声。

(4) 国家标准规定,开关门系统在开关过程中其运行噪声不得大于 65 dB(A 级)。

(5) 关门时间一般为 3～5 s,开门时间一般为 2.5～4 s。

(6) 门电动机要具有一定的堵转能力。

(7) 自动门系统要求调整简单,维修方便。

4.2.2　开关门的操作方式

电梯门故障多表现为关门过程中的夹人现象,尽管现代电梯都装设了夹人重开门等保护装置,开关门过程仍是特别值得关注的过程。自动开关门的操作可分以下几种情况。

(1) 有司机操作。当电梯运行确定方向,司机按下轿内操作箱上已亮的方向按钮,即可使电梯自动进入关门控制状态。在电梯门尚未完全闭合之前,如发现有乘客进入电梯轿厢,司机只要按轿厢内操作箱上的开门按钮即可使门重新开启。

(2) 无司机操作。当无司机操作时,电梯响应完最后一个轿内指令又无外唤信号时,轿厢应当"闭门候客"。即电梯到达某层站后一定时间(时间可事先设定),则自动关门,若该层有乘客需用电梯,只需按下层站按钮即可使电梯门开启(此时,电梯无指令,关门停在该楼层)。

(3) 检修状态下操作。电梯检修时,电梯的开关门动作和操作程序不同于正常时动作程序。此时电梯门完全由人工手动控制,开门和关门动作均是点动断续工作。

4.2.3 几种典型门机控制系统

1. 直流伺服电动机自动门机控制系统

直流伺服电动机(如型号 lSZ56)的自动开关门控制系统曾在国内外的很多电梯中得到了广泛的应用。直流电动机调速方法简单,低速时发热较少。

自动门机安装于轿厢顶上,门电动机是门关闭、开启的动力源,它通过传动机构驱动轿门实现开关运动,并通过机械联动机构带动层门与轿门同步开关。小型直流伺服电动机驱动自动门机时,可用电阻的串并联调速方法,即电枢分流法。其电气控制线路原理见图 4.7,工作原理如下(以关门为例)。

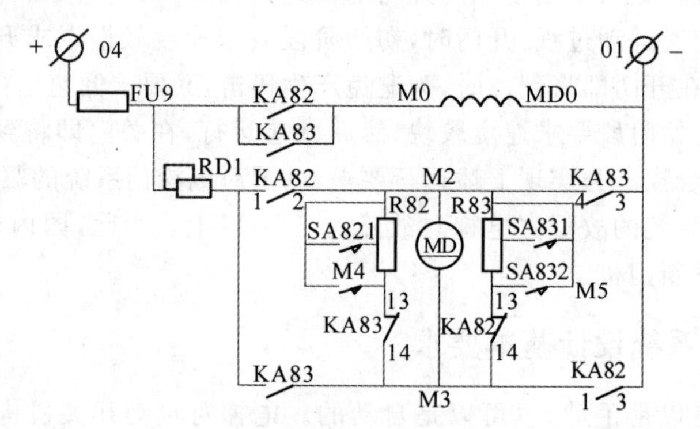

图 4.7 直流伺服门机系统电气控制原理图

当关门继电器 KA83 吸合后,直流 110V 电源的"+"极(04 号线)经熔断器 FU9,首先供电给直流伺服电动机(MD)的励磁绕组 MD0,同时经可调电阻 RD→KA82 的(1、2)常开触点→MD 的电枢绕组→KA83 的(3、4)常开触点至电源的"-"极(01 号线)。另一方面,电源还经开门继电器 KA82 的(13、14)常闭触点和 R83 电阻进行"电枢分流",使门电动机 MD 向关门方向转动,电梯开始关门。

当门关闭到门宽的 2/3 时,SA831 限位开关动作,使 R83 电阻被短接一部分,使流经 R83 电阻中的电流增大,总电流增大,从而使限流电阻上的压降增大,即使 MD 电动机的电枢端电压下降,此时 MD 的转速随端电压的降低而降低,关门速度自动减慢。当门继续关闭至尚有 10~15 cm 的距离时,SA832 限位开关动作,短接了 R83 电阻的很大一部分,使分流增加,RD1 上的电压降更大,电动机 MD 电枢端的电压更低,电动机转速更慢,直至轻轻平稳地完成关闭动作,此时关门限位开关动作,使 KA83 失电复位。至此关门过程结束。

开门情况完全与上述的关门过程相似,不再赘述。当开关门继电器(KA82,KA83)失电复位后，则电动机 MD 所具有的电能将消耗在 R83 和 R82 电阻上，也即进入强能耗（因 R83 电阻由于 SA832 开关仍处于被接通状态，其阻值很小）制动状态，很快使 MD 电动机停车，这样直流伺服电动机的开关门系统中就无须机械制动器来迫使电动机停转。

2. 交流电动机驱动的自动门机控制系统

直流门机调速系统运行时能耗高，调节困难，故障率高。近年来，随着交流变频调速技术的广泛应用，门机调速系统性能大为提高，出现了多种有效的新方法。采用小型三相交流力矩电动机作自动门机的驱动力时，常用施加涡流制动器的调速方法。在关门（或开门）过程中，为降低门闭合时的撞击和提高其运行平稳性而需调节门电动机的速度，这时只要通过改变其与电动机同轴的涡流制动器绕组“BIT”内的电流大小即可达到调速的目的，其运行性能不亚于直流电动机系统。因此，在瑞士讯达电梯公司各类自动门的控制中大多采用了这种门机系统控制方法。瑞士讯达电梯公司的 QKS9/10 型自动开关门控制系统如图 4.8 所示。

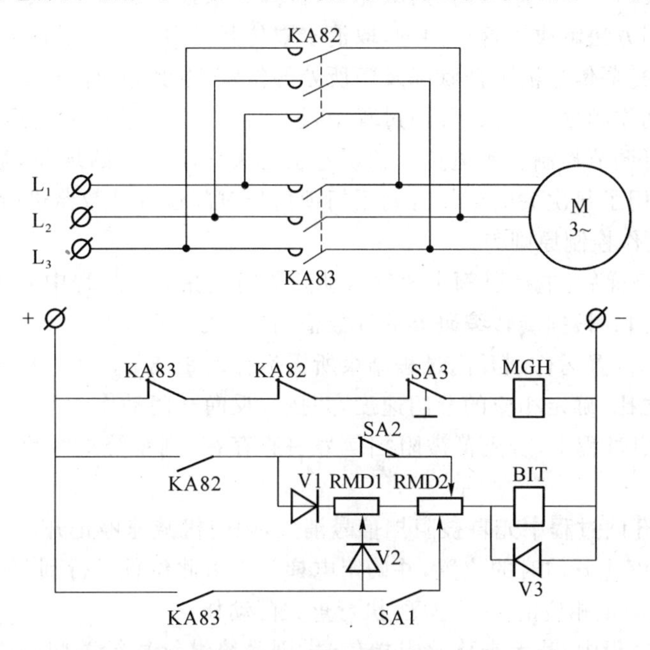

图 4.8　QKS9/10 型的自动开关门控制线路原理图

QKS9 门机控制系统的控制工作原理如下（以关门为例）。接到关门指令→KA83 吸合→使三相交流电动机 M 得电而向关门方向转动。与此同时，与电动机同轴的涡流制动器绕组 BIT 经 KA83 常开触点和二极管 V2，减速电阻 RMD1 和 RMD2 得电，产生一定的制动转矩，使电动机 M 平滑启动、运行，从而使关门过程平稳而无噪声。当门关至门宽的 3/4 距离时，SA1 开关闭合，短接了全部 RMD1 电阻和部分 RMD2 电阻，使流经 BIT 的电流增大，产生的涡流制动力矩增大，门电动机 M 的输出转速大大降低，同时继续关门，直至关门限位开关动作→KA83 断电→电动机 M 断电停车。然后使锁紧线圈 MGH 得电，门电动机 M 牢牢锁紧在现已停车的位置。因此这种门机系统与前述的直流门机系统一样，均不需要用机械制动器；开门情况则与上述情况相反。

3. 光幕门机控制系统

通常在轿门两侧安装光幕信号，以保证在关门过程中，进出电梯轿厢的人不被挤压。一般电梯平层停梯后自动开门，并在延时 6～9 s 后自动关门，在关门过程中若出现光幕被阻挡，则立即停止关门并重开门，开门到位延时几秒钟后再关门。出现光幕被阻挡，有时是进出轿厢人多造成的，有时则是其他偶然原因造成的，且光幕被阻挡时门所处的位置不确定。若不分情况，对每次光幕阻挡都反向开门到位，然后再重新关门，这就会增加电梯的开关门运行时间，延长乘客候梯时间。

由于重开门时的开门距离不确定，若仍按原速重开门，会出现开门到位时门机速度不为零，造成较大冲击，产生噪声。为减少开门到位时速度冲击所产生的噪声，有时采用降低重开门速度的方法来解决，门机低速运行减缓了开门到位时的速度冲击力，降低了噪声，但仍不能实现开门到位时零速停门机。为使开关门到位时零速停门机，在开门到位前加装开门减速开关，并在关门到位前加装关门减速开关，这种方法需设置开门减速、开门限位、关门减速和关门限位 4 个位置检测开关。

由于电梯开关门动作频繁，开关门减速、限位开关频繁动作，使开关门噪声增大，故障增多。光幕门机控制方法解决了这些问题，取消了限位开关，根据门位置信号对电梯门机实施实时控制，即依据光幕信号被阻挡状况及门所处的位置，控制相应门机动作的方向及动作速度。由于开关门动作频繁，并且在关门过程中，设定门机在正常开关门运行时为额定速度，重开关门时速度可调节控制。为避免计数误差引起关门不到位的现象，实现门位置的精确定位，在程序中采用了每次关门到位时利用门锁信号对门位置计数器进行清零置位的方法。

(1) 重开门动作控制原则

① 正常平层停梯后，电梯以额定速度自动开关门。在关门过程中若出现光幕被阻挡现象，则立即停止关门。根据旋转编码器的计数值，计算机计算出电梯停止关门时的位置，并确定电梯门机由此位置运行到开门过程结束所需运行的距离 l_{op}，计算机根据该距离与正常开门满行程距离之比，确定相应的开门速度，并执行反向开门动作。

② 在反向开门过程中，若光幕被阻挡信号一直存在，则系统继续反向开门运行直至开门过程结束。

③ 若在反向开门过程中光幕被阻挡信号消失，则门机减速停止开门。根据编码器的计数值，计算出电梯停止开门时的位置，并确定电梯门机由此位置运行到关门过程结束所需运行的距离 l_{cl}，由此确定相应的关门速度，执行重关门动作。

④ 在重关门过程中，若无光幕被阻挡信号，则系统继续执行关门动作直至关门过程结束到位。若在重关门过程中，出现光幕被阻挡信号，重复执行上述步骤。

(2) 门机运行速度确定

在重开关门过程中，门机运行速度由下式确定。

$$v=\frac{v_0 l}{l_0}$$

式中，v_0 为门机额定速度；l_0 为门机满行程运行距离；重开门时 $l=l_{op}$；重关门时 $l=l_{cl}$。

在电梯关门过程中出现光幕被阻挡现象时，若此时门所处位置到开门过程结束之间的距离较小，采用较低的速度反向开门；反之，则采用较高的速度反向开门。同理，电梯反向开门过程中系统检测到光幕被阻挡信号已消失时，门所处位置到关门过程结束之间的距离较小时，采用较低的速度重新关门；反之，则采用较高的速度重新关门。

4. 变频门机控制系统

(1) 门机换速接点控制系统

EV/TD3200 变频器其中一个方式为速度控制，它是利用换速接点来换速、限位信号实现到位的判断处理，图 4.9 为系统接线图。

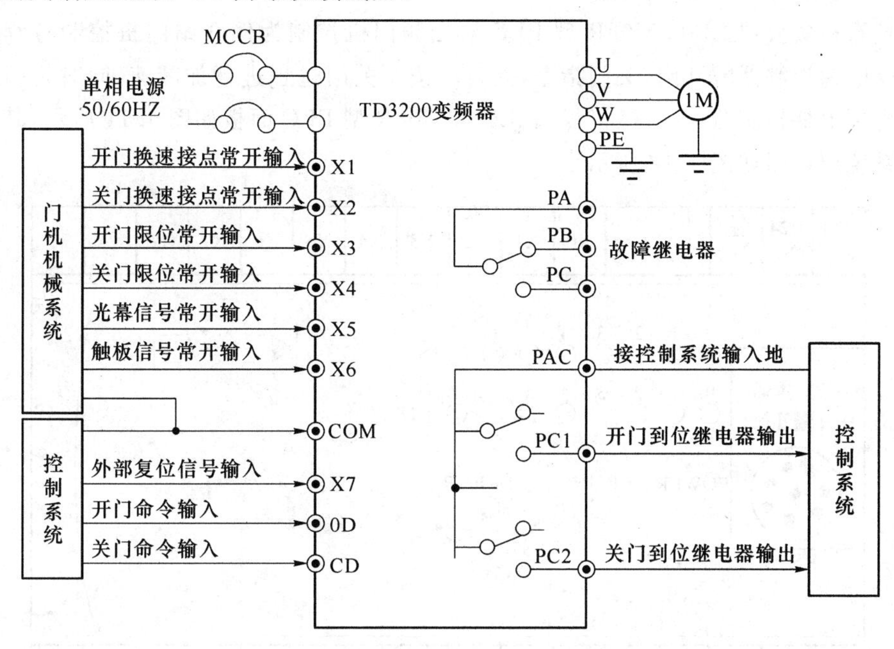

图 4.9　EV/TD3200 速度控制系统接线图

(2) 门机距离控制系统

EV/TD3200 变频器另外一个控制方式为距离控制，它是根据实际行走的编码器脉冲计数来进行速度的切换和开关门到位的判断，图 4.10 为系统接线图。在距离控制的调试过程中，编码器的参数必须正确输入，同时在门机手动调试模式中进行门宽自学习，自学习完成后，变频器会自动存储门宽信息。

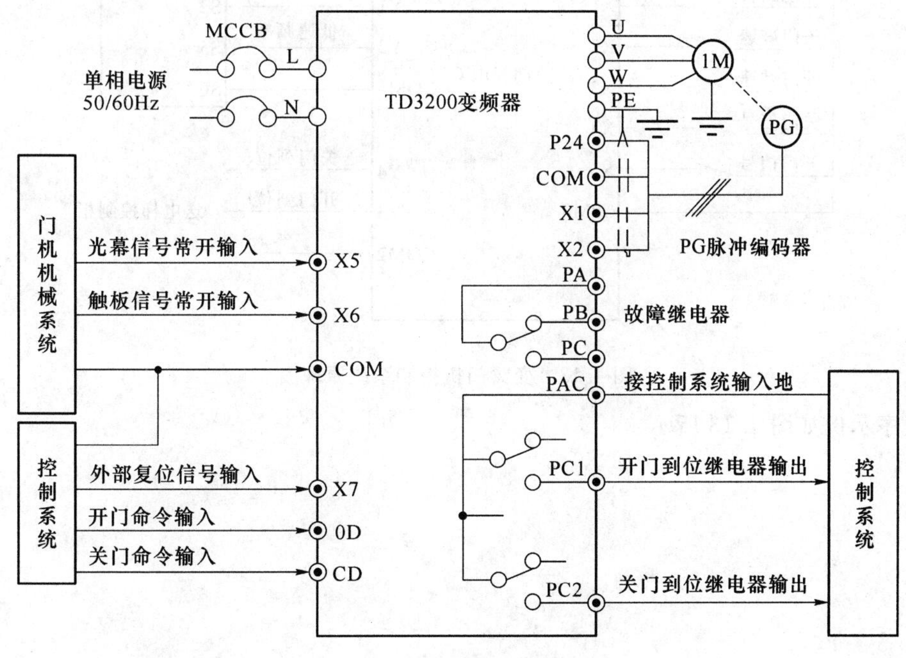

图 4.10　距离控制系统接线图

（3）变频门机 PLC 控制系统

以黄石科威公司 LP-08M08R 型 PLC 对变频门机控制为例介绍门机控制过程。自动门机接受电梯控制器的开门、关门指令，并自动按开关门过程进行加减速，同时将门的状态信号报告到电梯控制器（并行微机板）。LP-08M08R 型 PLC 面板如图 4.11 所示，其变频门机控制系统原理图如图 4.12 所示。

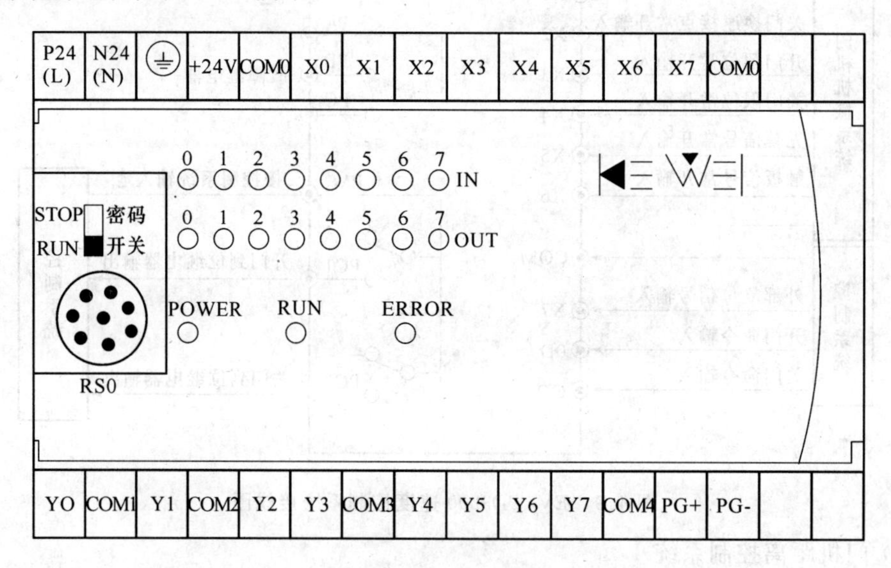

图 4.11　LP-08M08R 型 PLC

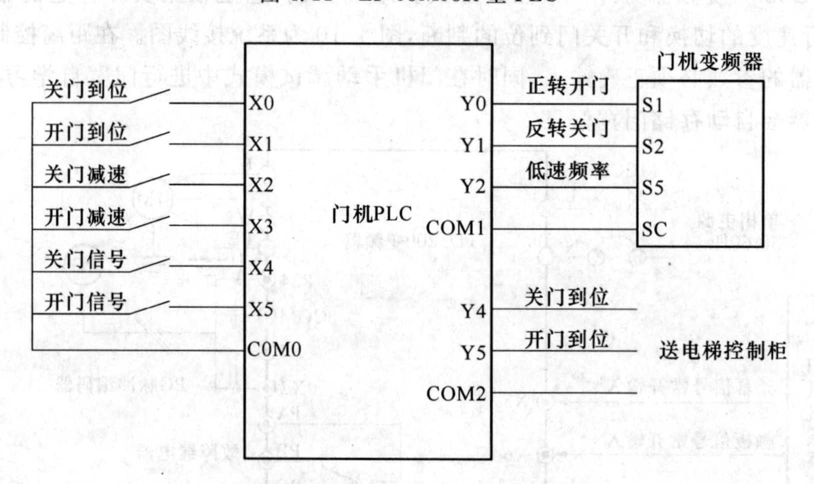

图 4.12　变频门机控制系统原理图

程序示例如图 4.13 所示：

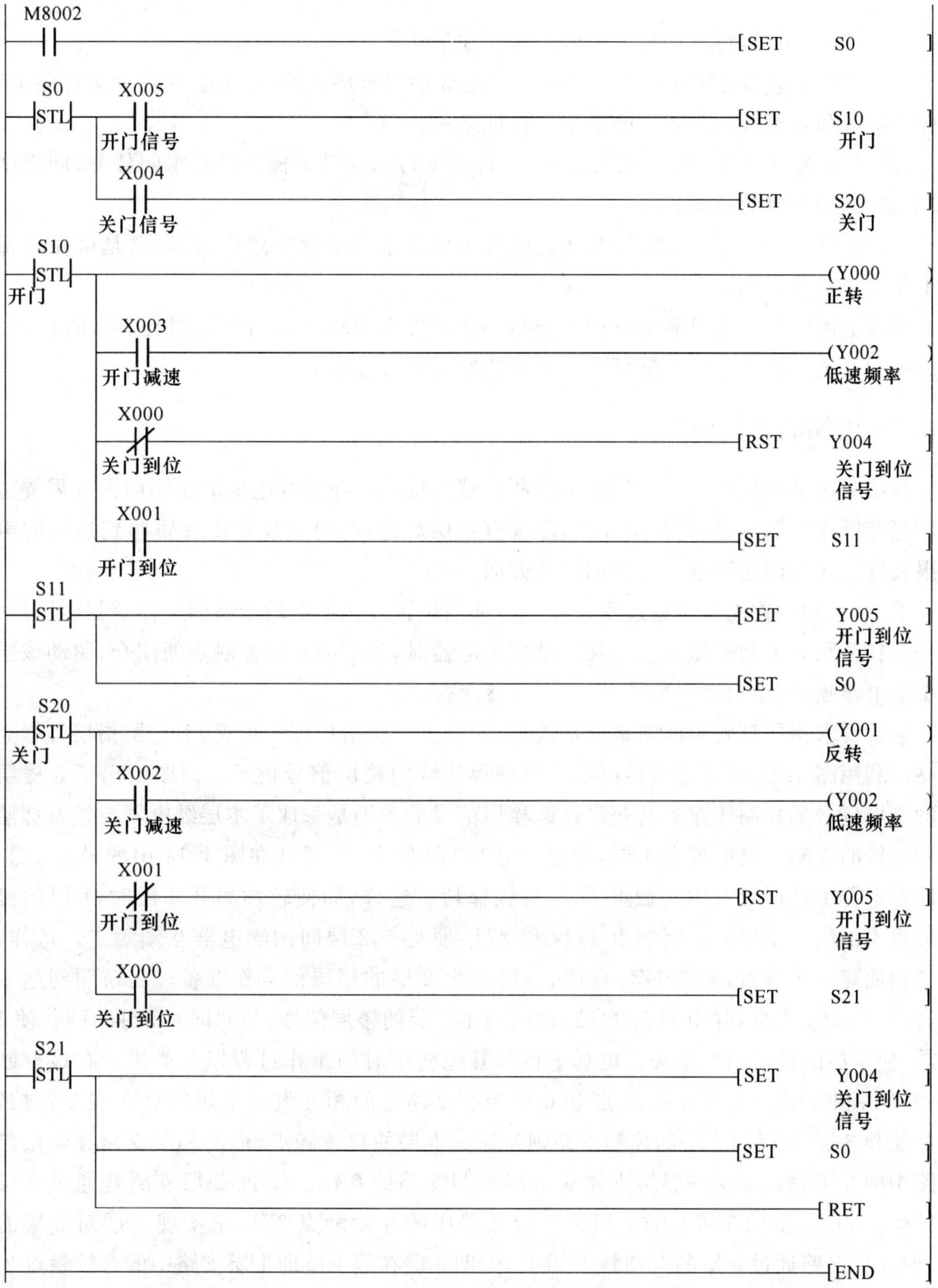

M8002 [SET S0]

S0 STL
X005 开门信号 [SET S10 开门]
X004 关门信号 [SET S20 关门]

S10 STL 开门
(Y000 正转)
X003 开门减速 (Y002 低速频率)
X000 关门到位 [RST Y004 关门到位信号]
X001 开门到位 [SET S11]

S11 STL
[SET Y005 开门到位信号]
[SET S0]

S20 STL 关门
(Y001 反转)
X002 关门减速 (Y002 低速频率)
X001 开门到位 [RST Y005 开门到位信号]
X000 关门到位 [SET S21]

S21 STL
[SET Y004 关门到位信号]
[SET S0]
[RET]

[END]

图 4.13　电梯开关门控制程序

4.3 电梯的继电器逻辑控制系统

电梯安全可靠运行的充分与必要条件有如下几种。

(1) 必须把电梯的轿厢门和各个楼层的电梯层门全部关好，这是电梯安全运行的关键，是保障乘客和司机等人身安全的最重要保证之一。

(2) 必须要有明确的电梯运行方向(上行或下行)，这是电梯的最基本的任务，即把乘客(或货物)送到需要的楼层。

(3) 电梯系统的所有机械及电气机械安全保护系统必须有效而可靠，这是确保电梯设备工作正常和乘客人身安全的基本保证。

根据上述电梯安全可靠运行的充分与必要条件及电梯的运行工艺过程，下面对一般电梯的控制系统中各个主要控制环节及其结构原理进行说明。

4.3.1 电梯的指层电路

指层电路是在轿厢内和厅门指示轿厢的现行位置。在乘客电梯的轿厢内尤其需要指示轿厢当前所在楼层位置，而每层厅门，除设有指层灯外，有时还设置电梯轿厢到达时的声光预报装置。在厅门还要指示轿厢的运行方向。

进行指层时，首先需要通过安装在井道适当位置导轨架上的干簧感应器获得楼层信号。当安装在轿厢顶上的隔磁板插入某一楼层感应器时，该层的感应器触点便闭合，驱动该层的楼层继电器吸合，给出楼层信号。

通常要求指层灯要不间断地指示楼层，即当上一层指层灯一熄灭，下一层指层灯就立即燃亮。利用图 4.14 所示逻辑控制线路可获得连续的楼层信号指示。该图给出了 6 楼层电梯的楼层信号的控制线路。其获得连续楼层信号的关键是采取了本层继电器自锁及邻层继电器互锁的措施。设电梯在 1 层，楼层继电器 1ZJ 吸合，于是其在图 4.14 中的触点 $1ZJ_1$ 使辅助继电器 1FJ 吸合并由其触点 $1FJ_1$ 自锁保持。这样，即使轿厢离开 1 层时，1 层的楼层信号也不消失。图中的常闭触点 $1ZJ_2$ 和 $2ZJ_2$ 便是 1、2 层间的继电器互锁触点。这样，当电梯轿厢离开 1 层时，触点 $1ZJ_2$ 便闭合，给产生 2 层的楼层信号作准备。当轿厢到达 2 层时，$2ZJ_1$ 使 2FJ 吸合，并由 $2FJ_1$ 自锁，此时产生 2 层的楼层信号；与此同时 $2ZJ_2$ 开断，使 1FJ 释放，使 1 层的楼层信号消失。电梯上行到其他楼层时的工作过程以此类推。在该控制线路中，1 层和 2 层、3 层和 4 层、5 层和 6 层控制支路之间相互设置常闭触点实现互锁控制，而 2 层和 3 层、4 层和 5 层的控制支路则是通过本层的自锁触点，借助邻层支路在隔层控制支路中的互锁触点来实现邻层支路对本层控制支路的互锁。例如：2 层支路是通过 2 层的自锁触点 $2FJ_1$，借助 3 层在隔 1 层即 4 层支路中的互锁触点 $3ZJ_2$ 来实现 3 层对 2 层的互锁，而 3 层支路通过 3 层的自锁触点 $3FJ_1$，借助 2 层在隔 1 层即 1 层支路中的互锁触点 $2ZJ_2$ 来实现 2 层对 3 层的互锁控制。其他层以此类推，这样可以减少触点数目。

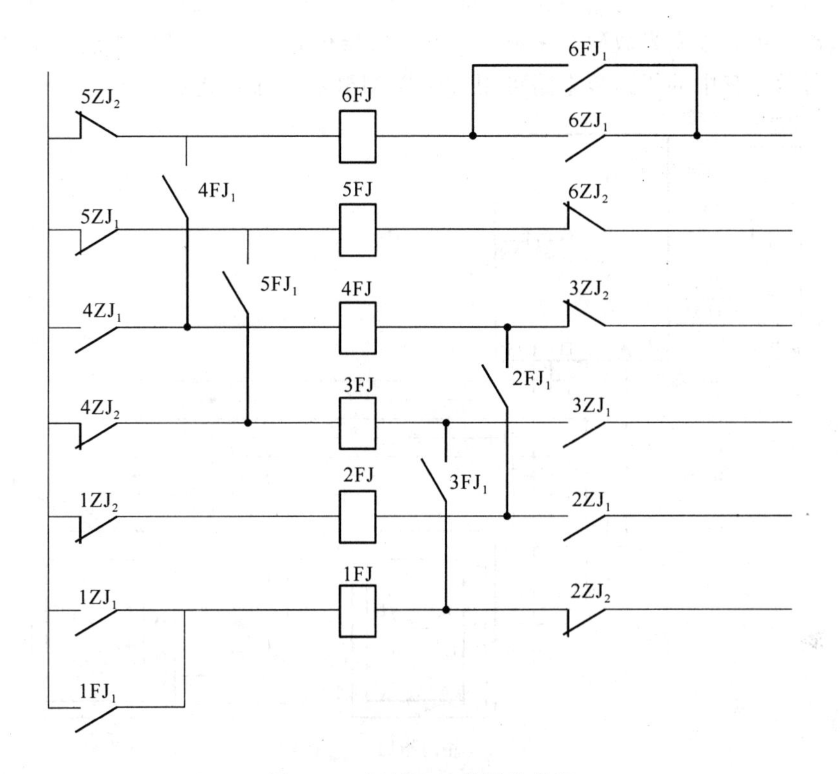

图 4.14　层间连续信号的获得

该线路下行工作过程，读者可自行分析。只要用各楼层辅助继电器的触点直接控制相应指层灯即可实现楼层指示，如图 4.15 所示。

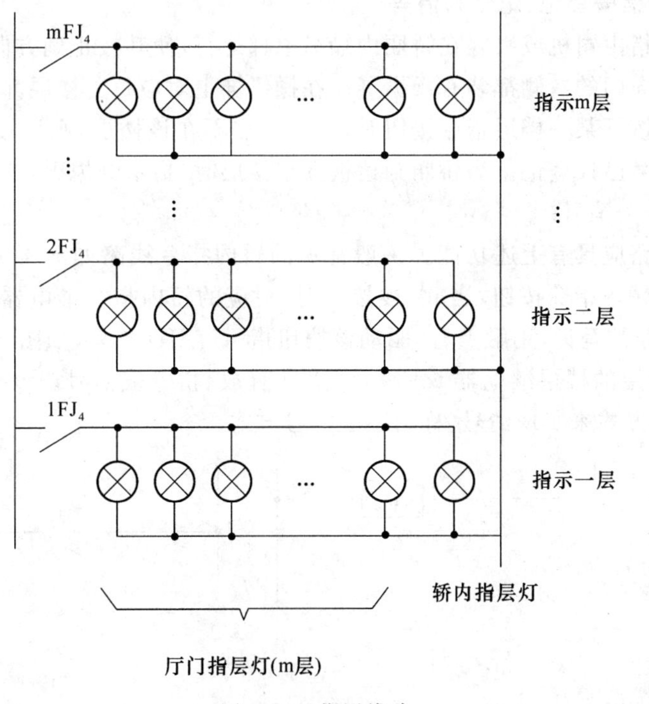

图 4.15　指层线路

目前,常采用七段发光数码管来显示轿厢的楼层位置,其一位数字指层显示环节的结构如图 4.16 所示。其中的线路板电路可用 SSI 或 MSI 相关芯片构成。

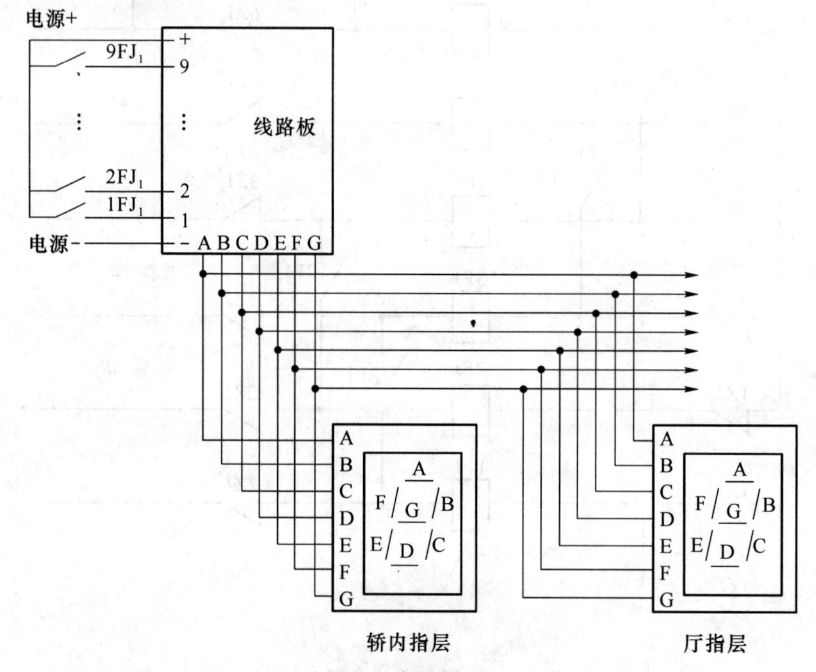

图 4.16　一位数字指层

4.3.2　电梯的内外召唤指令的登记与消除

1. 轿内指令信号登记、记忆与消号

轿内指令是指由司机或乘客在轿厢内操纵电梯运行,使其按正确方向到达某一层站。

在轿厢内面向门的右侧都装有操纵屏。在操纵屏上对应每一楼层都设有一个带指示灯的指令按钮。当按下某一楼层指令按钮时,只要轿厢不在该楼层,则该按钮指示灯燃亮,表明该轿内指令信号已被登记。当轿厢到达被登记楼层时,指示灯熄灭,表明被登记的轿内指令信号被清除,称为消号。

轿内指令线路应具有上述功能。一般常见的轿内指令线路如图 4.17 (a) 所示。图中 iA 对应第 i 层的轿内指令按钮,当 iA 被按下时,对应的轿内指令继电器 iJ 吸合,用其触点 iJ_1 自锁,轿内指令被登记;用触点 iJ_2 驱动该按钮指示灯 iJD 燃亮,如图 4.17 (b) 所示。当到达第 i 层时,该层的楼层继电器 iZJ 吸合,使 iJ 释放、指令被消号。该线路采用将 iZJ_1 串接在 iJ 支路中的方式来实现消号,称为串联消号方式。

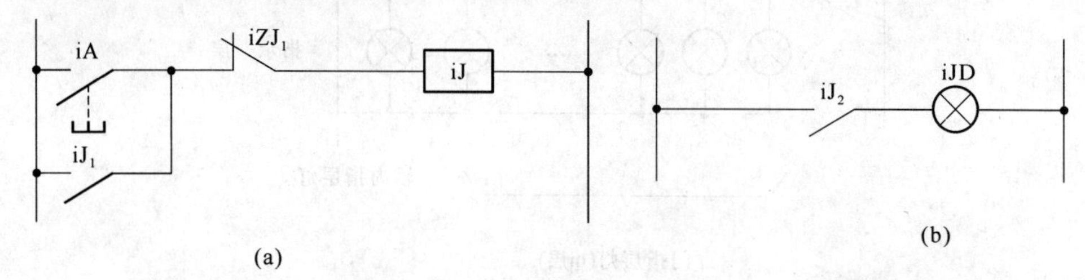

图 4.17　串联式的轿内指令信号登记、记忆与消号电路示意图

2. 厅召唤信号的登记、记忆与消号

厅召唤是指使用电梯人员在厅门召唤电梯来到该楼层并停靠开门。要求厅召唤线路能实现厅召唤指令登记，到达召唤楼层时能够使登记指令消号。电梯的厅召唤通过厅门呼梯按钮来实现。除顶层只设下行召唤按钮、底层只设上行召唤按钮以外，其余各层均设上、下行召唤梯按钮。对控制线路要求能实现顺向截停。

实际的控制线路有不同组成形式，图 4.18 所示厅召唤线路是比较典型的线路。该图以 4 层为例，其中 1SA、2SA、3SA 为上行厅召唤指令按钮，2XA、3XA、4XA 为下行厅召唤指令按钮，对应各层的每个厅召唤指令按钮均控制一个上行厅召指令继电器 iSJ 或下行厅召指令继电器 iXJ。为实现顺向截停，使得电梯在下(或上)行时只响应下行(或上行)厅召唤指令信号，而保留与运行方向相反的厅召唤指令信号，在线路中连接了上、下行方向继电器的常闭触点 SFJ_1 和 XFJ_1。

其运行过程为：设电梯由底层上行，由于上行方向继电器 SFJ 吸合，触点 SFJ_1 开断，而 XFJ_1 闭合。这时若按下 3SA，使 3SJ 吸合，用 $3SJ_1$ 使 3SJ 自锁，则 3 层上行厅召唤指令信号被登记。当电梯轿厢上行到达 3 层时，则 3 层辅助继电器 3FJ 吸合（参见图 4.18），使支路 3SA—限流电阻 3SR—$3FJ_1$—XFJ_1 一直驶继电器触点 ZSJ_1 导通。由于呼梯指令继电器 3SJ 的线圈被短路而使 3SJ 释放，登记指令消号，称其为并联消号方式。下行过程请读者自行分析。

当有多个厅召唤信号时，工作过程如下：设电梯在 1 层，3 层有上呼信号时，即在 3 层按下 3SA，使 3SJ 吸合时，又在 2 层按下 2SA 和 2XA，则 2SJ 和 2XJ 均吸合，且通过 $2SJ_1$ 和 $2XJ_1$ 使其自锁，即该层上、下厅召唤信号也被登记。这样，当电梯到达 2 层时，2FJ 吸合(参见图 4.18)，支路 $2FJ_1$—XFJ_1—ZSJ_1 导通，使 2SJ 释放消号。由于电梯已选上行方向，SFJ 吸合，其触点 SFJ_1 开断，使下行召唤信号 2XA 保留。由此可知，上行时只响应上呼信号，保留下呼信号，下呼信号只在下行时才被一一响应。反之亦然。这种在多个厅召信号情况下，先执行与现行运行方向一致的所有呼梯指令之后，再执行反向的所有呼梯指令的功能称为“厅召指令方向优先”功能。由于具有上述功能，该电路可用于集选电梯控制。

在该线路中接有直驶继电器触点 ZSJ_1，当电梯为有司机操作时，若暂时不响应厅召唤截停信号时，只需按下操纵屏上的“直驶”按钮，则直驶继电器 ZSJ 吸合。从图中可见，由于 ZSJ_1 开断，使得所有被登记的厅召唤信号均不能被响应消号，而均被保留，电梯也就不会在有厅召唤信号的楼层停靠。

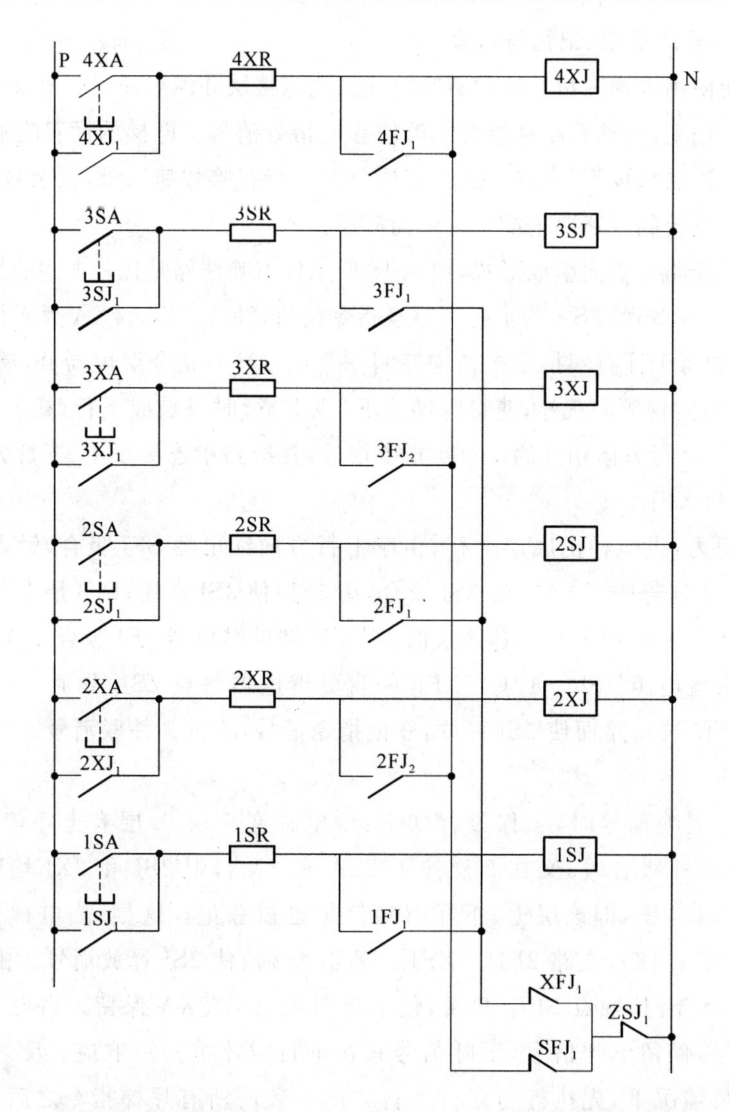

图 4.18 并联式的厅召唤信号登记、记忆与消号电路示意图

4.3.3 电梯的选向、选层环节

电梯选向是根据电梯当前的位置和轿内指令所选定的楼层或厅召信号楼层自动地选择电梯运行方向。电梯的自动选向通常是通过设置在控制回路中的方向继电器来实现。

电梯选层是根据轿内指令或上、下行厅召指令自动地正确选择停靠层站。当电梯到达选层层站时,便换速并停靠。对无内外选层指令的层站虽然电梯也经过其换速点,但并不换速停靠。

在此以 5 层楼控制线路为例来说明电梯的选向、选层控制主要过程,线路如图 4.19 所示。该线路具有自动选向、司机选向、自动选层和无方向换速等功能。

(1) 自动选向。为了自动选向,在控制线路中设置了上行方向继电器 SFJ 和下行方向继电器 XFJ。此外,在线路中将各层的楼层辅助继电器常闭触点 IFJ_1、IFJ_2 联成串联控制链,接于上行方向继电器 SFJ 和下行方向继电器 XFJ 的线圈回路。同时,将各层的轿内指

令继电器触点 iJ_1 与本层的 iFJ_1 和 iFJ_2 接成 T 形电路，如图 4.19 虚框 Ⅰ 所示。

设电梯停在 2 层，则 2FJ 吸合，使 $2FJ_1$ 和 $2FJ_2$ 开断。这时，当有高于 2 层的楼层指令，即有 (2+i) J_1 闭合时，只能使上行方向继电器 SFJ 吸合，而下行方向继电器 XFJ 处于释放状态，则电梯自动选上行方向。例如：司机按下 3 层内指令按钮，则 3J 吸合，支路 $3J_1$—$3FJ_1$—$4FJ_2$—$4FJ_1$—$5FJ_2$—$5FJ_1$—XQJ_2—XC_1—XFJ_2—SFJ 导通，使 SFJ 吸合，电梯选上行方向。

当电梯在 2 层时，如果既有上选层指令又有下选层指令，例如：4J、5J 和 1J 吸合时，由于在 SFJ 和 XFJ 线圈回路中有互锁触点 XFJ_2 和 SFJ_2，则指令动作在先者，就先行选向。令 4J 指令早于其他指令，则先选上行，SFJ 吸合，使 SFJ_2 开断，XFJ 处于释放状态。因此，只待电梯到达 5 层，5J 释放，使 SFJ 释放后才能选下行方向。

(2) 司机选向。在电梯已自动选向情况下，能根据需要人为地改变其运行方向，在图 4.19 线路中设置了司机上、下选向按钮 SA、XA，以及分别由其控制的司机上、下启动继电器 SQJ、XQJ，如图 4.19 虚框 Ⅱ 所示。为能手动选向，将常闭触点 SQJ_2 串接在 XFJ 支路，常闭触点 XQJ_2 串接在 SFJ 支路。为只能在电梯停止时司机才能选向，在该线路图 4.19 虚框 Ⅱ 所示环节串接一运行继电器 YXJ 的常闭触点 YXJ_1，电梯停止时 YXJ 释放。

设电梯停在 2 层，轿内指令有 4J、5J、1J，既有上选层指令又有下选层指令，且电梯已选定上行方向，即 SFJ 已吸合。如果在电梯启动前按下下行选向按钮 XA，此时 YXJ_1 闭合，使 XQJ 吸合，触点 XQJ_2 使 SFJ 释放，触点 SFJ_2 使 XFJ 吸合，电梯由上行选向人为地改选为下行方向。

(3) 选层。当电梯被内、外指令选定楼层时，电梯在到达选层层站之前应先换速。为此，在井道中每个层站的适当位置（即换速点上），都设有井道换速干簧感应器，提供井道换速信号。当到达每一层站时，楼层继电器 iZJ 都要吸合。在控制线路中，设置了换速继电器 HSJ。然而，换速继电器 HSJ 是否吸合，从而控制电梯换速，还取决于提供换速信号 iZJ 和指令选层信号 iJ 这两个条件是否同时具备，即该两个继电器是否都吸合。因此，需要在控制电路中将 iZJ 和 iJ 的常开触点进行“与”逻辑运算，即将该两个触点串联，如图 4.19 虚框Ⅲ所示。

设内指令选层为 3 层，3J 吸合；当电梯到达 3 层时，3ZJ 吸合，则支路 $3J_2$—$3ZJ_1$—HQJ_1—HSJ 导通，使 HSJ 吸合，并通过 HSJ_1 自锁，电梯换速，准备到达 3 楼层站停靠，从而实现对 3 楼的选层。HQJ 为换速消除继电器，在电梯平层之后 HQJ 吸合，使 HSJ 释放。而当电梯到达底层或顶层时，不论有无轿内指令都必须换速，因此，1 层和 5 层只需换速信号 $1ZJ_1$、$5ZJ_1$ 一个条件即可使 HSJ 吸合。

(4) 无方向换速。对控制线路的设计应尽量考虑到某些不利因素的影响。考虑到电梯在运行过程中，如果由于人为或其他原因使轿内指令继电器 1J～5J 出现全部释放的故障，即失去了全部内指令的话，则从图 4.19 虚框 Ⅰ 可见，不论电梯正处于上行还是下行，上、下行方向继电器 SFJ、XFJ 均要释放。由于此时电动机主回路中的方向接触器触点 SK、XK 仍保持原来的状态，即电梯已失去方向控制。这时，如果不采取措施，电梯将按当前方向一直运行下去，直到终端保护环节动作为止。因此，应使电梯进入换速状态，以便在最近层站平层停靠，即无方向换速。为实现上述要求，在图 4.19 虚框Ⅲ所示电路设置了常闭触点 SFJ_3 和 XFJ_3 串联支路。当 1J～5J 全部释放时，SFJ 和 XFJ 释放，通过支路 SFJ_3—XFJ_3—HQJ_1 使 HSJ 吸合，发出换速信号。

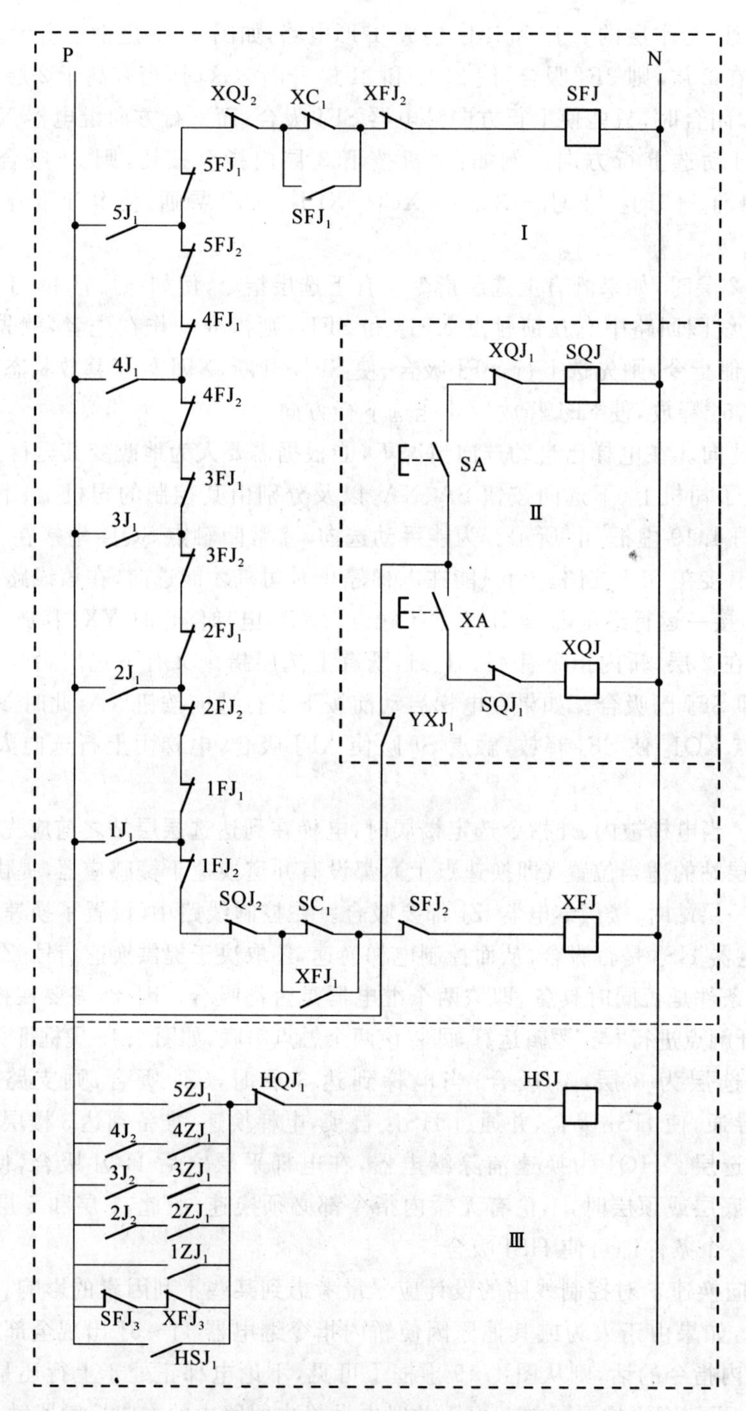

图 4.19　有司机操作电梯的选向、选层电路示意图

4.3.4　集选控制电梯选向、选层线路

在简单的选向、选层控制线路的基础上，介绍一种用于集选控制电梯的选向、选层线路，见图 4.20。本线路以 4 层四站为例，对于集选控制电梯，通常具有“有/无司机”操作功能。通过轿内操纵屏上的转换开关或钥匙开关控制一个无司机继电器 WSJ，用于“有/无司机”

选择操作。若 WSJ 吸合,选择“无司机”操作;若 WSJ 释放,选择“有司机”操作。

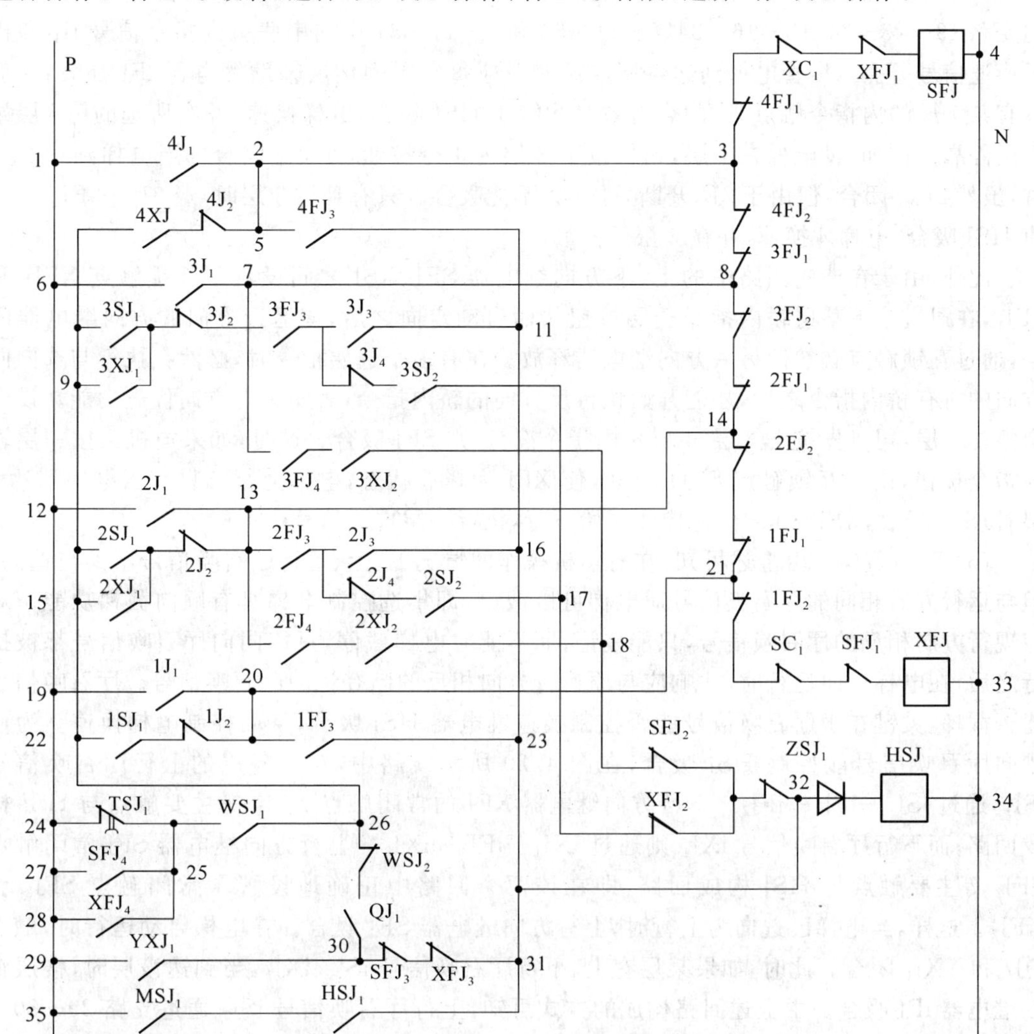

图 4.20　有/无司机操作的选层、选向线路

1.“有司机”操作状态下的功能

电梯在有司机操纵状态下有选向、选层、顺向截梯和直驶等功能。

(1) 选向。在“有司机”操作状态下,只由司机进行电梯选向操作。在图 4.20 中,位于支路 19—20 中的 $1J_1$、支路 12—13 中的 $2J_1$,支路 6—7 中的 $3J_1$ 和支路 1—2 中的 $4J_1$ 为各层内指令信号,而在支路 22—20 中的 $1SJ_1$、支路 15—13 中的 $2SJ_1$ 和 $2XJ_1$、在支路 9—7 中的 $3SJ_1$ 和 3XJ 以及在支路 9—5 中的 $4XJ_1$ 为各层上、下厅召指令信号。由支路 3—4 中的上行方向继电器 SFJ、支路 21—33 中的下行方向继电器 XFJ 以及各辅助楼层继电器常闭触点 iFJ、iFJ_2 等组成的选向控制环节及其工作原理,与图 4.19 所示电路相似。在电梯静止时,运行继电器 YXJ 和启动继电器 QJ 释放,支路 29—30 中的触点 YXJ_1 和在 30—26 中的触点 QJ_1 开断;由于是在“有司机”操作状态,WSJ 释放,在支路 25—26 中的触点 WSJ_1 开断。因此,只能由内指令 $1J_1$—$4J_1$ 来选定电梯运行方向,而上、下行厅召唤指令虽使 iSJ、iXJ 吸合(参见图 4.18),但在此却不参与选向。

(2) 轿内指令选层。在图 4.20 支路 32—34 中接有换速继电器 HSJ,在对应 1 至 4 层的支路 19—23—34、12—16—34、6—11—34 和 1—11—34 中均串联有内指令信号 iJ_1 和楼层换速信号 iFJ_3。尽管电梯到达各层层站时对应每 1 层的楼层辅助继电器 iFJ 都吸合,但只有某 1 层的内指令触点 iJ_1 闭合有效时才能使 HSJ 吸合,电梯换速,并在所选的第 i 层站平层停靠。例如:设电梯在 1 层,司机按下 3 层内指令按钮,使 $3J_1$ 闭合。当电梯到达 2 层时,虽然 $2FJ_3$ 闭合,但由于 $2J_1$ 开断,HSJ 并不能吸合。只有到达 3 层时,经 $3J_1$—$3FJ_3$—$3J_3$ 使 HSJ 吸合,电梯才换速,并在 3 层站停靠。

此外,由于在选向回路中的上、下方向继电器 SFJ、XSJ 之间设置了互锁触点 XFJ_1 和 SFJ_1,在司机按下某层轿内指令选层按钮从而自动定向之后,该运行方向的方向继电器闭合,通过互锁触点必然使另一方向继电器释放。在有多个选层指令时,必然在执行与选向同方向的所有轿内指令之后,才能开始执行反方向的轿内指令,表明具有方向优先功能。设电梯停在 2 层,司机先按下 3 层、4 层轿内指令按钮,则 SFJ 吸合。这时,如果司机又按一层轿内指令按钮,由于互锁触点 SFJ1 开断,使 XFJ 为释放状态,电梯上行。只有当电梯到达 4 层时,SFJ 释放,XFJ 才吸合,电梯才开始下行,执行一层选层信号。

(3) 顺向截梯。由上述可知,在有司机操作的情况下,上、下行厅召唤信号不参与选向。但与运行方向相同的厅召唤信号对电梯可以截停,即集选控制电梯具有顺向截梯功能。对与现行方向相反的厅召唤信号,只能登记,而不能对电梯截停,只待同向厅召唤信号都被执行之后,在电梯反向运行时,才响应与原运行方向相反的已登记的厅召唤信号。厅召唤信号能否截梯,关键在于厅召唤信号能否控制换速继电器 HSJ 吸合,从而控制电梯换速。为使顺向厅召唤信号能控制 HSJ 吸合,在图 4.20 所示线路中,对应各层的上行厅召唤信号 iSJ_1,通过 iSJ_1—iFJ_3—iFJ_2—下行方向继电器 XFJ 的常闭触点 XFJ_2 等主要触点与 HSJ 构成回路;而下行厅召唤信号 iXJ_1 则通过 iXJ_1—iFJ_4—iXJ_2—上行方向继电器 SFJ 常闭触点 SFJ_2 等主要触点与 HSJ 构成回路,即在该两个回路中正确地设置了常闭触点 SFJ_2 和 XFJ_2。这样,当电梯已选向为上行时,上行方向继电器 SFJ 吸合。在电梯启动运行时,触点 QJ_1 和 YXJ_1 闭合。此时,如果某层有上、下行厅召唤信号 iSJ_1、iXJ_1,当到达该层时,楼层辅助继电器 iFJ 吸合。由上述回路构成的方式可知,上行厅召唤信号 iSJ_1 通过支路 29—30—26 中的触点 YXJ_1、QJ_1、WSJ_2 能使 HSJ 吸合,从而被响应,实现了顺向截梯,而下行厅召唤信号 iXJ_1 却不能使 HSJ 吸合。iXJ_1 只被登记,不被响应。只有电梯下行时,原已被登记的下行厅召唤信号才被响应。电梯下行时的顺向截梯与上述情况相似。

(4) 直驶功能。有司机操纵时,因轿内满载等原因,司机不想让厅召唤信号截梯,而只根据轿内指令停靠时,可按下操纵屏上的"直驶"按钮,使直驶继电器 ZSJ 吸合。在线路中,支路 17—32 设有常闭触点 ZSJ_1,则厅召唤信号对 HSJ 失去控制,只有内指令信号 iJ_1 能使 HSJ 吸合,让电梯换速停靠,实现了直接驶向司机选层的层站停靠的直驶功能。

2. "无司机"操作状态下的功能

通过轿内操纵盘上的钥匙开关,使 WSJ 吸合,电梯工作在"无司机"操作状态。此时,具有内、外指令选向和选层、顺向截梯、最远反向截梯、反向截梯轿内指令优先和无方向换速等功能。

(1) 选向与选层。由于电梯在"无司机"操作状态下工作,WSJ 吸合,在图 4.20 中支路 25—26 的触点 WSJ_1 闭合。当电梯在某层站停靠之后,停梯时间继电器 TSJ 延时数秒之后释放。则各层厅召指令 iSJ_1、iXJ_1 均可通过触点 WSJ_1、TSJ_1 接于电源母线 P。因此,厅召指令可像各层轿内指令 iJ_1 一样能控制选向。设电梯停在 1 层,在 3 层厅门按下上行召唤按钮，3SJ 吸合，使上行方向继电器 SFJ 吸合，电梯选为上行方向，完成选向控制。当电梯由 1 层启动上行至 3 层时，支路 $3SJ_1$—$3J_2$—$3FJ_3$—$3J_4$—$3SJ_2$—XFJ_1—ZSJ_1—HSJ 导通，HSJ 吸合，电梯换速停靠，实现厅召唤信号选层。如果电梯选向之后已启动运行，则与有司机操纵的状态一样具有顺向截梯功能。

(2) 最远反向截梯。如前所述，与电梯运行方向相同的厅召信号分别为顺向截梯信号，与电梯运行方向相反的厅召信号即为反向截梯信号。设电梯在 1 层时，在 2、3 层分别有下行厅召唤信号 $2XJ_1$ 和 $3XJ_1$，因为与由 1 层运行到 2、3 层的方向相反，所以 $2XJ_1$、$3XJ_1$ 即为反向截梯信号。在集选控制中，电梯优先响应最远楼层的反向截梯信号，这种功能即为最远反向截梯功能。

对于上述出现 $2XJ_1$ 和 $3XJ_1$ 等多个反向截梯信号的情况，由图 4.20 可知，$2XJ_1$ 和 $3XJ_1$ 均可使 SFJ 吸合，电梯选为上行方向。由前述分析可知，电梯到达某一层站能否停靠，取决于电梯到达该楼层时是否能使换速继电器 HSJ 吸合。由线路分析可知，电梯到达 2 层时，尽管楼层辅助继电器 2FJ 吸合，然而 SFJ 却仍为吸合状态，其在支路 18—32 中的常闭触点 SFJ_2 开断，不能使 HSJ 吸合，$2XJ_1$ 不被响应，电梯直达 3 层。当电梯到达 3 层时，3FJ 吸合，使 SFJ 释放，同时 3XJ 消号，则经支路 29—31 上的 YXJ_1—SFJ_3—XFJ_3 使 HSJ 吸合，电梯在 3 层换速停靠，使最远的反向截梯信号 $3XJ_1$ 被优先响应。此后，当电梯下行时再响应 2 层的下行厅召唤信号 $2XJ_1$。此时，$2XJ_1$ 已是顺向截梯信号。

(3) 反向截梯轿内指令优先。电梯在响应最远层站反向截梯信号时，便在该层站停靠。电梯响应最远反向截梯信号的目的是要先运送该层站的乘客，使电梯合理运行。因此，应该让该层站乘客有充分时间进入轿厢，并通过轿内指令优先于其他厅召唤信号选层选向，这就是"反向截梯轿内指令"优先功能。设电梯在 1 层，现有 3 层反向截梯信号 $3XJ_1$，当电梯到达 3 楼层站时，3FJ 吸合，使 SFJ 释放，电梯换速，在 3 楼层站停靠。为实现在 3 层轿内指令优先选层选向，防止高于 3 层的厅召唤信号选向，就需要在此时将所有厅召唤信号触点为线路中的电源母线 P 开路，使其不能选向，但全部轿内指令又不能受影响。为此，在图 4.20 中支路 24—25 设置了停梯时间继电器 TSJ 的延时闭合常闭触点 TSJ_1。电梯运行时 TSJ 吸合，电梯停止开门后，TSJ_1 经数秒延时后闭合，而电梯到达 3 层开始换速，启动继电器 QJ 就已经释放，设在支路 26—30 中的触点 QJ_1 断开。此时，已使全部厅召唤信号不起选向作用，而所有轿内指令却不受任何影响。3 层的乘客就可以利用开门后 TSJ_1 经数秒钟延时闭合这段时间，通过轿内指令优先选向。

此外，图 4.20 中支路 29—31 接有运行继电器常开触点 YXJ_1 和上、下行方向继电器常闭触点 SFJ_3 和 XFJ_3。因此在电梯运行过程中，由于故障等意外原因一旦失去全部内外指令时，电梯可无方向换速。

4.3.5　平层控制线路

平层线路的控制功能是当电梯在换速之后进入平层区时，控制电梯平层，以保证电梯平层准确度。现以交流双速电梯常用的平层控制线路为例来进行分析。

为保证电梯的平层准确度，一般在轿顶设置由三个干簧感应器构成的平层器，如图 4.21 所示。图中 SPG、XPG 分别为上、下平层感应器，MQG 为门区感应器。利用干簧感应器触点分别控制上、下平层继电器 SPJ、XPJ 和门区继电器 MQJ，线路如图 4.22 所示。当轿厢上行(或下行)时，装于井道的隔磁板先插入上平层感应器 SPG(或下平层感应器 XPG)，与此同时，上平层继电器 SPJ(或下平层继电器 XPJ)吸合。随着轿厢的移动,当隔磁板也插入下平层,感应器 XPG(或上平层感应器 SPG)使下平层继电器 XPJ(或上平层继电器 SPJ)吸合时,就表明电梯轿厢门底部与厅门地坎对齐的程度已满足平层准确度要求,电梯平层结束,应立即停车。

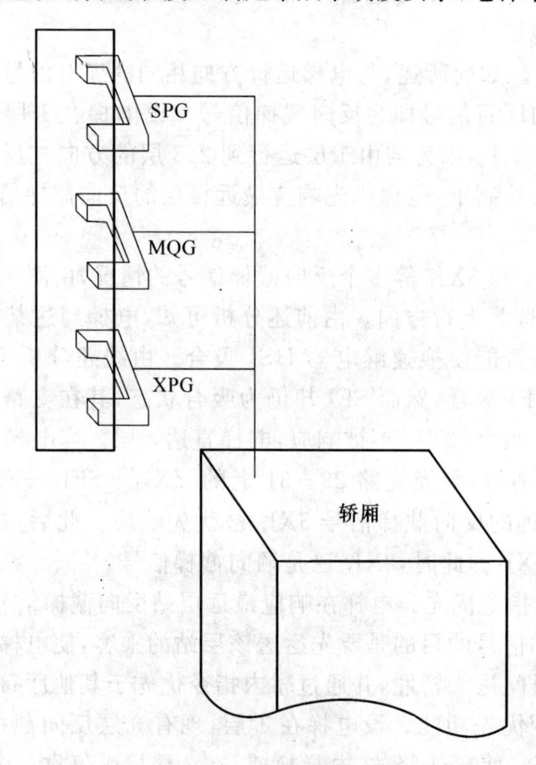

图 4.21　轿顶平层感应器的设置

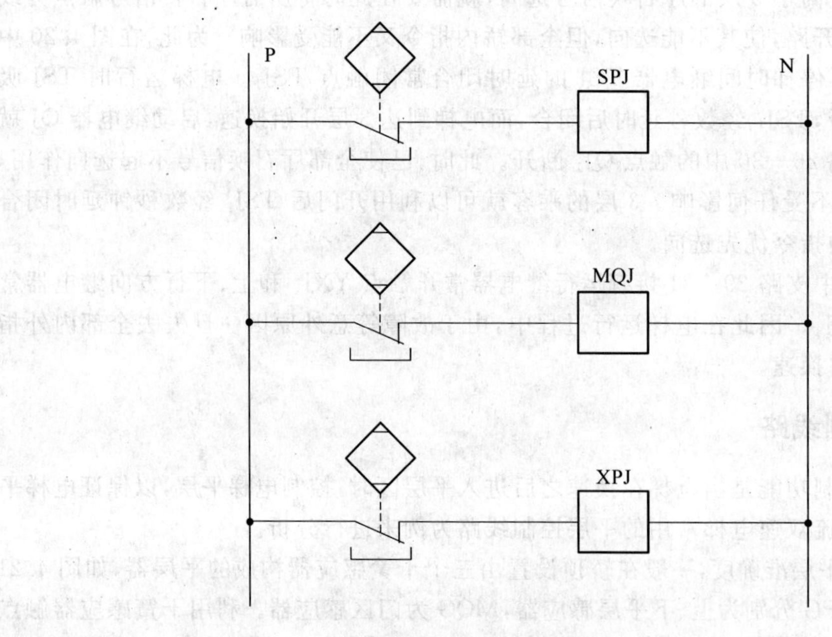

图 4.22　上下平层继电器和门区继电器

平层控制线路见图 4.23，图中，SC、XC 分别为上行、下行方向接触器，通过其触点 SC_1 和 XC_1 设置互锁保护。设电梯选向为上行，则上行方向继电器触点 SFJ_1 闭合。电梯启动时，启动继电器触点 QJ_1 闭合，使快速接触器 KC 吸合。之后，时间继电器 KJ 吸合（控制线圈在其他控制线路中）。则支路 KJ_1—QJ_1—SFJ_1—XC_1—SC 导通，使 SC 吸合，电梯上行。当电梯换速时，QJ、KC 释放，慢速接触器 MC 吸合。则经 MQJ_1—MC_1—自锁触点 SC_2—XC_1 使 SC 保持吸合状态。在 QJ、KC 释放时，KJ 释放。在 KC 释放与 MC 吸合的转换过程中，为保证 SC 持续吸合的可靠性，而在串联支路 KJ_1—QJ_1 并联了触点 KJ_2，利用 KJ_2 的延时开断，保证了在 KC 释放到 MC 吸合的正常过渡中使 SC 持续保持吸合状态。当进入平层区，井道隔磁板插入上平层感应器 SPG 时，便经 KC_1—XPJ_2—QJ_1—SPJ_1—XC_1 继续保持 SC 吸合，电梯继续以慢速上行。当井道隔磁板插入门区感应器 MQC 时，触点 MQJ_1 开断，经自锁触点 SC_2 保持 SC 吸合的通路开断，但不影响 SC 持续吸合。最后，当隔磁板插入下平层感应器 XPG 时，上、下平层继电器 SPJ 和 XPJ 均为吸合状态，其常闭触点 SPJ_2、XPJ_2 开断，使上、下行方向接触器 SC 和 XC 释放，电梯停车，平层结束。

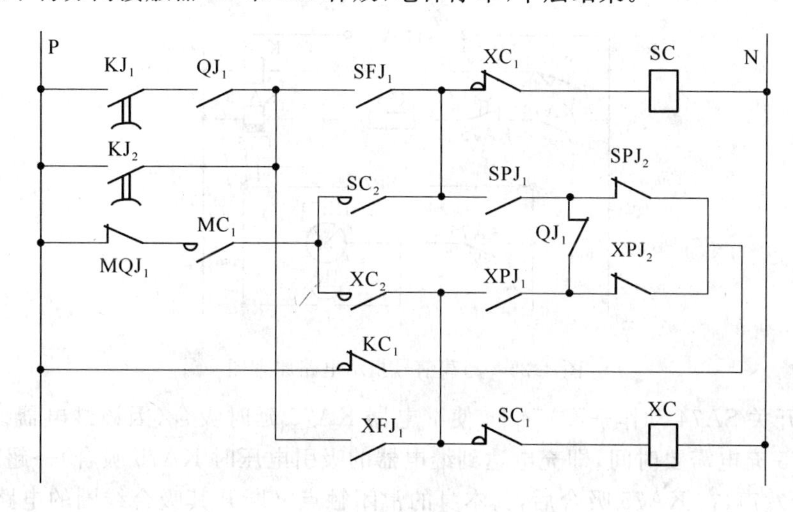

图 4.23　双速电梯的平层线路

如某种不应有的原因使电梯上行超越了平层位置，则 SPG 离开隔磁板，使 SPJ 释放。因 XPJ 吸合，所以 KC_1—SPJ_2—QJ_1—XPJ_1—SC_1—XC 导通，使 XC 吸合，电梯便反向平层直至使 SPJ 再次与 XPJ 同时吸合为止。

若在电梯上行平层过程中，由于 SPG 故障或其他原因使 SPJ 不能吸合，则当隔磁板插入门区感应器 MQG 时，常闭触点 MQJ_1 开断，此时，由于 SC 再没有导电回路而释放，电梯便停车。这时，电梯平层欠准确，对某些电梯也可以不用采取反向平层措施，以使其控制线路得以简化。

4.3.6　超载信号指示灯及音响

根据电梯安全规范的规定，必须设置电梯轿厢的超载保护装置，以防止电梯轿厢严重超载而出现意外人身伤害事故。超载装置一般装在电梯轿厢底，可以是有级的开关装置，也可以是连续变化的压磁装置或应变电阻片式的装置，但无论何种结构型式的超载装置，电梯超载时均应发出超载的闪烁灯光信号和断续的铃声，与此同时使正在关门的电梯停止关门并开启，直到超载的乘客退出电梯轿厢为止，不再超载时，才会熄灭灯光信号和铃声，重新关门启动运行。

一般电梯中，最常用的超载保护装置是磅秤式的开关结构，其示意如图4.24所示，其音响和灯光电路如图4.25所示。超载信号灯及铃声(蜂鸣器)均装置在轿厢内的操纵箱内部，在其面板上有"OVER LOAD"红色灯光显示板。

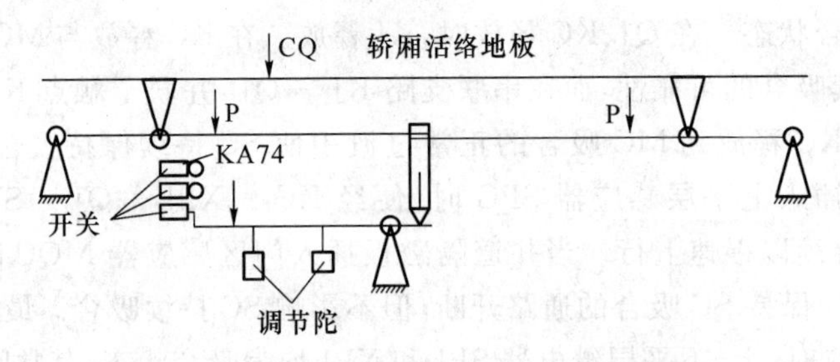

图4.24　杠杆式称重超载装置结构示意图

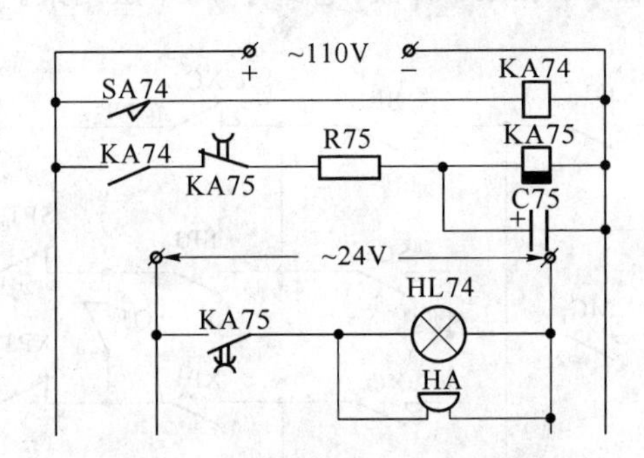

图4.25　超载信号指示电路原理图

当超载开关SA74动作→KA74↑，使继电器KA75延时吸合(因该继电器线圈两端并联的电容C75充电需要时间，即充电达到继电器的吸引电压时KA75吸合)→超载灯HL74点亮，HA铃发声，在KA75吸合后，其本身的常闭触点又断开其吸合线圈的电路，但KA75不会立即释放，一旦释放后，灯立即不亮，铃也不响，而KA75的本身常闭触点又再次复位，接通KA75的吸合电路，重新开始对电容器C75充电，充电达到KA75吸合电压时又使灯亮、铃响，如此周而复始，直至SA74开关复位(即不超载)→KA74↓→切断KA75继电器线圈电路接通的可能性。

4.3.7　电梯的消防控制系统

各种建筑楼房、车辆及其他运输设备等均应设置消防灭火装置，对于一幢高层建筑大楼内的垂直运输设备—电梯必须能适应大楼发生火灾时消防人员进行灭火抢救工作的需要。根据我国消防部门规定：一幢高层建筑大楼内无论电梯台数多少，必须要有一台专用电梯专供消防使用。其他电梯也应有利于发生火灾时的人员疏散，详细内容可参阅GB50045—95《高层民用建筑设计规范》中的有关条款。因此，所有种类电梯无论其自动化程度如何，速度多大，其适应消防专用控制的要求是一样的。

1. 电梯消防控制的基本要求

(1) 当大楼发生火警时，不管电梯当时处于什么状态均应使可供消防员专用的电梯(通常称“消防梯”)立即返回底层(基站),为此必须具备的功能。

① 接到火警信号后,消防梯不应答一切轿内指令信号和轿外的召唤信号。

② 正在上行的电梯紧急停车,如果电梯速度大于 1 m/s,先强行减速,后停车。

③ 在上述①、②情况下,电梯停车不开门。

④ 正在下行的电梯直达至底层(或基站)大厅,而不应答任何内、外召唤指令信号。

⑤ 其他非消防电梯,根据新的《消防规范》规定,也应在发生火警时,令大楼内的所有非消防员专用电梯立即返回底层(或基站)大厅,开门放客。

(2) 待电梯返回底层(或基站),应能使消防人员通过钥匙开关,使电梯处于消防员专用的紧急运行状态,此时应做到如下几点。

① 电梯自动处于专用状态,只应答轿内指令信号,而不应答层外召唤信号。同时轿内指令信号的登记,只能逐次进行,运行一次后将全部消除轿内指令信号,第二次运行又要再一次按消防人员欲去楼层的指令按钮。

② 在消防紧急运行情况下,电梯通过按操纵箱上的关门按钮关门且关门速度约为正常时的 1/2。若门未全部闭合,松开关门按钮,电梯立即开门,不再关门。因此电梯门的安全触板、光幕保护等不起作用。而当电梯到达某一层楼停车后,电梯也不自动开门,需要连续按开门按钮后方能开门;松开开门按钮后电梯不再开门而变成自动关门了。

③ 消防紧急运行仍应在至关重要的各类保护起作用且有效的情况下进行。

(3) 火警解除,消防员专用的一台电梯及大楼内的其他各台电梯均应能很快转为正常运行状态。

2. 消防控制系统的类型及工作原理

消防控制系统的类型是按照消防紧急运行的投入方法及其电梯的台数进行分类的。过去国内消防电梯的紧急运行大多数是在底层(或基站)进行操作的。当今世界发达的工业国家(如欧美等国家)的电梯厂家一般是由消防系统送出信号给电梯系统,或是操作装于底层(或基站)的带有玻璃窗的消防专用开关控制电梯处于消防返回运行状态,当电梯返回底层(或基站))后,再通过装于层外或轿内操纵箱上的钥匙开关使电梯处于消防员专用控制的消防紧急运行状态。而按处于消防员专用电梯台数的多少又可分为单台梯消防控制系统或多台梯消防控制系统,其类别有 BR1、BR2、BR3 和 BR4。

(1) BR1 消防控制类型的工作原理。这种控制类型是在电梯的底层(或基站)设置有供消防火警用的带有玻璃窗的专用消防开关箱。在发生火警时,敲碎玻璃窗,搬动箱内开关即可使处于下列运行状态的电梯立即返回到底层(或基站)。

① 正在向上运行的电梯立即停车(对于运行速度不大于 1 m/s 的电梯)或立即制动减速就近停车(对于运行速度大于 1 m/s 的电梯),同时消除轿内原先登记的轿内指令信号和轿外召唤信号(轿外召唤信号的消除一直保持到消防运行控制状态结束)。另外,在电梯停车后,电梯绝不能开门,以免引起楼层轿外乘客的涌入和轿厢内乘客的慌忙逃离。这样电梯定向下方向运行且直接驶向底层(或基站),到达底层停车后,电梯开门放客,以后电梯开着门停在底层(或基站),不再投入使用。

② 正在向下运行的电梯,接受消防控制命令后不再停车,也不开门,直接驶向底层(或基站),因为在使电梯进入消防控制时与①中所述一样,也同时消除了所有轿内指令信号和轿外召唤信号。当电梯到达底层后,开门放客,开着门停在底层,不再投入使用。

③ 若电梯正停于某层或关着门等待或开着门正在进客，则无论电梯是准备向上运行还是向下运行，此时接到消防控制命令后立即向下，直接驶向底层(或基站)后开门放客。

④ 若电梯刚离开底层(或基站)且尚未离开底层(基站)区段，则电梯停车，不开门，并以慢速向下运行至底层楼平面处，开门放客，电梯不再投入使用。

(2) BR2 消防控制类型的工作原理。这种控制类型是在电梯的底层(或基站)除了设置有供消防火警时用的带有玻璃窗的专用消防开关箱外，还设有供电梯返回底层(基站)后，有可供消防员操作的专用钥匙开关，只要接通该钥匙开关就可使已返回底层(基站)的电梯供消防员使用。在使用过程中，须连续揿按关门按钮，直至把电梯门关闭好。同时在运行过程中，只能逐层运行，即如果连续登记几个指令信号，电梯在运行最近的一个层楼后即把全部已登记好的信号消除，下一次再运行，必须重新登记指令信号。其运行过程及状况与前述的 BR1 类型一样。BR1 和 BR2 两种型式，一般常用于单台电梯中。

(3) BR3 消防控制类型的工作原理。这种控制类型与 BR2 的控制类型相同，所不同的是在电梯返回底层(或基站)后，供消防员控制操作的专用钥匙开关设置位置不同，BR2 的专用钥匙开关是设置在底层(或基站)轿外召唤按钮箱中，而 BR3 的专用钥匙开关是设置在电梯轿厢内的操纵箱上。在电梯按消防命令返回底层(基站)开门放客后，消防人员进入轿厢内用专用钥匙操作操纵箱下部刻有"消防(Firman's)"字样的钥匙开关，即可使电梯进入消防紧急运行状态，消防人员可以令电梯至某层救人和灭火。电梯的运行过程与 BR1、BR2 完全一样。

(4) BR4 消防控制类型的工作原理。这种控制类型与 BR3 的控制类型相同，不同的是电梯返回底层(或基站)后，可供消防员控制操作的专用钥匙开关不是设在轿内操纵箱上，而是设置在底层(或基站)轿外多个召唤按钮箱中的某一个按钮箱上。BR4 和 BR3 两种消防控制类型一般应用于多台电梯群管理控制(或是并联控制)的情况下，BR3 型是令一组电梯中的若干台电梯投入消防紧急运行状态，而 BR4 型是使一组电梯中的所有电梯均投入消防紧急运行状态。BR4 型的消防返回及紧急运行状态与 BR1、BB2 型完全一样。

BR1～BR4 各种类型的消防开关(JBF)和消防紧急运行的钥匙开关(JNFF)设置如图 4.26 所示。

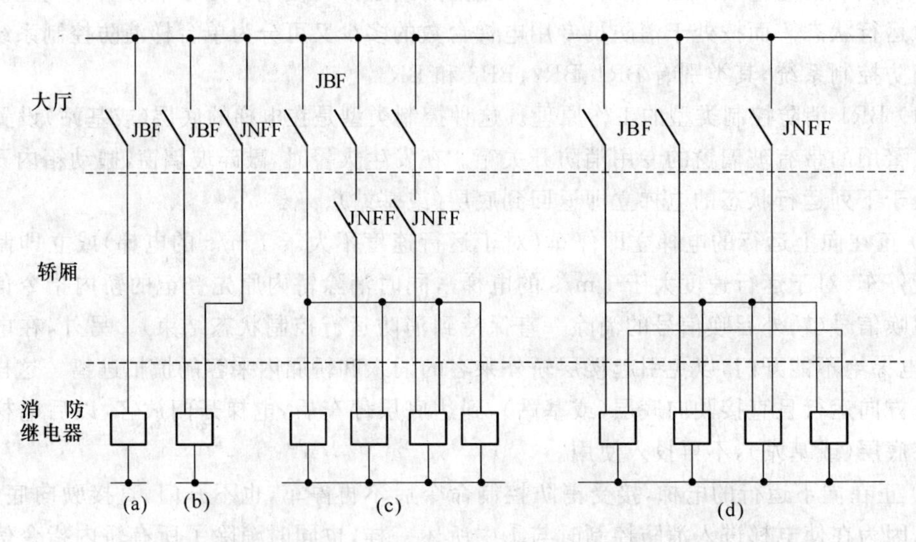

图 4.26 某电梯的各种消防控制类型及消防开关、消防紧急运行开关接线示意图

4.4　电梯 PLC 控制系统

电梯的 PLC 控制系统组成见图 4.27，以 PLC 主机为控制核心，来自操纵箱、呼梯盒、井道装置及安全装置的外部信号通过输入接口送 PLC 内部进行逻辑运算与处理，再经过输出接口分别向指层灯、呼梯信号灯发出显示信号，向主回路和门机电路发出控制信号，实现电梯运行状态的控制。

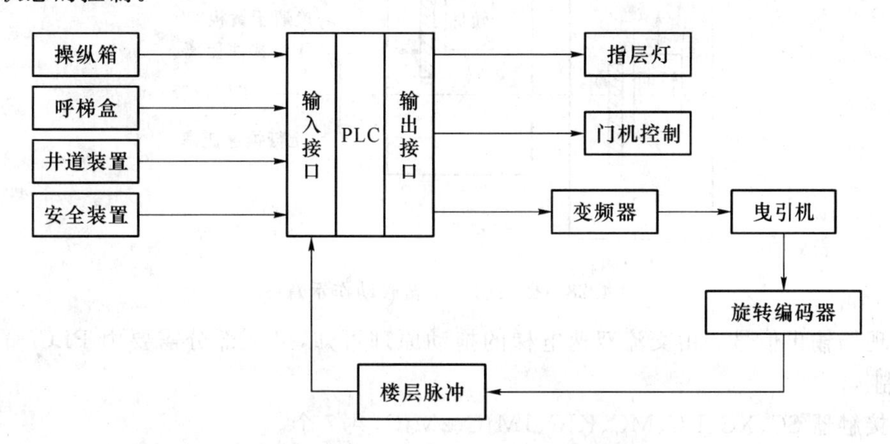

图 4.27　电梯 PLC 控制系统框图

4.4.1　双速电梯 PLC 控制系统

1. 设计方法及步骤

(1) PLC 的 I/O 点数

根据电梯的层站数、梯型、控制方式、应用场所，计算出 PLC 的输入信号与输出信号的数量。

① 现场输入信号。电梯作为一种多层站、长距离运行的大型机电设备，在井道、厅外及轿厢内有大量的信号要送入 PLC，现以 5 层 5 站电梯为例计算其现场输入信号数量。

- 轿内指令按钮 1AN～5AN，共 5 个，用于司机下达各层轿内指令。
- 厅外召唤按钮 1ASZ～4ASZ、2AXZ～5AXZ，共 8 个，用于厅外乘客发出召唤信号。
- 楼层感应干簧管 1 G～5 G，共 5 个，安装在井道中每层平层位置附近，在轿厢上安装有隔磁钢板，当电梯运行时，使隔磁钢板进入干簧管内时，干簧管中的触点动作发出控制信号，见图 4.28。干簧管一方面发出电梯减速信号；另一方面发出楼层指示信号。
- 平层感应干簧管有 SPG、XPG、MQG，共 3 个，安装在轿厢顶部，在井道相应位置上装有隔磁钢板，当钢板同时位于 SPG、XPG 和 MQG 之间时，电梯正好处于平层位置。
- 厅门开关 1TMK～5TMK，轿门开关 JMK，共 6 个，分别安装在厅门、轿门上。当它们全部闭合时，说明所有门都已关好，电梯允许运行；若上述开关有任何一个没有闭合，说明有的门是打开的，这时不允许电梯运行。

- 开门按钮 AKM,关门按钮 AGM。用于司机手动开、关门控制。
- 强迫换速开关 SHK、XHK,共 2 个,SHK 和 XHK 分别装在井道中对应最高层站(5 层)和最低层站(1 层)的相应位置。如果电梯运行到最高层或最低层时,正常的换速控制没有起作用,则碰撞这两个开关使电梯强迫减速。

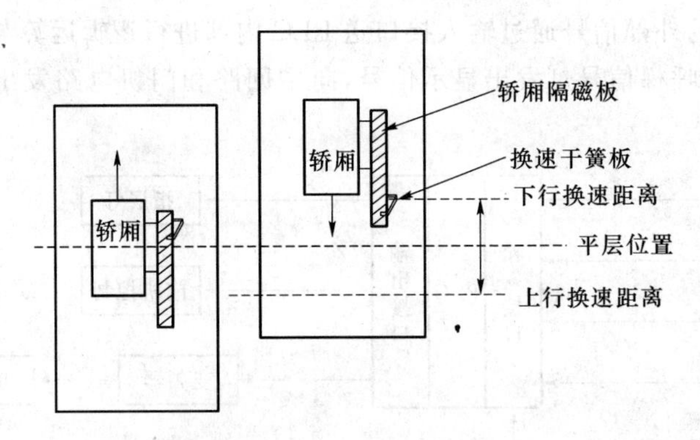

图 4.28 楼层感应干簧管动作示意图

② 现场输出信号。由交流双速电梯的拖动原理可知,以下部分需要由 PLC 输出信号进行控制。

- 接触器 SC、XC、KC、MC、KJC、1MJC、2MJC,共 7 个。
- 楼层指示灯 1ZD～5ZD 共 5 个。自动开、关门控制信号,共 2 个。厅外呼梯信号指示灯 1SZD～4SZD、2XZD～5XZD,共 8 个。

(2) 机型选择及 I/O 分配

综上分析,现场输入信号共 29 个,输出信号共 22 个,故选择三菱 F1-60MR 型 PLC,该 PLC 基本单元输入 32 点,输出 24 点,所以能满足要求。表 4.1 是 PLC 的 I/O 分配表。

(3) PC 外部接线设计

图 4.29 是采用 F1-60MR 的 PLC 接线原理图。从图中输入端可见,各层厅门开关触点串联后输入 X007,只要任何 1 层门关不好,X007 就不能输入信号,这样做的好处是节省了输入点。从输出端可见,输出负载采用两种电压等级以满足不同需要。

表 4.1 PLC I/O 分配表

输入		输出	
5 层下召唤按钮 5AXZ	X000	开门按钮 AKM	X514
4 层下召唤按钮 4AXZ	X001	关门按钮 AGM	X515
3 层下召唤按钮 3AXZ	X002	5 层位置显示灯 5ZD	Y030
2 层下召唤按钮 2AXZ	X003	4 层位置显示灯 4ZD	Y031
下平层感应干簧管 XPG	X004	3 层位置显示灯 3ZD	Y032
上平层感应干簧管 SPG	X005	2 层位置显示灯 2ZD	Y033
门区感应干簧管 MQG	X006	1 层位置显示灯 1ZD	Y034
门联锁回路	X007	1 层上召唤指示灯 1SZD	Y035
5 层感应干簧管 5G	X400	2 层上召唤指示灯 2SZD	Y036
4 层感应干簧管 4G	X401	3 层上召唤指示灯 3SZD	Y037
3 层感应干簧管 3G	X402	4 层上召唤指示灯 4SZD	Y530

续 表

输入		输出	
2 层感应干簧管 2G	X403	2 层下召唤指示灯 2XZD	Y531
1 层感应干簧管 1G	X404	3 层下召唤指示灯 3XZD	Y532
5 层轿内指令按钮 5AN	X500	4 层下召唤指示灯 4XZD	Y533
4 层轿内指令按钮 4AN	X501	5 层下召唤指示灯 5XZD	Y534
3 层轿内指令按钮 3AN	X502	自动开门输出信号	Y535
2 层轿内指令按钮 2AN	X503	按钮关门输出信号	Y536
1 层轿内指令按钮 1AN	X504	上行接触器 SC	Y430
4 层上召唤按钮 4ASZ	X505	下行接触器 XC	Y431
3 层上召唤按钮 3ASZ	X506	快速接触器 KC	Y432
2 层上召唤按钮 2ASZ	X507	慢速接触器 MC	Y433
1 层上召唤按钮 1ASZ	X510	快加速接触器 KJC	Y434
下强迫换速开关 XHK	X511	第一慢加速接触器 1MJC	Y435
上强迫换速开关 SHK	X513	第二慢加速接触器 2MJC	Y436

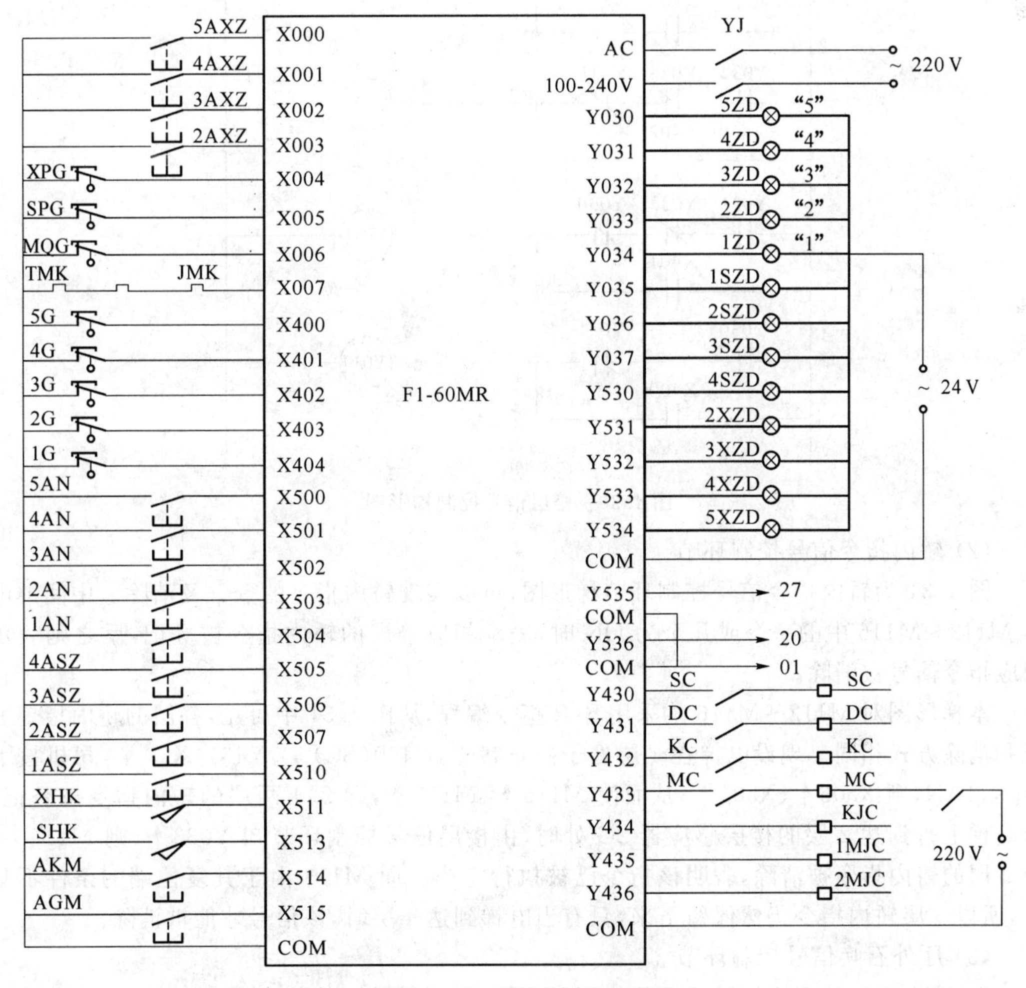

图 4.29　PLC 接线原理示意图

2. 梯形图设计

电梯要求实现的控制功能比较多，梯形图较长，所以此处按不同功能分别分析其梯形图的原理。

(1) 楼层信号控制环节。

图 4.30 所示的控制环节产生的楼层信号用来控制楼层指示灯、选向、选层等。根据控制要求，楼层信号应连续变化，即电梯运行到使下一层楼层感应器动作之前的任何位置，应一直显示上 1 层的楼层数。例如电梯原在 1 层，X404↑、Y034↑，由 I/O 接线图知指示灯 1ZD 亮，显示"1"。当电梯离开 1 层向上运行时，由于 1G↓使 X404↓，但 Y034 通过自锁维持 ON 态，故 1ZD 一直亮。当到达 2 层 2G 处时，由于 X403↑，使 Y033↑(2ZD 亮)，Y033 常闭触点使 Y034↓，即此时指示灯"2"亮，同时"1"熄灭。在其他各层时，情况与此相同。

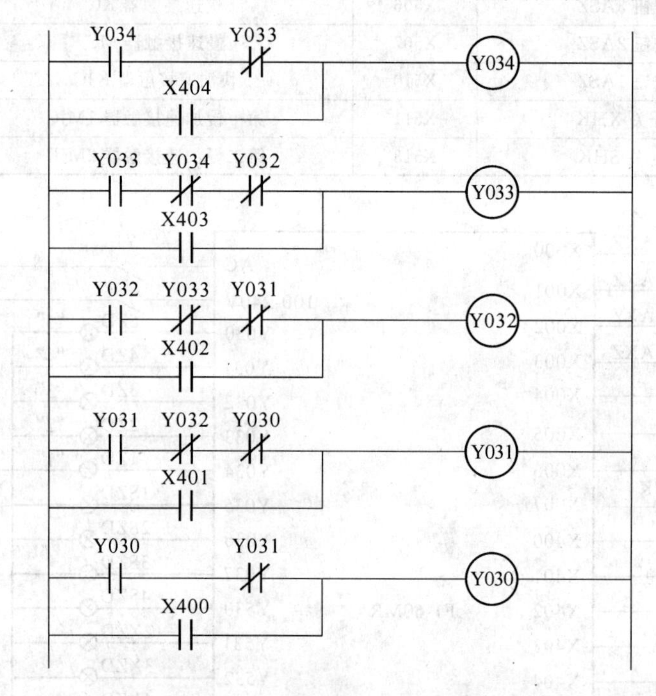

图 4.30 楼层信号控制梯形图

(2) 轿内指令信号控制环节。

图 4.31 为轿内指令信号控制环节梯形图，可以实现轿内指令的登记及消除。中间继电器 M112～M116 中的一个或几个为 ON 时，表示相应楼层的轿内指令被登记，反之则表示相应指令信号被消除。

本梯形图对 M112～M116 均采用 S/R 指令编程，从图 4.31 中可见，各层的轿内指令登记和消除方式相同。现设电梯在 1 层处于停止状态，Y430(SC)↓、Y431(XC)↓，司机按下 2AN、4AN，则 X503↑、X501↑，从而使 M115↑、M113↑，即 2、4 两层的轿内指令被登记。当电梯上行到达 2 层的楼层感应器 2G 处时，由楼层信号控制环节知 Y033↑，则 M115↓，即 2 层的轿内指令被清除，表明该指令已被执行完毕。而 M113 由于其复位端的条件不具备，所以 4 层轿内指令仍然保留下来，只有当电梯到达 4 层时，该信号才能被消除。

(3) 厅外召唤信号控制环节。

图 4.32 为厅外召唤控制环节的梯形图，可以实现厅外召唤指令的登记及消除，其编程

形式与轿内指令环节基本相似。

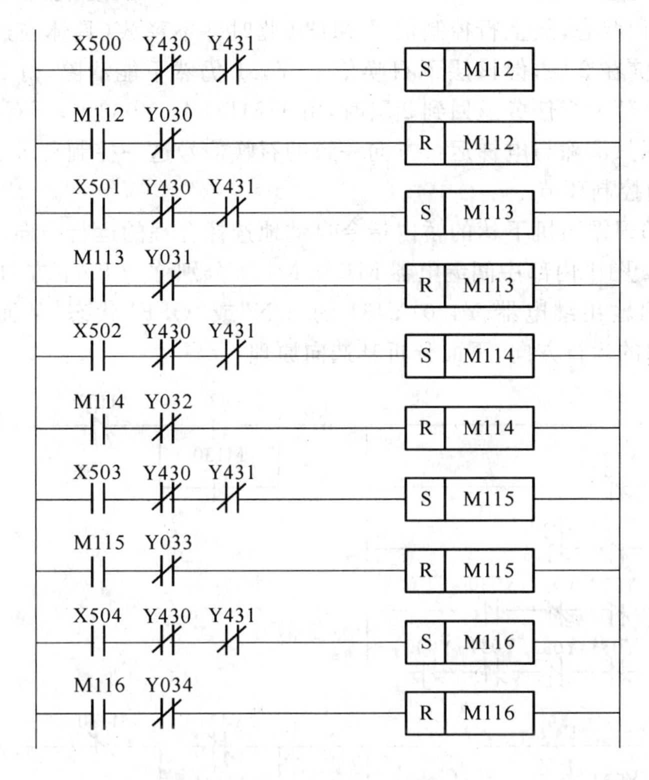

图 4.31　轿内指令控制环节

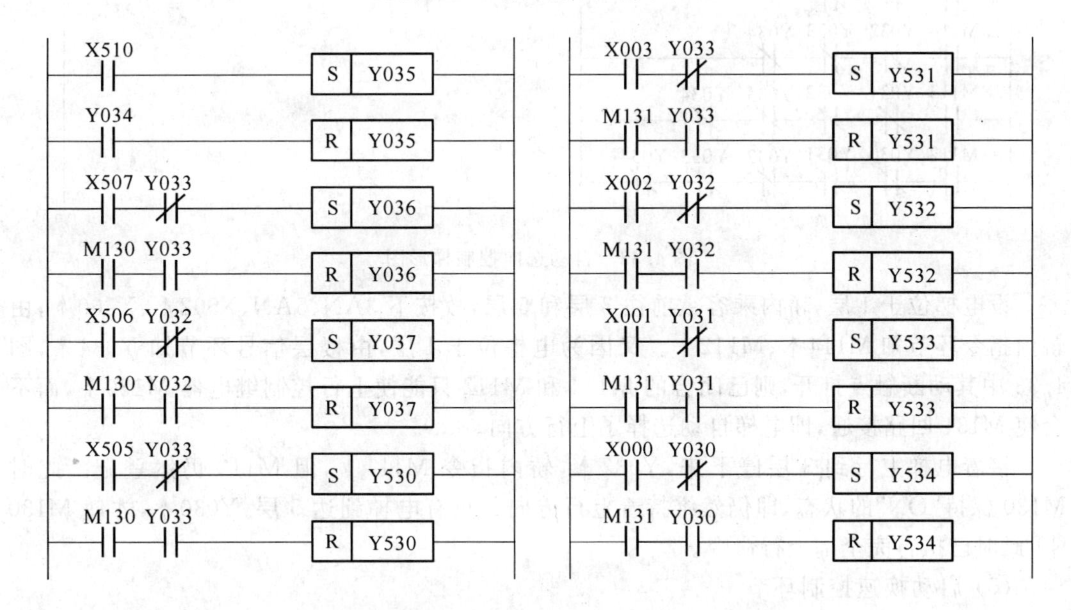

图 4.32　厅外召唤控制环节

设电梯在 1 层，2、4 层厅外乘客欲乘梯上行，故分别按下 2ASZ、4ASZ，同时 2 层还有乘客欲下行，按下 2AXZ，于是图 4.32 中 X507↑、X505↑、X003↑，输出继电器 Y036↑、Y530↑，分别使呼梯信号灯 2SZD、4SZD、2XZD 亮。司机接到指示信号后操纵电梯上行，故

M130↑。当电梯到达2层停靠时Y033↑,故Y036↓,2SZD灯熄灭。由于4层上召唤信号Y530仍然处于登记状态,故上行控制信号M130此时并不释放(具体在选向环节中分析)。因此,电梯虽然目前在2层,但该层下召唤信号Y531仍然不能清除,灯2XZD仍然亮。只有当电梯执行完全部上行任务返回到2层时,由于M131↑、Y033↑,下召唤信号Y531才能被清除。这就实现只清除与电梯运行方向一致的召唤信号这一控制要求。

(4) 自动选向控制环节。

选向就是电梯根据司机下达的轿内指令自动地选择合理的运行方向。自动选向控制的梯形图见图4.33。图中内部中间继电器M130/M131分别称为上/下方向控制中间继电器,其直接决定着方向输出继电器Y430/Y431的"ON"或"OFF"状态,从而控制接触器SC/XC,即决定着电梯的运行方向,下面分析其选向原理。

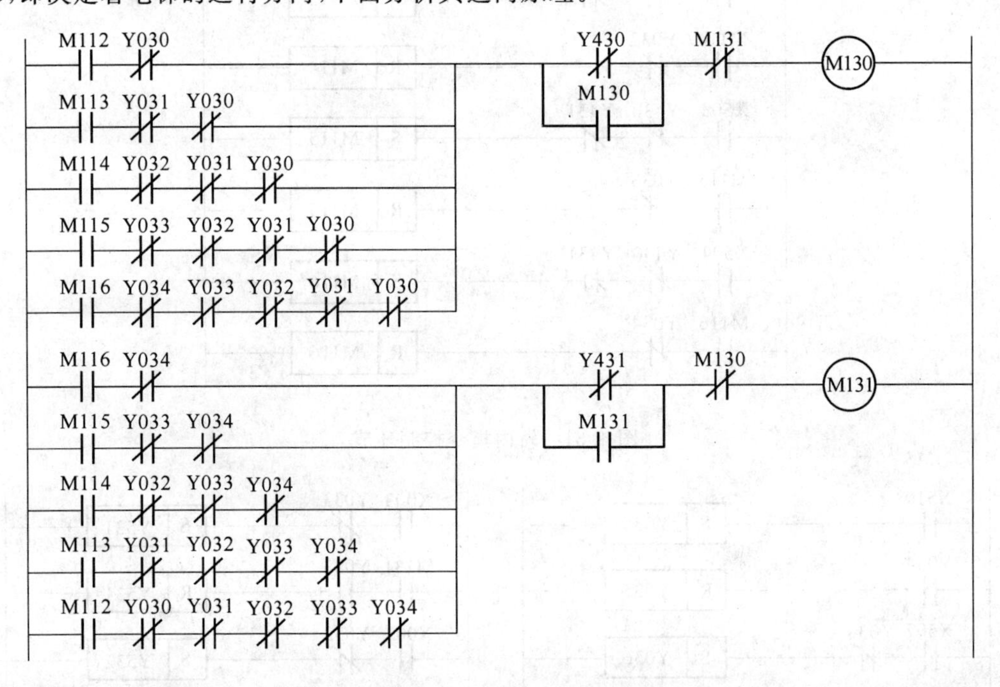

图4.33 自动选向控制梯形图

设电梯位于1层,轿内乘客欲前往3层和5层,故按下3AN、5AN、X502↑、X560↑,由轿内指令环节知M114↑、M112↑。又因为电梯位于1层,由楼层信号环节知Y034↑,图4.33中其动断触点打开,则已闭合的M114和M112只能使上行控制继电器M130↑,而不会使M131回路接通,即电梯自动选择了上行方向。

接着电梯上行到3层停下来,Y032↑,轿内指令M114↓,但M112仍然登记。此时M130保持"ON"的状态,即仍然维持着上行方向。只有电梯到达5层,Y030↑,才使M130↓,此时已执行完全部上行命令。

(5) 启动换速控制环节。

电梯启动时快速绕组接通,通过串入和切除电抗器改善启动舒适感。电梯运行到达目的层站的换速点时,应断开高速绕组,同时接通低速绕组,使电梯慢速运行,即为换速。换速点是楼层感应干簧管所安装的位置,见图4.28。图4.34和图4.35为控制启动、换速的梯形图。

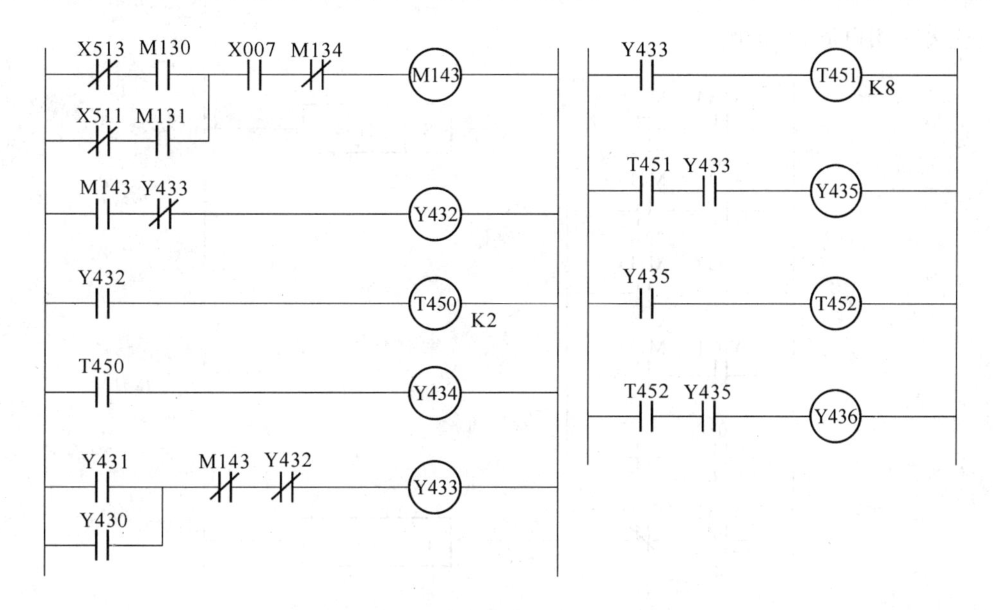

图 4.34　启动、换速控制梯形图

图 4.33、图 4.34 中，当电梯选择运行方向后，M130(M131)↑，Y430(Y431)↑，司机操纵使轿、厅门关闭，若各层门均关好，则 X007↑，则运行中间继电器 M143↑，有下述过程。

M143↑→Y432↑(KC 接通快速绕组)→T450 开始计时→T450↑→Y434↑(KJC 动作，切除启动电抗器 XQ)。显然，T450 延时的过程中，电动机串入 XQ 进行降压启动。

当电梯运行到有轿内指令的那一层换速点时，由图 4.35 可见，换速中间继电器 M134↑，发出换速信号。如有 3 层轿内指令登记，Y032↑，只有当电梯运行到 3 层时，M114↑，这时 M134↑发出换速命令，则有下述换速过程。

M134↑→M143↓→Y432↓(快速绕组回路断开)。

Y433↑(MC 动作，使慢速绕组回路接通)→T451 开始定时→T451↑→Y435↑。

(1MJC 动作，切除电阻 R)→T452 开始计时→T452↑→Y436↑(2MJC 动作，切除电抗器 XJ)。

图 4.34 中还有两种情况会使电梯强迫换速：一是端站强迫换速。例如电梯上行(M130↑)到最高层还没有正常换速，会碰撞上限位开关 SHK，则 X513↑，则 M143↓，电梯换速。二是电梯在运行中由于故障等原因失去方向控制信号，即 M130↓，M131↓(但由于自锁作用仍有 T450↑，T451↑)时，也会因 M143↓使电梯换速。

另外，在图 4.35 中，为避免换速继电器 M134 在一次换速后一直为 ON，故用 Y430 和 Y431 动断触点串联后作为 M134 的复位条件，即电梯一旦停止，M134 就复位，为电梯下次运行做好准备。

(6) 平层控制环节。

电梯平层控制的梯形图 4.36 中，X004、X005、X006 分别为下平层信号、门区信号和上平层信号。平层原理：如果电梯换速后欲在某层停靠时上行超过了平层位置，则 SPG 离开隔磁板，使 X005↓、M140↓，则 Y431 由 Y432、M140、M143 动断触点和 M142 常开触点接通。电梯在接触器 XC 作用下反向运动，直至隔磁板重新进入 SPG，使 M140↑。当电梯位于平层位置时，M140、M141 和 M142 均为“ON”状态，Y430、Y431 均变为“OFF”状态，即电动机脱离三相电源，并抱闸制动。

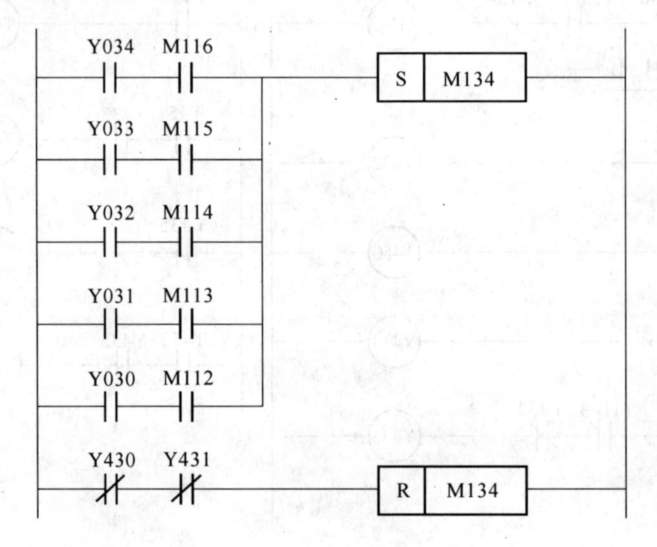

图 4.35　换速信号的产生

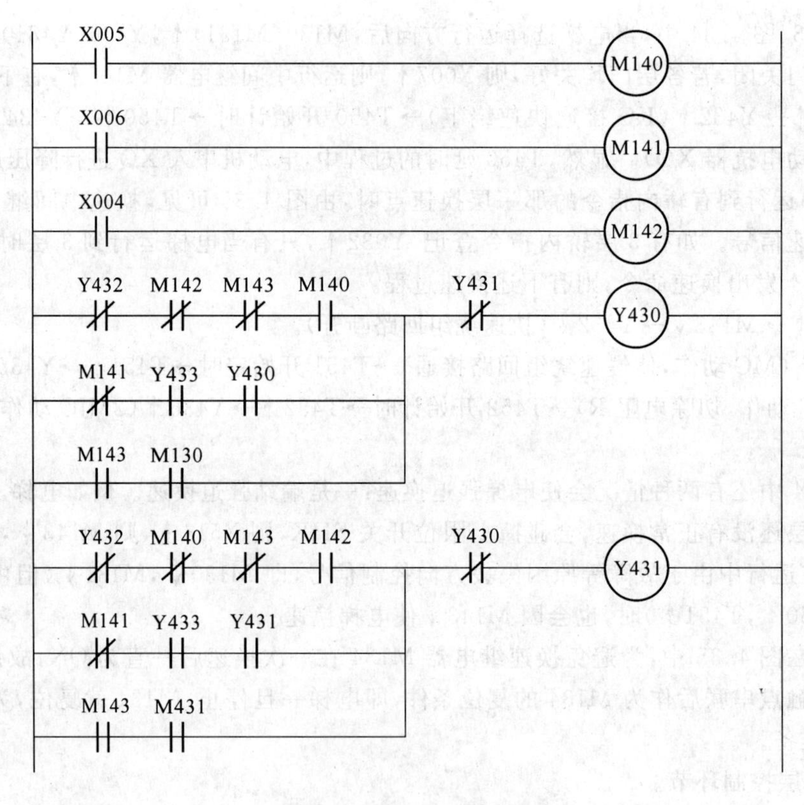

图 4.36　平层控制梯形图

(7) 开关门控制。

电梯在某层平层后自动关门，司机按下开、关门按钮应能对开、关门进行手动操纵。图 4.37 为相应的梯形图。图中 M136 是平层信号中间继电器，当电梯完全平层时，M136

↑,紧接着Y430↓、Y431↓,其动断触点复位,则Y535↑。由PLC接线图4.29可见,Y535↑意味着27号线与01号线接通,因此,开门继电器KMJ得电,电梯自动开门。X514是开门按钮输入,使门关好后重新使其打开。X515是关门按钮输入,当司机按下AGM时,X515↑、Y536↑,由图4.29可见,20号线与01号线接通,故GMJ得电,电梯关门。另外,由图4.34可见,电梯在运行中由于Y430↑,T450↑。因此,任何因素都不能使其开门。这是电梯安全运行的一个原则,在实现控制时必须予以保证。

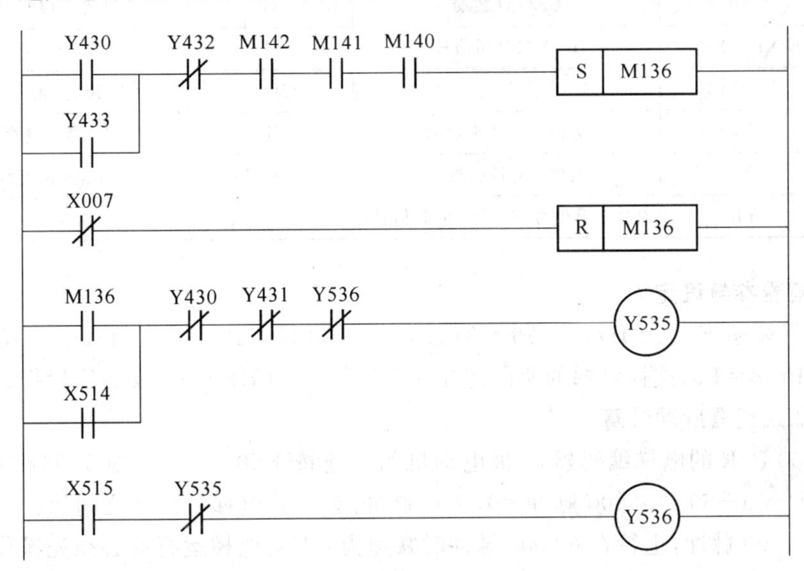

图4.37 开/关门控制梯形图

通过以上7个环节,说明了实现各主要功能控制的梯形图原理,将这些梯形图合并起来就构成了电梯PLC控制梯形图程序的主要部分。此外,完整的梯形图中还应包括检修、消防、有/无司机转换等功能环节,请读者按照有关要求执行。

4.4.2 简易电梯PLC控制系统

1. 控制系统的要求

(1) 电梯所停在楼层低于呼叫层时,则电梯上行至呼叫层停止;电梯所停在楼层高于呼叫层时,则电梯下行至呼叫层停止。

(2) 电梯停在1层,2层和3层同时呼叫时,则电梯上行至2层停止数秒,然后继续自动上行至3层停止。

(3) 电梯停在3层,2层和1层同时呼叫时,则电梯下行至2层停止数秒,然后继续自动下行至1层停止。

(4) 电梯上、下运行途中,反向召呼无效;且轿厢所停位置层召唤时,电梯不响应召唤。

(5) 电梯楼层定位采用旋转编码器脉冲定位(OVW2-06-2MHC型旋转编码器,脉冲为600P/R,DC 24V电源),不设磁感应位置开关。

(6) 电梯具有快车速度50 Hz、爬行速度6 Hz,当有平层信号时,电梯从6 Hz减速到0 Hz;即电梯到达目的层站时,先减速后平层,减速脉冲数根据现场确定。

(7) 电梯上行或下行前延时启动;具有上行、下行定向指示,具有轿厢所停位置楼层数码管显示。

2. I/O 端口分配

I/O 端口分配如表 4.2 所示。

表 4.2　I/O 端口分配

	端子	功能	端子	功能
输入	X0	C235 计数端	X7	计数在 1 层时强迫复位
	X1～X3	1～3 层呼叫信号		
输出	Y1～Y3	1～3 层呼叫指示灯	Y11	电梯下降(变频器 STR 信号)
	Y6	电梯上升箭头指示	Y12	RH 信号(爬行速度 6Hz 信号)
	Y7	电梯下降箭头指示	Y20～26	电梯轿厢位置数码显示
	Y10	电梯上升信号(变频器 STF 信号)		

3. 变频器参数设定

PU 运行频率 $F=50$ Hz，Pr. 79＝3(设定操作模式)，Pr. 4＝6 Hz(电梯爬行速度)，Pr. 7＝2 s，Pr. 8＝1 s，这样电梯的两段速度即变频器以 50 Hz 和 6 Hz 速度运行。

4. 电梯编码器脉冲计算

采用 600 P/R 的电梯编码器，4 极电动机的转速按 1 500 r/min，则 50 Hz 时的脉冲数为：(1 500 r/min÷60 s)×600 脉冲＝15 000 脉冲/秒。设电梯每两层之间运行 5 s，则两层之间相隔 75 000 脉冲，上行在 60 000 脉冲时减速为 6 Hz，电梯运行前必须先操作 X7，强制复位。3 层电梯脉冲数的计算，每层运行 5 s，提前 1 s 减速，具体计算如图 4.38 所示。

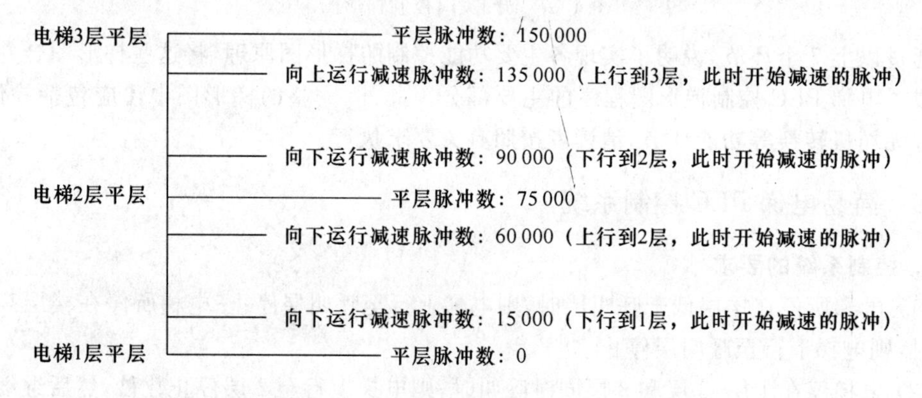

图 4.38　三层电梯脉冲计算示意图

5. 三层电梯控制综合接线

三层电梯控制综合接线如图 4.39 所示。

注：上图接线时，编码器 PLG 上的 DC 24 V 电源不用再外接；编码器的 0 V 一定要和 PLC 的输入端 COM 相连；编码器上的脉冲 A 或 B 只接其中的一个。

6. 电梯控制程序梯形图

电梯控制程序梯形图如图 4.40 所示。

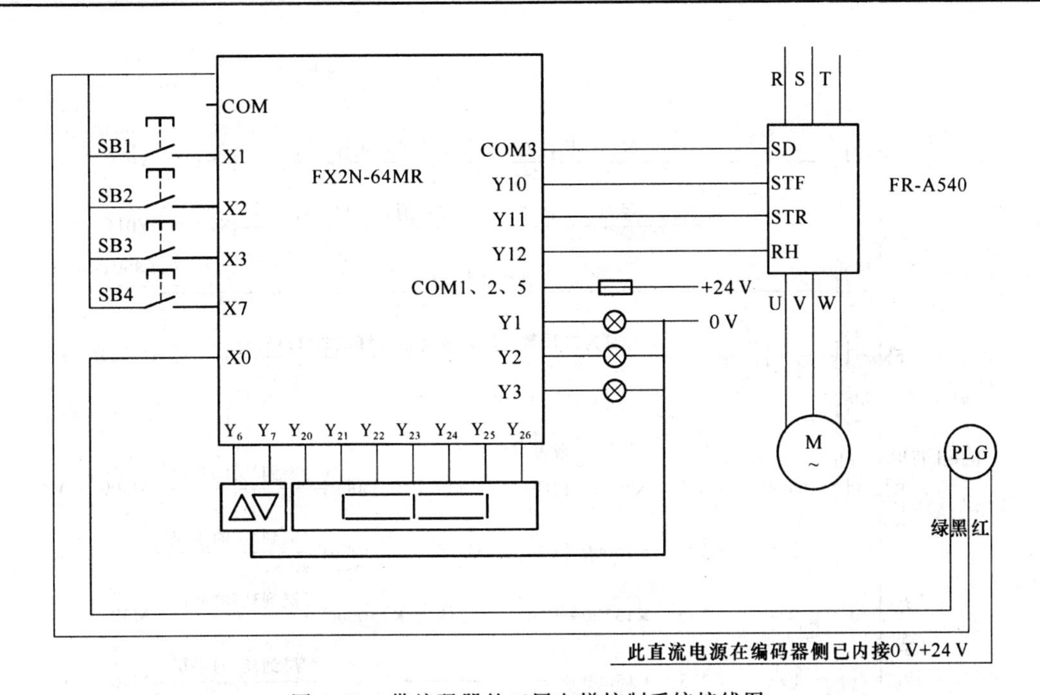

图 4.39　带编码器的三层电梯控制系统接线图

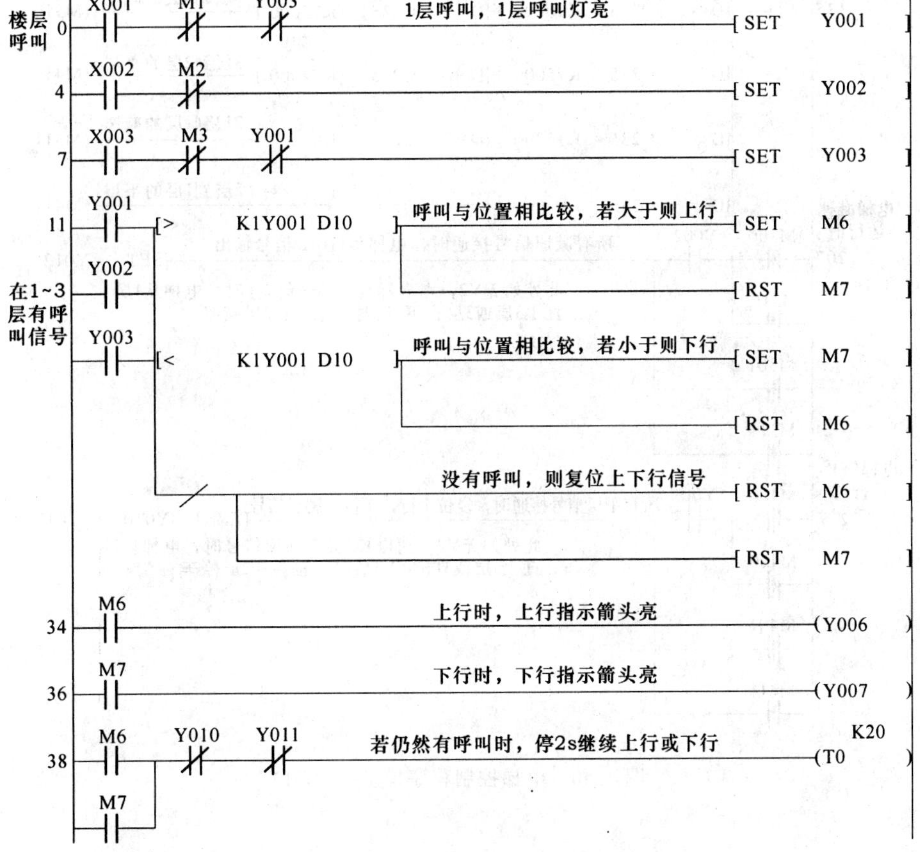

图 4.40　电梯控制程序梯形图

45 —| |T0— —| |M6— 经过2s后，如上行信号接通，电梯上行 —[SET Y010]

—| |M7— 经过2s后，如下行信号接通，电梯下行 —[SET Y011]

52 —| |M8000— 驱动计数器C235 —(C235 K1 800 000)

58 —| |Y011— —|/|Y010— 下行时为减计数，所以驱动辅助继电器M235 —(M8235)

—| |M8235—

电梯上行时

63 —| |M6— 脉冲区间比较

[D>= C235 K60000]—[D< C235 K75000] 1层到2层的减速 —(M300)

[D>= C235 K75000]—[D< C235 K76000] 1层到2层的平层 —(M400)

[D>= C235 K135000]—[D< C235 K150000] 2层到3层的减速 —(M301)

[D>= C235 K150000] 2层到3层的平层 —(M401)

电梯下行时

135 —| |M7—

[D<= C235 K90000]—[D> C235 K75000] 3层到2层的减速 —(M310)

[D<= C235 K75000]—[D> C235 K74000] 3层到2层的平层 —(M410)

[D<= C235 K15000]—[D> C235 K0] 2层到1层的减速 —(M311)

[D<= C235 K0] 2层到1层的平层 —(M411)

电梯减速运行时

207 —|↑|M300— —| |Y002— 所有减速信号接通时，电梯爬行6Hz信号输出 —[SET Y012]

—|↑|M310—

此处如无Y2，则电梯2层无呼梯信号时，电梯从1层直上3层或3层直下1层时，也会在2层减速

—|↑|M301—

—|↑|M311—

电梯停止运行时

217 —|↑|M400— —| |Y002— 所有平层信号接通时，复位上行、下行、爬行信号 —[ZRST Y010 Y012]

—|↑|M410—

此处如无Y2，则电梯2层无呼梯信号时，电梯从1层直上3层或3层直下1层时，也会在2层停车

—|↑|M401—

—|↑|M411—

图 4.40 电梯控制程序梯形图(续 1)

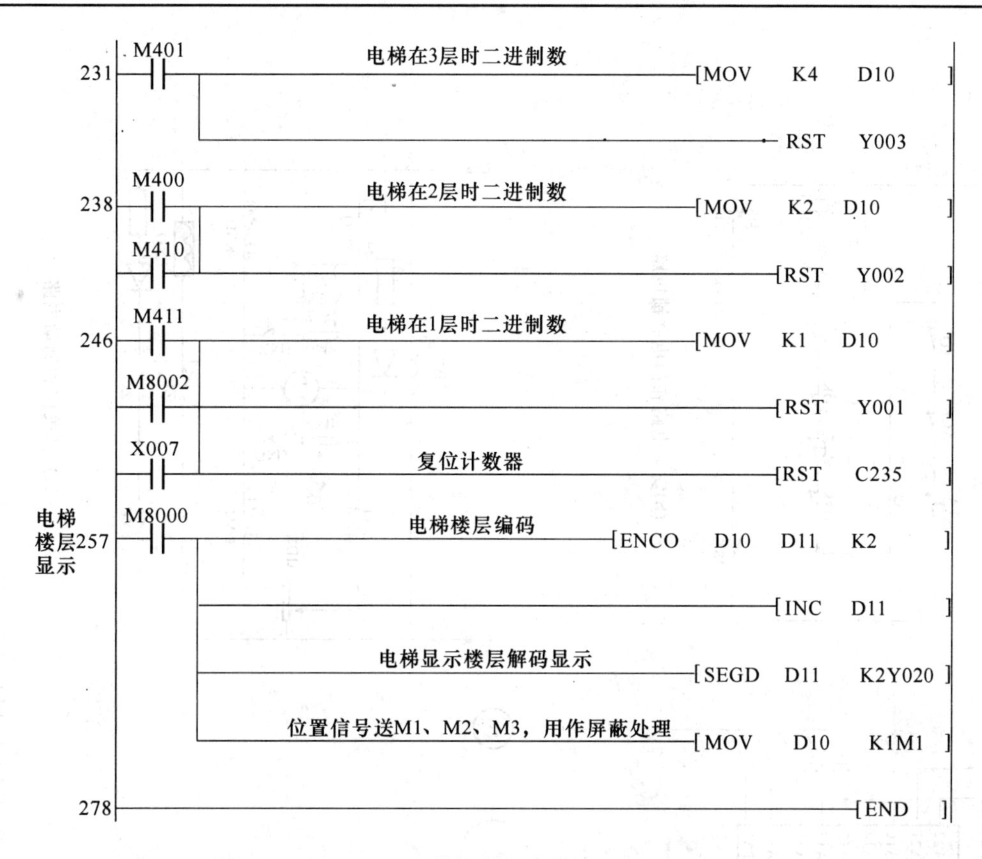

图 4.40　电梯控制程序梯形图(续 2)

4.4.3　交流单速异步电动机变频调速电梯 PLC 控制系统

图 4.41 所示控制电路原理图适用于额定速度 $v\leqslant 1.0$ m/s、4 层 4 站、曳引电动机功率小于 18.5 kw 的电梯，其 PLC 梯形图参考程序如图 4.42 所示。

1. 主要电气部件的选用

(1) 拖动系统中的曳引电动机最好采用变频调压调速专用电动机，同步转速和功率取决于电梯额定速度、额定载荷、曳引电动机的传动效率等。

(2) 变频器可以采用日本安川技术在中国上海组装的 VS-616G5 型安川变频器。变频器的输出功率应大于等于曳引电动机的额定功率。该变频器的性价比较好，通过自学容易获取曳引电动机的参数，其缺点是现场调整点比较多，现场调试相对麻烦，但通过认真按说明书的提示和电梯的运行特点设置和调整相关参数，一般均能获得比较满意的电梯乘坐舒适感和使用效果。

(3) 编码器可以采用中国上海生产的 HLE-600L-3F 型轴套式旋转编码器，与 VS-616G5 变频器构成闭环控制。

(4) PLC 采用三菱 FX2N-64M 型 PLC，电梯运行计数控制采用日本立石公司的 OMRON、E4 型光电开关。

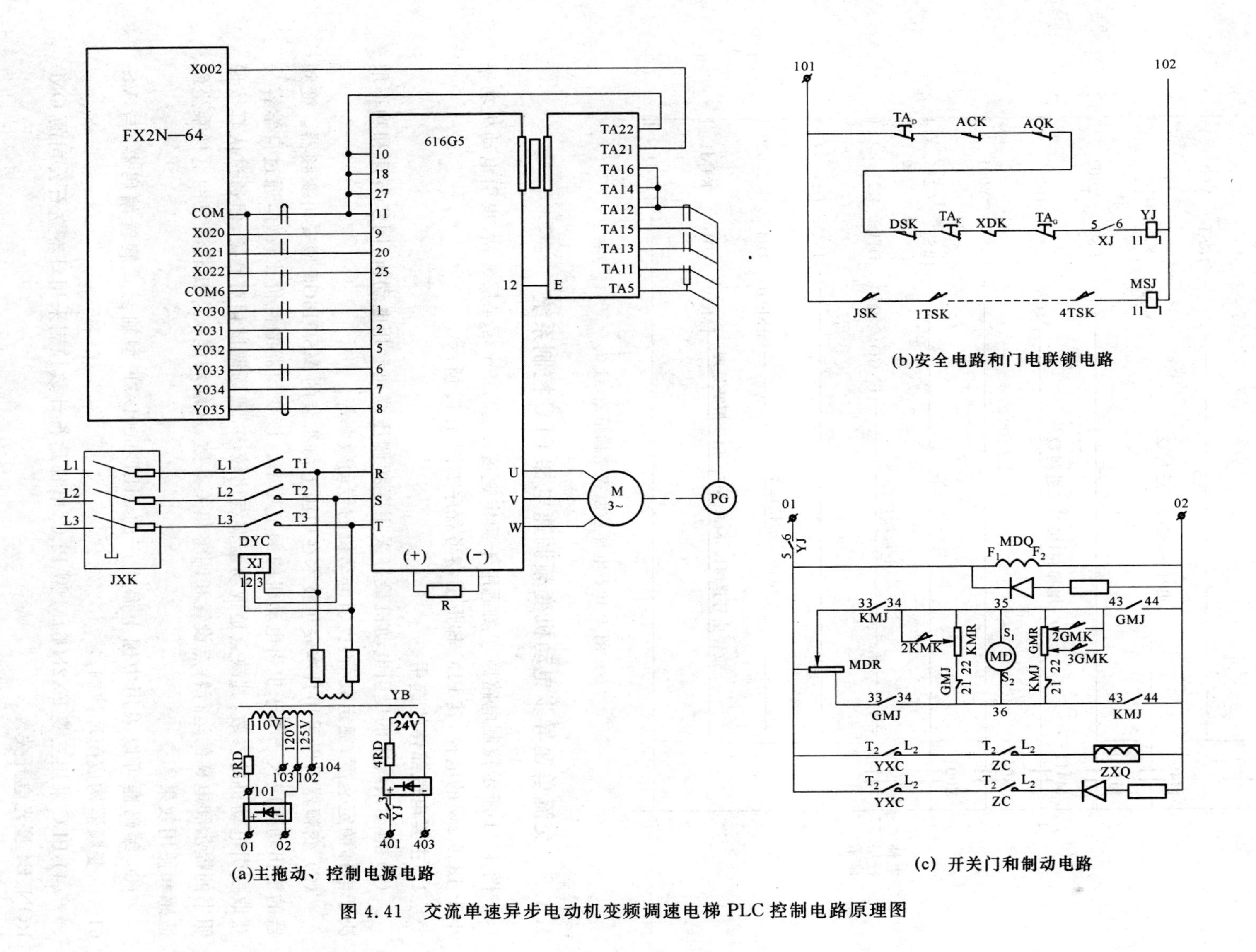

图 4.41 交流单速异步电动机变频调速电梯 PLC 控制电路原理图

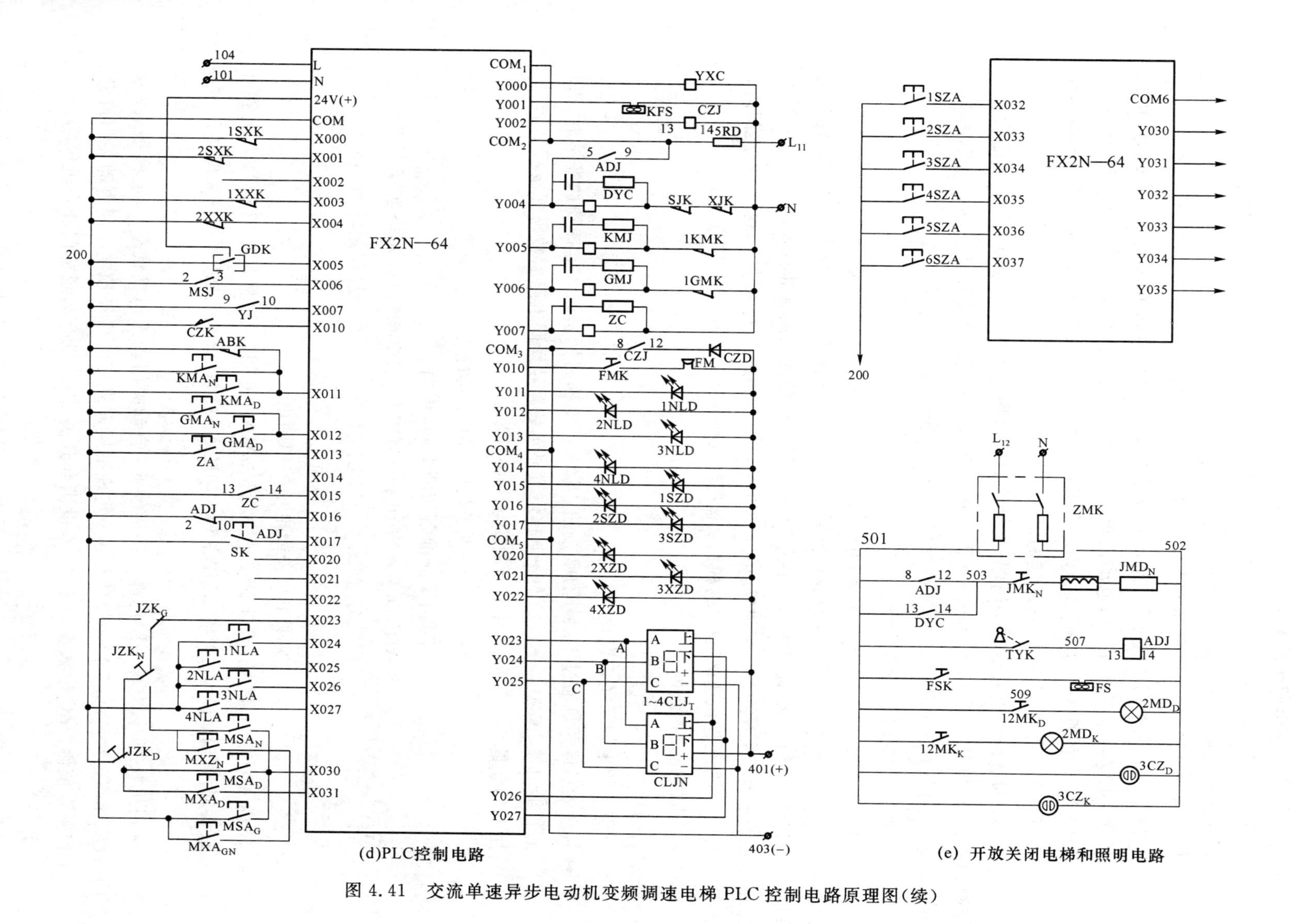

(d)PLC控制电路

(e) 开放关闭电梯和照明电路

图 4.41　交流单速异步电动机变频调速电梯 PLC 控制电路原理图(续)

2. 交流单速异步电动机变频调速 PLC 控制电梯工作过程

(1) 运行前的准备工作

① 慢速运行前的准备工作

- 根据变频器说明书,按电梯的性能要求和运行特点重新设置变频器的有关参数。
- 根据变频器说明书的提示和方法,在曳引电动机无载荷的情况下,通过变频器键面操作,使变频器完成对曳引电动机相关参数的自学。本电梯控制系统为有 PG 矢量控制方式,必须通过自学,由变频器自动设定必要的电动机有关参数,这样才能实现电梯的矢量控制运行,达到最佳的运行效果。

所谓 PG 即脉冲输出式旋转编码器,矢量控制即磁场和力矩互不影响,按指令进行力矩控制;电流矢量控制,是同时控制电动机的一次电流及其相位,分别独立控制磁场电流和力矩电流,实现在极低速状态下的平滑运行和高力矩高精度的速度及力矩控制。

② 快速运行前的准备工作

电梯安装或改造大修工程基本完工,并经慢速上下运行检查校验,确认电梯机电主要零部件技术状态良好。变频器相关参数经认真设定后,还应将 PLC 的输入点 X014 与线号 200 短接,控制电梯自下而上运行一次,让 PLC 做一次学习,使旋转编码器输出的脉冲存入预定的通道里,作为正常运行时 PLC 实现测距和控制减速的参考信号,自学成功后应将 X014 与线号 200 之间的短接线拆除。此后便可做快速试运行,并根据试运行结果进行认真调整,直到满意为止。

(2) 门机操作及控制原理

① 关门

a. 下班关闭电梯及关门断电

- 管理人员或司机通过 1 层外召唤按钮 1SZA 把电梯召回基站。电梯到达基站后,PLC 的软继电器 M600↑→Y023↑→电梯位置显示装置经译码电路后数码管显示 1 字。
- 用专用钥匙扭动厅外召唤箱上的钥匙开关 TYK

TYK,TYK↑→ADJ↓→
- $ADJ_{8,12}$↓→准备切断 JMD_N 电路。
- $ADJ_{9,5}$↓→准备切断 DYC 电路。
- $ADJ_{2,10}$↓→X016↓→M15↑→T006↑→GMJ→实现下班关门,门关好,MSJ↑→$MSJ_{2,3}$↑→X 006↑→经额定时间 T1↑→M500↓、M15↓→Y004↓,实现下班关闭电梯关门断电。

b. 轿内关按钮 GMA_N 或轿顶关门按钮 GMA_D 关门。管理人员或检修人员按下 GMA_N 或 GMA_D 时,GMA_N↑或 GMA_D↑→X012↑→Y006↑→GMJ↑→…实现关门按钮关门。

c. 无司机状态下,电梯平层停靠开门后经 6 s 自动关门。无司机状态下,电梯平层停靠开门后经 6 s,T3↑→Y006↑→GMJ↑→…实现平层停靠开门后经预定时间自动关门待命。

本控制系统因 PLC 输入点数不够,不设满载开关,因此没有满载关门和直驶等功能。

② 开门

a. 上班送电开门开放电梯。司机或管理人员用专用钥匙扭动厅外召唤箱上的钥匙开

关 TYK,TYK↑→501 和 507 接通→ADJ↑→

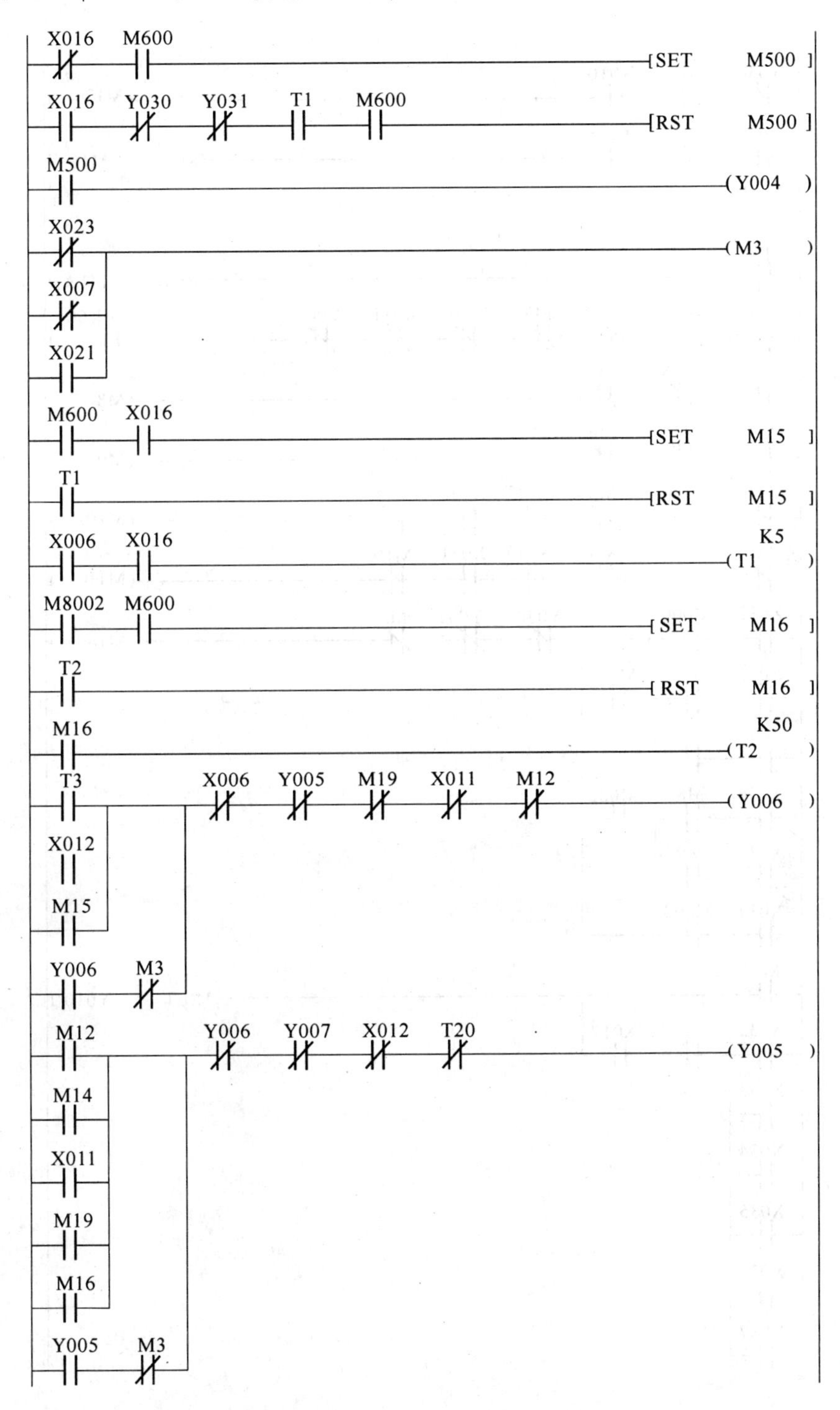

图 4.42　PLC 梯形图程序

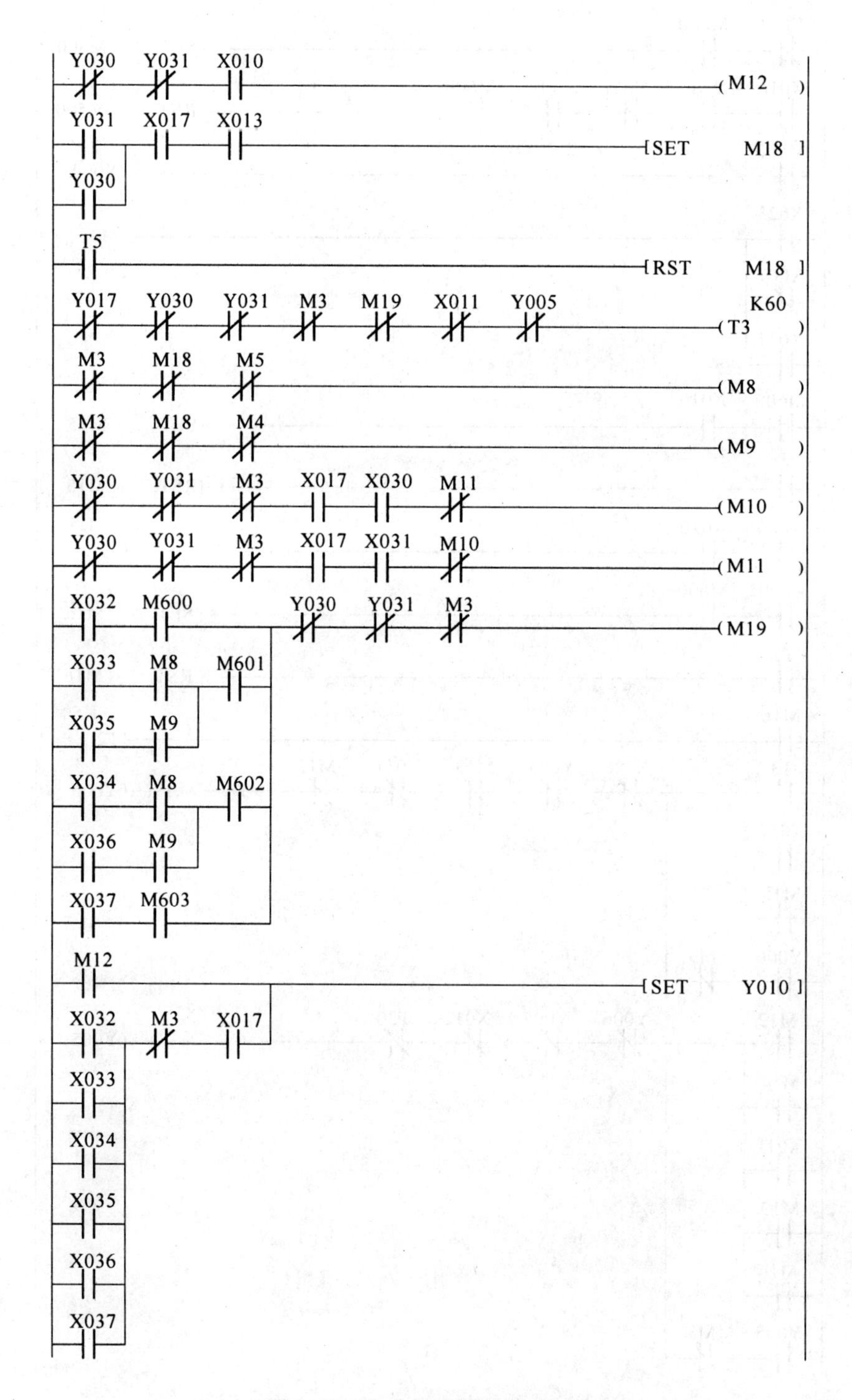

图 4.42 PLC 梯形图程序(续 1)

```
 T4
─┤├──────────────────────────────────────[RST   Y010 ]
 Y010                                          K8
─┤├──────────────────────────────────────(T4      )
 M12    T4
─┤├────┤/├───────────────────────────────(Y002    )
 Y030
─┤├──────────────────────────────────────(Y026    )
 Y031
─┤├──────────────────────────────────────(Y027    )
 X024   M600
─┤├────┤/├───────────────────────────────[SET   Y011 ]
 M3
─┤├─────────┬────────────────────────────[RST   Y011 ]
 M600   T5  │
─┤├────┤├───┘
 X025   M601
─┤├────┤/├───────────────────────────────[SET   Y012 ]
 M3
─┤├─────────┬────────────────────────────[RST   Y012 ]
 M601   T5  │
─┤├────┤├───┘
 M26    M602
─┤├────┤/├───────────────────────────────[SET   Y013 ]
 M3
─┤├─────────┬────────────────────────────[RST   Y013 ]
 M602   T5  │
─┤├────┤├───┘
 X027   M603
─┤├────┤/├───────────────────────────────[SET   Y014 ]
 M3
─┤├─────────┬────────────────────────────[RST   Y014 ]
 M603   T5  │
─┤├────┤├───┘
 M7                                            K5
─┤├──────────────────────────────────────(T5      )
 X032   M600
─┤├────┤/├───────────────────────────────[SET   Y015 ]
 M3
─┤├─────────┬────────────────────────────[RST   Y015 ]
 M600   T5  │
─┤├────┤├───┘
 X033   M601
─┤├────┤/├───────────────────────────────[SET   Y016 ]
```

图 4.42　PLC 梯形图程序(续 2)

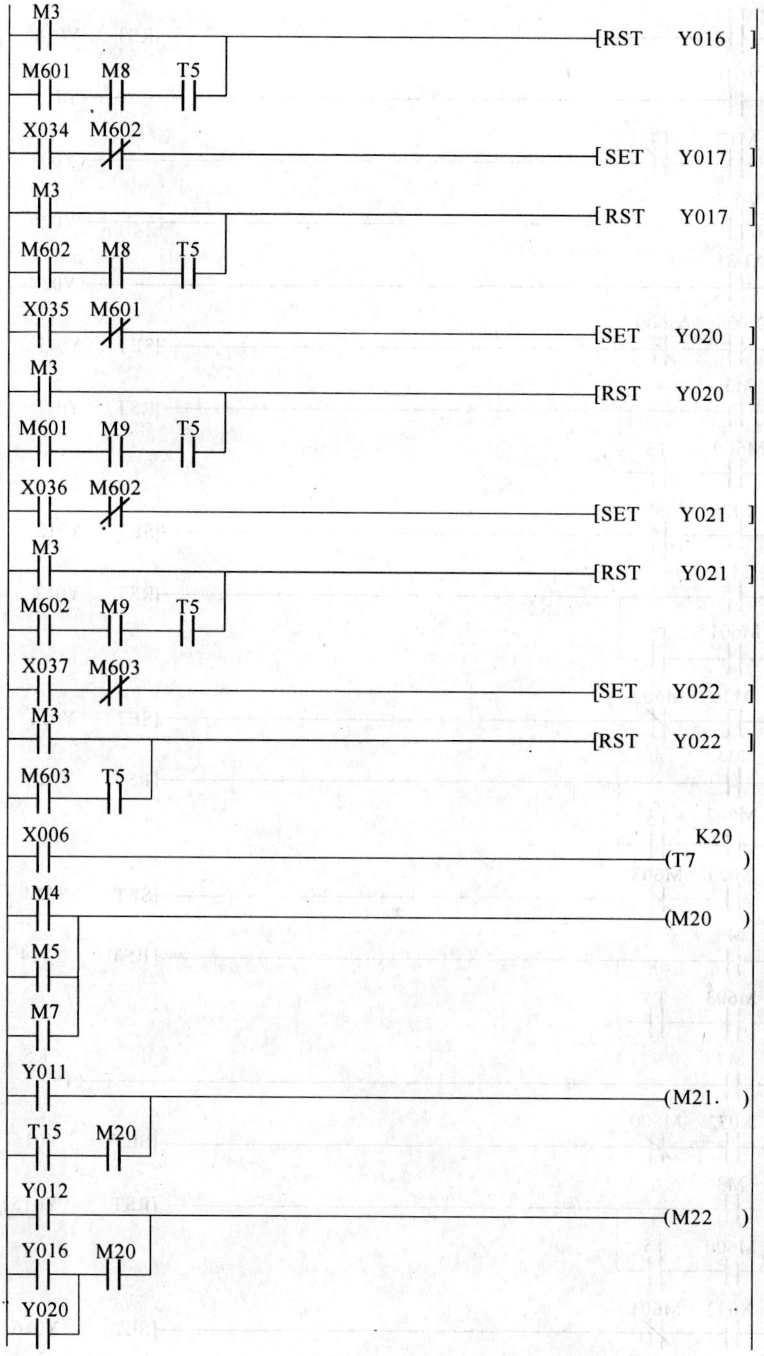

M3 —[RST Y016]
M601 M8 T5
X034 M602 —[SET Y017]
M3 —[RST Y017]
M602 M8 T5
X035 M601 —[SET Y020]
M3 —[RST Y020]
M601 M9 T5
X036 M602 —[SET Y021]
M3 —[RST Y021]
M602 M9 T5
X037 M603 —[SET Y022]
M3 —[RST Y022]
M603 T5
X006 —(T7 K20)
M4 —(M20)
M5
M7
Y011 —(M21.)
T15 M20
Y012 —(M22)
Y016 M20
Y020

图 4.42 PLC 梯形图程序(续 3)

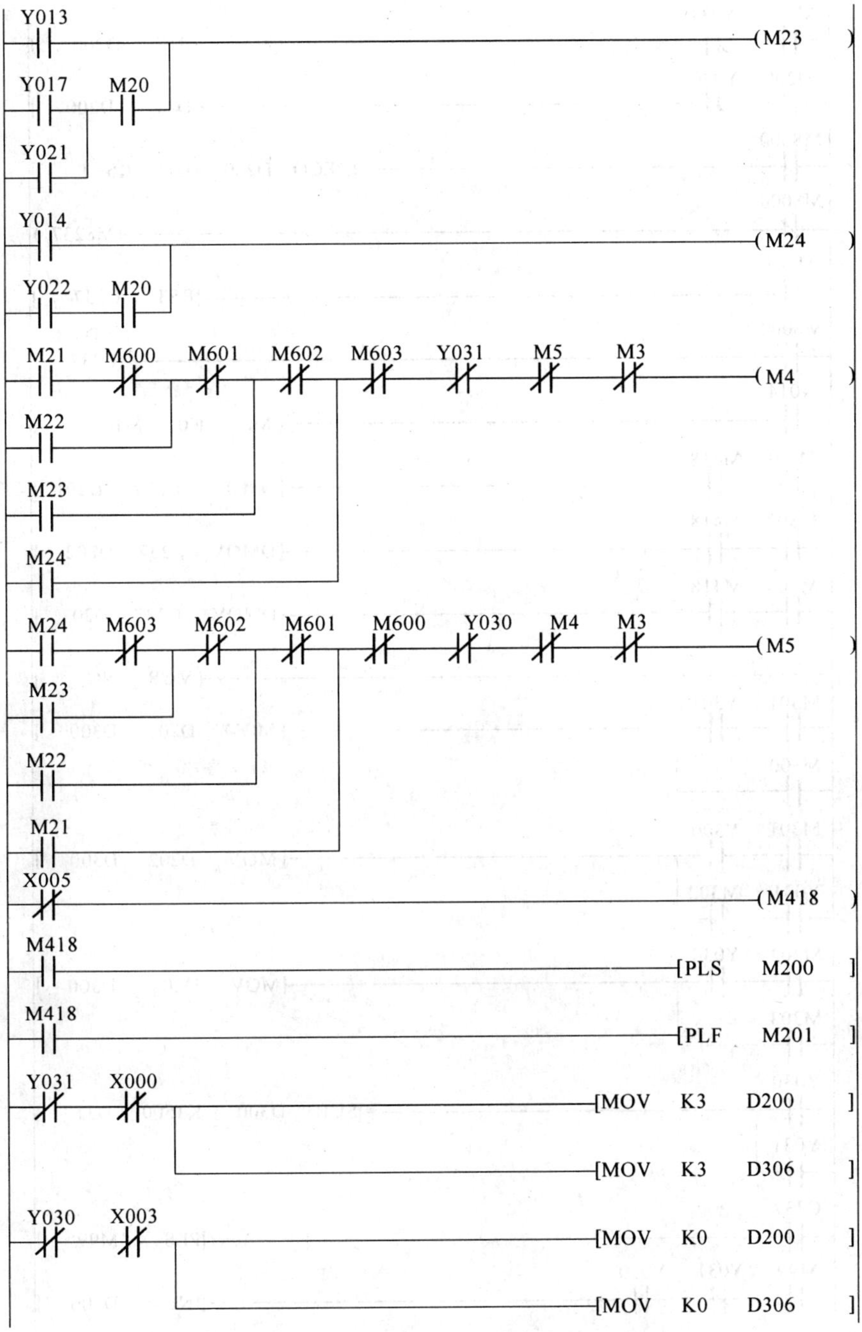

Y013 (M23)
Y017 M20
Y021
Y014 (M24)
Y022 M20
M21 M600 M601 M602 M603 Y031 M5 M3 (M4)
M22
M23
M24
M24 M603 M602 M601 M600 Y030 M4 M3 (M5)
M23
M22
M21
X005 (M418)
M418 [PLS M200]
M418 [PLF M201]
Y031 X000 [MOV K3 D200]
[MOV K3 D306]
Y030 X003 [MOV K0 D200]
[MOV K0 D306]

图 4.42　PLC 梯形图程序(续 4)

```
M200  Y031
─┤├──┤/├──────────────[INC   D200]
M200  Y030
─┤├──┤/├──────────────[DEC   D200]
M8000
─┤├───────────────────[DECO  D200  M300  K5]
M8000
─┤/├──────────────────(M8237)
M201
─┤├───────────────────[RST   C237]
M8000                        D310
─┤├───────────────────(C237)
X014
─┤├───────────────────[MC    N0    M101]
M301  M418
─┤├──┤├───────────────[DMOV  C237  D201]
M302  M418
─┤├──┤├───────────────[DMOV  C237  D202]
M303  M418
─┤├──┤├───────────────[DMOV  C237  D203]
──────────────────────[MCR   NO]
M301  Y301
─┤├──┤├──┬────────────[MOV   D201  D300]
M300     │
─┤├──────┘
M301  Y300
─┤├──┤├──┬────────────[MOV   D202  D300]
Y031  M302
─┤├──┤├──┘
M302  Y030
─┤├──┤├──┬────────────[MOV   D203  D300]
M303     │
─┤├──────┘
Y030
─┤├──┬────────────────[SUB   D300  K1500  D310]
Y031 │
─┤├──┘
C237
─┤├───────────────────[PLS   M99]
M99   Y031  Y030
─┤├──┤/├──┤├──────────[INC   D306]
```

图 4.42　PLC 梯形图程序(续 5)

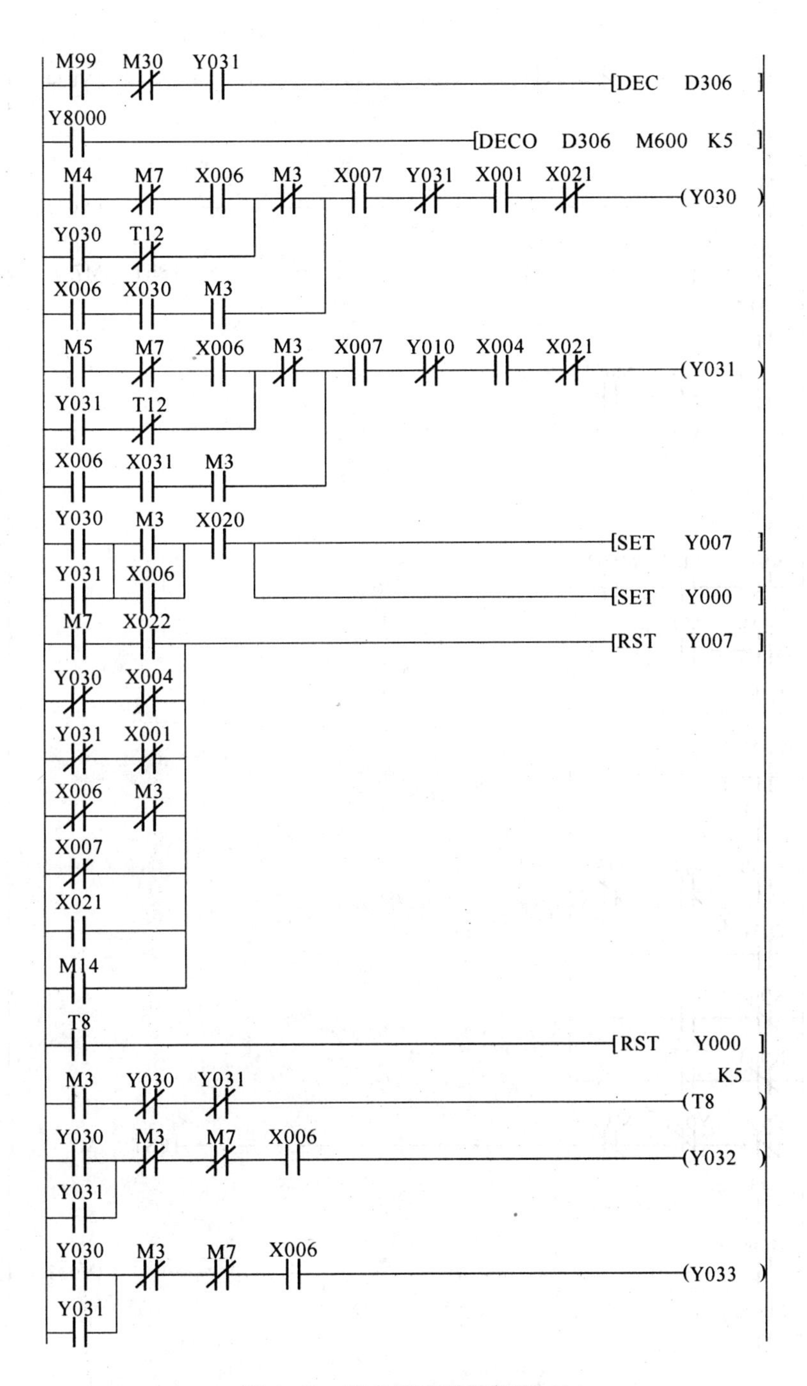

图 4.42　PLC 梯形图程序(续 6)

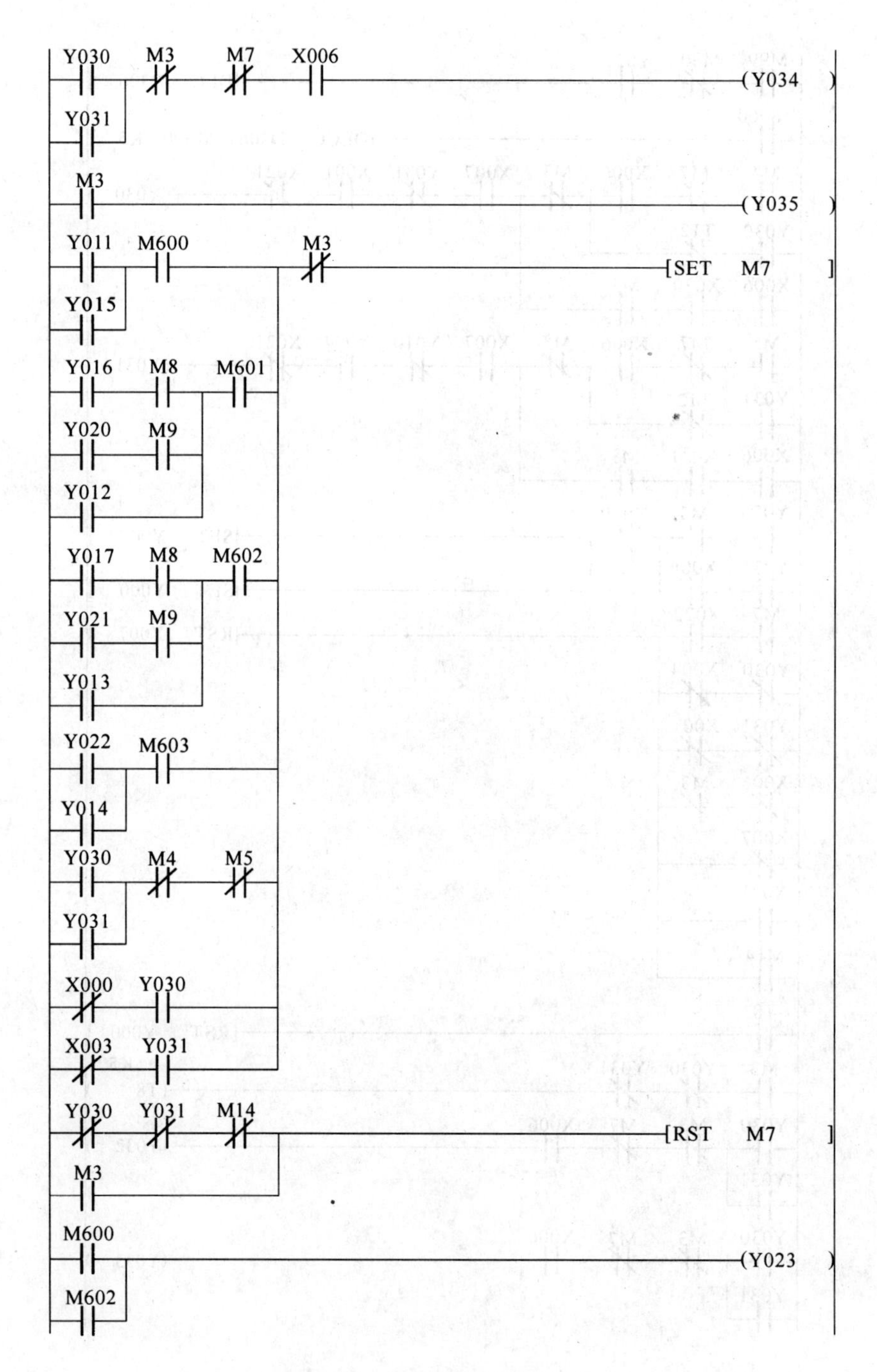

图 4.42 PLC梯形图程序(续7)

```
M601                                                   (Y024   )
M602
M603                                                   (Y025   )
Y001      T10                                          (Y001   )
Y030
Y031
Y030      Y031                                         K6000
                                                       (T10    )
Y030      M7      X022      M3      X006      T12      (M14    )
Y031
M14
Y030      M7      M418      M3                         [SET    M70    ]
Y031
X006                                                   [RST    M70    ]
X007
T12
X006      X011      Y006      M19                      K60
                                                       (T20    )
Y031      Y007                                         K10
                                                       (T12    )
Y031
                                                       [END    ]
```

图 4.42　PLC 梯形图程序(续 8)

ADJ$_{8,12}$ ↑→准备切断 JMD$_N$ 亮。

ADJ$_{2,10}$ ↑→X016 ↓→准备接通 M500 的吸合电路。

ADJ$_{9,15}$ ↑→DYC ↑→PLC 得电,专用继电器

M8002 ↑(动作一个周期)→M16 ↑→
- 经过预定时间 T2 ↑→M16 ↓。
- Y005 ↑→KMJ ↑…实现上班送电开门开电梯
- M600 ↑…电梯位置显示装置显示 1 字

b. 超载开门

在非检修状态下,电梯超载时:

CZK↑→M12↑→ { Y005↑→KMJ…实现超载开门。 / Y010、Y002↑→FM响,CZD亮、T4经预定时间↑→Y010、Y002↓…FM断续响,CZD闪亮。 }

c. 本层开门。在非检修状态下,厅外乘用人员按下电梯停靠待命层站厅外召唤箱上的按钮NSA或NXA时,M19↑→Y005↑→KMJ↑…,实现本层开门。

d. 轿内开门按钮KMA_N、轿厢开门按钮KMA_D和安全触板开门。乘用人员或检修人员按下KMA_N、KMA_D或碰压安全触板ABK复位时,X011↑→Y005↑→KMJ↑…实现开门按钮或安全触板开门。

e. 平层停靠开门。电梯到达准备前往层站平层时,恰好电梯的速度为零,因而变频器的输出也为零。由于变频器的输出为零,X022↑→M14↑→Y000↓、Y007↓→Y005↓→KMJ↑…实现到站零速平层停靠放闸开门。

(3) 3层厅外乘客按下3XZA要求下行。3层厅外乘客看到电梯位置显示装置显示"1"字,获悉电梯已经送电开放,而按下3XZA要求下行时,对3层下行召唤信号的处理与交流调速电梯相似,不予重复。

(4) 设电梯为司机操作运行状态,司机听到蜂铃信号后要答应乘员召唤,开梯到3层接送乘客。司机应答3层乘客按下3XZA要求下行的操作与交流调速电梯的控制原理相似,有两种操作控制方法可供选择。若司机听到蜂铃信号后,直接按下关门按钮,启动电梯前往3层送乘员。

① 3层厅外乘客点按下行召唤按钮时,3XZA↑→X036↑→Y021↑→3XZD点亮。

② 司机直接按下关门按钮,电梯启动、加速、满速向3层运行:司机按下关门按钮,GMA_N↑→X012↑→Y006↑→GMJ↑…门关好MSJ↑→$MSJ_{2,3}$↑→X006↑→经预定时间T7↑→M20↑→M23↑→M4↑→Y030↑→Y032↑、Y033↑、Y034↑,此时有以下两种情况。

- 变频器内的计算机适时给出运行答应信号,X020↑→Y000↑和Y007↑→ZC→制动器线圈ZXQ得电松闸。
- 变频器内的计算机适时调出整定后的运行速度曲线指令,控制逆变器输出频率和电压连续可调的三相交流电源,曳引电动机YD得电启动、加速、满速向3层运行。

③ 电梯到达3层的上行换速点时开始减速运行:电梯由1层向3层运行过程中,光电开关离开每层楼的遮光板时,光电开关GDK↑→X005↓→M418↑→M200动作一个上沿微分周期→INC_{D200}执行上行计数,并将结果经转移传送、解码后控制对应的软辅助继电器M600～M603动作,实现对电梯的运行控制。当位于轿顶的光电开关离开位于井道的2层遮光板时,SUB指令按旋转编码器给出的脉冲开始运算计数,当叠积计数与预先存入通道内2～3层脉冲的差等于SUB指令的设定值时,M602↑→M7↑→Y033↓、Y034↓→变频器内的计算机适时控制逆变器改变输出电源的频率和电压,电梯按变频器的给定速度曲线指令减速运行,当M602↑时,电梯位置显示"3"字。

④ 电梯在3层零速平层停靠开门:经对变频器和PLC相关参数的反复调整和整定,当电梯在3层平层时,变频器的输出也恰好为零,X022↑→M14↑、Y000↓、Y007↓→

{ Y005↓→KMJ↑…实现零速平层停靠放闸开门。 / 经预定时间T12↑→M14↓、Y030↓、M7↓、M70↓,控制系统处待启动运行状态。 }

(5) 乘客进入轿厢，司机问明准备前往楼层，若乘客准备前往 1 层，电梯下行时的控制原理与上行时相似。

(6) 电梯从 1 层到 3 层或从 3 层到 1 层，2 层厅外顺向召唤信号截梯；司机状态下强迫换向；司机状态下直驶；无司机状态下乘员自行操作；检修慢速上、下运行控制的工作原理与交流调速电梯的控制原理相似；不再重复。

4.5　电梯群控系统

4.5.1　电梯群控的发展过程

随着高层建筑的出现和建筑面积的扩大，特别是大型办公楼，只有单台电梯不能很好应付全部客流，因此需要设置几台或多台电梯。但若多台电梯不能相互协助，而是各自独立操作，当乘客同时按下几台电梯的层站呼梯按钮时，就可能使几台轿厢去应答同一呼梯信号，而造成很多空载运行和不必要的停站，电梯不能有效工作，而且在频繁的需求下会造成轿厢聚群现象；另外在办公大楼这类大型建筑物中，上下班的单行客流十分集中，上班时上行乘客，下班时的下行乘客，午饭时的上下行乘客非常多，单靠增加电梯的荷载、速度、台数是不能适应这种客流量的剧烈变化规律的，也难以克服轿厢的频繁往返，更无法改善在某段时间内必然出现的长时间候梯现象。

电梯群控方式是指将多台电梯分组，根据楼内交通量的变化，利用计算机控制，实行最优输送的一种运行方式。该方式可消除由于交通流量变化而引起的混乱，提高运输效率。它根据轿厢的人数、上下方向的停站数、层站及轿厢内呼梯以及轿厢所在的位置等因素，来实时分析客流的变化情况，自动选择最适宜于客流情况的输送方式。因此可以把安装在一起的多台电梯的控制系统相互连接，且装有自动监控系统。在这样的系统中，层站的召唤按钮对所有并联电梯来说是共有的，交通流量监控系统确定梯群中的哪一台电梯去应答层站召唤信号。

在 20 世纪 40 年代，美国的两大电梯制造公司奥的斯电梯公司和西屋电机公司研究出了电梯群控方式，它能根据客流情况的变化，高效率地对所有各层进行充分的服务。据统计，在为办公楼提供的电梯中，群控电梯 1950 年占 12%，而 1953 年则上升至 80%，1975 年使用计算机以后，进入了现代电梯群控系统阶段。实践证明，对于办公楼等大型高层建筑，采用群控电梯，可使电梯交通系统服务质量大为改善，一般可使平均间隙时间缩短 15%～25%，即输送能力提高 15%～25%。由于实现自动调度和各层均等服务，使候梯时间大大减少，一般可减少 40%～60%。据研究，乘客的候梯心理烦躁程度是与候梯时间的平方成正比的，当候梯时间超过 60 s 即为所谓长候梯时间，其心理烦躁程度会急剧上升，电梯群控方式大大地改善了这种状态。

4.5.2　电梯群控系统的类型

(1) 从服务功能上，电梯群控系统可分 3 种

① 全自动群控运行方式。该系统适用于上下班时，比较缓慢地出现暂时客流高峰的情况，如用于出租给几个公司的办公大楼或大中型宾馆中。该方式适用于平时客流量经常有变化，需要使用 3～5 台梯组的一种经济运行方式。

② 全自动群控方式兼带高峰负荷服务。该系统适用于上下班时，出现暂时客流高峰的

情况，如独家公司专用或类似专用的办公大楼，这种高级运行操作方式，在平时能消除特定的、因暂时高峰负荷而出现的混乱，使3～8台梯组能进行周密的服务。

③ 全自动群控运行方式兼带信息的存储。该系统适用于独家公司专用大型办公楼或大型宾馆，具有电梯群控功能和多元通信处理功能，可适应营业时间内的各种交通客流变化情况，通过及时预约、缩短候梯时间等功能来提高服务效率。

(2) 从电梯服务方式上，电梯群控系统可分为6种

单程快行、单程区间快行、各层服务、往返区间快行、单程高层服务、单程低层服务。

(3) 从运行状态上，电梯群控系统一般分为

客闲状态、平常状态、上行高峰状态、分区上行高峰状态、下行高峰状态、分区下行高峰状态、午饭交通状态、特殊运行状态、乘客服务状态。

(4) 按元器件技术，电梯群控系统可分为3种

继电器式群控、集成电路式群控、计算机式群控。

4.5.3 电梯群控系统的组成

1. 电梯群控系统一般结构

电梯群控系统的结构因不同生产厂家而有差异，但其基本结构大体相同，见图4.43。它包括：轿厢、呼梯按钮、轿厢控制系统、通信系统、群控系统（如派梯模块、交通模式辨识模块、交通数据管理模块等）、其他辅助设备（如声音制导系统、显示系统、远程监控系统等）。

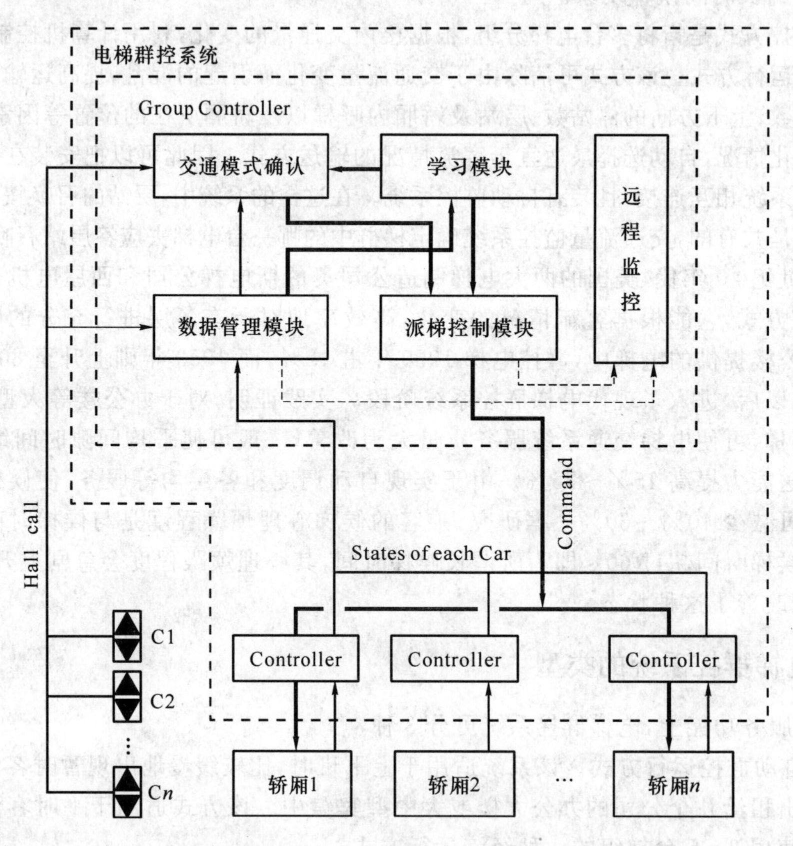

图4.43 电梯群控系统基本结构

对于高层办公楼，假设乘客从第 3 层到第 15 层，则电梯群控的一般工作过程如下：乘客在第 3 层层站按下上行按钮，此信号经通信系统输入群控系统，群控系统选择与此时的交通模式相应的派梯策略，根据客流、呼梯信号情况以及各轿厢的状态，选出一台最合适的轿厢，群控系统对所选轿厢发出控制命令，令其运行至 3 层，以接应此层上行乘客，同时发出声音、图像或数字等通知显示信息，所选轿厢驶向第 3 层，停车开门后，乘客进入轿厢，登记目的层第 15 层，轿厢按钮将此目的层信号传输给群控系统，轿厢启动上行，到达 15 层后开门，乘客走出轿厢。在这个过程中，轿厢控制器接收控制器组的指令，控制单梯轿厢的运行，并将轿厢的状态反馈给控制器组。控制器组对轿厢控制器发出控制指令，同时进行信息处理。学习模块对系统进行学习，并对系统进行实时调节。

电梯群控系统如此周而复始地进行轿厢的选择过程，称为派梯过程。派梯过程是电梯群控系统的核心。群控系统性能的高低主要决定于派梯方法的优劣。

2. 阿古塞尔 VF 系列群控系统组成

阿古塞尔 VF 群控电梯系列在 1982 年就由日本三菱电机公司研制出来并付之使用，以后又加入了许多新的功能，适应智能化大楼的要求。其新功能是：增加了大楼设备接口功能；提高了运行效率；便于乘客使用；提高了包括电梯在内的大楼的安全性。

(1) 阿古塞尔电梯群控系统的组成和功能

阿古塞尔电梯群控系统由层站接口、轿厢接口、大楼设备接口和信息子系统等组成。它们的功能是通过指示器、ITV 等特有装置、电梯控制及操作信号装置连接起来的系统实现。层站接口存在于层站和轿厢中，使层站与轿厢之间进行高密度的情报交换，并将两者的动作融合为一体。层站接口包括大厅信息子系统、候梯时间表示子系统、声音制导子系统、目的层预约子系统及大厅混乱度监督子系统等。轿厢接口包括轿厢信息子系统和声音制导子系统。大厅信息子系统和轿厢信息子系统用安装在层站与轿厢处的指示器表示电梯的通知消息、大楼通知消息及新闻消息等，使乘客获得有益情报。候梯时间表示子系统使乘客预知轿厢到达时间，使乘客安心等待。声音制导子系统是通过设在层站和轿厢处的话筒，宣告电梯运行方向、到达楼层以及与乘客有关的制导信息。目的层预约子系统使乘客通过在层站处安装的目的按钮而获得目的层情报，从而使乘客进行呼梯自动登记，提高群控管理性能。大厅混乱度监督子系统通过安装在层站处的摄像机摄录的影像计算出混乱度，并对被检测出有混乱状态的层站优先分配轿厢，以尽早消除混乱。信息子系统组成如图 4.44 所示。

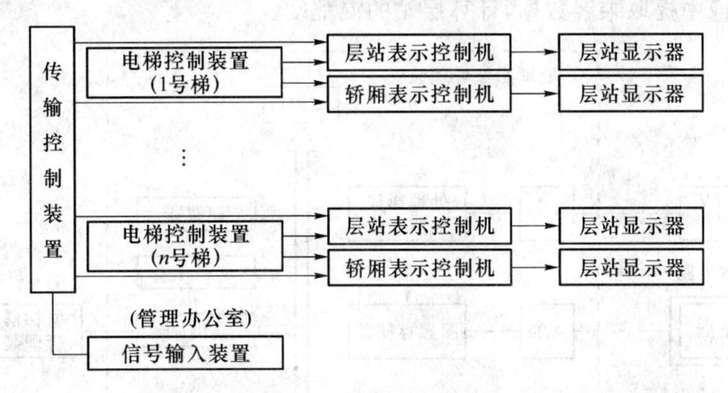

图 4.44　信息子系统

(2) 目的层预约子系统

目的层预约子系统构成如图 4.45 所示，设置在正门楼层。分散楼层层站处设置目的按钮,其他楼层层站处设置升降按钮。在轿厢处设置称重装置与光电装置,以检测乘客出入情况。按下层站目的按钮时,群控管理装置就登记目的楼层,点燃目的按钮灯。这时的群控管理装置根据所考虑的目的层情报,进行心理候梯时间评价和最优群控管理,以便确定服务电梯。

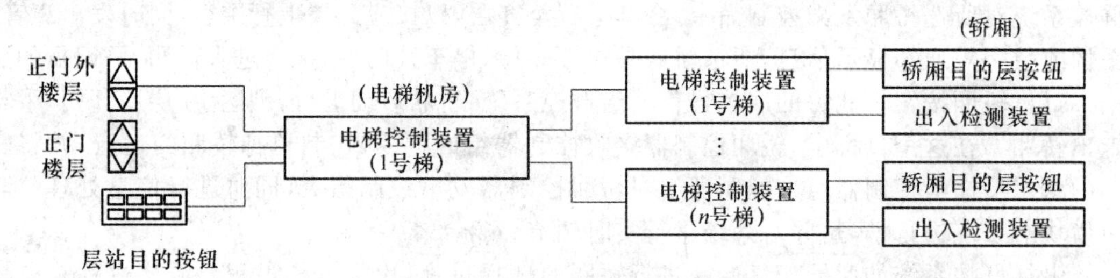

图 4.45　目的层预约子系统

(3) 候梯时间表示子系统

对 OS-2100C 系统的情形要附加群控管理系统,它用电梯控制装置预测候梯时间,并用在层站处安装的全图线灯表示。全图线灯如图 4.46 所示,以砂漏型设计成 3 色发光的高辉度的 LED 装置。其上端部和下端部为分别显示上升和下降的整灯部分,中间部分为表示预测候梯时间的砂漏部分。层站按钮一按下,服务电梯的全图线灯开始点燃。此时,砂漏部分表示与预测候梯时间相对应的砂量,并且随着时间的推移而落下。轿厢一到达,全灯部分开始闪动。砂粒一漏完,轿厢就开门。这种系统将预测候梯时间的经过作为砂粒漏下而往往存在着变化来表示。上升轿厢的预测候梯时间用绿色表示,下降轿厢的预测候梯时间用红色表示。

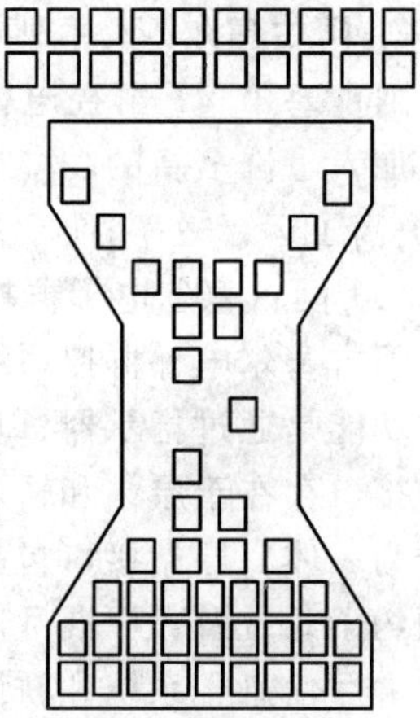

图 4.46　全图线灯

(4) 大厅混乱度监督子系统

大厅混乱度监督子系统见图 4.47,在层站天棚上安装摄像头,照相处理由单片机进行,层站照相处理装置通过该照相信号检测出混乱度,并送入群控管理装置。混乱度检测流程见图 4.48,首先设置电源和输入无人状态背景影像,设置为检测乘客的 2 值化的下限值;再输入应处理的层站影像;将图 4.48 的上部影像数据 2 值化;并从 2 值化影像中提取乘客数据,计算层站的混乱度。

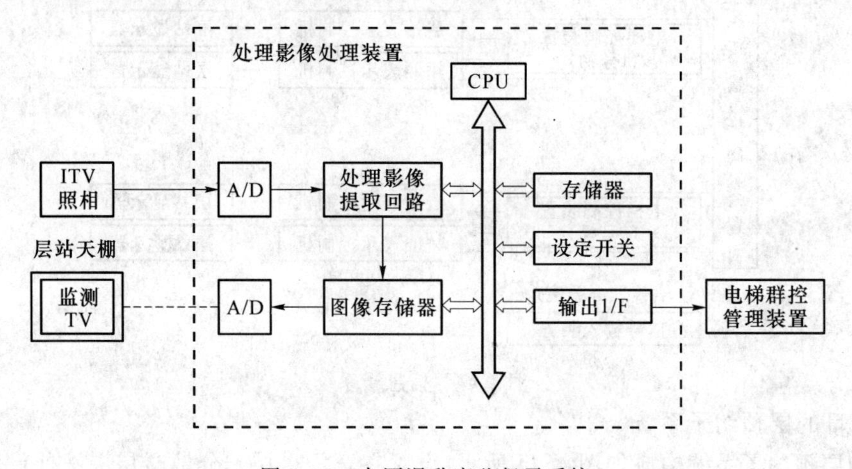

图 4.47　大厅混乱度监督子系统

与周围亮度变化相应的背景影像数据对应自动修正处理与杂音去除处理等，以提高检测精度。根据层站状况，可以设置多台照相机以检测混乱度。根据这种乘客混乱度信号，电梯群控管理装置对混乱的楼层进行优先服务，在试图尽早消除混乱的情况下，也进行减少满员通过的群控管理。

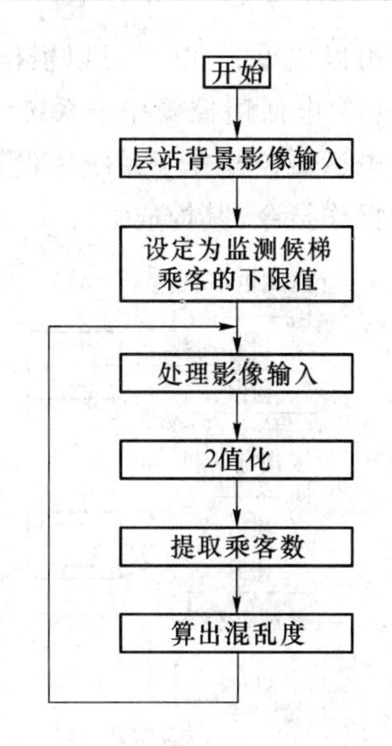

图 4.48　混乱度检测处理流程图

(5) 声音制导子系统

声音制导子系统见图 4.49，是由电梯控制装置信号选择的声音信息，以及由在层站与轿厢处安装的话筒输出的声音合成装置为中心构成的。这种声音合成装置依次读出声音存储器中符号化了的声音数据，经过 D/A 转换后，通过低通滤波器生成声音信号。电梯的声音信息在周围环境中要求很高的音质。因此，声音符号化型式采用有自适应差异的脉冲码模型方式，其采样率高于一般情形。作为声音信息在运行方向与到达楼层的通知消息方面，乘客在使用和操纵的时候，预备了不迷失的制导信息。由于电梯控制装置生成由多数状态信号选择信息的信号，所以制导信息配合电梯的动作，需要很好地同步输出。

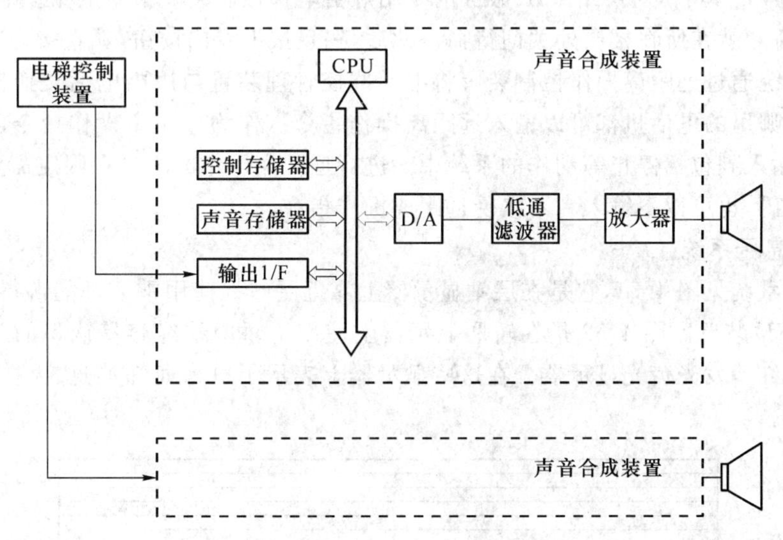

图 4.49　声音制导子系统

(6) 秘密通话子系统

该系统只限于对特定楼层的交通，有暗通话式和磁码式两种。由前者的目的按钮输入暗通话，成为进行轿厢呼叫登记的系统。特定楼层的目的按钮一按下，电梯控制装置就熄灭了该楼层的目的按钮灯，在目的按钮灯熄灭的时间(约 5 s)里，利用目的按钮输入暗通话，则电梯控制装置登记该特定楼层的轿厢呼叫。这时，错误的暗码输入一重复，则鸣叫蜂鸣器发出报警。这样做，由目的按钮将暗码输入进去的乘客，可以进行对特定楼层的轿厢呼叫登记，并可以乘坐电梯到该特定楼层去。特定楼层与暗码根据操作目的按钮来假定和设置，并由电梯控制装置的存储器进行记忆。同时，暗码也可让别人知道，管理楼层人员等的特定楼层也可以变更。此时,可以根据操作目的按钮来设定它们。

(7) 电话遥控操作子系统

电话遥控操作子系统由设置在秘书室与管理办公室等处的压式电话机组成,可以输入遥控操作指令,其构成见图 4.50。

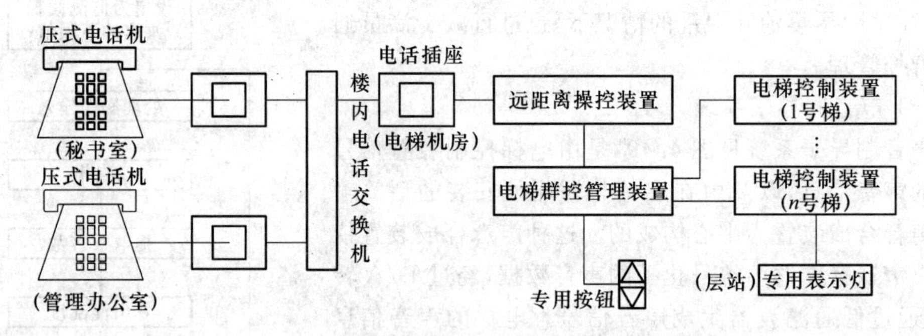

图 4.50 电话遥控操作子系统

例如:由压式电话机输入指令将电梯换成 VIP 运行的远距离操作指令,通过楼内电话交换机由电梯机房的远距离操作控制装置传递。远距离操作控制装置进行远距离操作指令解释,向群控管理装置输出换成 VIP 运行的指令。群控管理装置将群控运行中特定的一台电梯改换成 VIP 运行,对层站 VIP 服务的专用灯由电梯控制装置指令点亮。电梯控制装置不呼叫时,轿厢就在所在楼层处关门待命。此后,一旦按下专门按钮,就直接开门开始服务。

这种系统通过远距离操作控制装置将电梯群控管理装置与楼内电话交换机连接起来,因此不管由哪里的电话机都可以输入远距离操作指令。作为远距离操作指令,也要区分服务楼层,并输入到包括停止等动作的系统中。进行远距离操作的人员在限定需要的情形下,可以设定暗码,也可以不输入和不接受远距离操作指令。

(8) 信息子系统

信息子系统见图 4.51,它是在层站显示器上靠近层站处使用乘客都能认得的高辉度发 3 色光的 LED 装置。图 4.52 是在轿厢显示器上使用了轿内乘客容易认识的、在操纵盘上可以安装的红磷发光荧光显示器。在这些显示器上表示了电梯通知消息、大楼通知消息及新闻消息等。

图 4.51 层站显示器

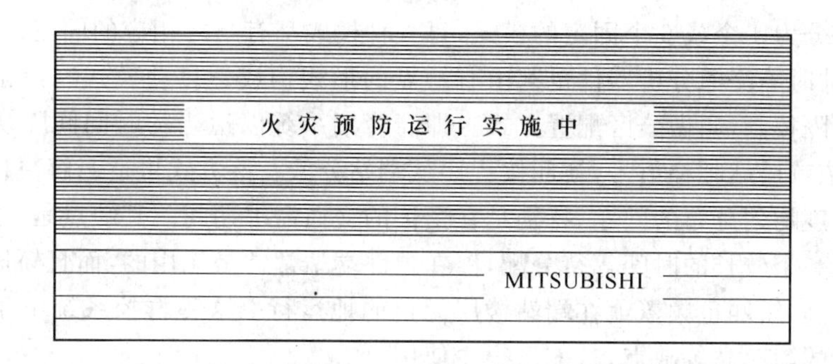

图 4.52　轿厢显示器

电梯通知消息是用层站控制机与轿厢控制机来表示记忆的消息,选择表示成电梯控制装置信号。电梯通知消息中,灾害时疏导运行消息等紧急消息表示要优先于其他消息。一方面,大楼通知消息与新闻消息等,由放在管理办公室处的信号输入装置来输入。从这种消息输入装置,除了输入文字消息外,还可输入模型表示(涡旋图像总变化等)与图线表示(月、日、星期、时刻)等消息。因此,集会通知消息与 VIP 欢迎消息等可预先输入。通知数据由电梯机房传递控制装置发出,由层站表示控制机与轿厢表示控制机分配和传递,并加记忆。各个表示控制机随着表示图像与表示模型的进行,在各个显示器上进行消息文字表示。此外,如果消息输入装置属于可搬动型,则可以由在层站与轿厢处安装的表示控制机直接连接输入。

(9) 子系统的组合

几个子系统互相组合,使功能相互补充。首先,电话遥控操作子系统和秘密通话子系统组合,使停机的电梯通过电话机进行 VIP 服务,可以不输入或不利用通过目的按钮的暗码。

即时预报方式的群控管理 OS-2100C 系统中,在附加目的层预约子系统适用的情况下,与声音制导子系统组合,可发挥更大的效果。预报轿厢到达以后,其他轿厢也到达的情况下,输出像乘坐预报轿厢那样的制导图表。据此,多数乘客可以乘坐作为呼叫目的楼层而自动登记的轿厢,在轿厢内不必操作目的按钮。此外,群控管理装置可使预测轿厢的动作与实际轿厢的动作一致,进一步提高群控管理性能。

大厅混乱度监督子系统与目的层预约子系统组合起来,在检测层站处的乘客纷纷减少的情况下,如果多数目的楼层被登记,就可消除他们的目的楼层登记。据此可去掉电梯的空运行,提高运行效率。在这种组合中组合成声音制导子系统,消除目的楼层登记的情形下,如果想再次操作目的按钮而输出制导情报时,就可事先消除新到达层站后的乘客的迷惑感。

4.5.4　电梯群控系统实现方式

电梯群控系统的发展,由早期使用继电器逻辑组成的电梯群控系统,经历了当初的预选控制到后来的分区控制,之后使用了具有较为复杂功能的集成电路,最后达到今天利用计算机进行数据处理的高级系统。电梯群控系统的智能控制过程如图 4.53 所示。

(1) 第一阶段的自动模式选择系统

从 20 世纪 40 年代起,电梯群控系统使用继电接触控制,称为自动模式选择系统,它通过在上行下行高峰以及平峰、双向时选择运行命令来工作。这是群控的最简单形式,称为方向预测控制。最早的它适用于 2 台或 3 台电梯组成的梯群,每台电梯靠方向预选控制来操作。这种系统需要单一的单层召唤系统,每个厅层设有一个上行和一个下行按钮。把梯群的运行状态划分为4个或6个固定的模式，每一种模式都有与之相应的固定接线系统，呼梯信号的计数、计时等交通分析器件也都由有触点的形式构成。自动模式选择系统的控制方式采用时间间隔控制，叫做分区配置方式。即高峰期系统以适当的时间间隔从端站发出轿厢，工作时不依赖层站呼梯信号，轿厢按程序从端站分派。该方式可适当解决梯群中的各个轿厢沿井道高度均匀分布的问题，特别是在繁忙的交通需求期间。其缺点是：轿厢在顶端或底层需要用去一个较长的时间等待分配，停在顶部端站常常是无用的，而且轿厢在等待分配时闲置着。此外，轿厢也频繁地在端站楼层无目的地运行。这种群控系统由于存在线路复杂、功能简单、故障率高等缺点，目前已很少使用。

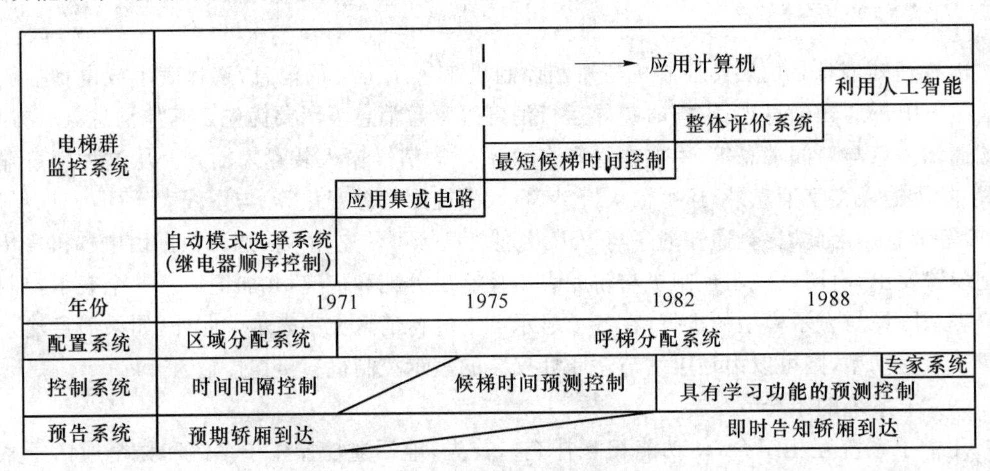

图4.53　电梯交通系统的智能控制过程

简单的2台电梯组成的梯群，粗略的分区是2台电梯分别服务于交替的楼层。可用静态和动态2种方法将厅层召唤进行分区。静态分区时，一定数目的厅层组合在一起构成一个区域。也可将相邻的上行厅层召唤安排到若干向上需求区域，相邻的下行厅层召唤安排到若干独立的向下需求区域，由此定义方向区域。动态分区时，区域的数目和每个区域的位置和范围取决于各个轿厢运行的瞬间状态、位置和方向。动态区域是在正常的电梯运行期间定义的，按事先定义好的规则产生新的分区，并且是不断连续变化的。分区控制缩短了电梯的单台运行周期，运行效率有所提高。动态分区的算法比较复杂，因此主要以静态分区为主。近年来，动态分区法的研究受到了重视。

(2) 第二阶段的呼梯—分配系统

20世纪70年代初起，第二代群控系统是由无触点逻辑元件来实现的。特别是随着集成电路在群控系统中的大量应用，使群控系统由固定程序选择方式发展为呼梯一分配方式，即当出现了一个新的层站呼梯信号时，系统就可以按照一定的原则，立即选定一个可供分配的电梯，并登记呼梯信号，允许梯群监控系统与各个电梯的控制柜简单地连接，同时改善了整个系统的可靠性和服务质量。数字集成电路可以完成比较复杂的逻辑运算，可以实现更加合理的群控调配方案。另外，群控系统可以制成电子线路板的形式，使它与各电梯的逻辑控制系统以插接方式连接，解决了硬件复杂，可靠性低，维修困难和效率低等缺点。

继电器程序控制群控和应用集成电路群控这两个阶段，主要是应用数理统计的方法研究电梯群控系统的统计特性，这也是梯群智能控制的基础。在应用集成电路群控阶段中，呼叫分配方式(或个别呼叫分配方式,即时预报式)和厅层呼叫分配系统开始发展起来。当一个新的厅层呼叫产生时,选择一部合适的电梯来响应呼叫,该呼叫就分配给电梯了。这种系统可以进行一些更加复杂的逻辑运算,控制方式是候梯时间预测控制,但无法精确预测候梯时间。因为这种群控系统由于不具备完善的算术运算能力,所以不能实现具有人工智能的预报调度功能。

(3) 第三阶段的整体评价系统

从 20 世纪 70 年代中期,计算机开始用于电梯群控系统后,进入了第三阶段,即电梯交通动态特性研究阶段。

计算机电梯群控系统的出现,提高了预测电梯到达某一层的准确性,然而时间间隔固定不变的运行常常不能令人满意,因而尽量减少候梯时间的问题仍需解决。电梯交通系统利用计算机控制的第一个方法,是将常规控制算法用软件程序来实现。由于常规控制算法提供的性能,必然受它的固定逻辑程序所限制,因此不是最优的方法。另一种可能是一种新设计的控制系统,按照每个轿厢应答召唤信号的时间,把层站召唤信号分配给轿厢。在计算机电梯群控系统的第二阶段增加了学习交通状态的功能,提高了预测电梯运行状态的准确性,减少了候梯时间。它还包括许多其他功能,如优先级的确定和对客流频繁楼层的考虑,以及对长时间候梯信号的优先服务等。由于预测的准确性,因此能够及时通告电梯的到达。

计算机控制能直接完成控制算法参数的在线变化,通过新程序输入计算机,不需要重新布线,能很快实现控制算法的完全改变。计算机控制的另一个优点是其数据的记录功能。在计算机中能记录和分析交通状况和目的地数据、轿厢的运行和电梯的性能,以及开关门时间、故障部位检测记录数据的保存等。计算机控制可以实现这些数据的远距离查询,并随时监测每一故障的发生。根据这些数据可以改进控制算法参数,使其适应建筑物的需求。

计算机的应用也为人工智能等高新技术在电梯群控系统中的应用提供了基础。在此之前,主要应用数理统计方法进行电梯交通统计特性的研究。从计算机应用到电梯交通系统之后,开始研究系统的动态特性,即用模糊逻辑、专家系统和人工神经网络等人工智能技术来描述电梯交通系统的非线性、不确定性、模糊性和扰动性,从而提高了电梯交通系统的整体服务性能,完成了电梯交通整体最优配置。

4.5.5　电梯群控的调度方法

多台电梯的有效协调运行很大程度上取决于电梯群调度控制的调度原则。依据程序调度原则,能够为各种场所,特别是大型宾馆、综合楼内客流剧烈变化的典型客流状态,提供各种工作程序或随机程序(或称“无程序”)来实现电梯群的有序调度。电梯群控系统有四个工作程序六个工作程序和“无程序”(即随机程序)三种工作状态。传统的电梯群控采用“硬件逻辑”的继电器方式进行控制时,群控调度原则有四程序和六程序两种。现代电梯多利用计算机控制,即采用“软件逻辑”方式进行控制。但无论用硬件逻辑的方式,还是用软件逻辑的方式,群控的调度原则是类似的。

1. 六个工作程序

自动程序控制系统可根据客流量的实际情况加以判断,提供相应于下列六种客流状态的工作程序:上行客流顶峰状态(JST)、客流平衡状态(JPH)、上行客流量大的状态(JSD)、下行客流量大的状态(JXD)、下行客流顶峰状态(JXT)、空闲时间的客流状态(JKK)。这六种模式中,每一种都针对一个交通特征,并有各自的调度原则。

(1) 六个工作程序的工作状况

① 上行客流顶峰的工作程序(JST)的交通特征是从基站向上去的乘客特别拥挤,需要电梯迅速地将大量乘客运送至大楼各层站;而这时层站之间的相互交通很少,下到底层的乘客也很少。在这个程序中,采用的调度原则是把各台电梯按到达底层(基站)的顺序选为"先行梯",先行梯设于厅外及轿内"此梯先行"信号灯闪动,并发出音响信号,以吸引乘客迅速进入轿厢,直至电梯启动后声、光信号停止。在运行过程中,电梯的停站仅由轿内指令决定,厅外召唤信号不能拦截电梯。其他各程序及其调度方式也是根据某一种交通特征来设计的。

② 客流平衡工作程序(JPH)的交通特征是客流强度为中等或较繁忙程度。一定数量的乘客从基站到达楼内各层;另一部分乘客从楼中各层站到底层基站外出;同时还有相当数量的乘客在楼层之间上、下往返,上、下客流量几乎相等。均衡模式下,在 3 min 无外呼内选,电梯将均匀分布于各区域的首层待命,一旦有呼梯时能尽快响应。

③ 上行客流量大的工作程序(JSD)的交通特征是客流强度中等或较繁忙程度,但其中大部分是向上的客流。基本运转方式与客流平衡程序的情况完全相同,也是在客流非高峰状态下,轿厢在顶层、底层基站之间往返行驶,并对轿厢指令及层站召唤信号按顺序方向予以停靠。因为向上交通比较繁忙,所以向上运行的时间较向下运行时间要长些。

④ 下行客流量大的工作程序(JSD)的交通特征与上行客流量大的工作程序相反,只是把前述的向上行驶换成向下行驶。

⑤ 下行客流高峰的工作程序(JXD)的交通特征是客流量很大,由各层站之间到底层的乘客很多,而层站间相互往来以及向上的乘客很少。在该程序中,常出现向下的轿厢在高区楼层已经满载,使低区楼层的乘客等待电梯的时间增加。为有效地消除这种现象,系统将梯群投入"分区运行"的状态,即把大楼分为高楼层区和低楼层区 2 个区域,同时将电梯分为 2 组。每组各 2 台电梯(例如 A、C 梯为高区梯;B、D 梯为低区梯)分别运行于所属的区域内。高区梯优先应答高区内各层的向下召唤信号,同时也接受轿内乘客的指令信号。高区电梯从基站向上行驶后,顺向应答所有的向上召唤信号。低区电梯主要应答低区内各层站的向下召唤信号,不应答所有的向上召唤信号。但也允许在轿厢指令的作用下上升至高区。低区梯从基站向上行驶后,如无高区的轿内指令存在,则在上升到低区的最高层后即反向向下行驶;如有高区的轿厢指令存在,则在高区最高轿厢指令返回的作用下,反向向下行驶。无论高区梯、低区梯,当轿厢到达基站时,立即向上行驶,当低区梯到达基站时,"此梯先行"信号灯熄灭。

⑥ 空闲时间客流的工作程序(JKK)的交通特征是客流量极少,而且是间歇性的(如假日、深夜、黎明),轿厢在基站按"先到先行"的原则被选为"先行"。

(2) 六个工作程序的转换方法和转换条件

电梯群控系统中,工作程序的转换可以是自动的,也可以是人为的。群控系统中设有程序自动选择与特定程序选择转换开关,只要将群控系统的程序转换开关转向"自动选择"位置,则梯群就会按照实际的客流情况,自动地选择最适宜的工作程序,对乘客提供快速而有效的服务。如将程序转换开关转向六个程序中的某一个程序,则系统将按这个工作程序连续运行,直至该转换开关转向另一个工作程序为止。

① 上行客流顶峰工作程序的转换条件是当电梯轿厢从基站向上行驶时,连续 2 台梯满载(超过额定载重量 80%)时,上行客流顶峰状态被自动选择。如从基站向上行驶的轿厢负载连续降低至额定载重量的 60%时,则在相应时间内,上行客流顶峰工作程序被解除。

② 客流平衡工作程序的转换条件是当上行客流顶峰或下行客流顶峰程序被解除后，如有召唤信号连续存在，则系统转入客流非顶峰状态。在客流非顶峰状态下，如电梯向上行驶的时间与向下行驶的时间几乎相同，而且轿厢负荷也相近，则客流平衡程度被自动选择。如若出现持续的不能满足向上行驶的时间与向下行驶的时间几乎相同的条件，则在相应的时间内客流平衡程序被解除。

③ 上行客流量大工作程序的转换条件是在客流非顶峰状态下，如电梯向上行驶的时间较向下行驶的时间长，则在相应的时间内，上行客流量大的程序被自动选择。若上行轿厢内的载荷超过额定载重量的 60%，则该程序应在较短时间内被自动选择。如在该程序中出现持续的不能满足向上行驶时间较向下行驶时间为长的条件，则在相应的时间内，上行客流量大的程序被解除。

④ 下行客流量大工作程序的转换条件恰好与上行客流量大工作程序相反，只要将向上行驶换成向下行驶即可。

⑤ 下行客流高峰工作程序的转换条件是当出现轿厢连续 2 台满载(超过额定载重量 80%)下行到达基站时，或层站间出现规定数值以上的向下召唤信号时，则下行客流顶峰被自动选择。如下行轿厢的负载连续降低至小于额定载重量的 60%时，则经过一定的时间，而且这时各层站的向下召唤信号数在规定数值下，则下行客流顶峰程序被解除。但在下行客流顶峰程序中，当满载轿厢下行时，低楼区内的向下召唤数达到规定数值以上时，则分区运行起作用，系统将梯群中的电梯分为 2 组，每组分别运行在高区和低区楼层内。分区运行时，如低楼层区内的向下召唤信号数降低到规定数以下时，则解除分区运行。

⑥ 空闲时间客流工作程序的转换条件是当电梯群控系统工作在上行客流顶峰以外的各个程序中时，如 90～120 s 内没有出现召唤信号，而且这时轿内的载重量小于额定载重量的 40 %时，则空闲时间客流工作程序被自动选择。在空闲时间客流程序中，如在 90 s 的时间连续存在 1 个召唤信号，或在一个较短时间(约 45 s)内存在 2 个召唤信号，或在更短的时间(约 30 s)内存在 3 个召唤信号，则空闲时间客流程序被解除。如当出现上行客流顶峰状态时，空闲时间客流程序立即被解除。

当电梯处于故障、司机、检修、驻停、消防、专用状态时，电梯将被解除群控控制状态。

2. 电梯群控的调度原则

当今电梯群控系统的调度原则可以分为“硬件逻辑和软件逻辑”两大类。固定模式的“硬件逻辑”系统，即前面所述的六种客流程序状况的在两端站按时间间隔发生的调度系统和分区的按需要发车调度系统。这种“硬件逻辑”模式的调度系统在近几年的电梯产品中已逐渐淘汰，几乎已绝迹，仅在 60～70 年代中期的电梯产品应用这种调度系统。在 70 年代后期开始至今，高级电梯产品中均已用各类微处理器构成“无程序”的按需发车自动调度系统。例如美国奥的斯电梯公司的 ELEVONIC301、ELEVONIC401 系统；瑞士迅达电梯公司的 MICONIC-V 系统，均属此类。以瑞士迅达电梯公司的 MICONIC-V 系统的“成本报价”(“人·秒综合成本”)的调度原则最为先进。它不仅考虑了时间因素，还考虑了电梯系统的能量消耗最低及运行效率最高等因素。因此该系统较其他系统可提高运行效率 20%，节能 15%～20%，缩短平均候梯时间 20%～30%具体调度原则及方法。

(1) 最短距离调度方法

该方法将每个层站呼梯信号分配给应答这一呼梯信号最近的那台电梯。在计算距离时对呼梯信号同向和反向运行电梯分别赋予一个不同的位置偏差。

(2) 最小最大呼梯分配方法(MIN—MAX)

它的基本思想是把发出层站呼梯时所反映的乘客需求量的微小变化,看成是对整个电梯群需求量的变化加以控制。它根据层站呼梯、轿厢内选信号和电梯数量等状态量预测候梯时间,把所预测得的候梯时间的最大值作为评价函数,以该值最小的电梯来响应该层站呼梯。

该算法的步骤:预测已登记的层站呼梯的候梯时间;对各电梯选择其已登记层站呼梯的最大预测等候时间作为评价函数;找出具有最小评价函数的电梯,并派它响应该新层站呼梯信号。

(3) 分区调度控制方法

分区调度及运行是电梯群控的一种常见控制方法,一般可按固定分区和动态分区两种方法实现。

① 固定分区:它按电梯台数和建筑物层数分成相应的运行区域。当无召唤时,各台电梯停靠在自己所服务区域的首层。当某个区域中有呼梯信号,由该区域电梯响应。每台电梯的服务区域并非固定不变,据召唤信号的不同随时调整其服务的区域。因层站呼梯的随机性,可能造成电梯忙闲不均。

② 动态分区:它是按一定的顺序把电梯的服务区域结成环型。电梯运行后,每台电梯的服务区域随电梯的位置及运动方向作瞬时的调整但总保持连接成环型。可以解决电梯忙闲不均的现象,但由于各电梯位置不同,轿厢内人数不同,响应呼梯信号的速度不同,有时造成电梯调配不合理。

(4) 心理待机时间和综合成本评价调度方法

采用心理性时间评价方式来协调梯群的运行是一种的新的群控方法,显著的改善人机关系。心理待机时间就是将乘客等待时间这个物理量折算出在此时间内乘客所承受的心理影响。统计表明,乘客待机焦虑感与待机时间成抛物线关系。如果在待机时间内群控系统出现预报失败等现象,则必然导致待机焦虑感的激增。而采用心理性待机评价方式,可以在层站召唤产生时,根据某些原则进行最大的统计计算,得出最合理的心理待机时间评价值,从而迅速准确地调配出最佳应召电梯,进行预报。以下是这种方式的几种调度原则。

① 最小等待时间调度原则

它根据所产生的层站召唤,预测各电梯应答的时间,从中选择应答时间为最短的电梯去响应召唤。

② 防止预报失败原则

先进的群控系统一般都具有预报功能。即当乘客按下层站召唤按钮后,立即在层站上显示出将要响应该召唤的电梯。心理等待评价方式表明,如果预报不准确,将会使乘客的候梯焦虑感明显增加。为提高预报的准确率,增强乘客对预报的信赖感,应尽量避免预报失败。即对已经调配好的电梯尽量不更改群控系统已经向各层发出的预报显示信号。

③ 避免长时间等候调度原则

它通常根据电梯的速度、建筑物的高度及规模等因素规定一个时间 t_m,如果乘客候梯时间超过 t_m,则判断为“长时间候梯”,应立即采取措施加以避免。在计算机群控系统中,t_m 可由软件设定或改变。

④ 综合成本调度原则

综合成本就是电梯轿厢中乘客的数量乘以电梯从一层到另一层之间运行时间,简称:人

·秒。它综合反映电梯运行的成本，对电梯运行的时间、效率、能耗及乘客心理等多种因素给以兼顾，体现了一定的整体优化意义。

举例说明：已知大楼层数为 10 层，共 4 台电梯（A、B、C、D），速度为 2.5 m/s，群控系统为 MICONIC-V。若 5 层有乘客需向下，各台电梯的瞬间位置及其运行至 5 层所需的时间和各梯轿厢内的乘客数如图 4.54 所示。从图 4.54 可知，客梯运行到 5 层所需综合成本为 Q_A＝1 人×10 秒＝10 人·秒；Q_B＝10 人× 3 秒＝30 人·秒；Q_c＝8 人× 5 秒＝40 人·秒；Q_D＝12 人×1 秒＝12 人·秒。

从图 4.54 和上面的综合成本报价（对 5 层的召唤信号来说）可以看出，虽然 A 梯最远，运行至 5 层所需时间为 10 s，但其轿内只有 1 人，到 5 层接客只需成本为 10 人·秒。而其他 3 台电梯虽然离 5 层很近，但其轿厢内却有很多乘客，所需成本较高。比较之下，A 梯的成本最低，这样就由 A 梯来应答 5 层的召唤信号，如按其他的群控调度系统，应是 D 梯来应答，因其离 5 层最近，这样为了 5 层的 1 个召唤信号，轿厢内的 12 个人也均要在 5 层停留一下，影响到 12 人的时间，这 12 个人将会有难以启齿的意见。可见 MICONIC—V 的群控调度系统能作到成本最小是不容易的，但对 16 位微机来说，却是很方便的。

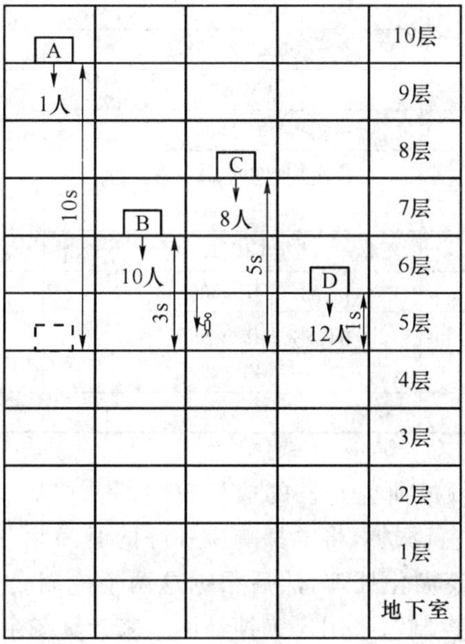

图 4.54　“人·秒”综合成本调度原则示意图

3. 电梯群控系统控制算法

群控系统控制算法是指在特定的交通模式下电梯运行所遵循的控制策略。梯群运行性能和服务质量主要取决于电梯群控系统的控制算法。根据不同的控制方法和调度原则可以设计出不同的控制算法。

20 世纪 60 年代开始，国际电梯制造的专家和学者曾致力于对电梯群控方案的研究，各大电梯生产/制造公司也相继提出了与其群控系统相适应的控制算法，如日本日立（Hitachi）公司的时间最小或最大群控方法、瑞士迅达（Schindler）公司的综合服务成本群控方法、美国奥的斯（Otis）公司的相对时间因子群控方法、日本三菱（Mitsubishi）公司的综合分散度群控方法、美国西屋(Westinghouse)公司的自适应交通管理决策等多种群控算法。随着人工智能控制技术(Artificial Intelligence)的发展和应用,出现了多种智能派梯控制方法。人工智能技术是一门新兴的边缘学科,它与核能技术、空间技术并称为20世纪的三大科学成就。人工智能是集人类学习、推理、计划、探索、自适应、模式识别、自然语言理解、知识处理等能力的集成技术。从这个意义上看,人工智能与心理学有很大不同,其重点在于运算;人工智能也不等同计算机科学,因为它更强调理解、推理和实施。人工智能的工程目标:把人工智能技术作为描绘知识、利用知识、集合系统思想的全部,来解决现实世界的工程问题。人工智能在电梯群控系统中的应用主要有如下几个方面:仿真与建模、数字监控、专家系统、人工神经网络、模糊控制、模糊神经网络和遗传算法。部分电梯制造公司的群控产品及控制算法特点见表4.3。

表4.3 部分群控产品型号及控制算法特点

公司名	群控产品名	特点
Mitsubishi	Sigma-AI2200	模糊逻辑及神经网络技术
Schindler	AITP	模糊控制、神经网络技术
Schindler	Miconic10	目的层站控制、神经网络技术
Fujitec	Flex8820/8830	模糊推理、自适应技术
Kone	TMS9000	模糊逻辑智能控制技术
Toshiba	EJ-1000	模糊逻辑、人工神经网络
Otis	Elevonic® Class	采用奖惩算法
Hitachi	FI-340G	遗传算法
Hitachi	CIP/IC	即时预约等周期控制
Hitachi	CIP-3800	缩短等待时间预测控制
Hitachi	CIP-5200	自学习节能控制
Hitachi	FI-320	楼层个性化专家系统
Hitachi	FI-340G	楼层属性控制、遗传算法

Otis公司在电梯群控领域研究开发的成果较多,其中"基于模糊响应时间分配外呼的派梯方法",采用模糊逻辑进行派梯,将电梯响应外呼的时间和分配外呼后对其他外呼信号响应时间的影响程度进行模糊化处理,然后根据这两个模糊变量的情况来完成派梯过程。"基于人工神经网络的电梯控制",采用人工神经网络来计算剩余响应时间,提供了一种新的方法来预测电梯剩余响应时间,并应用到不同的建筑物中。

迅达公司推出的AITP采用人工神经网络技术,用以提高繁重交通时的电梯运输性能。AITP模拟出一个全套的虚拟环境的电梯群,并不断地学习更新所有与大楼层运输参数相关的数据。AITP能够预测和确定虚拟环境中电梯轿厢应答的完整的顺序,然后监控电梯群的实时运行状态,并与理想的虚拟模型进行对比,不断提高自身的预测精度。AITP使用"感知候梯时间"规则来对呼梯进行排序,将每个乘客视为系统中的个体,除去所有长候梯情况。与传统的计算机控制系统相比,该系统最大候梯时间缩短了50%,平均候梯时间缩短了35%。

迅达Miconic10群控电梯通过一种新的外呼登记方式和先进的调度方式来解决群控系统中的不确定性问题,改变了传统的在轿厢内登记目的楼层的方式,使乘客在轿厢外就预先登记自己将要前往的目的楼层,操作面板上的显示器将显示出分配给该乘客的电梯。轿厢内部只有控制开关门等特殊功能的按钮和楼层指示。这样，群控系统在乘客进入电梯之前就可以获得其目的楼层信息，成功地解决了电梯群控系统中的候梯人数和目的楼层等不确定性信息带来的问题。Miconic10 的群控系统能实现区域控制，使电梯上、下行调配电梯轿厢至运行区域的各个不同服务区。所有的服务区段都集中统一调配，并分配群控梯中的各台电梯。这种区域的位置与范围均由各台电梯通报的实际工作情况来确定，并随时予以监视。Miconic10 的群控系统能自动适应最常见的交通条件，保证在各种交通情况下有最少的候梯时间，最大限度地利用了现有的交通条件。该系统根据相同目的楼层的原则将乘客合理分组，从而把整个行程时间降为最低。在 Miconic10 的群控系统中，每个乘客在进入大楼或进入电梯门廊时，就把目的楼层编号输入到呼梯键盘内，群控系统随即计算出最佳运行方案，并告诉乘客该乘哪部电梯。Miconic10 的群控系统还要计算出从用键盘呼梯到到达指定电梯所需要的行走时间，以便使电梯门廊处组织的更加有序，门廊和轿厢内避免了拥挤。Miconic10 群控系统将乘客看作个体来处理，它能够适应一些需要特殊照顾和帮助的乘客的特殊要求。例如，在指定的电梯中，留有足够的未分配空间专门供给轮椅乘客使用；为盲人乘客提供语音服务。在遇到特殊乘客时，Miconi10 的群控系统还加长了开门时间，为方便特殊乘客。当这些乘客到达目的楼层时，电梯关好门，再回到标准操作状态中。

日立（Hitachi）公司率先将计算机控制技术应用到电梯系统中，使电梯群控系统拥有自学习能力。1972 年，日立公司开发了 CIP/IC 系统，采用即时预约方式应答在电梯厅层候梯选择应答时间为最短的电梯响应召唤。

(1) 基于专家系统的控制算法

专家系统始于 20 世纪 60 年代，它是由一个或多个专家的知识和经验积累起来进行推理和判断的系统，解决了许多不能完全用数学作精确描述而要靠经验解决的问题。它由知识库、数据库、推理机、解释部分及知识获取部分组成，形成一定的控制规则，存入知识库中。这种规则一般描述为 IF—THEN 的条件语句形式。根据当前输入的数据或信息，利用知识库中的知识，按一定的推理策略控制派梯。这与严格的补偿函数方法相比，能获得更好的派梯效果。但也存在一些不足：它主要适用于一些相对比较简单的、楼层比较低的建筑物；专家设想的条件要与实际建筑物基本相同，才能获得预期的效果；对于复杂多变的电梯系统，专家的知识和经验存在局限性；控制规则数受限，规则数多则显得复杂，难以控制，少则不敷应用。

(2) 基于模糊逻辑的控制算法

它用模糊逼近的方法来确定电梯群控系统的区域权值，进而得出评价函数值，实现系统多目标控制策略；利用模糊逻辑对交通模式进行分类，从而决定控制策略；由专家知识决定隶属函数及控制规则，并确定以后的电梯群控器的行为；运用专家知识、控制器很好地处理系统中的多样性、随机性和非线性的派梯任务；将有关群控管理专家（或专业人员）的知识和经验，以某种规则作为表现形态，变成知识数据加以记忆，再和交通状态数据共同推出控制指令行使对梯群进行控制和管理的功能。其主要不足表现为：模糊群控的性能取决于专家的技能；单纯的模糊控制缺乏学习功能，系统趋于僵化，缺乏对问题及环境的适应性；专家认定的模糊规则不能总是带来最好的结果，而调整模糊规则和隶属函数又很困难。

(3) 基于神经网络的控制算法

人工神经网络是模仿人脑神经系统，以一种简单处理单元（神经原）为节点，采用某种网络拓扑结构构成的活动网络，具有并行处理、分布存储、自学习、自组织能力。神经网络学习的优势在于它可以通过调节网络连接权来得到近似最优的输入和输出映射,适用于难以建模的非线性动态系统。神经网络被引入电梯群控中,用来描述电梯交通的动态特性的优点是:能识别交通流。当交通流发生变化时,电梯交通配置能随之变动;具有自学习能力。带有神经网络的电梯群控系统能依靠自学习来改进控制算法对制定的规则加以修改;利用非线性和学习方法建立适合的模型,进行推理,对电梯交通进行预测;带有神经网络的群控系统克服了模糊群控的缺点,能灵活应付建筑物中变化的交通流,校正任何误差。例如,日本东芝电梯公司开发出带有神经网络的电梯群控装置 EJ-1000FN,与模糊群控相比,减少了10 %的平均候梯时间和 20 %的长候梯率;基本防止了聚群和长时间候梯。其主要不足表现为:单纯地使用神经网络会使其结构相当庞大;网络训练样本要求多,使网络的在线学习或离线学习的时间加长,使控制器的收敛性能下降;结构的合理性难以验证;神经网络的分布式知识表达方式不能提供一个明确用于网络知识表达的框架,提炼和表达在网络中所包含的被学习的知识是非常困难的。

(4) 基于遗传算法的控制算法

基于遗传算法的控制算法抽象于生物体的进化过程,是通过全面模拟自然选择和遗传机制,而提出的一种自适应概率性的搜索和优化算法。采用多点的方式并行搜索解空间,能获得最优全局解而不会陷入局部极小。对优化问题的限制很少,不需要确切的系统知识(如梯度信息等)。只要给出一个能评价解的目标函数(不要求连续和可微)。可实现在多目标要求下动态优化派梯方案。在有多个呼梯的情况下可搜索到最优派梯方案,实现多目标最优调度。搜索中依靠适应度函数值的大小来区分每个个体的优劣。遗传算法优于传统的最小候梯时间算法。其主要不足表现为:由于遗传算法本身所具有的随机性和概率性,使它的搜索进程效率不高;其优良的搜索结果是以尽可能长的搜索时间为代价的。

(5) 基于模糊神经网络的控制算法

它一方面提供用于解释和推理的可理解的模型结构,另一方面具有知识获取和自学习能力。系统受不确定性因素的影响,存在很多可变因素,不可能对系统进行精确建模。而利用神经网络学习器,能把各层站的所有交通工况都放在存储器里,进行跟踪,优化控制变量,可得到由具体交通工况求出的最短候梯时间。系统由控制变量变换单元、电梯群控单元和梯群组成。在提高模糊控制器自适应性上,模糊神经网络是一种得到广泛认同的好方法。其主要不足表现为:梯度法的学习其收敛性依赖于初始条件,专家知识为神经网络的学习提供一个较好的出发点和指导方向。但这一点如果不满足,则无法保证 BP 算法的良好运行。

(6) 基于遗传算法和神经网路的混合算法

应用神经网络学习来调整网络连接权,得到近似最优的输入输出映射,解决非线性问题;并采用含有遗传算法的动态优化呼梯分配方案,可搜索到最优派梯方案,实现多目标最优调度。用遗传算法学习神经网络的权重和神经网络的拓扑结构,利用遗传算法的寻优能力来获取最佳权值。使遗传算法和神经网络有机结合,为系统建立新的数学模型,并达到最优化。其主要不足表现为:基于遗传算法和神经网络的混合算法虽然已提出了方案,但还有待于具体实施。

第5章　电梯的选用与设置

对于一个建筑物，尤其是现代化的高层建筑，恰当地选用电梯数量、容量、控制方式及运行速度，不仅关系到电梯运行效率的发挥，而且影响到整个建筑物的合理利用。建筑物内的电梯一旦选定和安装使用就几乎成了永久的事实，以后想要增加或改造则非常困难，因此，在建筑设计开始时，就要求根据建筑物的用途、服务对象、楼层高度及建筑标准来合理设置和选用电梯，才能充分显示电梯交通系统的优越性。

5.1　电梯的选用

1. 电梯速度的选择

电梯的运行速度选择与电梯在大楼内的提升高度密切相关，针对写字楼使用的电梯，提供电梯速度参考数据如表5.1所示。

表5.1　电梯速度选择参考数据

序号	提升高度	电梯速度选择
1	≤75 m	≤1.75 m/s
2	≤90 m	≤2.5 m/s
3	≤110 m	≤3.0 m/s
4	≤130 m	≤4.0 m/s
5	≥130 m	≥4.0 m/s

2. 电梯载重量的选择

对电梯载重量的选择，首先要确定电梯的安装场所，对不同的场合，要求电梯的载重量不同，如表5.2所示。

表5.2　电梯载重量的选择

序号	服务对象	电梯载重量选择
1	商住楼	≥1 000 kg
2	多用户的写字楼	≥1 350 kg
3	大型百货商场	≥1 600 kg
4	公寓和小型医用建筑	≥900 kg
5	住宅楼(1梯不超过4户)	≥750 kg
6	工厂厂房	1 000～5 000 kg

载客电梯所载乘客数按下列公式计算：

乘客数量＝电梯额定载重量/75 kg

计算结果向下取最近的整数，乘客的体重按 75 kg/人计算。

3. 电梯功能的选择

对电梯功能的要求，应从实际需要出发。因为功能的增多，会使电梯价格相对较高。

① 载货电梯。一般功能选择最少，要求不高，如选用交流双速控制，厅轿门用喷漆钢板，有专职司机操纵等。

② 住宅电梯。为降低电梯成本，减轻住户经济压力，在客梯的基础上去掉了许多附加的功能，如取消厅外显示装置。除轿厢外其他厅门全用喷漆钢板，控制简单，在保证安全的基础上尽量简单化。

③ 办公大楼用客梯。为方便乘客，提高电梯档次，在门机控制、楼层显示、到站声响、多梯群控、运行噪声、轿厢装饰、舒适感觉、稳重检测方面考虑较多。对于某些特殊场合（如银行、保密机关、安全部门）的电梯，除以上客梯功能外，还要求具有识别外来人员功能（乘客持有效证件、特定密码、甚至指纹识别后才能用梯）、特殊楼层服务切换功能（只服务规定的楼层）、设置用梯密码、自检故障报警功能等。另外，根据消防要求每栋大厦必须设置 1 台消防电梯，它必须具有消防功能，便于救火时迫降和供消防员使用。

4. 电梯数量的配置方法

一部电梯的运载能力到底有多大，一栋大楼实际需要几部电梯才能够满足其运输要求，经过长期的实际考察，总结出需要电梯数量的计算方法如下。

① 电梯数量与面积的关系

一部电梯运载能力一般对应 4 500 m^2 的使用面积，因此，大楼需要电梯数量计算公式为：

需要的电梯数量＝整栋大厦使用面积÷4 500 m^2（注：使用面积＝60 %～75 %建筑面积）。

② 电梯数量与总人数的关系

一部电梯运载能力一般对应 350 人的运送能力，因此，大楼需要的电梯数量计算公式为：

需要电梯数量＝大厦内可能的人员流动总人数/350 人。

5. 电梯品牌的选择

国内外电梯品牌众多，在选择电梯时，可以参考以下建议。

① 高层星级酒店和高档办公大楼，可选用进口高档世界名牌电梯，功能要求齐全，装潢讲究，技术先进，监视、测试手段先进，将电梯作为酒店的装饰，衬托酒店的档次。

② 高层住宅大楼，可选用进口或国产电梯，要求性能稳定、安全可靠，性价比高。国产电梯优异的性能已能够满足广大用户的要求。

③ 多层住宅区，由于楼层低，客流量不大，尽量选用国产客梯，一方面维修保养配件齐全，另一方面技术成熟，维修价格低廉。

④ 生产厂房及其他场合，国产货梯品种很多，档次不一。用户可根据实际需求、价格承受能力选用合适的载货电梯，或选用客货两用电梯。

6. 特殊电梯的选择

① 液压电梯。液压电梯适合于建筑物顶层无法建造电梯机房，提升高度在 10 层以下，机房位置可设在 1～3 层、距离不超过 10 m 的任何地方。

② 观光电梯。观光电梯适合于安装在建筑物的外侧，使电梯轿厢一半外露，轿厢外表部分采用钢化玻璃制作。轿厢外形加艺术设计，为本建筑增添了风采。由于井道是开放式

的，因此要求电梯井道布置规整、不零乱。观光电梯在夜间，设置的各式内部彩灯好似一颗明珠上下流动，大放异彩，成为该建筑物中一道亮丽的风景线。

③ 汽车库电梯。在现代都市中，停车难是个大问题。许多城市已经建造了平移式停车场和塔式停车场。塔式停车场外观像一栋大厦，实际上里面装的全是小型车位。这就要选用除了传统大载重量电梯外的停车库电梯。塔楼式停车场选择塔式汽车库，大型停车场选用平移式汽车库。

④ 无机房电梯。是除电梯运行的井道外，没有独立机房的电梯。目前国内的无机房电梯，就是把曳引机，限速器等设备安装在井道内或轿厢上的曳引式电梯。与传统的曳引电梯、液压电梯相比，无机房电梯在一些场合有着一定的优势，比如一些机场、车站、文艺馆、体育馆、纪念馆和展览场馆，建筑高度和风格造型受限制或有一定要求特殊的建筑物等。

另外，对于20层以下的民用建筑，一般在建筑物顶层之上除电梯机房外，没有其他附属设备和建筑房间，去掉机房对降低建筑总高度，保持整体造型，节省建筑成本也是有意义的。由此可见，无机房电梯在今后电梯市场中会大有作为的。

⑤ 小机房电梯。小机房电梯使用永磁同步无齿轮曳引机及小型控制柜，机房配置紧凑，使机房与井道的尺寸与传统机房配置相比节约58%～62%的机房土建面积，扩大可用面积。小机房电梯与无机房电梯相比，曳引机、控制柜、限速器等部件都放在机房里，加上总体布置合理，维修空间完全符合国家标准。该电梯还采用双制动器机构，计算机网络控制与通信技术、矢量控制的变压变频驱动技术，使得电梯系统运行可靠，具有良好的舒适感，同时达到了节约的目的。总之，小机房电梯以成熟的技术，精简的空间、广泛的适用性、智能化的管理系统以及节约环保，安全舒适等特性，越来越赢得了市场的青睐，已更多地应用于办公楼、商务楼、宾馆等要求较高的场所及住宅楼等。

⑥ 杂物电梯。是一种载货运物用的小型电梯，它在商场、医院、饭店、实验室、图书馆等都有着广泛地应用。近年来，还走进家庭，成为一件实用的“家用电器”。目前，国内一些电梯制造公司已推出框架式新型杂物电梯。此种杂物电梯与早期的杂物电梯相比，具有较多的特点，它无须使用土建部分来固定导轨支架和电梯其他部件，而全部电梯结构零件(包括曳引机、控制柜)都安装在框架上，整体刚度极好，用户在进行土建时，只要预留一面或双面开口的砖墙井道，不需考虑其承载能力，不必预留孔，不需预留钢板，更不必提供机房(因为此种新型杂物电梯的机房就架设在钢结构框架上)。随着此种杂物电梯技术的不断成熟与进步，必将有着极为独特的发展空间。

⑦ 自动扶梯、自动人行道。自动扶梯在选择时，特别注意宽度和提升高度。自动人行道要注意运行长度和梯级的宽度，梯级宽度取决于地面的弯曲半径大小。

⑧ 特种电梯的应用。在现实生活中，经常会用到非标电梯。如深圳世界之窗艾菲尔铁塔上的斜梯、深圳福田保税区仓库用的5 t超大轿厢(宽、深、高都超出国家标准)电梯应用户特殊要求，厂商根据国家标准要求，研制出八根导轨(轿厢6根、对重2根)大型电梯。电梯生产、安装交付使用前每个阶段都需要另外制定验收标准或特殊审批。

5.2　电梯的设置

根据建筑物尤其是高层建筑物的规模、性质、特点及防火要求等，合理地选择与设置高层建筑物内电梯的种类、形式、台数、速度及容量，对于电梯的正常运行及其性能发挥十分重要。

1. 电梯设置的基本要求

设置和选用电梯要根据建筑物的用途、服务对象、楼层的高度及建筑标准来确定，需要考虑多种因素，其中主要是技术性能指标和经济指标两项。

电梯的技术性能指标是电梯应达到的先进性、合理性和稳定性。先进性表现在利用现代的电子技术和控制技术，使电梯速度高、平层准确度高、效率高、舒适性高。合理性表现在不同的场所、不同的服务对象，选用具有不同技术指标的电梯，例如：宾馆乘客电梯应有较高的平层准确度、较高的舒适性和多种控制功能等；而对住宅电梯相对来说就可以要求低一些；高层和超高层建筑要选用高速和超高速电梯。稳定性是指电梯系统性能稳定、可靠和耐用，一般要求有20年以上的稳定服务期。

电梯的经济指标是指初始投资费和运行费。初始投资费包括电梯设备费、运输费、安装、调试、验收及其他工程费，还有井道、机房和装修费等。运行费包括电梯的维护费、电费、年检、电梯司机与管理人员的工资等。

电梯的技术性能指标与经济指标在许多情况下并不矛盾，从表面上看，技术性能指标高则要求付出高昂的费用，但是选取先进的技术性能指标，提高电梯的服务质量，在一定条件下可以减少电梯的数量，从而降低电梯的投资。因此，在选用电梯时应对两种指标进行综合的分析比较，合理选取，既要满足所要求的电梯服务质量，又要做到合理的经济投入。

2. 电梯档次的区分原则

电梯工作质量的主要内容是电梯的安全可靠性和性能优良性。根据我国国情，可将当前市场上的电梯大致分为三个档次，其区分原则如表5.3所示。

表 5.3　电梯档次的区分原则

档次 原则内容	第一档次	第二档次	第三档次
价值取向	追求安全可靠性和性能优良性	以追求安全可靠性为主，性能优良性为辅	追求实用性
安全可靠性	有很高的安全可靠性和稳定性、优良的技术性能，故障率远低于5/6 000	有良好的安全可靠性和较稳定的技术性能，故障率低于5/6 000	具有必备的安全功能，符合国家相关标准要求，故障率低于5/6 000
产品生产技术	经大批量生产和大修周期的考验，产品技术成熟	经批量生产考验，产品技术较成熟	经小批量生产考验，产品技术可靠
技术性能	启、制动性能、加减速性能、平层准确度均优于国家标准，而且性能稳定，一经调定能经久不变	各种技术性能总体优于国家标准，而且技术性能较稳定，不需经常调整	启、制动的加、减速度，运行振动加速度，平层准确度等主要技术性能都能符合国家标准
服务功能	有先进完善的各种服务功能，能提供优质服务	有较先进的服务功能，能迎合中等档次各类建筑物的需求	有基本满足要求的必备服务功能
性能价格比	大修周期较长，使用成本合理	大修周期较长，使用成本合理	要定期大修，适时调整功能指标，价格较为便宜

3. 电梯档次的适用对象

① 第一档次电梯是技术先进的系统设计型产品，其技术成熟，有很好的内在技术素质，能确保电梯有很高的安全可靠性和性能优良性。这类电梯以其优良的技术性能和精良的制造，成为高档次建筑物的选用对象。如四星级以上的宾馆、高级会所追求配套设施与建筑物的匹配，一般都要求电梯的乘坐舒适感要好，可靠性要高，电梯也成为高消费的一个组成部分。这类电梯由于经严格的系统设计和试验，能适应高速和超高速运行，因此是超高建筑必选的梯种。

② 第二档次电梯是技术较先进的系统设计型产品。该产品各主要部件之间有较好的技术匹配性，产品技术性和功能配置也较先进。这类电梯当前主动要由合资工厂用全引进技术制造，制造质量已与原装进口电梯相当，伴有良好的售后服务和可靠的配件来源，且价格低于原装进口梯，已基本在中、低速范围替代原装进口梯。对于速度要求不高的高中档场所，如三星级宾馆、高中档写字楼、高中档住宅等，采用这种电梯具有合理的技术经济性。

③ 第三档次电梯的一些关键或主要部件多为市场采购，各主要部件之间的匹配能确保电梯应具有的基本安全可靠性和技术性能，是一种组合实用型电梯。这类电梯是普通住宅、一般写字楼、普通酒店等场所受欢迎的产品。

以上对电梯的分档主要是针对乘客电梯的。其他种类的电梯，包括自动扶梯和自动人行道可作类似参考。

4. 选择适用电梯

(1) 办公大楼选择适用电梯的主参数如表 5.4 所示。

表 5.4　办公大楼电梯主参数

建筑物的规格	楼层数/层	额定载重量/kg	额定人数/人	运行速度/($m \cdot s^{-1}$)	门出入口宽/mm
小型办公楼	1～6	630 800	8 10	0.63 1.00	中分式　800
中型办公楼	1～12	800 1 000 1 250	10 14 16	1.00 1.60	中分式　800 900
大型办公楼	1～20	1 000 1 250 1 600	14 16 21	1.60 2.50 3.00 3.50	中分式　900 1 000 1 100

(2) 旅馆大楼选择适用电梯的主参数如表 5.5 所示。

表 5.5　旅馆大楼电梯主参数

建筑物的规格	客房数/间	楼层数/层	额定载重量/kg	额定人数/人	运行速度/($m \cdot s^{-1}$)	门出入口宽/mm
小型旅馆	100 以下	4 层以上	630 800	8 10	0.63 1.00	中分式 800
中型旅馆	200～300	7 层以上	800 1 000 1 250	10 14 16	1.00 1.60	中分式 900 1 000
大型旅馆	400 以上	10 层以上	1 000 1 250 1 600	14 16 21	1.60 2.50 3.00	中分式 1 000 1 100

(3) 百货大楼选择适用电梯的主参数如表 5.6 所示。

表 5.6 百货大楼电梯主参数

建筑物的规格	楼层数/层	额定载重量/kg	额定人数/人	运行速度/(m·s^{-1})	门出入口宽/mm
大型百货大楼	7 层以上	1 250 1 600 2 000 …	16 21 26 …	1.6 2.5 …	1 400 1 500 1 600
中小型百货大楼	7 层以下	1 000	14	1.0	1 000
		1 250	16	1.6	1 100

(4) 医院大楼选择适用电梯的主参数如表 5.7 所示。

表 5.7 医院大楼电梯主参数

建筑物的规格	病床数/间	楼层数/层	额定载重量/kg	额定人数/人	运行速度/(m·s^{-1})	门出入口宽/mm
中小医院	100～450	7 层以下	1 000 1 600	14 21	0.63 1.00	1 000 1 100
大型医院	450 以上	7 层以上	1 600 2 000 2 500	21 26 33	1.00 1.60 2.50	1 000 1 100

(5) 自动扶梯主要参数。商业大厦、火车站、飞机场选用的自动扶梯参数，如表 5.8 所示。

表 5.8 自动扶梯技术参数

建筑物的规格	提升高度/m	速度/(m·s^{-1})	梯级宽度/mm	承载/kg	
			B	RA	RB
4 500	3～10	0.5	600	2 000+0.22H	1 500+0.22H
6 750	3～10	0.5	800	2 000+0.25H	1 600+0.25H
9 000	3～8.5	0.5	1 000	3 000+0.3H	2 500+0.3H

注：自动扶梯倾斜角不大于 30°时，速度可以达到 0.75 m/s；倾斜角在 30°～35°，速度不应超过 0.5 m/s。

(6) 自动人行道主要参数 用于档次规模要求很高的国际机场、火车站以及闹市商业街的自动人行道参数，如表 5.9 所示。

表 5.9 自动人行道技术参数

运行能力/(人/h)	速度/(m·s^{-1})	踏板或胶带宽度/mm	
		B	B_1
5 000	0.67	800	1 350

注：自动人行道踏板或胶带宽度不超过 1.1 m 时，其额定速度可允许达到 0.9 m/s。

5.3　运用交通计算配置电梯

在现代化的高层建筑中，电梯的选用和配置是否得当十分重要。只有合理的选用和配置适当的电梯，才能满足需要，减少建设投资，减少电梯井道占用建筑物的面积，降低电梯的能源消耗，降低电梯的运行费用，才能使现代化高层建筑发挥其巨大的优越性。选用和配置电梯时，首先要考虑电梯的服务环境，即建筑物的规模、用途、服务对象以及建筑物内人员流通及变化情况，还要考虑所选用电梯的技术性能、主要参数等，综合各方面的因素后，可通过交通分析计算法来科学确定建筑物所需电梯的配置。

5.3.1　客流模式分析

不同用途的建筑，客流交通各有特点，对各类建筑的客流交通特点的分析和计算是进行电梯合理配置、研究控制方法和策略的基础。同一类建筑，由于具体使用情况的不同，当地生活习惯和作息制度的不同，以及季节的变化，其客流情况也有很大不同，但其统计结果表明，它的确又存在一定的规律，可将这些规律作为交通计算中的客流依据。建筑物按使用用途一般分为：办公楼、住宅楼、宾馆、医院和商场。

1. 办公楼电梯交通

办公楼电梯交通按运行方式可分为：上行高峰交通模式、下行高峰交通模式、两路交通模式、四路交通模式及层间交通模式5种。

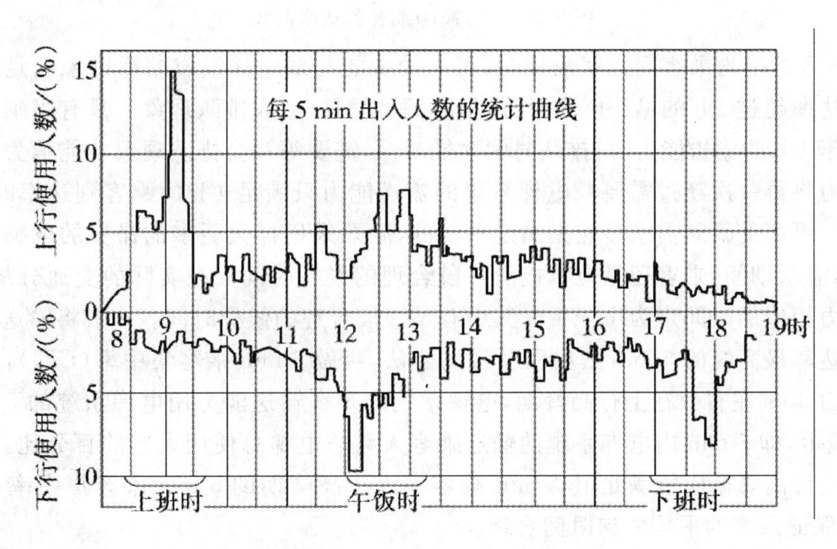

图5.1　办公楼客流交通图

（1）上行高峰交通模式

当全部或者大多数乘客在建筑物的门厅进入电梯且上行，然后分散到大楼的各个楼层，这种情况称为上行高峰交通模式。上行高峰交通模式一般发生在早晨上班时刻，其次，强度稍小的上行高峰发生在午间休息结束时刻。一个电梯系统如能有效地应对早晨上班时上行高峰期的交通需求，那么，该电梯系统也可以满足其他交通模式的交通需要，如下行高峰及随机的层间交通需求等。因此，在研究电梯的输送能力时一般都按这段时间考虑，这种客流交通称为“上班交通”。上行高峰的形成是由于要求所有的员工在某一固定的时刻之前到达办公地点。早晨上行高峰乘客到达率曲线可以用图 5.2 表示。图中曲线下的封闭部分表示在 1 h 期间的瞬时乘客到达率,以呼梯次数表示。曲线的形状在规定的上班时间之前渐渐上升,而在上班时间之后迅速降低。高峰时期的 5 min 乘客集中率约为 15 %(5 min 乘客集中率指高峰时 5 min 内的候梯人数与电梯总使用人数的百分比)。

图 5.2 表明,乘客对电梯系统所要求的瞬时客流输送能力,在规定上班时段之前或之后,相对比较低,而在上班时段即将到来之前,则相对较高。

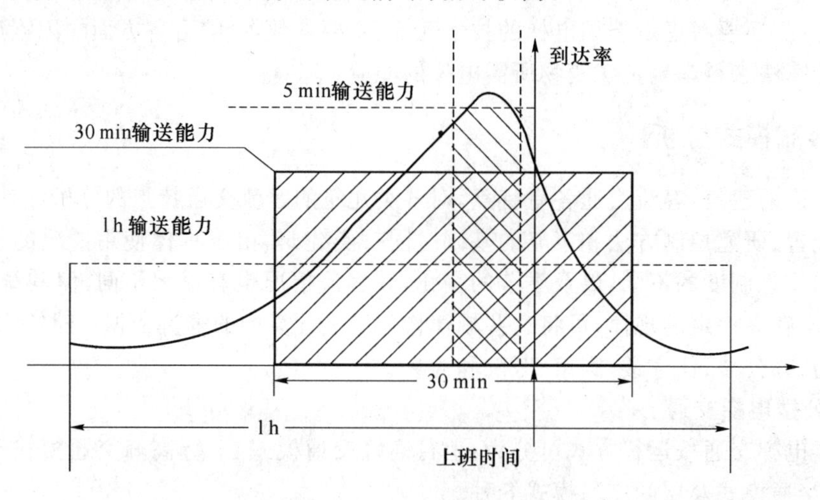

图 5.2　上行高峰乘客到达率曲线

在 1 h 内的平均乘客到达率较低时,可由较少的几部电梯组成的梯群来满足需求。但当乘客到达率超过 1 h 的输送能力时,候梯时间将增长,形成排队现象。只有当乘客的到达率再次低于 1 h 的输送能力时,排队时间才能减短,需要等一会排队现象才能消失。然后乘客输送能力将再一次超过需要。电梯系统的输送能力只满足 1 h 的乘客到达率时,还不能令人满意。更高的瞬时需求显然是满足不了的,除非采用梯数更多的昂贵的电梯系统。因而,在高峰需求期间,乘客还是应该接受一段合理的候梯时间。在实际的交通分析中,将乘客输送能力相应的时间定为小于 1 h,其中有某一段合理的候梯时间。一般将输送能力定义在客流到达率最高峰的 5 min 之内已经得到公认,叫做 5 min 乘客集中率(CE_a),其相应的候梯时间为 30 s 左右。在上行高峰期,电梯系统的乘客输送能力用电梯系统的 5 min 载客率(CE_a)表示,即 5 min 内电梯系统的输送乘客人数与电梯总使用人数的百分比。因此,电梯系统在上行高峰期应能满足其 5 min 载客率大于高峰期的 5 min 乘客集中率,即 $CE > CE_a$,才能保证乘客的平均候梯时间合理。

在上行高峰期,还有两个参数能反映电梯系统服务水平,即平均行程时间和平均间隙时间。平均行程时间(AP):电梯从关门启动运行至到达目的楼层所用时间的统计平均值,它表明了乘客的平均乘梯时间。平均间隙时间(AI):每相邻两台电梯到达门厅的时间差的统计平均值,它大体上表明了乘客的平均候梯时间。上行乘客对电梯生理上的要求主要由单台电梯运行性能的提高来满足;而心理上的要求需要用梯群的有效协调控制来满足。各类建筑在上行高峰期对电梯系统的服务水平的评价见表 5.10。

表 5.10 电梯交通系统性能指标期望值

<table>
<tr><th colspan="3">建筑物型 m_1</th><th>5 min 载客率/(%)</th><th>平均间隙时间 INT/s</th><th>平均行程时间 RTT/s</th></tr>
<tr><td rowspan="5" colspan="2">办公楼</td><td>公司专用</td><td>20～25</td><td rowspan="5">30 以下为良好；
30～40 为较好；
40 以上为不好</td><td rowspan="12">60 以下为良好；
60～75 为较好；
75～90 为较差；
120 为极限
住宅、医院和百货大楼可稍长些</td></tr>
<tr><td>准专用楼</td><td>16～20</td></tr>
<tr><td>机关办公楼</td><td>14～18</td></tr>
<tr><td>分区出租办公楼</td><td>12～14</td></tr>
<tr><td>分层出租办公楼</td><td>14～16</td></tr>
<tr><td colspan="3">住宅楼</td><td>3.5～5.0</td><td>60～90</td></tr>
<tr><td colspan="3">旅馆</td><td>10～15</td><td>30 以下为良好；
30～40 为较好；
40 以上为不良</td></tr>
<tr><td rowspan="4">医院</td><td rowspan="2">大型</td><td>人的交通</td><td>20</td><td rowspan="2"><60</td></tr>
<tr><td>车的交通</td><td>2</td></tr>
<tr><td rowspan="2">中小型</td><td>人的交通</td><td>20</td><td rowspan="2"><120</td></tr>
<tr><td>车的交通</td><td>2</td></tr>
<tr><td colspan="3">百货大楼</td><td>16～18</td><td>60～90</td></tr>
</table>

高峰期，随着进入大楼人数的增多，会产生较少的层间交通，而且层间交通会随着楼内人数的增加而增加。电梯系统在保证上行服务的同时，要兼顾层间交通。这要求电梯系统要根据客流强度的变化，合理地调度各个轿厢从底层基站的发车时间间隔，在保证上行乘客的较短的候梯时间时，避免轿厢在基站排队等候发车间隔的到来，以利于对其他楼层的乘客需要进行服务。为提高系统的乘客输送能力，可将电梯分组。同时将大楼分为高层区和低层区，这样的划分与呼梯信号无关，而仅与乘客的目的层有关。一组电梯服务去低层区乘客，一组服务去高层区的乘客，同时辅以对乘客的引导设施，可提高 20%的乘客输送能力。这种方法可使去同一层的乘客乘同一轿厢的机会增加，减少停站数。同时可使服务高层区间的轿厢更多地全速运行，减少运行时间。这种方法在重载情况下为有效。

(2) 下行高峰交通模式

当全部或者大多数乘客是从大楼的各层站乘电梯下行到门厅，这种状况称为下行高峰交通模式。

一定程度上，发生在下班时刻的下行高峰是早晨上行高峰的反向。在午间休息开始时形成的下行高峰强度较弱，而傍晚时的下行高峰比早晨的上行高峰更强烈，此时下行高峰的强度比上行高峰要强 50 %，持续的时间长达 10 min 之久。下行高峰状态乘客离开率曲线如图 5.3 所示。下行高峰期，乘客密度比较大，往往使轿厢停靠一两层后轿厢就满员，因此应合理地确定上行轿厢的目的层，然后向下运行，使电梯系统均匀地服务于各层的下行乘客。

(3) 两路交通模式

当主要的客流是朝着某一层或从某一层而来，而该层不是门厅，这种状况称为两路交通模式。两路交通状况多是由于在大楼的某一层设有茶点部或会议室，在一天的某一时段该层吸引了相当多的到达和离开的呼梯信号。所以两路交通模式发生在上午和下午休息期间或会议期间。

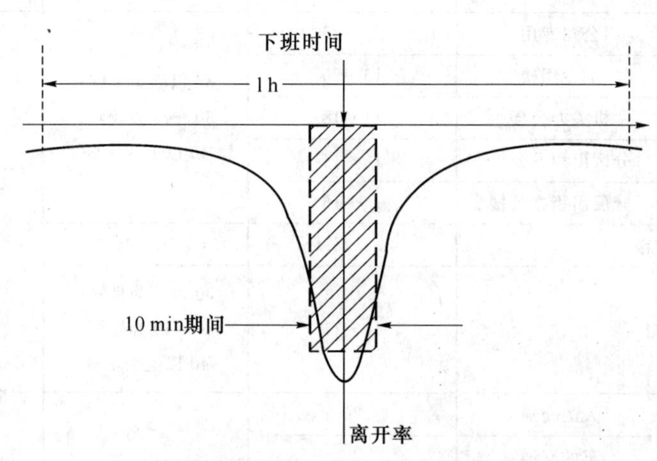

图 5.3　下行高峰乘客离开率曲线

出现两路交通模式时，电梯系统应加强对特定楼层的客流输送能力，派剩余空间比较大的轿厢来服务，另外的。电梯系统应对这特定楼层交通进行记忆和学习，对此类楼层的呼梯给予更多的重视程度或优先权。对此类楼层服务的轿厢的可用空间给予较高的权值。

(4) 四路交通模式

当主要的客流是朝着某两个楼层或从某两个特定的楼层而来，而其中的一个楼层可能是门厅，这种交通状况被定义为四路交通模式。

由图 5.1 可以看出，当中午休息期间，会出现客流上行和下行两个方向的高峰状况。午饭时客流主要是下行，朝向门厅和餐厅。午休快结束时，主要是从门厅和餐厅上行。所以四路交通多发生在午间休息期间。

四路交通又可分为午饭前交通模式和午饭后交通模式。此两类交通模式与早晨、晚上发生的上行和下行高峰不同，虽然主要客流都为上行和下行模式，但此两类交通模式同时还有相当比例的层间交通和相反方向的交通。各交通量的比例还与午休时间的长短、餐厅的位置和大楼的使用情况有关。出现四路交通时，不但要考虑主要交通客流，还要考虑其他客流，与单纯的上、下高峰期不同。

(5) 层间交通模式

由图 5.1 可以看出，在上午的上班时间后与午饭前之间和中午上班后至下午下班前之间，大楼的层间客流交通占主要部分。这种模式分配定义为层间交通模式。这种交通模式是一种基本的交通状况，存在于一天中的大部分时间。两路和四路交通(如果产生的话)，可以被认为是不均匀的层间交通的严重情况。层间交通是由于人们在大楼中的正常工作而产生的，这种层间交通也称为平衡的两路交通。

层间交通要有合理的停靠策略。当轿厢没有呼梯信号分配给它时，应考虑轿厢停在哪一楼层。可以要求空轿厢均匀停在各个楼层，也可要求空轿厢停在客流比较大的楼层(这一功能需要电梯系统对大楼各楼层交通的学习)。如可以要求空轿厢停在门厅层以保障进入大楼的人尽快得到服务，防止门厅的拥挤。电梯系统应该根据客流的强度变化，对各个指标的强调程度而进行合适的调节。如交通密度大时，对平均候梯时间和长候梯时间要求大些，交通密度小时对电梯系统的节能指标要求大些。

以上是办公楼交通状况的特点分析，不是固定不变的，它与大楼的使用情况、使用方式、季节、作息时间等有关。

不同的电梯系统对交通模式的分类会不同，但基本模式相同，包括：上行高峰交通模式、下行高峰交通模式、午饭前交通模式、午饭后交通模式、随机层间交通模式、客闲交通模式、会议交通模式等。客闲交通模式是指客流量很小时的情况，如在休息日、夜晚、清晨等。

2. 住宅电梯交通

典型的住宅楼客流如图 5.4 所示。在早晨以下行为主；傍晚出现以上行为主的客流高峰。一般 5 min 载客率为 3.5 %～5 %，客流量上行与下行的比例约为3∶2。可按此段时间考虑电梯的输送能力。

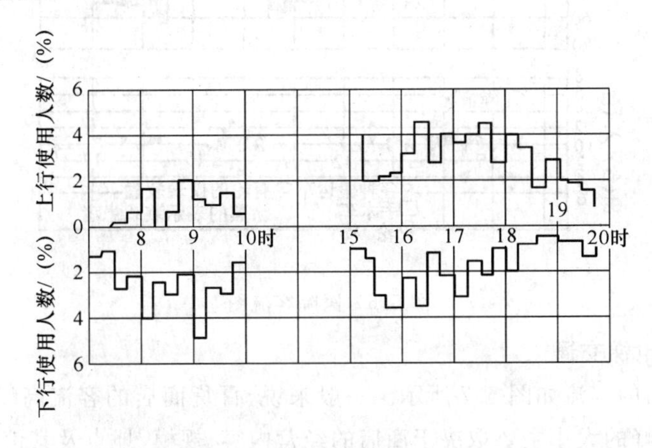

图 5.4　住宅楼客流图

3. 旅馆电梯交通

典型的旅馆客流如图 5.5 所示。饭店、宾馆的规模不同，对电梯的要求也不同，一般早晚进出的客流量较大。如果饭店、宾馆里设有餐厅或宴会厅、会议厅时，还需考虑由此产生的客流量。对于大型的宴会厅，客流量可按宴会前 15 min 集中 40 %，宴会后 15 min 集中 90 %考虑。

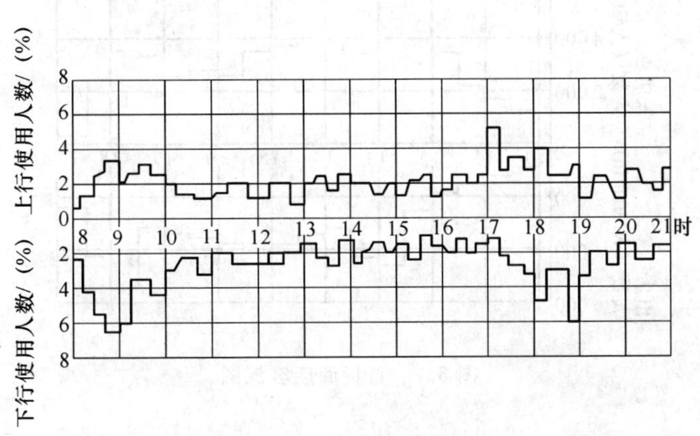

图 5.5　旅馆客流图

4. 医院电梯交通

典型的医院客流如图 5.6 所示。由图可见,医院中的客流高峰出现于下午,大多数医院都将下午定为会客时间,有很多人在此期间前来探望病人或联系业务。很明显,客流的高峰时刻取决于医院规定的会客期。手术车的交通在上午和下午产生较为平缓的高峰。

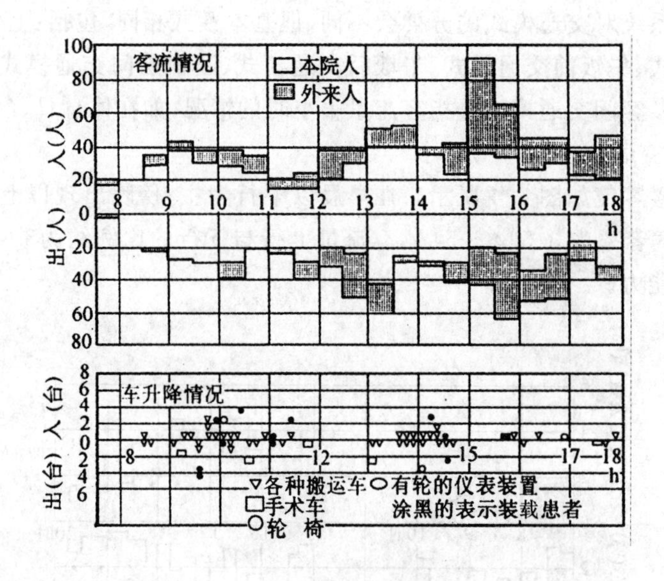

图 5.6 医院客流图

5. 百货商店电梯交通

某家百货商店的客流如图 5.7 所示。一般来说,百货商店的客流高峰发生在星期日的中午前后,客流高峰的大小主要取决于商店的经营内容、规模、地点及其信誉。其中,以商店的规模最为重要。根据美、日等国家的统计数据,百货商店客流高峰期 1 h 的乘客集中率可认为是 0.4～0.8 人/m²,其面积应按第 3 层以上的总售货区面积计算。当商店采用电梯和扶梯混合交通时,一般电梯和扶梯所负担的输送量的比例为:电梯 10 %～20 %;扶梯 80 %～90 %。

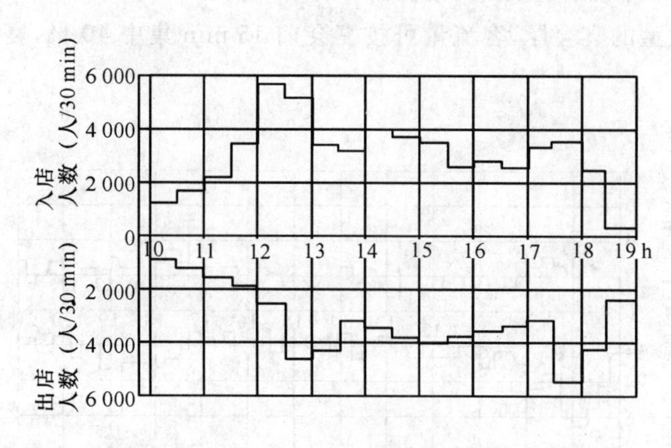

图 5.7 百货商店客流图

5.3.2　电梯配置计算

下面以办公楼为例，介绍如何根据交通计算来合理配置电梯的。

1. 用交通计算配置电梯的具体要求

① 计算建筑物的全部(或全区服务范围内一个分区)的客流总量，其代号为 $\sum r$，单位为人。

② 选用电梯系统每 5 min 适宜的客流量满足率 λ(客流集中率)。

$$\lambda = \frac{\sum r_5}{\sum r} \times 100\%$$

$$\sum r_5 = \sum r \times \lambda \tag{5.1}$$

式中，$\sum r_5$ 为电梯系统 5 min 载客人数(能力)。即当电梯系统中所配置的电梯的额定载重量 Q(kg)、额定速度 v(m/s)，服务方式完全相同时，则系统中每台电梯每 5 min 载客人数 r_5 值也相同。

设电梯系统中装有这样的电梯台数为 N 台，则有

$$\sum r_5 = N r_5 \tag{5.2}$$

因电梯系统中所装电梯由于 Q 和 v 值不相同，所以每种电梯的 r_5 值也不同，则 $\sum r_5$ 的数值为

$$\sum r_5 = r_{1_5} + r_{2_5} + r_{3_5} + \cdots + r_{n_5} \tag{5.3}$$

其中，r_1、r_2、r_3、…、r_n 为 n 台电梯中每台电梯的编号；r_{1_5}、r_{2_5}、r_{3_5}、…、r_{n_5} 为各台电梯的每 5 min载客人数。

$$\lambda = \frac{\sum r_5}{\sum r} \times 100\% \tag{5.4}$$

式中，$\sum r$ 为大楼需要乘坐电梯的总人数，也可称为总客流量。

λ 值因建筑物类型不同而不同，根据测算 λ 值应满足表 5.11 的要求。

表 5.11　客流量满足 λ 的推荐值

建筑物类型		上行高峰客流量满足率 λ/(%)
居住建筑	旅馆	10～15
	住宅	5～7
商业或办公建筑	多家租用时	10～15
	多家租用且声誉高	17
	单独租用时	15
	单独租用且声誉高	17～25
公用建筑	医院	8～12
	学校	15～25

根据 $\sum r$ 即可估算所需电梯台数 N、电梯额定载重量 Q(kg)、额定载客人数 R(人)和额定速度 v(m/s)。

③ 计算电梯的候梯间隔时间 INT,单位为 s,并使 INT 不超过规定数值。

④ 电梯在建筑物中的位置进行合理分布与安排,对高层大楼还可作高区低区的分区(层)服务,对面积较大的建筑物还可按东西或南北分区或分层服务。

⑤ 选择好电梯的门厅。门厅应尽量靠近建筑物与主要街道门口的相近处。通常基站门厅用 G 表示,我国也有用一层代表门厅层站的。分区服务时,可在高低区转换层处设高区门厅。

⑥ 尽量使电梯井道占用建筑楼宇的面积少些。

⑦ 尽量在满足 λ 和 INT 的前提下选用能耗较低的电梯配置方案。

2. 用交通计算配置电梯的具体计算内容与方法

(1) 初选电梯的额定载重量 Q(kg),与电梯轿厢的额定载客人数 R。

① 选用原则。客流量小的楼宇(例如 $\sum r<500$ 人)可选用 Q=630～1 000 kg 的额定载重量;客流量大的楼宇可选用 $Q\geqslant$1 000～1 600 kg 的额定载重量,有时根据需要也可选用 $Q>$1 600 kg 的电梯。

② R 与 Q 的关系。根据欧洲国际电梯规范 EN81－1 和我国国标 GB 7588—2003《电梯制造与安装安全规范》的规定,每个乘客重量(实为质量)按 75 kg 计算,由此可得

$$R=\frac{Q}{75} \tag{5.5}$$

(2) 初选电梯额定速度 v(m/s)。

选择电梯 v 的依据有两条:一是其行程高度 H(m),即楼宇的高度,二是电梯每个停站间的行程距离 h(m),当然 h 高时,可选用适当高的 v 值的电梯。但如果电梯每个停层站间的距离仅为 2.8～3 m,这时就不适宜选用>2 m/s 的电梯。因为该情况下,电梯一次加速启动运行和一次减速制动停层运行的距离会超过其停层站之间的距离,电梯启动后未达到其额定速度 v 值就转入减速制动,这种电梯根本没有匀速运行的时间。因此,在必须每层站停靠且其距离又较小时,不宜选用较高 v 值的电梯。

① 常规按电梯总行程 H 选用 v 的推荐值如表 5.12 所示。

② 对于通过计算所得到的每个停站间平均距离 $h<4$ m 的电梯,一般应选用 v=0.63 m/s、1.00 m/s 或1.60 m/s,不宜选用 $v>$2.0 m/s 的电梯。

表 5.12 额定速度 v 与电梯总行程高度关系推荐值

电梯运行总行程高度 H/m	额定速度/(m·s^{-1})	电梯运行总行程高度 H/m	额定速度/(m·s^{-1})
<20	<1.00	60	3.50
20	1.00	120	5.00
30	1.50	>180	>5.00
45	2.50		

③ 计算轿厢平均载客人数 $\bar{r}$

$$\bar{r}=KR \tag{5.6}$$

式中,K 为轿厢载客平均系数,对办公楼和公共建筑取 K=0.8;对住宅楼 K 按电梯每运行

一周运送的乘客从少到多的顺序，取升降比例为 3∶2、5∶3、6∶4（不论电梯轿厢的大小如何）；R 为见式(5.5)。

(3) 计算电梯启动或制动时间 t_a(s)。

t_a 值决定于加速度值、速度与时间的关系曲线。

① 对于低速电梯 $v \leqslant 1.0$ m/s；其加速度值为 $a_{max} \leqslant 1.5$ m/s^2。

$a_p \geqslant 0.48$ m/s^2 通常都采用三角形加速度与减速度曲线状态，如图 5.8 所示（在未定具体电梯厂牌时，可先暂取为 $a_{max} \leqslant 1$ m/s^2）。这种曲线状态下的 t_a 值可用下式求得：

$$t_a = \frac{2v_0}{a_{max}} \tag{5.7}$$

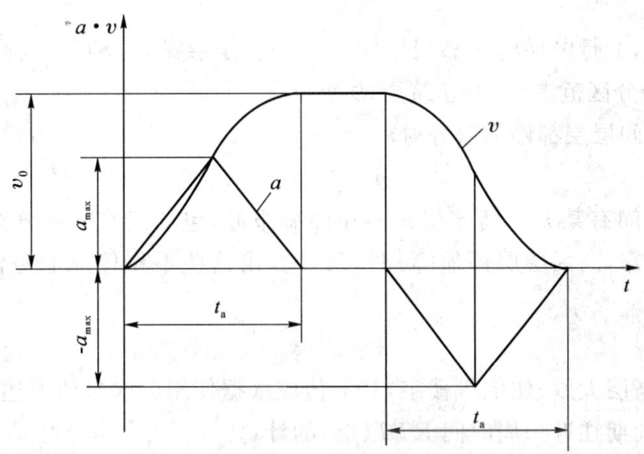

v—速度曲线；a—加速度曲线；v_0—额定速度；a_{max}—最大加速度；t_a—加速度时间

图 5.8　加速度与减速度的三角形曲线图

式中，v_0 为电梯速度(m/s)；a_{max} 为电梯最大加速度或减速度(m/s^2)。

② 对于快速电梯($1 < v_0 \leqslant 2$ m/s)和高速电梯($2 < v_0 \leqslant 2.5$ m/s)，GB/T 10058—2009 规定 $a_{max} \leqslant 1.5$ m/s^2。但前者 $a_p \geqslant 0.48$ m/s^2，后者 $a_p \geqslant 0.65$ m/s^2，通常在未定电梯厂牌时，也可设 $a_p = 1.0$ m/s^2 或 1.1 m/s^2。这时所采用的加减速曲线图大多是如图 5.9 所示梯形曲线图。这时 t_a 计算方法应采用(5.8)式，即

$$t_a = t_0 + \frac{v_0}{a_{max}} \tag{5.8}$$

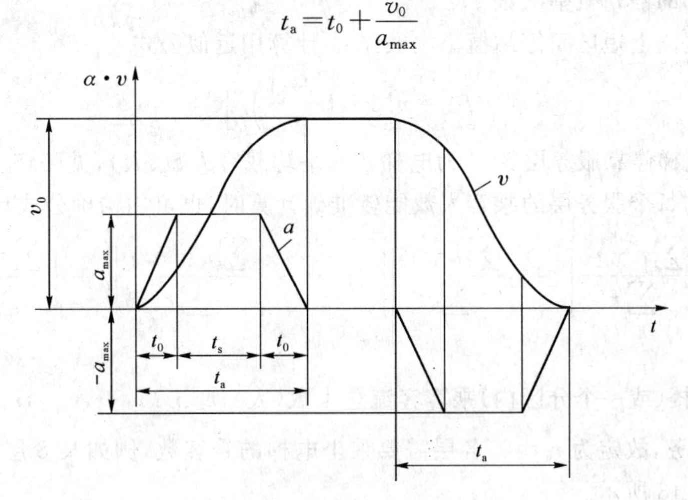

图 5.9　加减速度的梯形曲线图

式中，t_0 为加速度 a 由 0 增加到 a_{max} 所需的时间，一般取值为 $t_0=0.5\sim0.7$ s（v_0 高 a_{max} 大时取大值，v_0 低 a_{max} 小时取小值）；v_0 为电梯额定速度（m/s）；a_{max} 为电梯最大加速度（m/s^2）。

(4) 计算启动加速或制动减速的距离 S_a(m)

$$S_a=\frac{vt_a}{2} \tag{5.9}$$

(5) 电梯的服务层数 n 的确定。

n 是指大楼内（或者是大楼一个电梯服务分区内）电梯停靠服务层站的次数。对于办公楼或公共建筑物，一般按早上上班时高峰周期内电梯服务层站为计算依据，并按以下原则确定。

① 上班高峰时，上行电梯将停靠门厅站以上的指定层站，这种运行称为上行短区间运行。如大楼（或一个分区范围）共有建筑层站为 Z 层。

- 当上行短区间层层都停靠服务时

$$n=Z-1 \tag{5.10}$$

- 当上行短区间有某 n 个特定层站不作停靠服务（包括某些电梯分奇偶数停靠，低区若干层不停靠，高区层层停靠等）时，只计算出这些不作停靠服务的层数 x，则其 n 值为

$$n=Z-\mathrm{x} \tag{5.11}$$

② 对于旅馆、高层大厦、住宅等楼宇，其 n 值应根据使用要求参照上述原则确定。

(6) 电梯高峰周期往返一周时间 RTT(层)的计算。

对于办公大楼，电梯高峰周期往返一周时间 RTT(层)的定义为："每台电梯，在门厅站运载平均数量的乘客后发车，向上经过平均数量的楼层让乘客离开，直到顶层站让乘客全部离去后，再直驶回到门厅层站所需时间之总和"，即

$$RTT=t_a+t_D+t_p+t_L \tag{5.12}$$

式中，t_a 为电梯加速启动、匀速运行和减速制动停车运行时间（s）；t_D 为电梯每个 RTT 开关门总时间（s）；t_p 为电梯每个 RTT 中乘客出入总时间（s）；t_L 为电梯行驶过程中乘客为按动指令按钮等损失的时间（s）。

① 计算电梯的停站概率次数 f

- 办公大楼向上短区间停站概率次数 f_{LU}，计算用近似公式

$$f_{LU}=n\left[1-\left(\frac{n-1}{n}\right)^r\right] \tag{5.13}$$

式中，n 为前述电梯停靠服务层数；r 为电梯轿厢平均载客人数（人），见(5.6)式。

- 当建筑物每个服务层的乘客人数能较准确计算时，也可用精确公式计算。

$$f_{LU}=\left[\left(\frac{\sum r-r_2}{\sum r}\right)^r+\left(\frac{\sum r-r_3}{\sum r}\right)^r+\cdots+\left(\frac{\sum r-r_{n-1}}{\sum r}\right)^r+\left(\frac{\sum r-r_n}{\sum r}\right)^r\right] \tag{5.14}$$

式中，$\sum r$ 为大楼（或一个分区内）乘客客流总人数（人）；r_2、r_3、$r_4\cdots$，r_{n-1}，r_n 为 $r_2\sim r_n$（因一层不需要电梯服务，故定为 $r_1=0$）各层需要乘坐电梯的乘客数，例如某 8 层大楼，各层需乘电梯人数见表 5.13 所示。

表 5.13　需要乘坐电梯的乘客数

层数	r_2	r_3	r_4	r_5	r_6	r_7	r_8	$\sum r$	并已知 $\bar{r}=10$ 人 $n=7$
需乘电梯人数	36	93	160	85	120	105	63	662	

$$f_{LU}=n-\left[\left(\frac{662-36}{662}\right)^{10}+\left(\frac{662-93}{662}\right)^{10}+\left(\frac{662-160}{662}\right)^{10}+\left(\frac{662-85}{662}\right)^{10}+\left(\frac{662-120}{662}\right)^{10}+\left(\frac{662-105}{662}\right)^{10}+\left(\frac{662-63}{662}\right)^{10}\right]$$

$$=7-[0.572+0.22+0.0628+0.253+0.1353+0.1778+0.3678]$$

$$=7-1.7888\approx 5.21$$

如用近似公式计算则为

$$f_{LU}=n\left[1-\left(\frac{n-1}{n}\right)^{10}\right]=7\left[1-\left(\frac{7-1}{7}\right)^{10}\right]=5.5\text{（误差并不很大）}$$

- 办公大楼在电梯高峰期中，由顶层站直驶下达门厅站，故取其下行快区间站数 $f_{ED}=1$。
- 办公大楼上班时高峰周期 RTT 中总停站概率次数

$$f=f_{LU}+f_{ED} \tag{5.15}$$

② 计算电梯短区间平均停站距离 S_{LU}(m)

$$S_{LU}=\frac{H}{f_{LU}} \tag{5.16}$$

式中，H 为电梯总行程高度（或分区电梯总行程高度）(m)。

③ 计算短区间运行时间 t_{RLu}(s)

$$t_{RLu}=\left(\frac{S_{LU}}{v}+t_a\right)f_{LU} \tag{5.17}$$

(5.17)式的计算依据：

t_{RLu}为短区间电梯运行总时间(s)，其原始计算式为

$$t_{RLu}=t_{vLu}+t_{aLu}$$

式中，t_{vLu}为短区间电梯匀速运行时间(s)，$t_{vLu}=\left(\frac{S_{LU}-2S_a}{v}\right)f_{LU}$；$t_{aLu}$为短区间电梯加速与减速运行时间(s)，$t_{aLu}=2t_a f_{LU}$。

由此可得

$$t_{RLu}=\frac{S_{LU}}{v}f_{LU}-\frac{2S_a}{v}f_{LU}+2t_a f_{LU}$$

由于 $t_a=\frac{2S_a}{v}$，代入上式即得

$$t_{RLu}=\frac{S_{LU}}{v}f_{LU}-t_a f_{LU}+2t_a f_{LU}=\left(\frac{S_{LU}}{v}+t_a\right)f_{LU}$$

④ 计算快行区间运行时间 t_{RED}(s)

$$t_{RED}=\left(\frac{H}{v}+t_a\right)f_{ED} \tag{5.18}$$

(5.18)式的计算依据：

t_{RED}为快区间电梯运行总时间。其原始计算式为

$$t_{\mathrm{RED}}=t_{\mathrm{vED}}+t_{\mathrm{aED}}$$
$$=\frac{H-2S_{\mathrm{a}}}{v}f_{\mathrm{ED}}+2t_{\mathrm{a}}f_{\mathrm{ED}}$$
$$=\frac{H}{v}f_{\mathrm{ED}}-t_{\mathrm{a}}f_{\mathrm{ED}}+2t_{\mathrm{a}}f_{\mathrm{ED}}$$

可写成：

$$t_{\mathrm{RED}}=\left(\frac{H}{v}+t_{\mathrm{a}}\right)f_{\mathrm{ED}}$$

⑤ 计算电梯一次往返 RTT 中总行程时间 t_{R}(s)

$$t_{\mathrm{R}}=t_{\mathrm{RLu}}+t_{\mathrm{RED}} \tag{5.19}$$

⑥ 计算一个 RTT 中开关门总时间 t_{D}(s)

$$t_{\mathrm{D}}=ft_{\mathrm{d}} \tag{5.20}$$

式中，f 见(5.15)式；t_{d} 为电梯每次停站开关门时间，可由表 5.14 选用。

表 5.14　t_{d} 的推荐值表(根据 GB/T 10058—2009)　　(单位：s)

开门形式	开门距 B/mm			
	$B\leqslant 800$	$800<B\leqslant 1\,000$	$1\,000<B\leqslant 1\,100$	$1\,100<B\leqslant 1\,300$
中分自动开门	<3.2	<4.0	<4.3	<4.9
旁开自动开门	<3.7	<4.3	<4.9	<5.9

注：开门宽度超过 1 300 mm 时，其开门时间由制造商与客户协商确定。

⑦ 计算电梯往返一次 RTT 中乘客出入时间 t_{p}(s)

$$t_{\mathrm{p}}=2\,\bar{r}t_{\mathrm{p}\theta} \tag{5.21}$$

式中，$t_{\mathrm{p}\theta}$为每个乘客出入轿厢一次所需时间，取值为 $t_{\mathrm{p}\theta}=1-1.3$ s。(对大轿厢大开门距取大值，小轿厢小开门距取小值)

⑧ 计算往返一周 RTT 中选择操纵按钮等损失时间 t_{L}(s)

$$t_{\mathrm{L}}=0.1(t_{\mathrm{D}}+t_{\mathrm{p}}) \tag{5.22}$$

⑨ 计算电梯候梯间隔时间 INT(s)

$$INT=\frac{RTT}{N} \tag{5.23}$$

式中，N 为大楼中电梯台数。

INT 计算值应不超过大楼使用类别所规定的推荐值，如表 5.15 所示。

表 5.15　*INT* 推荐值　　(单位：s)

建筑物类型	*INT*
住宅建筑	40～100
商业或办公建筑	
声誉好的	20～25
其他	25～30
公共建筑	30～50

⑩ 计算每台电梯每 5 min 载客人数 r_5

$$r_5=\frac{5\times 60}{RTT}\times\bar{r} \tag{5.24}$$

⑪ 计算整个大楼(或某一分区)电梯每 5 min 载客总人数 $\sum r_5$

• 当大楼(或某一分区)装用的是 Q、v、r 完全相同的电梯时,其台数为 N 时

$$\sum r_5 = N\times r_5 \tag{5.25}$$

• 当大楼(或某一分区)装用不同 Q、v、r 的电梯时,则用下式计算

$$\sum r_5 = r1_5 + r2_5 + r3_5 + \cdots + r\,(N-l)_5 + rN_5 \tag{5.26}$$

⑫ 计算大楼(或某分区)需要电梯服务的总人数 $\sum r$。$\sum r$ 也称为总客流量,可用以下各式分别计算

• 对办公楼:

$$\sum r = \frac{A\eta n}{a} \tag{5.27}$$

式中,A 为办公楼每层建筑面积(m^2);η 为有效使用系数,通常取 $\eta=0.70\sim0.75$;n 为需要电梯服务的层数(层);a 为办公楼每个人占用的面积(m^2),a 取值:合用办公楼 $a=10\sim12$ m^2/人;独用办公楼 $a=8\sim10$ m^2/人;学校 $a=0.8\sim1.2$ m^2/人。

• 对住宅楼:

$$\sum r = x\times a \tag{5.28}$$

式中,x 为住宅楼内需要电梯服务的卧室间数,(间);a 为每间卧室居住人数 $a=1.5\sim1.9$ 人/间;高档住宅取 $a=1.5$ 人/间,一般住宅取 $a=1.9$ 人/间。

• 对医院用电梯:

$$\sum r = y\times a \tag{5.29}$$

式中,y 为医院中病床数(床);a 为每个床位需要电梯服务的人数,取 $a=3$ 人/床。

• 旅馆用电梯:

$$\sum r = y\times a$$

式中,y 为旅馆中所有床位数(双层床按 2 个床位计算);a 为每个床位所需乘坐电梯的折算人数。

$$a\approx 0.8\sim1.2(\text{人})$$

⑬ 计算大楼(或某分区)每 5 min 客流量满足率 λ

$$\lambda=\frac{\sum r_5}{\sum r}\times 100\%$$

式中,λ 为应满足表 5.11 数值。

⑭ 设每台电梯装机功率为 P(kW),其数据可在各工厂电梯样本中查取,也可用静功率计算公式算出每台电梯的装机功率 P 值。

$$\sum P = NP \tag{5.30}$$

式中,N 为装机量。

应选择$\sum P$尽可能小的配置方案，当然其前提是λ值和INT值必须满足要求。

3. 用交通计算配置建筑物电梯的实例

设某独用办公大楼，共13层，每层建筑层高为3.4。门厅站设在地面层(1层)，2层为不停靠层。在早上乘客高峰的半小时内，电梯在门厅站载客后，向上运行，停靠3～13层，到达最高层放客后直驶门厅站。该大楼每层建筑面积$A=732\ m^2$，按每人占用$9\ m^2$，计算总客流量$\sum P$。

(1) 初步选用电梯的规格与台数

① $Q=1\ 150\ kg, R=\frac{1\ 150}{75}=15$人，$v=2.5\ m/s, a_{max}=1\ m/s^2, t_0=0.7\ s$

中分式门开门距$B=1\ 000\ mm$，每次开关门时间$t_d=3.2\ s, N=3$台。

② $Q=1\ 000\ kg, R=\frac{1\ 000}{75}=13$人，$v=1.6\ m/s, a_{max}=1\ m/s^2, t_0=0.6\ s$

中分式门开门距$B=1\ 000\ mm, t_d=3.2\ s, N=3$台。

③ 规格同②，但$N=4$台

(2) 其他参数

① 停站方式，上行3～13层短区间站口停靠，服务层数$n=11$。

下行快区间由13～1层直驶。

② $t_p=1-1.3\ s$(每个乘客出或入轿厢一次所需时间)，取$t_p=1.3\ s$。

③ 电梯总行程$H=(Z-1)\times h=(13-1)\times 3.4=40.8\ m$。

④ 电梯每层间距离$h=3.4\ m$。

(3) 电梯交通分析计算如表5.16所示。

表5.16 电梯交通分析计算表

序号	项目	计算公式	计算结果	
			$Q=1\ 150\ kg, v=2.5\ m/s$	$Q=1\ 000\ kg, v=1.6\ m/s$
1	轿厢平均载客人数$\bar{r}$/人	$\bar{r}=KR$ 式(5.6)	$0.8\times 15=12$	$0.8\times 13=10.4$
2	额定速度$v/(m\cdot s^{-1})$	选定值	2.5	1.6
3	启动或制动时间t_a/s	$t=t_0+\frac{v}{a_{max}}$	$0.7+\frac{2.5}{1}=3.2$	$0.6+\frac{1.6}{1}=2.2$
4	启动或制动距离S_a/m	$S_a=\frac{vt_a}{2}$	$\frac{2.5\times 3.2}{2}=4$	$\frac{1.6\times 2.2}{2}=1.76$
5	上行短区间服务层数n/层	设计确定	3～13=11	3～13=11
6	上行短区间停站数f_{LU}/次	$f_{LU}=n\left[1-\left(\frac{n-1}{n}\right)^r\right]$	$10\times\left[1-\left(\frac{11-1}{11}\right)^{12}\right]=6.81$	$10\times\left[1-\left(\frac{11-1}{11}\right)^{10.4}\right]=6.29$
7	下行短区间停站数f_{ED}/次	$f_{ED}=1$(预定值)	1	1

续表

序号	项　目	计算公式	计算结果		
			Q=1 150 kg，v=2.5 m/s	Q=1 000 kg，v=1.6 m/s	
8	总停站数 F/次	$F=f_{Lu}+f_{ED}$	6.81+1=7.81	6.29+1=7.29	
9	短区间平均运行距离 S_{LU}/m	$S_{LU}=\dfrac{H}{f_{LU}}$	$\dfrac{40.8}{6.81}=5.99$	$\dfrac{40.8}{6.29}=6.49$	
10	短区间运行时间 t_{RLu}/s	$t_{RLu}=\left(\dfrac{S_{LU}}{v}+t_a\right)f_{LU}$	$\left(\dfrac{5.99}{2.5}+3.2\right)\times 6.81=38.11$	$\left(\dfrac{6.49}{1.6}+2.2\right)\times 6.29=39.35$	
11	快区间运行时间 t_{RED}/s	$t_{RED}=\left(\dfrac{H}{v}+t_a\right)f_{ED}$	$\left(\dfrac{40.8}{2.5}+3.2\right)\times 1=19.52$	$\left(\dfrac{40.8}{1.6}+2.2\right)\times 1=27.7$	
12	电梯运行总时间 t_R/s	$t_R=t_{RLu}+t_{RED}$	38.11+19.52=57.63	39.35+27.7=67.05	
13	开关门时间 t_D/s	$t_D=Ft_d$	7.81×3.2=24.99	7.29×3.2=23.33	
14	乘客出入时间 t_p/s	$t_p=2\bar{r}t_{p0}$	2×12×1.3=31.2	2×10.4×1.3=27.04	
15	损失时间 t_L/s	$t_L=0.1(t_D+t_p)$	0.1×(24.99+31.2)=5.62	0.1×(23.33+27.04)=5.04	
16	一周往返时间 RTT/s	$RTT=t_R+t_D+t_p+t_L$	57.63+24.99+31.2+5.62=119.44	67.05+23.33+27.04+5.04=122.46	
17	每台电梯 5 min 载客人数 r_5/人	$r_5=\dfrac{5\times 60\times \bar{r}}{RTT}$	$\dfrac{5\times 60\times 12}{119.44}=30.14$	$\dfrac{5\times 60\times 10.4}{122.46}=25.48$	
18	乘梯总人数 $\sum r$/人	$\sum r=\dfrac{An\eta}{a}$	$\dfrac{732\times 11\times 0.75}{9}=671$	671	
19	选定电梯数 N/台	选定值	3	3	4
20	候梯间隔时间 INT/s	$INT=\dfrac{RTT}{N}$	$\dfrac{119.44}{3}=39.81$	$\dfrac{122.46}{3}=40.82$	$\dfrac{122.46}{4}=30.62$
21	客流量满足率 λ(%)	$\lambda=\dfrac{\sum r_5}{\sum r}\times 100\%$ $\left(\sum r_5=Nr_5\right)$	$\dfrac{3\times 30.14}{671}\times 100\%=13.48$	$\dfrac{3\times 25.90}{671}\times 100\%=11.58$	$\dfrac{4\times 25.90}{671}\times 100\%=15.44$
22	装机总功率 $\sum P$/kW	$\sum P=NP$	3×22=66	3×13=39	4×13=52

4. 计算结果分析与评价

(1) 当选用 Q=1 150 kg，v=2.5 m/s，电梯为 3 台时。

① λ=13.48 %，小于最低值 15 %，不能满足要求。

② INT=39.81 s>25～30 s；候梯时间较长，服务质量欠佳。

③ 井道所占用的建筑面积较适当。

④ 装机功率每台电梯 22 kW，3 台共 66 kW，能耗较高。

⑤ 每台电梯的价格较高。

评价：由于价 INT、λ 不满足要求，$\sum N$ 也较高，故不宜采用。

(2) 当选用 Q=1 000 kg，v=1.6 m/s，电梯为 3 台时。

① λ=11.58 %，不能满足要求。

② INT=40.82 s 虽与上述方案(1)接近，但候梯时间也长，服务质量欠佳。

③ 井道占用建筑物面积与(1)相当。

④ 装机功率 $\sum P$ 为每台 13 kW，三台为 39 kW，能耗较省。

⑤ 每台电梯的价格较(1)低。

评价：由于 INT、λ 都不合乎要求，虽然 $\sum P$ 低些，电梯价格也不高，仍不宜采用。

(3) 选用与方案(2)相同规格的电梯，台数增加为 4 台。

① $\lambda=15.44\ \%$，满足$>15\ \%$的要求。

② INT$=30.62$ s，基本满足 25～30 s 要求。

③ 井道占用建筑面积比(1)、(2)方案增加 25 %左右。

④ 装机总功率 $\sum P=PN=13\times4=52$ kW，比方案(1)小些，但比方案(2)大些。

⑤ 每台电梯价格与方案(2)相同，但因台数增加，其价格将比方案(2)增大 25%，但不一定超过方案(1)的总价。

评价：比较上述 3 种方案，可见第(3)方案应是最佳选择方案。

5. 评价后的建议

(1) 应再另选 $Q=1\,150$ kg，$v=1.6$ m/s，电梯 3 台和 4 台以及电梯 $Q=1\,150$ kg，$v=2.0$ m/s 3 台。做 3 种方案的交通分析计算，结合以上 3 种方案，共 6 种方案中，筛选最佳方案。

(2) 电梯在建筑物中的位置布置：因为此大楼规模不是很大，层高也不很高，所以可以不作分区服务。

用交通计算来配置电梯需要进行一系列的计算分析，这项工作通常应由工程技术人员进行操作，提供分析数据，进行比较，提出建议，供选择确认。表 5.17 为建筑规模(m_1)和建筑规模(m_2)所需电梯配置台数期望值。

表 5.17 电梯台数期望值表

m_1 和 m_2		Q/kg	H/m	$v/(\mathrm{m\cdot s^{-1}})$	N
办公楼	小型	1 000 1 150	0～36	1.75～2.00	200～300 人/台
			36～70	2.50～3.00	
	中型	1 350	70～85	3.50	
			85～115	4.00	
	小型	1 600	>115	≥5.00	
旅馆	中小型	750 900 1 000 1 150	0～36	1.75～2.00	100 间客房 1 台
			36～70	2.50～3.00	
			70～85	3.50	
	大型 400 客房以上	1 350	85～115	4.0	
		1 600	>115	≥5.00	
住宅楼		600 750	0～20	0.75	约 60～90 户 1 台，高层住宅第 12 层以上，设置两台
		900	20～40	1.00	
		1 000	40～60	1.25～1.50	
		1 150	>60	1.75～2.00	

第6章　电梯电气安装与调试

6.1　电梯的布置排列

电梯土建布置图包括电梯位置平面图、井道平面图、井道纵剖面图、机房平面图、井道和机房的混凝土预留孔等，图中应标明电梯的基本参数、电源要求及注意事项。下面是电梯（包括电梯电气）购置要考虑的电梯配置排列问题。

(1) 电梯要设置在进入大楼的人容易看到，且离出入口近的地方。一般可以将电梯对着正门，或在大厅出入口处并列设置；也可设置在正门，或设置在大厅通路旁侧或两侧。对有群控功能的电梯，为了防止靠近正门或大厅入口的电梯利用率高，较远的电梯利用率低的不合理现象，可将电梯群控设置，或分层设置。

(2) 百货商场的电梯最好集中布置在售货大厅，或一端容易看到的地方。有自动扶梯时，则要综合考虑电梯和自动扶梯的设置位置。工作人员用梯和货用电梯可设置在顾客不易见到的地方。

(3) 群控电梯，应在大楼内集中布置，不要分散布置（消防电梯除外）。对于电梯较多的大型综合楼，可以根据不同楼层的用途、出入人口数量和客货流的流动路线，将电梯分组配置。同组内的电梯，服务楼层要一致。1组内的电梯相互距离不要太大，否则增加了候梯厅内乘客的步行距离，乘客还未进入，而轿厢就启动离开了。

(4) 直线并列的电梯不应超过4台；5～8台的电梯可排成2排，在厅门处面对面设置；8台以上的电梯一般排成“凹”形，分组配置。呼梯按钮不要远离轿厢。候梯厅深度应参照GB/T7025.1—2008要求。

(5) 为了方便乘客，大楼主要通道应有指引候梯厅位置的指示牌；候梯厅内、电梯与电梯之间不要有柱子等突出物；应避免轿厢出入口缩进；服务不同楼层的2组电梯布置在一起，应在候梯厅入口和候梯厅内标明各自服务楼层，以防乘错造成干扰；群控梯组除首层可设轿厢位置显示器外，其余各候梯厅不要设置，否则易引起乘客误解。

(6) 若大楼出入口设在上下相邻的两层（如地下有停车场、地铁口、商店等），则电梯基站一般设在上层，不设在地下层。两层间可使用自动扶梯，以保证达到输送效率。地下入口如果交通量很少时，可设单梯通往地下，或在候梯厅处加设地下专用按钮。

(7) 对于超高层建筑，电梯一般集中布置在大楼中央，采用分区或分层的方法。候梯厅要避开大楼主通路，设在凹进处，以免影响主通路的人员流动。

(8) 医院乘客电梯和病床电梯应分开布置，以有助于保持医疗通道畅通，提高输送效率。

(9) 对旅馆和住宅楼，应使电梯的井道和机房远离住室（井道旁是楼梯或非住室），以避免噪声干扰住室，必要时可考虑采用隔声材料。

(10) 电梯布置应与大楼的结构布置互相协调。

(11) 候梯厅的结构布置应便于层门防火。

6.2 电梯电气安装

6.2.1 电梯施工流程

电梯安装流程如图 6.1 所示。其中，在对电梯施工方案进行编制时，应该注意如下几点。

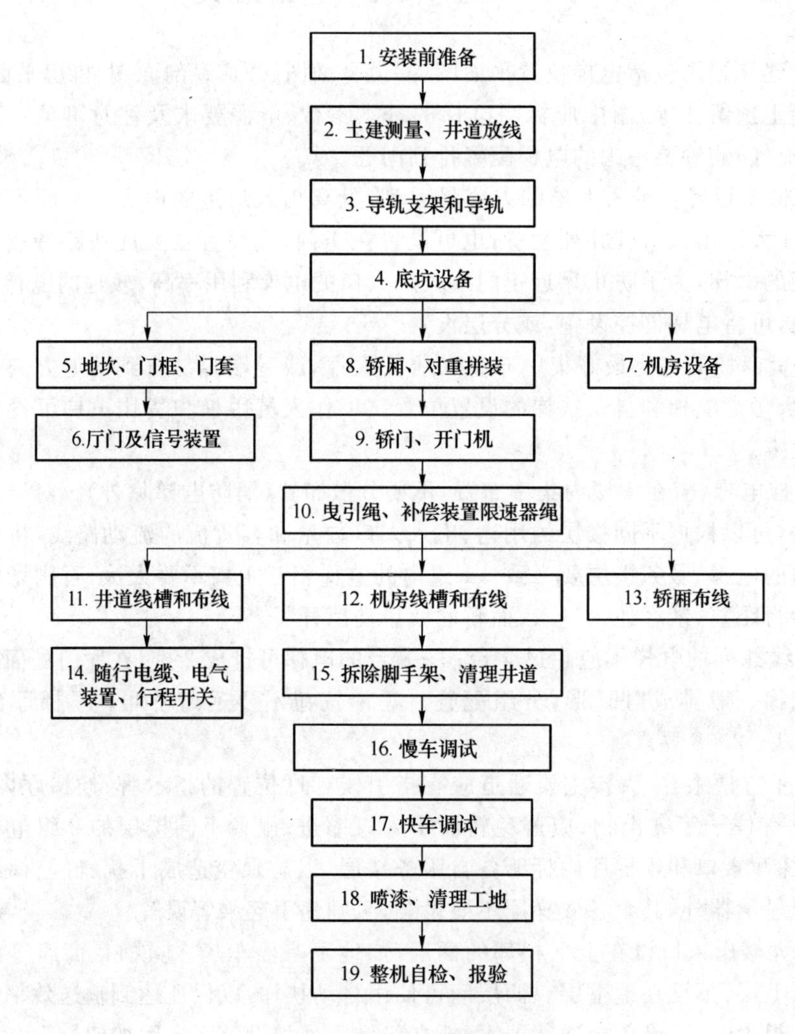

图 6.1 电梯安装流程

(1) 明确电梯安装项目的相关信息(工地、电梯设备、相关方等)。

(2) 确定安装队长、责任人、质检员和安全员的责任分工如图 6.2 所示。

(3) 电梯安装的一般流程是:开工告知→派工(持证人员)→安装前培训→开箱→安装

调试→整机自检→报验→注册登记→交付使用。

(4) 电梯安装的特殊和关键过程列为质量控制点，未经质检员检验或检验不合格的不得转序和交付。

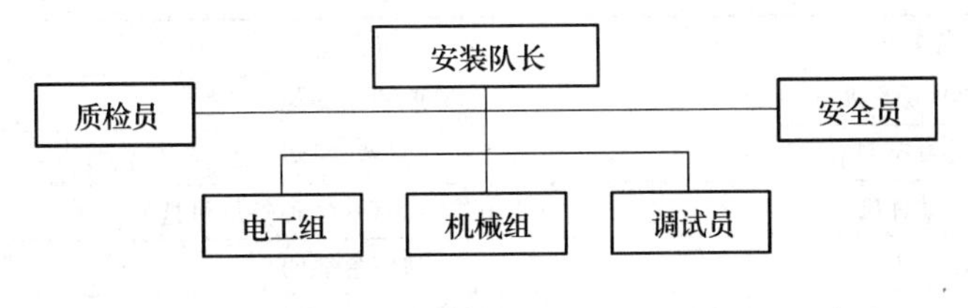

图 6.2　责任分工框图

6.2.2　总线制可视、对讲、应急照明电梯报警系统

1. 系统结构

总线制可视、对讲、应急照明电梯报警系统为电梯(群)提供了一套较完善的应急、安全监控问题的解决方案。利用总线制原理及目前先进的电子技术为电梯(群)提供图像监视、语音对讲、应急照明、故障监控等方面的综合服务及保障。其结构图如图 6.3 所示。

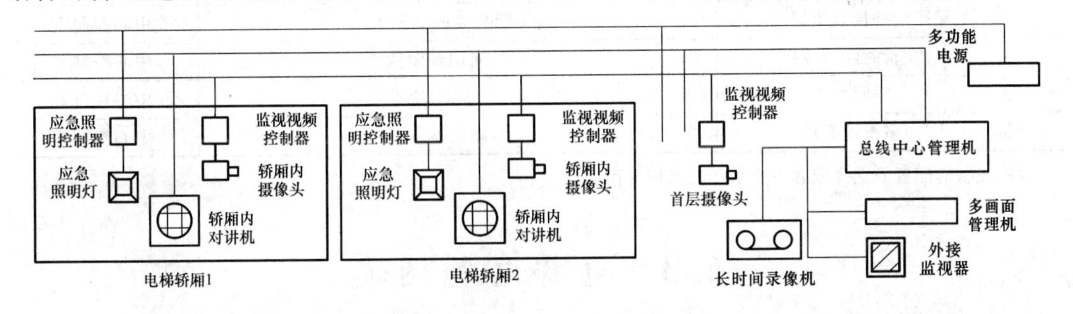

图 6.3　总线制可视、对讲、应急照明电梯报警系统结构

其功能特点如下。

(1) 利用独有技术，将可视监视、语音对讲、应急照明、电梯故障监视、语音报警等电梯专用安全功能，完全互动地集成于同一专业系统。

(2) 电梯设计要符合电梯设备特殊的技术和安全要求，适用于电梯的特殊环境。

(3) 全系统采用总线制，线路简洁，管理及维护方便。

(4) 使用电梯专用控制及视频电缆，可增强可靠性，提高使用寿命。

(5) 报警、呼叫时画面自动锁定并语音提示。

(6) 监控电梯门系统(或其他部位)故障，画面可自动锁定并用语音提示。

(7) 可在断电情况下应急工作。

(8) 图像可多画面分割或扫描显示。

(9) 有电梯楼层、方向、时间等显示功能(可选功能)。

(10) 信息、画面长时间录像记录(可选功能)。

(11) 应急照明通过总线，由中控室统一供电，可靠性高，便于维护。

(12) 所有控制、视频、音频及电源(除中控室总电源外)，均为安全电压，确保使用者的人身安全，不干扰其他设备。

2. 设备配置和安装位置

设备配置和安装位置见表 6.1。

表 6.1 设备配置和安装位置

序号	设备名称	功能用途	安装位置
1	轿厢内摄像机	摄取轿内图像	轿厢内
2	总线视频控制器	电梯视频信号接入总线,采集、发送故障信号	轿厢内
3	电梯对讲机	轿内与中控室通话(多种外形可选)	轿厢内
4	应急照明灯	电梯应急照明	轿厢内
5	应急照明控制器	每台电梯应急照明接入总线	轿厢顶
6	首层摄像机	首层电梯厅监视及客流分析	首层电梯厅
7	总线视频控制器	首层视频信号接入总线	首层电梯厅
8	匹配器	多台对讲机信号匹配	电梯机房
9	视频放大器	远距离视频信号放大	电梯机房
10	视频叠加器	将电梯楼层信号采集叠加	电梯机房
11	中心管理机	人机界面、控制管理整个系统	中心控制室
12	综合电源	全系统供电、应急供电	中心控制室
13	外接显示器	长时间、大屏幕显示	中心控制室
14	长时间录像机	长时间记录图像	中心控制室
15	时间发生器	叠加时间、日期、字符信号	中心控制室
16	多画面管理机	多画面显示	中心控制室

注:设备的配置及选择依客户要求和现场情况而定。

6.3 电梯电气调试

以沈阳蓝光自动化技术有限公司的 SJT-WVF、SJT-UNVF Ⅱ 等变频调速电梯控制系统为例,介绍电梯运行的电气调试方法,使读者对电梯电气安装调试有初步的认识。

SJT-WVF 变频调速电梯控制系统适用于梯速 0.5～2.5 m/s。该系统可与不同厂家、品牌的变频器相配套,如安川变频器、科比变频器、富士系列变频器等,也可以根据控制需要匹配同步或异步两种类型的曳引机。专门设计的曲线卡使电梯运行速度轨迹更加稳定平滑,使电梯具有良好的舒适感与精确的平层。通讯部分采用了结构简单、技术成熟的 RS-485 通迅总线,强大的通讯功能方便系统的并联和群控:控制柜主机留有并联/群控接口,将两台电梯的接口用电缆连接后即可实现并联运行;电梯需要群控时,上位机可利用该接口进行呼梯信号的采集与运行调度,可实现 8 台以下电梯的群控功能。本系统还留有远程监控通讯接口,使系统可与监控计算机相连,不需额外增加信号采集装置。采用多 CPU 离散化控制,电梯运行管理及参数设置由 Philips 公司最新性能的 XA 系列 16 位单片机完成,微机控制单元的 I/O 接口板采用 Siemens 公司生产的专用微机板,通迅接口芯片采用美国 MAXIM 公司最新生产的接口芯片(具有防雷击保护电路),线路板的生产均采用波峰焊与部分 SMT 工艺等,这些硬件的配置使系统具有极强的抗干扰能力与可靠性。全中文信息的液晶显示屏人机界面,用户可通过菜单实时观察到系统的各种信息:如状态信息、参数信息和故障记忆信息等;可以根据具体需要利用功能按键对系统参数进行设置与修改。电梯发生故障时可以实时自诊断并显示故障信息,还可将最近 10 次故障发生的时间、原因及故障发生时系统的重要状态信息:如门联锁、急停、换速等信号全部记忆保持,维修人员可通过液晶显示屏观察上述信息。串行通迅技术极大的减少了井道布线与随行电缆的数量。井道、随行电缆与控制柜、各层呼梯控制单元、轿顶分线盒及操纵盘的连接全部采用进口的插接式连接器,这样使电梯现场安装接线达到最简化,同时也避免了由于接线错误而造成的故障和系统损坏。

SJT-UNVFⅡ变频调速电梯控制系统是可以实现对永磁曳引机从低速到高速的变频伺服控制,适用于 1 m～2.5 m 的不同梯速,不同额定载荷量的各种梯型。同时本系统完全兼容 SJT-UNVF 系统,也可以实现对异步电机的变频矢量控制。采用英国 CT 公司高性能 UNIDRIVE 变频调速器和 32 位独立 CPU 内置型智能模块,实现电梯速度和位置的精确控制;实现电梯运行管理控制和呼梯、操纵盘信息的串行通讯,极大地减少了井道布线和随梯电缆的数量。采用单元化分立式结构设计,电缆预制技术,接插件安装,为用户的安装和维护带来了极大的方便。采用 WINBOND 高速芯片设计的控制柜电脑板,能对系统进行实时监控,并能在断电后保持故障信息和系统时间的正确。智能化专用软件不仅使系统的控制功能更加完备,可实现单梯全集选控制、双梯并联控制和多梯群控功能,而且使系统的调试更加简便易行。

6.3.1　系统的结构框图

SJT-WVF 电梯控制系统的结构框图如图 6.4 所示。

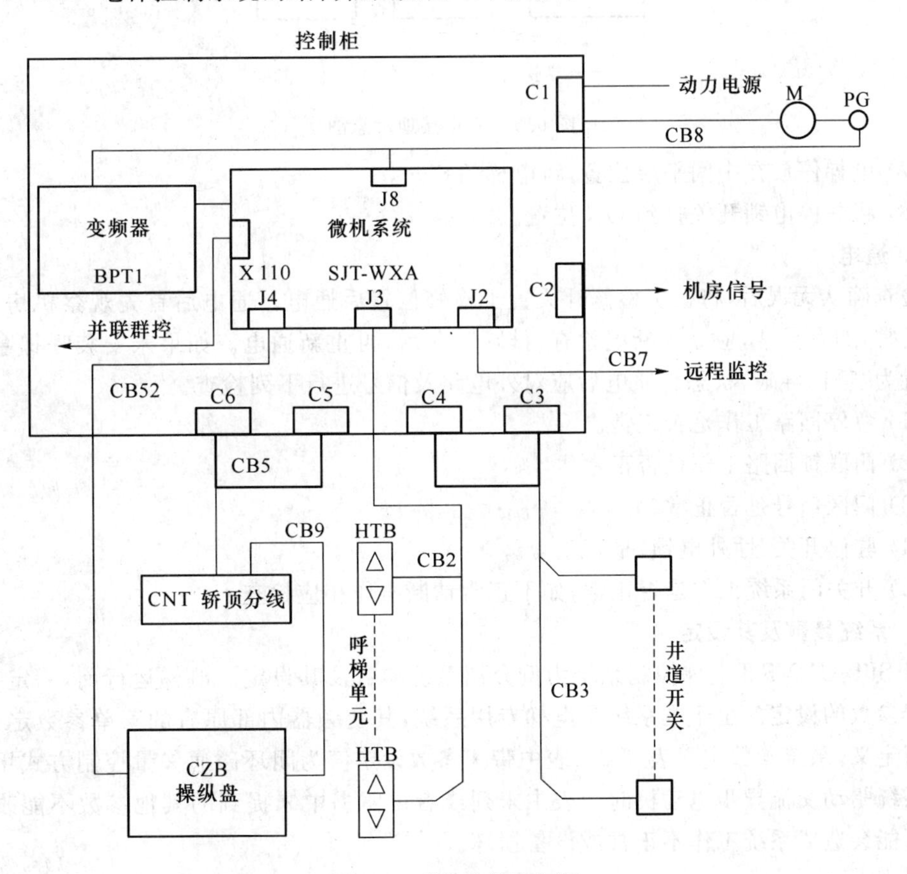

图 6.4　系统的结构框图

6.3.2 系统的调试与运行

1. 通电前的检查

电气安装完毕后，必须对电气部分进行检查。检查时应注意以下几点。

(1) 应对照使用说明书和电气原理图，检查各部分的连接是否正确。

(2) 检查强电部分和弱电部分是否有关联。

(3) 检查操纵盘，呼梯盒内控制板上的拔码开关设置是否正确。

(4) 检查控制柜电源进线与电机连线是否正确，避免上电后烧毁变频器。

(5) 检查旋转编码器与变频器的连接是否正确，布线是否合理，旋转编码器与曳引机轴连接的同心度。

(6) 检查控制柜壳体、电动机壳体、轿厢接地线、厅门接地线是否可靠安全接地，确保人身安全。接地效果的好坏，将直接影响整个系统的工作，接地线应满足以下要求：接地电阻应小于 10 Ω，接地线截面积应大于 2 mm^2；采用图 6.5 所示的一点接地，接地线应尽量短；不允许控制柜、电机等接地点串联；不要使电焊机或大电流设备与本系统共地；当现场无地线时，可将零线做为地线连接，但抗干扰效果将减弱。

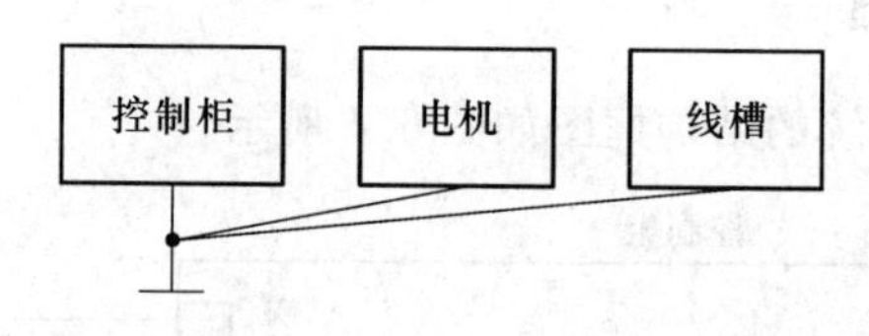

图 6.5 一点接地示意图

(7) 电梯停放在中间平层位置，将电梯门打开。

(8) 将驻停电锁开关打到 ON 位置。

2. 通电

检查确认无误后，将机房检修开关置于检修位置后通电。通电后首先观察机房与轿厢是否正常，如有异常，应立即断电检查，排除问题后，再重新通电。如果未安装呼梯盒，应将系统置为“呼梯屏蔽”状态。通电后应对外电路及信号进行下列检查。

(1) 急停回路工作是否正常。

(2) 门联锁回路工作是否正常。

(3) 门区信号是否正常。

(4) 驻停开关(厅外电锁)是否正常。

(5) 开关门系统工作是否正常，如不正常请断电作相应检查。

3. 系统参数及其设定

以 SJT-UNVFⅡ电梯控制系统为例介绍系统参数及其设定。电梯运行前，一定要进行变频器参数的设定。由于本系统是电梯专用系统，其变频器内部原有的菜单参数定义已进行重新定义，系统参数定义表 6.2。表中带 * 参数设定值为闭环磁通矢量控制方式用，适用于本系统驱动交流异步电动机时。表中未列或者说明书中未提到的其他参数不能改写，否则有可能会造成系统工作不正常或设备损坏。

表 6.2　系统参数定义表

参数号	说　明	单　位	范　围	出厂设定值
#0.03	加速时间	s/1 000 r/min	0～32 000	10(＊2.1)
#0.11	长换速距离	mm	0～30 000	3 400
#0.12	内选停车自动关门时间	5 ms	0～30 000	1 000
#0.13	外呼停车自动关门时间	5 ms	0～30 000	600
#0.14	多层运行速度	r/min	0～额定转速	150(＊按电机额定值)
#0.15	单层运行速度	r/min	0～额定转速	100(＊860)
#0.16	检修速度	r/min	0～额定转速	10 (＊200)
#0.17	两层运行速度	r/min	0～额定转速	150
#0.18	换速距离	mm	0～30 000	2 400
#0.19	提前开闸时间	5 s	0～30 000	40
#0.20	零速设定	r/min	0～200	0　(＊ 5)
#0.21	启动段比例增益		0～32 000	3 000(＊300)
#0.22	启动段积分增益		0～32 000	350 (＊40)
#0.23	制动段比例增益		0～32 000	3 500(＊400)
#0.24	制动段积分增益		0～32 000	450 (＊80)
#0.25	*S* 曲线变化率	s/1 000 r/min	0～30	15　(＊2.7)
#0.26	制动曲线斜率		0.1～2	1.0
#0.27	机房救援运行设置位		0～1	0
#0.28	机房运行快车设置位		0～1	0
#0.29	自学习状态设置位		0～1	0
#0.30	呼梯屏蔽设置位		0～1	0
#0.42	电机极数		2～24	按电机参数
#0.43	电机 $\cos\varphi$		0～1	1.0(＊按电机参数)
#0.44	电机额定电压	V	0～480	0(＊按电机参数)
#0.45	电机额定转速	r/min	0～30 000	0(＊按电机参数)
#0.46	电机额定电流	A		按电机参数
#0.47	电机额定频率	Hz	0～1 000	0(＊按电机参数)

(1) 电机参数的设定(#0.42、#0.43、#0.44、#0.45、#0.46、#0.47)

本系统工作在闭环伺服控制方式下，要求电机参数设定要严格遵照电机铭牌值及调试说明书相关要求，参数#0.42 电机极数输入的是电机极数，而不是极对数；电机功率因数为“1.0”；电机额定电压、电机额定转速和电机额定频率应设置为“0”。系统的参数出厂设定值是非常重要的，均是按用户合同提供的电机参数指标结合调试人员丰富经验设定，现场参数的调整范围应在出厂设定值附近。具体变频器键盘使用及输入方法请参见说明书。

(2) 提前开闸时间设定(#0.19)

该参数设定了电梯启动时提前开闸时间。如需要时可灵活设置该值，其单位当量为 5 ms，例如：#0.19=40，则提前开闸时间为 5×40=200 ms。

(3) 运行速度给定(＃0.14～＃0.17)

本系统控制下的电梯运行速度给定过程如下。

① 从零速启动,根据电梯的单、多层运行按所设定的加速曲线使速度达到设定的运行速度(由＃0.14或＃0.15设定)。

② 到达换速点后,UD-70通过旋转编码器的脉冲信号获得电梯实际位置的反馈信息,经过位置到速度的变换,产生按位置原则制动的速度指令曲线,使电梯在速度均匀减至零时,正好到达平层位置,实现直接停靠。如图6.6所示,上述参数单位为转/分(r/min),例如＃0.14＝1 400,即表示多层运行速度为1 400 r/min。＃0.16所设检修速度为电梯检修运行时的速度。其中UD-70是由CT公司提供的一个安装在变频器内部的标准智能控制单元,它包括一个独立的32位CPU和相应的程序存储器和接口电路,UD-70是整个电梯控制系统的控制核心。电梯控制系统的全部控制功能是由UD-70中的CPU运行上述软件实现的。一方面UD-70通过高性能变频驱动器UNIDRIVE的内部总线接口直接控制变频器的各种工作状态和响应,包括速度指令曲线的形成,调节参数的设定和改变等;另一方面通过标准的RS-485串行通讯接口与电梯的操纵盘控制单元和呼梯控制单元进行信息交换,这种由标准的RS-485总线组成的主—从式串行通讯网络是电梯控制系统信号传递的主通道。

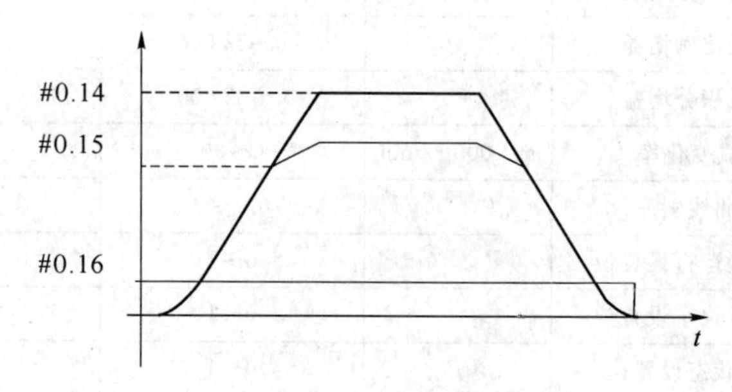

图6.6　速度给定示意图

(4) 换速距离(＃0.18)

换速距离为电梯换速点至平层区的距离,电梯运行时,UD-70根据各楼层间距离值(由自学习获得)和换速距离参数的设定值计算出换速点,控制电梯制动停车。参数＃0.18定义的换速距离,其单位为mm。例如:＃0.18＝2 600即表示换速距离为2 600 mm。

(5) 自动关门时间(＃0.12、＃0.13)调整

该项参数设定了电梯在无司机状态下运行时的标准自动关门时间,单位当量为5 ms。例如:＃0.12＝1 500,表示自动关门时间为1 500×5＝7 500 ms。其中＃0.12为内选停车时的自动关门时间,＃0.13为外呼停车时的自动关门时间。若所停层站既有内选又有外呼,则自动关门时间为二者之和。

(6) 机房救援运行(＃0.27)

将＃0.27设为1,则系统进入机房救援运行状态。参见“功能说明”。

(7) 启、制动比例、积分增益(＃0.21～＃0.24)

本系统工作在闭环伺服控制方式,其内部控制单元采用PID控制方式,因此需对其比例、积分增益进行设置。为获得最佳的乘坐舒适感,本系统通过UD-70实现了变参数的PID控制。因此,可根据现场情况对启、制动段的比例、积分增益分别设置。通常加大比例

增益，会提高系统的暂态响应能力，但比例增益过高，会使电梯抖动，电机噪声增大；加大积分增益，会提高系统的抗扰动能力和跟踪能力，平层准确性较好，但过大的积分增益会使系统振荡，电梯舒适感变坏。而比例、积分参数过小又可能使速度失控，造成超速保护。通常上述参数应在出厂设置±50％范围内调整。

(8) 加速度斜率及 S 曲线变化率(＃0.03、＃0.25)

为获得良好的乘坐舒适感，电梯的启动速度曲线是由两段抛物线及一段直线构成的，见图 6.7(d)，而这一曲线形状的构成及改变，则是由加速度斜率及 S 曲线变化率决定的。

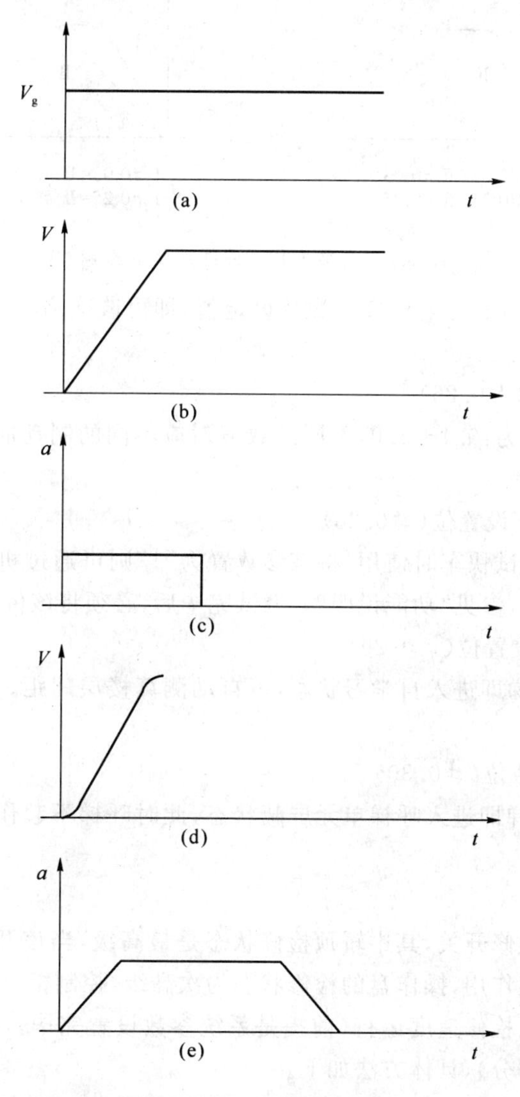

图 6.7　加速度及其变化率对曲线形状的影响

加速斜率是以速度给定从 0 加速到 1 000 r/min 所需要的时间来定义的。在无 S 曲线变化率作用的情况下对应于图 6.7 (a)的速度阶跃变化，其速度给定曲线在加速斜率的作用下得到如图 6.7 (b)的形状，其加速度如图 6.7 (c) 所示为一恒值。

S 曲线变化率则定义为加速度的变化率，其意义为加速度由 0 加速到 1 000 r/s^2 所需要的时间。在其作用下，对应于图 6.7 (a)的速度阶跃变化，其实际速度给定曲线形状，将由图

6.7(b)变为图 6.7(d),其加速度如图 6.7 (e)所示。与图 6.7(b)加速过程相比较,S 曲线方式使整个加速过程延长了 t_1 s

$$t_1=\#0.25/\#0.03(加速)$$

由此可见,给定曲线的直线段由参数 #0.03 加速斜率决定,该值越大,则曲线越缓,而两端的抛物线则在加速斜率一定的前提下由 #0.25S 曲线变化率决定,该参数值越大,S 曲线的变化越缓,参见图 6.8。

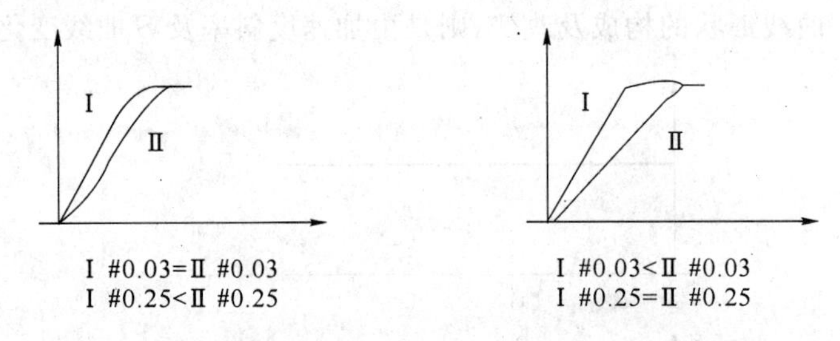

图 6.8　参数变化对曲线形状的影响

所以,只需改变 #0.03 及 #0.25 参数的设定值,即可改变启动曲线的形状以满足现场的实际需要。

(9) 制动曲线斜率(#0.26)

该参数的设定范围为:0.1～2.0,不同的数值对应不同的制动曲线斜率,0.1 时曲线最急,2.0 时曲线最缓。

(10) 机房运行快车设置位(#0.28)

该参数主要用于调试快车时使用,将该参数置为“1”则可通过机房控制柜的慢上、慢下按钮控制电梯快车运行,参见“功能说明”。调试完毕后,必须将该位置为“0”。

(11) 自学习状态设置位(#0.29)

该参数置为“1”电梯即进入自学习状态,可自动测算楼层间距。自学习完毕后,必须将该参数置为“0”。

(12) 呼梯单元屏蔽位(#0.30)

该参数置为“1”电梯即进入呼梯单元屏蔽状态,此时呼梯不起作用,但通过操纵盘仍可控制电梯运行。

4. 慢车试运行

系统中共有三个检修开关,其中轿顶检修状态是最高级,当该开关置成检修状态时,其他二处的检修操作不起作用,操作盘的检修状态为次高级,控制柜上的检修状态最低级。慢车试运行是指让电梯以检修速度运行(前提是系统参数设置完毕,系统参数主要包括变频器参数与功能参数两部分),具体方法如下。

(1) 检查轿顶分线盒中的开、关门继电器动作是否正常;开、关门系统(包括门联锁)是否正常。切不可将门联锁短接。

(2) 将机房控制柜上的检修开关置成检修状态,轿顶及操纵盘检修开关置成非检修状态,关好门。此时可以通过液晶显示来观察电梯是否满足检修运行条件:应显示“正常运行”(如果设为呼梯屏蔽状态显示“呼梯屏蔽”),“检修”,门锁有效,没有故障显示。如有故障显示应观察下级菜单,确认是什么故障并查找原因。

(3) 当检修运行条件满足后，按动控制柜慢上（下）按钮，电梯应以设定的检修速度上（下）行运转，此时应观察变频器中的电机反馈转速与检修速度设定值是否相等。如出现方向或速度方面的问题，请根据变频器参数设置中的有关内容调整。

5. 自学习运行

所谓自学习是指电梯以慢车方式运行，测量楼层之间的距离。由于楼层间距是电梯正常启、制动运行的基础及楼层显示的依据，因此，电梯运行之前，必须首先进行楼层间距的自学习运行（前提慢车试运行正常），步骤如下。

(1) 检查井道有无异常、门区开关工作是否正常，在确认无误后方可继续。

(2) 使电梯处于检修状态，并将电梯运行至最低层平层位置（门区信号有效位置）。

(3) 通过液晶显示屏，进入电梯参数设置菜单的调试状态项，将系统置成自学习方式，确认返回后运行状态菜单上应显示自学习字样。

(4) 按慢上按钮，电梯慢车向上运行，直到轿厢到达最高楼层平层位置时停止。在此过程中，中途停车对自学习无影响，但应尽量做到中途不停车或少停车。

(5) 进入菜单，退出自学习方式后返回。自学习的结果可通过菜单中楼层间距项查看。

为了保证测量结果的准确性，建议用户多进行几次自学习运行，取其中重复性较好的一组数据为最终数据。通常每组层间距值之间应很接近，如相差较大，应检查旋转编码器。

6. 快车试运行

确认自学习层间距准确无误后，可利用机房快车功能快车试运行，方法如下。

(1) 在菜单中选择“机房快车”项，确认返回后液晶应显示“机房快车”字样。

(2) 将电梯置于正常状态，按下控制柜慢上（下）按钮，此时电梯快车向上（下）运行。

(3) 松开慢上（下）按钮，电梯最近层换速停车，但不开门。注意不要向两端开快车。

(4) 电梯运行后观察变频器速度给定，在最近层换速后，电梯应均匀减速至零速后停车。

7. 电梯舒适感及平层精度调整

以 SJT-UNVFⅡ电梯控制系统为例，介绍电梯舒适感及平层精度调整。在出厂时已按国家标准的有关规定和实际现场的调试经验，预先设置了较为理想的运行舒适感和较高平层精度的相关参数（出厂值）。使用时，只需按现场实际电动机的铭牌数据，将变频器所需的电动机参数准确地输入变频器，即可获得较为理想的运行舒适感和较高的平层精度。对于具有调试经验的用户亦可根据现场实际情况，对运行舒适感和平层精度做进一步的调整。

(1) 快车运行舒适感的调整

电梯快速运行前，应处于平层位置（门区信号有效）。由于变频器是按给定的启动、制动速度曲线来控制电动机运行的。因此，曲线跟踪的好坏和启动、制动速度曲线的形状直接影响电梯运行的舒适感。另外一个影响电梯启动舒适感的就是提前开闸时间问题。图 6.9 所示为电梯一次运行的时序关系。

① 提前开闸时间的调整

提前开闸时间是指从发出开闸命令到启动曲线发出之间的延迟时间，该参数是为改善电梯启动舒适感而设置的。如果设置该参数（＃0.19）为零或者太小，可能造成电梯带闸启动；如果太大，则可能造成电梯启动时溜车。具体合适的设定值，应根据现场实际情况结合调试经验而定。

② 曲线跟踪的调整

变频器按用户输入的电动机铭牌数据来建立电动机数学模型，并按此模型控制电动机按给定的启动、制动速度曲线运行。输入电动机参数的准确与否直接影响曲线的跟踪程度。因此,首先要求用户输入尽可能准确的电动机参数,这是保证曲线跟踪良好的前提。此外,速度环比例增益 P 和积分增益 I 这两个参数也将影响曲线的跟踪程度。

通常,增大启动比例增益(#0.21)将改善启动时系统的动态响应,但该值太大可能引起系统的启动段抖动。增加启动段积分增益(#0.22)将改善启动段曲线的跟踪,但该值太大可能造成系统的不稳定。制动段比例增益(#0.23)和积分增益(#0.24)对系统的影响同上,它们只影响制动段舒适感。可分别调整启动、制动段的比例和积分增益,寻找出最佳的乘坐舒适感。参数调整的范围应限定在典型值附近为宜。如果曲线跟踪程序已调整好,但舒适感仍不合适,可进一步调整启、制动曲线的形状。

③ 启动曲线的调整

启动加速时间是指从发出速度给定到电梯实际速度达到稳定给定值的一段时间。通过改变启动加速时间(#0.03)可获得不同的启动曲线斜率。增大加速时间值(#0.03)启动曲线变缓,反之,启动曲线变急,增加 S 曲线变化率(#0.25)启动曲线弯曲部分变缓,反之,启动曲线弯曲部分变急。通常须将加速时间(#0.03)和 S 曲线变化率(#0.25)配合调整,以获得较为理想的启动曲线。

④ 制动曲线的调整

制动减速时间是指从系统给出换速指令到电梯实际速度达到零的一段时间。通过改变制动减速时间(#0.26)可获得不同的制动曲线。该值较大时,制动曲线较缓;反之,制动曲线较急。推荐用户将该值设为"1"。当所选择的制动曲线过缓时,应相应增大换速距离。

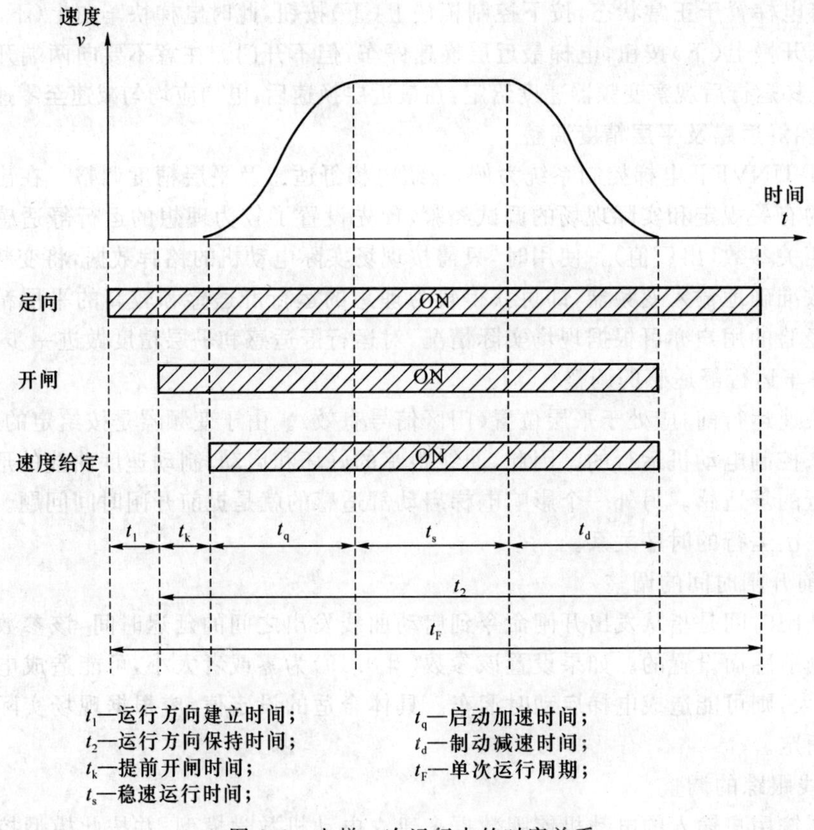

t_1—运行方向建立时间; t_q—启动加速时间;
t_2—运行方向保持时间; t_d—制动减速时间;
t_k—提前开闸时间; t_F—单次运行周期;
t_s—稳速运行时间;

图 6.9 电梯一次运行中的时序关系

通过曲线跟踪和曲线形状的调整可获得较为理想的运行舒适感。值得注意的是系统的机械情况：如导靴的间隙、钢丝绳的松紧度是否均匀、绳头夹板位置是否合适等都会影响运行舒适感。系统调试前应首先解决这些问题。

(2) 电梯平层的调整

电梯的舒适感调整好后，再进行平层调整，二者顺序不可颠倒。要确保准确平层，首先要求在电梯安装时，每层门区桥板长度必须准确一致，支架必须牢固，桥板的安装位置必须十分准确。当轿厢处在平层位置时，桥板的中心线应与平层位置对齐，上、下门区开关应正好处在桥板上、下的对称位置，否则将出现该层站平层点偏移，即上、下均高于平层点或低于平层点。如果采用磁感应开关，安装时应确保桥板插入深度足够，否则将影响感应开关的动作时间，造成该楼站平层出现上高下低现象。在实际调整时，首先应对某一中间层进行调整，一直到调平为止。然后，以此参数为基础，再调其他层。

本系统中使用两个门区开关，要求门区开关垂直安装，门区长度 100 mm，门区隔磁板长度为 200 mm。门区信号有两个作用，一是表示电梯是否在平层区内；二是用它产生第二换速点。第二换速点是指电梯减速后进入门区时刻的位置。从第二换速点到平层的距离称为第二换速距离，它的计算公式为：

第二换速距离＝(门区隔磁板长度—门区长度)/ 2

由于曳引机的曳引比，编码器每圈的脉冲数等原因，脉冲当量不是一个常数，对于第二换速距离，所需的脉冲数也不同，因此，在速度曲线卡上定义了两位拔码开关 SW1-1、SW1-2 来调整这个偏差。

当电梯不平层时，可通过调整第二换速距离的数据来达到平层的目的。具体调整如下：

① 平层调整 1——上行高、下行高或上行低、下行低

当遇到这种情况时，说明门区隔磁板位置偏高或偏低。如果是上行高、下行高应将门区隔板往下移。相反，则需把门区隔磁板往上移。移动的距离多少，应按平层偏差而定。

② 平层调整 2——上行高、下行低

如果出现电梯停车后上行高和下行低，说明第二换速距离的数据过大，可通过选择速度曲线板上的拔码开关减少第二换速距离的数据达到平层。

③ 平层调整 3——上行低、下行高

如果出现电梯停车后上行低和下行高，说明第二换速距离的数据过小，可通过选择速度曲线板上的拔码开关增加第二换速距离的数据达到平层。

④ 平层调整 4——改变两门区间距

对于通过速度曲线卡上拔码开关改变第二换速距离数据仍不能调整平层的时候，可适当改变两门区间距来解决这一问题。两门区间距增大，第二换速距离随之减小，反之增大。

8. 端站开关安装位置的调整

上、下端站信号为电梯的强迫换速及楼层校正信号，当电梯运行中控制系统收到端站信号，而此时电梯并未换速或楼层数不正确，则系统控制电梯换速停车，并将楼层数校正为最高层(上端站)或最低层(下端站)。

由此可见，为了保证电梯正常安全地运行，端站的安装位置必须以换速距离为依据，

并略滞后于换速点—即层站显示的换号点。本系统要求端站位置滞后于换速点不得大于 200 mm。

下面以上端站为例说明端站位置的调整过程。

① 若上端站位置安装过低,则电梯先于正常换速点而靠端站信号提前换速。电梯换速停车后不能到达平层位置,此时应立即将电梯置于检修状态(否则电梯将向下慢车爬行找门区),打开轿门,此时电梯距平层位置的差距即是应将端站上移的距离。

② 若上端站位置安装过高,滞后换速点超过 200 mm,则停车后 25 s 时间内电梯处于故障保护状态,控制系统显示故障代码及相关信息,此时应将端站位置以 200 mm 为单位向下移动,直至换速后电梯不再保护为止。

下端站的调整过程与此相同。上(下)防冲顶开关安装位置应比上(下)端站开关高(低)0.2 m。

第7章　电梯控制仿真系统

电梯作为大型机电一体化产品，其系统结构复杂而庞大。同时，电梯控制技术是智能建筑的重要环节，电梯已经成为各种新型计算机控制技术很好的应用平台和控制对象，成为自动化专业等相关教学和科研的重要平台。下面介绍一个适合辅助教学和科研的经济有效的高性能电梯控制集成仿真系统。

7.1　集成仿真系统总体结构

针对电梯控制技术教学和科研的需求，采用模块化设计方法开发了电梯控制集成仿真系统，主要功能模块包括电梯速度曲线仿真，依据指定参数生成速度曲线；电梯模拟运行仿真，演示电梯逻辑控制运行过程；电梯输送能力分析，分析建筑大楼电梯系统的输送能力；电梯设置与选用，为建筑大楼配置电梯系统，主界面如图 7.1 所示。这些功能模块采用 Visual Basic 6.0 开发，涉及电梯控制技术主要的教学与应用领域。

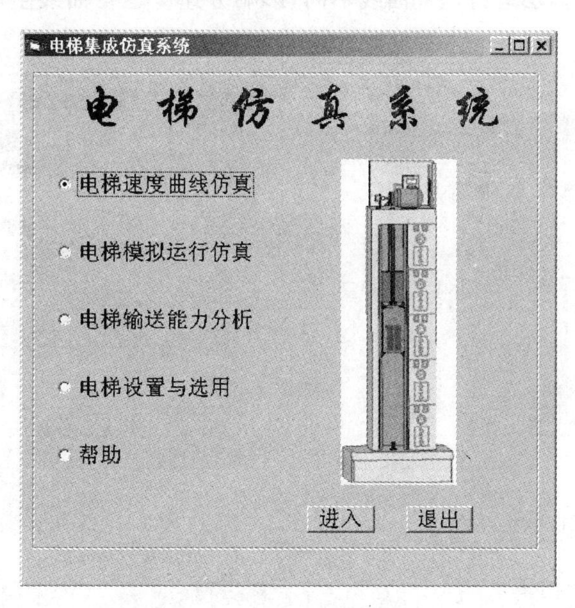

图 7.1　仿真系统主界面

7.2 功能模块设计

1. 电梯速度曲线仿真

电梯运行需要经过启动加速、匀速、减速平层的过程，启动加速和制动减速过程对人体器官产生较大影响，如恶心、眩晕、耳膜会感到压力而嗡嗡作响等，所以电梯速度曲线在满足运行效率要求的同时又要改善乘坐舒适感，优化电梯速度曲线的类型和参数为电梯控制系统一个非常重要指标。对于低速运行的电梯，电梯在运行过程中一般都可达到额定运行速度，而对于高速电梯，当楼层跨距较小的情况下，电梯运行尚未达到额定梯速就不得不开始制动，以实现电梯的平层，这种情况称为电梯的分速度运行。因此该模块分别给出多层运行曲线仿真和分速运行曲线仿真功能，如图 7.2 所示。

电梯运行速度曲线有很多种，兼顾乘坐舒适度和运行效率的要求，选择抛物线—直线形速度曲线最为合适，即电梯的加、减过程由抛物线和直线构成。以多层速度曲线为例介绍速度曲线仿真。当选择进入多层运行速度曲线仿真模块后，按要求选择输入额定速度、加速度和加加速度等主要参数后，根据速度曲线的生成算式可产生启动加速阶段的速度曲线，显示速度曲线关键点的参数值和启动加速阶段所运行的距离，运行界面如图 7.3 所示，这是设计抛物线—直线型速度曲线的主要工作。其中电梯运行的舒适性取决于其运行过程中加速度 a 和加速度变化率 ρ 的大小，过大的加速度或加速度变化率会造成乘客的不适感。同时，为保证电梯的运行效率，a、ρ 的值不宜过小。能保证 a、ρ 最佳取值的电梯运行曲线称为电梯的理想运行曲线。与多层运行速度曲线不同，影响分速度运行曲线生成的重要因素是电梯运行的楼层距离，就不再一一介绍了。

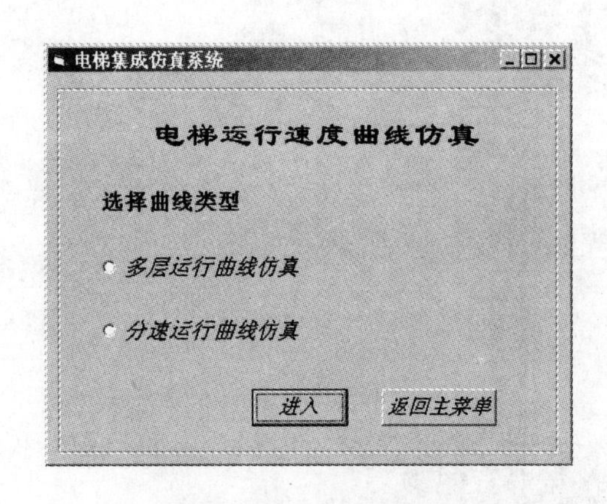

图 7.2 速度曲线选择界面

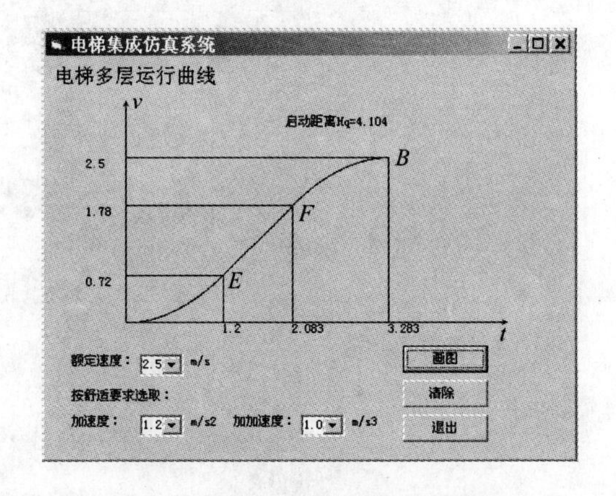

图 7.3 多层速度曲线仿真界面

2. 电梯模拟运行仿真

电梯模拟运行仿真采用集选电梯控制原则，实现的主要功能。

(1) 电梯无司机驾驶，完全自动响应轿厢内和门厅指令。

(2) 电梯系统通电后，若有呼梯信号，则电梯自动响应召唤信号。

(3) 到站自动平层开门，延时自动关门或手动开、关门。

(4) 按轿厢内、外召唤指令信号自动定向，要求优化电梯运行路径，缩短候梯时间。

(5) 电梯运行时具有顺向截梯功能，并对反向呼梯信号只作记忆。

(6) 电梯到达顶层或底层时，自动停止并变换运行方向。

(7) 轿内和门厅有楼层指示和运行方向显示。

根据电梯控制要求，电梯在逻辑控制程序操控下往复运行，其循环过程为：指令登记，判断电梯的运行方向，启动运行，在运行途中实现顺向截梯、厅呼梯信号和轿内选择指令的记忆等操作。仿真控制界面如图 7.4 所示，主要包括层站部分、轿厢部分、状态信号。层站部分主要负责厅召唤指令的登记发出呼梯信号。轿厢部分主要模拟轿厢内部信号，包括内选层信号、开门信号、关门信号等。状态信号主要负责显示电梯运行的方向和运行电梯当前所处楼层。

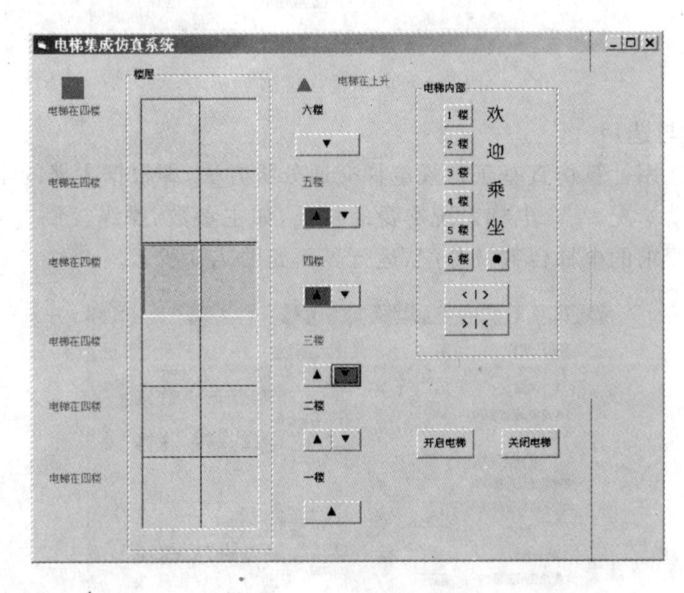

图 7.4　电梯模拟运行界面

3. 电梯输送能力分析

电梯输送能力分析主要根据设置的大楼内电梯总台数、总人数、电梯停靠层站数、电梯额定载客量、额定梯速、开关门时间、单层行驶时间、大楼高度、乘客出入轿厢时间等参数，首先计算电梯往返一周的平均时间 RTT，该时间包括乘客出入轿厢时间，开关门总时间，轿厢行驶时间，损失时间(一般取乘客出入轿厢时间与开关门总时间之和的 10 %)。计算以上这些时间时涉及以下几个变量：乘客人数 r(可取轿厢容量的 80 %)，开关门时间，额定梯速与加减速度，轿厢服务层数 n(除基站外)，可能的停站数 f(包括短区间可能的停站数和快行期间的停站数，应用概率论计算)，层高与楼层数。然后得出电梯平均间隔，最后给出大楼内电梯 5 min 运客能力，运行界面如图 7.5 所示。

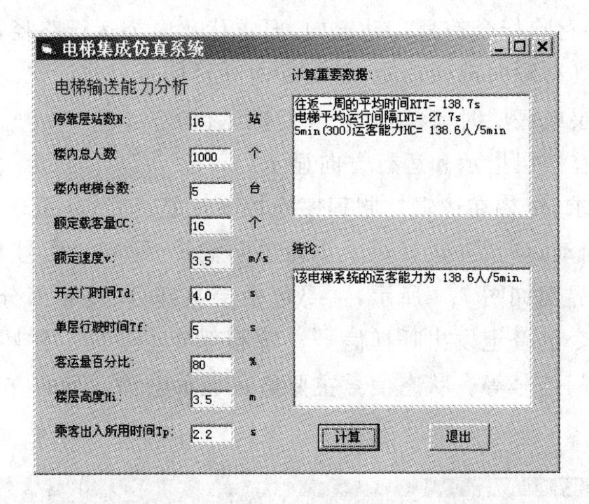

图 7.5　电梯输送能力分析

4. 电梯设置与选用

电梯设置与选用计算仿真基于常规电梯交通分析方法,即根据大楼的用途,考虑大楼内外人员的实时流动情况,结合电梯系统本身的特征,如主参数、操纵控制方式等经过计算得出满足大楼输送要求的电梯台数及分配,运行界面如图 7.6 所示。

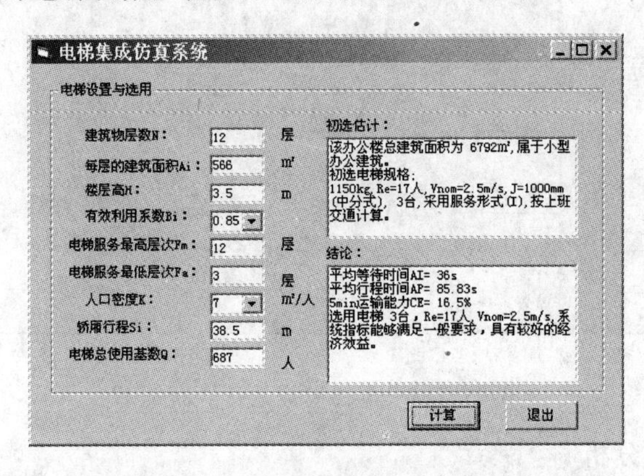

图 7.6　电梯设置与选用界面

首先选取建筑物类型,如办公大楼、旅馆大楼、住宅大楼、百货大楼和医院大楼等;然后确定相应的大楼客流高峰,如办公楼客流高峰一般出现在早晨上班时间(典型的上行高峰)、下午下班时间、中午就餐时间;选择电梯的服务形式,如单程快行(典型的上行高峰服务形式),单程区间快行,各层服务或隔层服务,往返区间快行,单程高层服务,单程低层服务;再次计算单梯往返一次运行时间(RTT);最后验算输送能力,如大楼设置 N 台电梯数,则电梯在主端站的运行间隔时间 INT=RTT /N,乘客平均候梯时间 AI=85% INT。一般对于办公楼要求 INT≤40 s,住宅楼 INT≤90 s,旅馆 INT≤40 s。每 5 min 内 N 台电梯的总输送能力 CE=300 rN/RTT(人),如果 CE 超过或等于乘客在高峰期间 5 min 内的到达数则设计就满足了。

第 8 章　电梯使用和安全管理

8.1　电梯使用管理的要求

1. 电梯使用单位必须配备电梯管理人员

电梯和其他机电设备一样，如果使用得当，有专人负责管理和定期保养，出现故障能及时修理，并彻底把故障排除掉，不但能够减少停机待修时间，而且能够延长电梯的使用寿命。相反，如果使用不当，无专人负责管理和维修，不但不能发挥电梯的正常作用，还会降低电梯的使用寿命，甚至出现人身和设备事故，造成严重后果。实践证明，1 部电梯的使用效果好坏，取决于电梯制造、安装、使用过程中管理和维修等几个方面的质量。

作为电梯使用单位，接收 1 部经安装调试合格的新电梯后，要做的第一件事就是指定专职或兼职的管理人员，以便电梯投入运行后，妥善处理在使用、维护保养、检查修理等方面的问题。电梯数量少的单位，管理人员可以是兼管人员，也可以由电梯专职维修人员兼任。电梯数量多而且使用频繁的单位，管理人员、维护修理人员、司机等应分别由一个以上的专职人员或小组负责，最好不要兼管，特别是维护修理人员和司机必须是专职人员。

2. 电梯管理人员的工作要求

在一般情况下，电梯管理人员的工作要求如下。

(1) 保管控制电梯厅门专用三角钥匙、电锁钥匙、操纵箱钥匙以及机房门锁的钥匙。

(2) 根据本单位的具体情况，确定电梯司机和维修人员并到有培训资质的单位培训，保证每位司机和维修人员都要持证上岗。

(3) 收集和整理电梯的有关技术资料，具体包括井道及机房的土建资料，安装平面布置图，产品合格证书，电气控制说明书，电路原理图和安装接线图，易损件图册，安装说明书，使用维护说明书，电梯安装及验收规范，装箱单和备品备件明细表，安装验收试验和漏试记录，以及安装验收时移交的资料和材料，国家有关电梯设计、制造、安装等方面的技术条件、规范和标准等。资料应登记建册，妥善保管。只有一份资料时应复制、备份存档。

(4) 收集并妥善保管电梯备品、备件、附件和工具。根据随机技术文件中的备品、备件、附件和工具明细表，清理校对随机发来的备品、备件、附件和专用工具，收集电梯安装后剩余的各安装材料，并登记建账，合理保管。除此之外，还应根据随机技术文件提供的技术资料编制备品、备件采购计划。

(5) 根据本单位的具体情况和条件，建立电梯管理、使用、维护保养和修理等制度。

(6) 熟悉收集到的电梯技术资料，，了解电梯的在安装、调试、验收时的情况并认真检查电梯的完好程度。

(7) 制订电梯相关人员岗位责任制、安全操作规程、大中修计划,督促例行和定期维修和保养计划的完成,并安排联系年检。

(8) 负责电梯的整改,在整改通知单上签字并反馈有关部门和存档。

(9) 参与、组织电梯应急救援或“困人”演习预案的实施。

8.2 电梯使用安全管理制度

现代电梯虽然设计比较完善,具有平稳、快速、可靠的性能,但也必须安全使用与严格管理。电梯使用单位要深入了解国家对电梯设备的基本法规、标准和要求,包括国务院颁发的《特种设备安全监察条例》、建设部发布的《电梯应急指南》等,使电梯使用者认识到电梯是高层楼房的代步工具,涉及每个使用者的切身利益,应爱惜使用。同时,为保证电梯安全、可靠运行,电梯使用单位应建立健全电梯各项必要的使用安全管理制度,严加管理,这是电梯安全、有效运行的首要条件,也有利于延长电梯的使用寿命。

1. 电梯安全使用管理部门责任制

电梯使用单位应根据本单位的实际情况,明确一个职能部门负责电梯的安全使用和管理工作,主要职责如下。

(1) 全面负责电梯安全使用、管理方面的工作。

(2) 建立健全电梯使用操作程序、作业规程以及管理电梯的各项规章制度,并督促检查实施情况。

(3) 组织制订电梯大中修计划和单项大修计划,并督促实施。

(4) 搞好电梯的安全防护装置,设施要保持完好、可靠,确保电梯正常安全运行。

(5) 负责对电梯特种作业人员的安全技术培训。

(6) 组织对电梯的技术状态作出鉴定,及时进行修改,消除隐患。

(7) 搞好电梯安全评价,制订整改措施,并监督实施情况。

(8) 对由于电梯管理方面的缺陷造成重大伤亡事故负全责。

2. 电梯安全使用管理制度

(1) 电梯管理员每日应对电梯作例行检查,如发现有运行不正常或损坏时,应立即停梯检查,并通知维修保养单位。

(2) 电梯管理员应加强对电梯钥匙(包括机房钥匙、电锁钥匙、轿内操纵箱钥匙、厅门、开锁三角钥匙等)的管理,禁止任何无关人员取得并使用。

(3) 运行中电梯突然出现故障,电梯管理员应以最快的速度救援乘客,及时通知维修保养单位。

(4) 出现电梯设备浸水或底坑进水时,应立即停止使用。设法将电梯移至安全的地方,并处理。

(5) 发生火警时,切勿乘搭电梯。

(6) 防止超载。超载铃响时,后进者应主动退出。

(7) 七岁以下儿童、精神病患者及其他病残不能独立使用电梯者,应由有行为能力的人扶助。

(8) 住户搬家或其他大宗物品需占用电梯时间较长时,应与电梯设备管理人员取得联系，选择在客流量较少的时候进行。

(9) 电梯轿厢内的求救警铃、风扇、应急照明等必须保证其工作状态正常可靠，以免紧急情况时发生意外。

(10) 因维修保养而影响电梯正常使用时，应至少在层站(必要时每层)明显位置悬挂告示牌及设防护栏。

(11) 电梯《安全检验合格证》有效期满前 30 天，应及时提供相关资料，会同电梯维修保养单位申报年度检验。

(12) 未经许可，不得擅自使用客梯运载货物，超长、超宽、超重、易燃易爆物品禁止进入电梯。

(13) 禁止在电梯内吸烟、乱涂、乱画等损坏电梯的行为，并做好电梯的日常清洁工作。

3. 电梯三角钥匙管理制度

(1) 三角钥匙必须由经过培训并取得特种设备操作证的人员使用。其他人员不得使用。

(2) 使用的三角钥匙上必须附有安全警示牌或在三角锁孔的周边贴有警示牌：注意禁止非专业人员使用三角钥匙，门开启时先确定轿厢位置。

(3) 用户或业主必须指定一名或多名具有一定机电知识的人员作为电梯管理员，负责电梯的日常管理；对电梯数量较多的单位，电梯管理员应取得特种设备操作证。

(4) 电梯管理员应负责收集并管理电梯钥匙(包括操纵箱、机房门钥匙、电锁钥匙、厅门开锁三角钥匙)；如果电梯管理员出现变动则应做好三角钥匙的交接工作。

(5) 严禁任何人擅自把三角钥匙交给无关人员使用；否则，造成事故，后果自负。

(6) 三角钥匙的正确使用方法：

① 打开厅门口的照明，清除各种杂物，并注意周围不得有其他无关人员；

② 把三角钥匙插入开锁孔，确认开锁的方向；

③ 操作人员应站好，保持重心，然后按开锁方向，缓慢开锁；

④ 打开厅门时，应先确认轿厢位置；防止轿厢不在本层，造成踏空坠落事故；

⑤ 门锁打开后，先把厅门推开一条约 100mm 宽的缝，取下三角钥匙，观察井道内情况，特别是注意此时厅门不能一下开得太大；

⑥ 操作人员在完成工作后，要离开楼层时，应确认厅门已安全锁闭。

4. 机房管理制度

机房的管理以满足电梯的工作条件和安全为原则，主要内容如下。

(1) 非岗位人员未经管理者同意不得进入机房。

(2) 机房内配置的消防灭火器材要定期检查，经常保持完好状态，并应放在明显易取部位(一般在机房入口处)。

(3) 保证机房照明、通讯电话的完好、畅通。

(4) 经常保持机房地面、墙面和顶部的清洁及门窗的完好，门锁钥匙应由专人保管。机房内不准存放与电梯无关的物品，更不允许堆放易燃、易爆危险品和腐蚀挥发性物品。

(5) 保持室内温度在 5℃～40℃范围内，有条件时，可适当安装空调设备，但通风设备必须满足机房通风要求。

(6) 注意防水、防鼠的检查，严防机房顶、墙体渗水、漏水和鼠害。

(7) 注意电梯电源配电盘的日常检查，保证完好、可靠。保持通往机房的通道、层梯间的畅通。

5. 司机交接班制度

对于多班运行的电梯岗位，应建立交接班制度，明确交接双方的责任，交接内容方式和应履行的手续。否则，一旦遇到问题，易出现推诿、扯皮现象，影响工作。在制订此项制度时，应明确内容。

(1) 交接班时，双方应在现场共同查看电梯的运行状态，清点工具、备件和机房内配置的消防器材，当面交接清楚，并认真填写当班运行日志，而不能以见面打招呼的方式进行交接。

(2) 明确交接前后的责任。通常，在双方履行交接签字手续后再出现问题，由接班人员负责处理。若正在交接时电梯出现故障，应由交班人员负责处理，但接班人员应积极配合。若接班人员未能按时接班，在未征得领导同意前，待交班人员不得擅自离开岗位。

(3) 因电梯岗位一般配置人员较少，遇较大运行故障，当班人力不足时，已下班人员应在接到通知后尽快赶到现场共同处理。

(4) 如本人是当日最后一班，应将轿厢停在基站，把运行钥匙开关或主令开关拧到停用位置，并将电风扇、照明灯关掉，关好轿门和厅门，方可离去。

6. 电梯定期检查和大中修申报制度

电梯在《安全检验合格证》有效期到期前30天时，必须开始办理电梯年度定期检验申报手续。期间，电梯使用单位应主动要求电梯维修单位维保人员和质检人员，给予配合，对电梯的机械各部件和电气设备以及各辅助设施进行一次全面的检查和维修，并按安全技术规范的定期检验要求，对电梯安全性进行测试。在检验合格后，电梯使用单位应向特种设备安全检验部门提交申报资料。电梯在经过特种设备安全检验部门检验合格后，方可继续投入使用。

为保证电梯安全运行，防止事故发生，充分发挥设备效率，延长使用寿命。电梯使用单位必须根据电梯日常运行状态、零部件磨损程度、运行年限、频率、特殊故障等，在日常维修保养已无法解决时，采取对电梯进行大中修或单项大修。一般情况下，电梯运行3年后应中修，运行5年后应大修。

7. 电梯安全技术档案管理制度

为了保证电梯的正常使用，出现故障能及时处理，电梯使用管理单位必须建立电梯安全技术档案，选配专职或兼职电梯设备安全技术档案员，其主要职责是负责收集、整理、立卷、保管和使用电梯设备安全技术档案。

《特种设备安全监察条例》中第二十六条已规定电梯安全技术档案应当包括的内容。现提出具体内容如下。

(1) 收集和管理好该建筑物内所有的电梯制造、安装等技术资料，包括：电梯制造厂名称、售梯单位、电梯型号、产品合格证明书(包括安全装置、出厂试验合格证明书)；出厂日期；电气原理图、安装接线图；机械、电气安装图，竣工图及修改审批证明；安全操作使用及维修说明书；机房、井道的土建结构施工图及建筑物内电梯布置图、工艺要求等；安装电梯方案(施工组织措施)；隐蔽工程验收记录；调试及试运行记录；电梯购买合同、安装合同、质量保证和提供免费维修证明或零配件等。

(2) 在收集以上资料的基础上，建立健全电梯安全技术档案。档案包括下列内容：设备编号和电梯类别；建筑名称及地址；制造厂或代理商名称及产品出厂日期、编号；安装单位、日期；验收单位、日期；使用单位启用日期；各类证书及图样资料文件，包括产品生产许可证、承接安装许可证、单位使用许可证、验收报告、各类图样说明等；电梯的用途（客、货、宅、医等）；额定载重量；额定速度；控制方式（并联、集选、群控）；操作方式（有司机、无司机、有/无司机联合操作运行）；楼层停层数；停层数编号；井道总高度（m）；总行程高度（m）；曳引机型号及有/无齿轮箱；曳引电动机型号、电压、容量（功率）等；控制柜型号、铭牌数据等；轿厢规格：宽×深×高、颜色/饰面、天花板、通风、照明等；轿厢门规格及形式（中分、旁分）；厅门规格形式、颜色及厅门锁型号；厅门门套（不锈钢、大门套、小门套、豪华型等）；轿内位置指示形式、指示灯及电压；厅门指示形式、指示灯及电压；呼梯信号方式；轿内操纵盘、板面、控制元件的组成及位置；曳引钢丝绳形式尺寸：根数、直径、总长度、曳引比等；补偿链尺寸及规格；限速器位置、型号、规格尺寸等；选层方式及方法；缓冲器类型（弹簧、油压）；底坑深度（m）、井道高度（m）；顶层高度（m）；供电方式；易损零部件及使用润滑油型号；机房状态（有/无插座、灭火器，非电梯用的杂物，通风设施及门窗是否齐全，地面是否平整等）；设备大中修记录；设备事故原因及修复办法；年检记录；生产厂家售后服务地址、电话等；其他事项。

(3) 电梯安全技术档案，既是电梯设备安全管理的记录，也是一部电梯的技术文件和资料，必须妥善保管。

8.3　电梯的维修保养与故障处理

8.3.1　电梯维修保养

做好维护保养直接影响电梯的完好率、使用率、故障率及寿命。维修保养一般可按每日、周、季、年周期进行。特种设备安全条例规定：电梯应当至少每15日进行一次清洁、润滑、调整和检查保养。应执行年检、月检、日检等常规检查制度，经检查发现有异常情况时，必须及时处理，检查应当做好详细记录并存档。

1. 曳引机的保养检查

(1) 减速器检查：减速器各部位不应有大量漏油现象，蜗杆轴伸出端渗漏油面积每分钟不超过2.5 cm^2，油温不超过85 ℃；检查齿轮箱排油孔的油塞螺丝有无渗油现象；运转不应有异常声音；减速器内的润滑油每年更换一次；对新装的电梯，半年内应经常检查减速器内的润滑油，发现油中有杂质时，应更换新油。

(2) 制动器检查：制动器动作应灵活可靠，张紧力应足够，但不能太大；开闸时，制动片不磨擦制动轮，制动闸瓦与制动轮间隙四角平均应不大于0.7 mm；制动闸瓦磨损量超过1/4厚度时，应及时更换。

(3) 曳引轮检查：当曳引轮绳槽磨损严重下陷不均匀或改变槽形时，应修理或更换新轮。检查机座的防震胶有无裂缝、变形，固定螺丝是否松动。检查清理曳引机、引轮等机器表面上的灰尘及油污，绳槽内是否积聚油污。

2. 曳引钢丝绳检查

钢丝绳外表不能加黄油润滑，因为会使表面摩擦力降低。没有钢丝绳专用油时，可用粘度中等的机油30＃或40＃的油，但不能太多；每根钢丝绳的张力与平均值偏差不大于5%，应保持均匀；表面太多油污、砂粒时，应及时用煤油擦干净；绳端部件不应缺少、应固定可靠；磨损、断丝量达到报废标准时，必须立即更换。

3. 层门的检查

电梯的故障及事故80%以上都发生在门系统上，平时日常保养应重点检查和调整，电梯轿门、层门电气联锁的好坏直接影响电梯的正常安全运行。

(1) 门锁电气接点应有效及良好，门锁锁钩、锁臂及动接点动作应灵活可靠。

(2) 在安全装置电气开关动作之前，锁紧元件最小啮合长度为7 mm。

(3) 门间隙应符号标准(客梯1～6 mm，货梯1～8 mm)。

(4) 层门紧急开锁装置应灵活可靠，开锁后应能自动复位。

(5) 检查、调整门刀与层门间隙(5～10 mm)距离，门刀与门锁滚轮啮合深度(5～10 mm)。

4. 限速装置的检查

(1) 动作应灵活可靠(平时加油润滑、清理积尘、检查封记完好)。

(2) 限速器钢丝绳伸长后，要及时调整位置适当。

(3) 发现故障时，应送回制造厂家进行检修，维修人员不得随意调整。

5. 安全钳的检查

(1) 动作时应可靠地使轿厢制停。

(2) 制停后轿厢地板的水平误差不超过5%。

(3) 安全钳电气联锁开关应动作可靠。

(4) 至少每年应做一次限速装置的联动试验。

6. 导轨的检查

(1) 使用滑动导靴的导轨工作面，必须保持有油润滑。

(2) 导轨工作面由于损伤不平整时，应及时修光。

(3) 检查连接固定螺丝是否紧固。

7. 缓冲器的检查

(1) 缓冲器应固定可靠。

(2) 油压缓冲器的油位应正确。

(3) 缓冲器开关动作应可靠。

(4) 缓冲器应有防尘罩保护。

8. 对重部分的检查

(1) 检查对重架上的导轮轴润滑情况。

(2) 对重装置的导靴应固定可靠。

(3) 对重块应固定可靠。

9. 补偿装置的检查

(1) 补偿链过长时要进行调整。

(2) 补偿绳(链)运行应畅通，绳头应固定可靠。

(3) 在运行中有较大声音时，应检查其消音绳是否有折断。

10. 电器设备的检查

(1) 安全装置保护开关动作应灵活可靠(限速器、安全钳、缓冲器端站保护、超速保护、断错相保护、上下极限、门电气联锁)。

(2) 经常清洁接触器,继电器的触点。

(3) 检查电动机、变压器是否有过热现象,电压是否正常,绝缘(电器及线路)应良好。

(4) 各种显示(层外、轿内楼层、方向等)是否正确有效。

11. 电梯定期加油部位的检查

导轨工作面(滑动导靴)、导向轮和轿顶轮轴承、门及自动开关门机构的各轴承等应定期检查。

8.3.2 电梯的故障与排除

1. 电梯故障类型

我国每天约有 2 亿人在使用电梯,每年电梯增量超过 20%,电梯每小时上下运行 40 次以上,夏天,电梯机房温度达 50 摄氏度以上,电梯平均故障率达到 7 次/年。电梯故障中,门系统故障占 80%,其他故障占 20%。造成电梯故障的原因是多方面的,与配件、安装、维护保养的质量有很大的关系。因此,一方面应加强日常的维护保养;另一方面电梯一旦出现故障,应迅速、准确找出故障点,及时、高质量地排除故障。电梯的故障在两大系统之中,机械系统的故障率占 10%~15%,电气系统的故障率占 85%~90%。电梯的故障类型主要如表 8.1 所示。

表 8.1　电梯故障类型

自然发生故障	机械故障	润滑不良:由于润滑油太少、质量差,从而引起机械部分的过热、烧伤、磨损或轴承损坏等 自然磨损:机械部分因运转过程中,自然磨损是正常的,只要及时保养、调整,就能大大减少故障;否则,就会加速机件的磨损,造成机械故障 连接件松脱:电梯在运行过程中,由于振动等原因而造成紧固件松动,造成磨损、碰坏电梯机件,造成故障
	电气故障	触点短路或断路、元件绝缘不良、电器元件老化、损坏
人为故障	违章操作、人为碰撞、短接错误	
自然灾害引起故障	雷电、水浸、地震、火灾	

2. 电梯故障的查找方法

查找电梯故障时,一般是由大到小,最后定位。即首先判断出故障发生在机械系统、还是电气系统,然后再确定哪个部件或哪个控制电路,最后才能判断故障出在哪个元件(或触点)上。机械系统一旦有故障,需要较长的停梯修理时间,所以要做好日常的维护保养,尽可能减少机械系统的故障。而对于电气控制电路故障的查找方法主要有:程序检查、电位法、短路法、断路法、电阻法、代替法。

(1) 程序检查法

电梯正常运行过程,都经过选层、定向、关门、启动、运行、换速、平层、开门的循环过程,其中每一步,叫做一个环节。维修人员可以根据各环节电路继电器的运作顺序或动作情况,判断故障出自哪一个控制环节电路。程序检查法,不仅适用于有触点电气系统,也适用于无触点控制系统。对无触点元件的控制系统(如 PC 机控制系统或电脑控制系统),可以通过指示灯或显示的故障代码数字，确定故障所在环节，找出故障点。

(2) 电位法

用万用表的电压档检测电路某一元件两端的电位的高低，来确定电路的工作情况。

(3) 短路法

当怀疑某个触点有故障时，就可以用导线把触点短接，如故障消失，则证明判断准确，这就是短路法。短路法，只是用来检测触点是否正常的一种临时办法。短接线用后应立即拆除，严禁用短接线代替开关或开关触点使用。

(4) 断路法

把怀疑产生故障的触点接线断开，如故障消失，就说明判断正确。

(5) 电阻法

用万用表的电阻档，检测电路中的电阻值是否正常。注意必须断电进行。

(6) 代替法

用好的元件或插板代替怀疑的元件或插板，如故障消失，则判断正确。

3. 电梯几种常见的故障

部分常见的故障如表 8.2 所示。

表 8.2　电梯常见的故障

故障名称	故障现象	故障原因
电梯停止时电梯向下溜车	电梯无论上行还是下行时，一旦平层停车，轿厢总要向下溜车才能停止	造成这种故障的原因通常有电梯载重超过电梯额定载重量、对重太轻、曳引绳上油过多、曳引轮绳槽磨损、制动器制动力距太小等
电梯无快车	电梯在自动运行时，快车速度提不起来，与慢车速度差不多	电梯导轨间隙太小使电梯运行阻力增大、导轨润滑不良造成过大的摩擦、电气系统出现故障、曳引机减速箱缺油等
电梯运行时突然停梯	电梯在正常运行时中途突然停梯	安全钳动作、安全电气开关动作、(包括门锁、底坑、机房)、市电停电等
电梯门无法开关	电梯选好指令楼层后，电梯门无法关闭，或电梯门在电梯平层后无法开启	关门按钮坏，轿门开关门终端开关动作不良，门机皮带打滑、或折断，开关门曲柄机构卡死，门机无电源等
电梯抖动	电梯在运行过程中轿厢发生振幅较大，规律性不是很强的垂直方向的振动，常发生在运行的某一段运行过程	绳槽工作面严重变形(产生相对滑动)、钢丝绳长短拉力不一致、电梯联轴器同心度不符合要求等
电梯运行时晃动	电梯在运行过程中产生两侧晃动	检查电梯轿厢的导向装置、导轨之间的间隙等
电梯产生的噪声	电梯在开关门和运行时有噪声	机房噪声、轿厢自身的噪声、开关门的噪声等
外呼工作不正常	按某一楼层外呼信号按钮，无法登记	该楼层信号登记线断，轿厢内处于司机状态，电梯处于检修状态等

8.4　电梯事故的应急处理

1. 发生火灾时，电梯的应急处理措施

(1) 及时与消防部门取得联系并报告公司管理部。

(2) 若电梯内无人，电梯工作正常，按下电梯的“消防按钮”，使消防电梯进入消防运行状态，以供消防人员使用；若电梯发生故障困人，首先要告诫轿厢内乘客保持镇静，然后按救援程序实施解救，组织、疏导乘客迅速离开轿厢，沿安全通道撤走，最后将电梯置于“停止运行”状态，用手关闭厅门、轿门、切断电梯总电源。

(3) 井道内或轿厢发生火灾时，应立刻停梯疏导乘客撤离，切断电源，用灭火器进行灭火。

(4) 相邻建筑物发生火灾时，也应停梯，以避免因火灾而停电造成困人故障。

2. 突然停电时，电梯的应急处理措施

当大厦电气系统出现故障，造成大厦照明系统及动力系统停电时，电梯被迫停梯，这时，电梯维修人员应第一时间赶到现场采取措施，并与中央控制室联系，查清所有电梯位置及有无被困人员情况。

(1) 当大厦出现停电事故后，电梯维修人员应手持应急照明设备第一时间到达中控室查看电梯位置。

(2) 电梯维修人员到达电梯所在楼层时首先确定电梯的准确位置，判断是否可以放人。

(3) 当电梯离地面 80 cm 以上时不可以放人，需要盘车到平层位置后才可放人(盘车放人操作方法见电梯困人救援应急预案)。

(4) 当判断电梯位置无法放人时，应安慰乘客：“请您耐心等待，您在轿厢内最安全”。

(5) 当放出被困人员后，应引导乘客走消防通道离开大厦。

(6) 电梯维修人员应到机房断掉所有电梯的总电源，防止电梯恢复后大电流冲击电子板。

3. 发生地震时，电梯的应急处理措施

根据地方人民政府向预报区居民发布的紧急处理措施，决定电梯是否停止，何时停止。

(1) 对于震级和强度较大，震前又没有发出临震预报而突然发生的地震，一旦有震感应就近停梯，乘客离开轿厢就近躲避，如乘客被困轿厢内则不可自行逃出，保持镇静等待救援。

(2) 地震过后应对电梯进行检查和试运行，正常后方可恢复使用，当震级为4级以下，强度为6度以下时，应对电梯检查：供电系统有无异常；井道、导轨、轿厢有无异常；以检修速度做上下全程运行，发现异常即刻停梯，并使电梯反向运行至最高层站停梯，由专业人员检查修理，待上下全程运行无异常并多次往返试运行后，方可投入使用。

4. 电梯困人救援应急处理措施

(1) 电梯运行中因供电中断、电梯故障等原因而突然停驶，将乘客困在轿厢内时，若有司机操作，司机应使乘客镇静等待，劝阻乘客不要强行手扒轿门或企图出入轿厢，并与维修人员取得联系。任何人员发现有乘客被困在电梯内，也应立即通知保安消防监控室，由保安人员通过监控设备及电话初步了解电梯内情况(困人电梯位置、被困人数、人员情况、以及电梯所在楼层等)，并即刻将了解到的情况报知设备科负责人。

(2) 设备科负责人接报后，首先立即通知维保单位派人前来协助，并立即组织设备科人员到场与被困乘客取得联系，安慰乘客，要求乘客保持冷静，耐心等待救援。尤其当被困乘客惊恐不安或非常急躁，试图采用撬门等非常措施逃生时，要耐心告诫乘客不要惊慌和急躁，不要擅自行动，以免使故障扩大，发生"剪切"、"坠井"等事故。维修人员应了解轿厢内被困人数及健康状况、轿厢内应急灯是否点亮、轿厢所停层位置以便于及时解困工作。注意在这一过程中，现场始终不能离人，要不断与被困人员对话，及时了解被困人员的情绪和健康状况，及时将情况向值班负责人汇报。若状况紧急(如已发生人员伤亡、晕倒或维保单位无力解救等)，应请求值班负责人同意，向消防、急救部门求助。

(3) 被困者救出后，当班负责人应当立即向他们表示慰问，并了解他们的身体状况和需要，有必要时要留下被困人员的姓名、地址、联系电话等信息并存档备案。

(4) 解救完成后，应立即请电梯维修公司查明故障原因，修复后方可恢复正常运行。

(5) 设备科负责人应详细记录事件经过情况，包括接报时间、保安和维修人员到达现场时间、电梯维修公司通知和到达时间、被困人员的解救时间、被困人员的基本情况、电梯恢复正常运行时间。若有公安、消防、医护人员到场，还应分别记录到场和离开时间、车辆号码；被困人员有伤者的，应记录伤者情况和被送往的医院。

(6) 电梯维保单位事后应查明故障原因，写明故障处理方法，形成书面报告，由设备科存档备案。

5. 人工解救电梯困人流程

电梯在运行中一旦发生故障，并且电梯轿厢内有乘客被困时。被困在电梯内的乘客实际并没有人身危险，但是由于乘客自身精神过度紧张或由非专业人员从事解救的情况下，才会发生危险。所以，上述情况一旦发生，请参照如下电梯故障状态受困人员的解救操作方法。

首先，使用礼貌用语按如下语言规范对电梯轿内乘客进行说明以缓解乘客的紧张情绪"尊敬的乘客：由于电梯发生故障在运行中保护而产生停运，我们对给您造成的不便深表歉意。请不要紧张，您们是十分安全的。我们现在会马上将电梯置于楼层平层状态让您们出来。请在电梯故障救援期间尽量站在轿厢后侧等待，我们的维修人员开启轿门后，再走出轿厢。感谢您的合作与支持！"

(1) 接到电梯困人通知后，设备科负责人应立即派出具备电梯操作资格的人员携带电梯机房钥匙、电梯层门钥匙、通讯工具和维修工具等前往现场进行处理。至少要有2名人员到电梯机房(A处)，1名人员到电梯轿厢所在楼层(B处)。电梯的故障状态的救援和盘动电梯放人，只在紧急情况下进行，操作者必须是受过专业训练并取得由国家指定部门颁发的特种行业操作证的技术人员，其他人员如从事该项工作均会产生危险后果。

(2) A处人员先切断升降机主电源(必须保留轿厢照明)，然后通过电梯机房的直线电话与被困者取得联系，告知被困者静候解救；B处人员用电梯层门钥匙将电梯层门打开约30～40 cm，确认电梯轿厢的位置。如电梯停留在平层位置±500 mm时可直接开启轿门将乘客救出，如果超出上述标准，则严格遵循盘车规范进行放人。

(3) 在盘动电梯轿厢前，勿请严格遵守第一项的规范，先安抚乘客情绪，告知正在进行解救操作，让其耐心等待救援。如没有对被困乘客作上述联系和解释，则属于工作上的疏忽。

(4) 一人抓住盘车手轮，另一人慢慢压下松闸手柄使制动机构松开。在制动机构松开的同时缓慢转动盘车手轮使用轿厢上行或下行(顺时针盘车，轿厢上行。逆时针盘车轿厢下行)。当盘动电梯下行时，遇到不能盘动时，可能是电梯轿厢下梁的安全钳已经动作，进一步的工作须由资历较深，技术全面的技工指导进行。盘动电梯轿厢最好至最近楼层楼面，通常是以节省人力和时间来决定上行或下行。如对重的重量大于轿厢和乘客的总重量，则往上盘；如果轿厢和乘客的总重量大于对重的重量，则往下盘。停止转动盘车手轮时应使制动装置复位。必须注意：因轿厢可能配重不平衡，盘车时及手动松开制动装置时要十分小心和缓慢，防止产生过大的加速度而造成失控，造成轿厢蹲底或冲顶。

(5) 盘动电梯轿厢至接近楼层楼面后，电梯制动装置一定要复原，然后用电梯厅门专用外开锁钥匙，在本层打开电梯厅门、轿门，放出被困乘客。

(6) 维修人员使用外层门钥匙打开层门时，必须确认轿厢是否在本层，一定要注意安全，以免发生坠落事故。

(7) 由维保单位对电梯进行全面检查，消除隐患后方可恢复电源投入运行。

6. 电梯湿水的应急处理措施

电梯机房处于建筑物最高层，底坑处于建筑的最底层，井道通过层站与楼道相连。机房会因屋顶或门窗漏雨而进水，所以遇到台风、雷暴、洪水等恶劣天气时，应实施预防性措施，加强电梯巡视检查，关好机房窗户和门；底坑除因建筑防水层处理不好而渗水外，还会因暖气及上下水管道、消防栓、家庭用水等的泄露，使水从楼层经井道流入底坑，发生洪水时，井道、轿厢也会遭水淹。当发生湿水事故时，除从建筑设施上采用堵漏措施外，还应采取应急措施。

(1) 当底坑内出现少量进水或渗水时，应将电梯停在2层上，中止运行，断开总电源。

(2) 当楼层发生水淹而使井道或底坑进水时，应将轿厢停于进水层站的上2层，停梯断电，以防止轿厢进水。

(3) 当底坑井道或机房进水很多，应立即停梯，断开总电源开关，防止发生短路、触电等事故。

(4) 发生湿水时，应迅速切断漏水源，设法使电气设备不进水或少进水。

(5) 对湿水电梯应进行除湿处理，如采取擦拭、热吹干、自然通风、更换管线等方法。确认湿水消除，绝缘电阻符合要求并经试梯无异常后，方可投入运行。对微机控制电梯，更需仔细检查以免烧毁线路板。

(6) 电梯恢复运行后，详细填写湿水检查报告，对湿水原因、处理方法、防范措施记录清楚并存档。

7. 乘坐自动扶梯时紧急情况的应对措施

据国外的经验来讲，扶梯没有电梯安全，美国的扶梯事故是电梯事故的20倍，韩国75%的相关事故是扶梯造成的。但是由于它输送的人流量大，还是被较多的采用。

乘坐扶梯时，最大的误区就是让人站在右侧，留出一侧给人通行，其实这是不科学的。因为扶梯上的台阶不符合人体功能学的设计，造成在扶梯上走动很不安全。所以在扶梯上的时候，一定要抓紧把手，站定了乘坐，尽量不要行走。此外，一级扶梯台阶上承载两个人，这已经是最大的承载量了。乘客如果看见扶梯上的人过多，应尽量走楼梯。

乘坐扶梯时，要注意和前后人保持距离，尽量远离拥挤人群。人多时要，“靠边不居中，贴墙不贴人”。一旦遇到拥挤伤害事件时，最重要的是保护好自己的头部和颈椎，可一手抱住头枕部，一手护住后颈，身体屈曲，不要乱跑，就地保护；遇到扶梯倒行时，迅速紧抓扶手，压低身姿保持稳定，并和周围人大声沟通，保持冷静，切忌拥挤造成踩踏。

在扶梯的上下两站出入口处的下部，均设有2个红色的按钮，并标有“停止”字样，如果扶梯上发生人员摔倒或手指、鞋跟等物品被夹住等情况时，应呼叫在扶梯两端的人员，立即按下“停止”按钮，以便马上使扶梯停止。处在扶梯端部的值班人员或一般乘客，如发现发生了紧急情况，也应立刻按动“停止”按钮，以免造成更大的伤害。

自动扶梯可能发生断裂或倒转，缺齿的自动扶梯容易卡住小孩的手，因此儿童上梯要有专人看管。扶梯事故可能造成的伤害有摔伤、挤压伤、踩踏伤3种，其中挤压伤包括骨折、皮肤挫裂伤等，当然严重者还会出现休克、窒息等。

在自救时，如果伤势较轻，可以移动的话，应立即离开事故现场，并请求救援；如果不能移动的话，则须原地等待救援。遇到扶梯事故等突发事件时，救助顺序为：第一救人、第二疏散、第三报警、第四保护现场，而且应当优先救助未成年人。需要注意的是，如果你有脖子疼、意识不清等症状，这很可能意味着脊柱受伤，如果轻易移动或被移动，而采用的方法不当的话，很可能会导致高位截瘫。当脊柱发生骨折，患者极易出现身体某些部位的瘫痪，如胸腰段骨折时常引起截瘫，颈椎骨折时除了截瘫部位升高外，还会引起呼吸肌麻痹，甚至威胁生命。所以，在搬运骨折尤其是脊柱和四肢骨折的患者时，要特别小心，应几个人配合将其放在硬担架或门板上，保持患者身体平直。而患者发生四肢骨折时，应尽量不要搬动，可就地取材用夹板或代用品做简单的固定后再迅速将患者送往医院，以免患者出现骨折并发症。这是一个相对复杂的问题，没有经验的人员，最好呼叫急救人员进行救治。

在互救时，由于突发事件中的伤员都会比较惊恐，建议有相关救护经验者在开展救治前先说明来意，告知对方你的意图，使对方安心接受救治。同时，如果没有接受过急救培训的人员，建议不要轻易搬动伤员，以免造成骨折程度加剧或导致高位截瘫。在急救人员到达现场前，可以充分利用周边伸手可及的物品来自救或互救。比如骨折伤，可以用毛巾和杂志充当绑带和固定夹板，这样可以有效防止骨折的断端扎破血管、刺伤神经；对于外伤出血患者而言，可以利用皮带、书包带等充当止血带，系在出血点处，且距离心脏较近的一方，减少出血量，为抢救赢得时间。

8. 电梯事故中的自救应急措施

电梯从设计方面是相当安全的，一般不会因连接轿厢的钢丝绳折断而掉到井道里。电梯用的钢丝绳有专门的规定和要求，钢丝绳的配置不只是为承担轿厢和额定载重量，还考虑到曳引力的大小，其抗拉强度大大高于电梯的载重量，一般电梯都配有4根以上钢丝绳。电梯如果出现故障，首先是安全电路动作，将电梯停掉。如果安全回路坏了，电梯一旦失速，电梯的机械式限速器和安全钳就会动作，即使没有任何电力或钢丝绳全部断掉，当电梯的速度超过电梯额定速度的15%时，限速器就会带动安全钳动作，将电梯紧紧的钳在电梯导轨上；如果安全钳和限速器都坏掉了(几率极低)，电梯井道下也有缓冲器，在一定速度内如果直接撞击到缓冲器上，轿厢也会停下来。总之，轿厢不管通过哪种方式停下来，都不会对人造成很大的冲击。

现在的电梯可以配置断电自动平层系统，即根据电梯的功率和楼层间距，安装一个蓄电池。在电梯断电时，由蓄电池进行供电，将电梯停在最近的楼层，开门将乘客放出。但不是每台电梯都配置有断电自动平层系统，需要购买时提出加价选配，电梯公司才会给提供。人被困电梯后，最重要的不是救援过程，而是在最短的时间内与外界取得联系，寻求救援。一旦被困电梯内，应注意以下几点。

(1) 乘客被困之后，最好的方法就是按下电梯内部的紧急呼叫按钮，这个按钮会跟值班室或者监视中心连接，如果呼叫有回应，就只需等待救援。

(2) 如果值班人员没有注意到报警信号，或者呼叫按钮失灵，最好用手机拨打报警电话求援。目前，许多电梯内都配置了手机的发射装置，可以在电梯内正常接打电话。

(3) 如果恰逢停电，或者手机在电梯内没有信号，面对这种情况时，最好保持镇静，要保持体力，伺机待援。在狭窄闷热的电梯里，不要担心会导致窒息，因为目前国家标准有严格的规定，只有达到通风的效果，才能够投放市场。另外，电梯有许多活动的部件，如轿壁和轿顶的连接处都有缝隙，一般来说足够人的呼吸需要。

(4) 在稍事稳定情绪之后，可以将铺在电梯轿厢地面上的地毯卷起来，将底部的通风口暴露出来，达到最好的通风效果。然后大声向外面呼喊，以引起过往行人的注意。

(5) 如果喊得口干舌燥仍没有人前来搭救，就要换一种保存体力的方式求救，如可以间歇性地拍打电梯门，或用坚硬的鞋底敲打电梯门，等待救援人员的到来。如果听到外面有了响声再拍，在救援者尚未到来期间，宜冷静观察，耐心等待，不要乱了方寸。

(6) 如遇到冲顶或蹲底事故，应进行自我保护。蹲底，俗称下坠，指电梯的轿箱在控制系统失效的情况下发生垂直下坠的现象。冲顶指轿厢失去控制冲到电梯井道的顶部。

① 不论有几层楼，迅速把每一层楼的按键都按下。当紧急电源启动时，电梯可马上停止继续下坠。

② 若电梯里有手把，一只手紧握手把，以固定人所在的位置，使人不至于因重心不稳而摔伤。

③ 整个背部和头部紧贴电梯内墙，呈一直线。要运用电梯墙壁作为脊椎的防护。

④ 膝盖呈弯曲姿势。因为韧带是人体唯一富含弹性的一个组织，借用膝盖弯曲来承受重击压力，比骨头承受压力会更大。从物理学角度，电梯高速坠落时，电梯中的人不要直立，也不要蹲着，这种姿势在着陆时对身体都有伤害，轻则骨折，重则瘫痪或死亡。正确姿势：双腿分开、曲膝、踮脚，双臂展开，扶着电梯壁，会给在着陆时有缓冲，能够保护关节和脊柱。

⑤ 待电梯停下后，迅速利用轿内应急电话或者手机与值班人员、维保人员取得联系；将受困信息发布给电梯使用单位、电梯所在的大楼管理机构或电梯维护保养单位，说明电梯所在位置、轿内人员情况，如人数、年龄、身体状况和联系方式等。

⑥ 保持镇静和体力。若轿内照明熄灭，每个轿内的应急照明装置会自动启动。千万不要尝试强行推开电梯内轿门，电梯天花板若有紧急出口，也不要爬出去。出口板一旦打开，安全开关动作会使电梯停止不动；如果出口板意外关上，电梯就可能突然开动令人失去平衡，在漆黑的电梯井道里，乘客可能被绊倒，或因踩到油垢而滑倒，从电梯顶上掉下去。乘客应呆在轿厢内，待救援人员到现场后，听从救援人员的指挥。

总之，在被困于电梯的情况下，要合理控制情绪，科学分配体力，耐心等待救援，才是成功脱困的最好途径。

附录　电梯的相关标准

对于电梯的制造和安装，国家制定了相关的标准，电梯的生产厂家、安装单位和电梯工程设计、使用单位应共同遵守。我国电梯行业目前现行的主要标准如下：

1. GB 7588—2003《电梯制造与安装安全规范》：强制性国家标准，它规定了乘客电梯及载货电梯制造与安装应遵循的安全准则，以防电梯运行时发生伤害乘客和损坏货物的事故。适用于电力驱动的曳引式或强制式乘客电梯、病床电梯及载货电梯，不适用于杂物电梯和液压电梯。

2. GB/T 10058—2009《电梯技术条件》：推荐性国家标准，本标准规定了乘客电梯和载货电梯的技术要求、检验规则以及标志、包装、运输与储存等要求。它适用于额定速度不大于6.0 m/s的电力驱动曳引式和额定速度不大于0.63 m/s的电力驱动强制式的乘客电梯和载货电梯。对于额定速度大于6.0 m/s的电力驱动曳引式乘客电梯和载货电梯可参照本标准执行，不适用部分由制造商与客户协商确定。它不适用于液压电梯、杂物电梯和家用电梯。

3. GB/T 10059—2009《电梯试验方法》：推荐性国家标准，规定了乘客电梯及载货电梯的整机和部件的试验方法。适用于电力驱动的曳引式或强制式乘客电梯和载货电梯，不适用于液压电梯和杂物电梯。

4. GB/T 10060—2011《电梯安装验收规范》：强制性国家标准，本标准规定了电梯安装验收的条件、项目、要求和规则。它适用于额定速度不大于6.0 m/s的电力驱动曳引式和额定速度不大于0.63 m/s的电力驱动强制式乘客电梯、载货电梯。对于额定速度大于6.0 m/s的电力驱动曳引式乘客电梯和载货电梯可参照本标准执行，不适用部分由制造商与客户协商确定。消防员电梯和适合残障人员使用的电梯等特殊用途的电梯，应按照相应的产品标准调整验收内容。它不适用于液压电梯、杂物电梯、仅载货电梯和家用电梯。

5. GB/T 7024—2008《电梯、自动扶梯、自动人行道术语》：推荐性国家标准，规定了电梯、自动扶梯、自动人行道术语。适用于制定标准、编制技术文件、编写和翻译专业手册、教材及书刊。

6. GB/T 7025.1—2008《电梯主参数及轿厢、井道、机房的型式与尺寸第1部分：Ⅰ、Ⅱ、Ⅲ类电梯》：推荐性国家标准，规定本部分规定了允许安装Ⅰ、Ⅱ、Ⅲ和Ⅵ类乘客电梯的必要尺寸，适用于所有安装在新建筑物内具有一个出入口的轿厢的电梯，且与驱动系统无关。如果将对重侧置，则可以设置一个贯通的出入口，这时可能需要增加井道的深度尺寸。它亦可以作为在用建筑电梯安装的依据。它不适用于速度超过6.0 m/s的电梯，对于这类电梯应咨询制造商。

7. GB/T 7025.2—2008《电梯主参数及轿厢、井道、机房的型式与尺寸第2部分：Ⅳ类电梯》:推荐性国家标准,规定了安装Ⅳ类电梯所要求的尺寸,适用于电力和液压驱动的电梯。它适用于所有安装在新建筑物内具有一个或两个出入口的轿厢的电梯,也可以作为在用建筑电梯安装的依据。

8. GB/T 7025.3—1997《电梯主参数及轿厢、井道、机房的型式与尺寸第3部分:Ⅴ类电梯》:推荐性国家标准,规定了广泛用于各类建筑物中的Ⅴ类电梯的主参数及轿厢、井道的尺寸。

9. GB/T 24478—2009《电梯曳引机》:推荐性国家标准,规定了额定速度不大于8.0 m/s的电梯曳引机的技术要求、试验方法、检验规则、标志、包装、运输及储存。它适用于乘客电梯和载货电梯的曳引机,不适用于杂物电梯和家用电梯的曳引机。

10. GB 8903—2005《电梯用钢丝绳》:规定了电梯用光面钢丝绳的范围、术语和定义、结构、尺寸、外形和重量及允许偏差、技术要求、试验方法、检验规则、包装、标志和质量证明书等。经供需双方协议,在符合国家安全规定的前提下,也可使用其他结构、绳径和抗拉强度或镀锌的电梯用钢丝绳。适用于载客电梯或载货电梯的曳引用钢丝绳、液压电梯用悬挂钢丝绳、补偿用钢丝绳和限速器用钢丝绳,以及杂物电梯和在导轨中运行的人力升降机等用的钢丝绳,不适用于建筑工地升降机、矿井升降机以及不在永久性导轨中间运行的临时升降机用钢丝绳。

11. GB 16899—2011《自动扶梯和自动人行道的制造与安装安全规范》:强制性国家标准,规定了自动扶梯和自动人行道的安全规范,其目的是保证在运行、维修和检查工作期间人员和物体的安全,防止意外事故发生。

12. GB/T 12974—1991《交流电梯电动机通用技术条件》:推荐性国家标准,规定了各类型交流电梯电动机的形式、基本尺寸参数与尺寸、技术要求、试验方法与检验规则以及标志与包装的要求。适用于各类型乘客电梯、客货电梯、病床电梯及载货电梯用的交流电梯电动机。

13. GB 50310—2002《电梯工程施工质量验收规范》:该标准适用于电力驱动的曳引式或强制式电梯、液压电梯、自动扶梯和自动人行道安装工程质量的验收,不适用于杂物电梯安装工程质量的验收。该标准应与国家标准GB 50300—2001《建筑工程施工质量验收统一标准》配套使用,是对电梯安装工程质量的最低要求,所规定的项目都必须达到合格。

14. JG 135—2000《杂物电梯》:建筑工业行业标准,规定了电力驱动的,轿厢是用钢丝绳或链条悬挂的杂物电梯的结构和安装,检验、记录与维修,包装、运输与储存等方面的技术要求。适用于额定载重量不大于500 kg,额定速度不大于1 m/s,在层站地板水平面或高于层站地板水平面装载的电梯。

15. JG 5071—1996《液压电梯》:国家建设部颁发的标准,规定了液压电梯的技术要求、试验方法、检验规则、安装和验收规范以及标志、包装、运输和储存。适用于利用液压油缸直接或间接驱动轿厢垂直升降,轿厢额定速度不大于1 m/s的液压电梯。

16. GB/T 22562—2008《电梯T型导轨》:推荐性标准,规定了标准导轨及其连接板的等级和质量、技术特性、尺寸和几何公差以及表面粗糙度,适用于电梯中使用的供电梯轿厢和对重导向的导轨。

17. JG/T 5072.2—1996《电梯T型导轨检验规则》:国家建设部颁发的推荐性标准,规定了电梯T型导轨和导轨连接板的试验方法、检验要求与判定规则。适用于由T型钢筋机械加工方式或冷轧加工制作的导轨，不适用于由板材经折弯成型的T型空心导轨。

18. JG/T 5072.3—1996《电梯对重用空心导轨》：国家建设部颁发的推荐性标准，规定了电梯对重用空心导轨及电梯对重用空心导轨连接件的型号与参数、技术要求、试验方法、检验规则以及标志、包装、运输、储存。适用于电梯不设安全钳的对重用导轨和连接件。

19. JG 5009—1992《电梯操作装置、信号及附件》：规定了电梯的按钮和指标器件。当轿厢内装设扶手时，它还规定了对扶手的要求。本标准适用于乘客电梯、客货电梯、病床电梯和载货电梯。

20. JG/T 5010—1992《住宅电梯的配置与选择》：国家建设部颁发的推荐性标准，规定了住宅电梯的配置和选择方法。适用于安装在住宅中的乘客电梯。在建筑设计阶段，按本标准即能确定电梯的数量和它的主要规格。

21. YB/T 5198—2004《电梯钢丝绳用钢丝》：本标准规定了电梯钢丝绳用钢丝的尺寸、外形、技术要求、试验方法、检验规则及包装、标志和质量证明书等。它适用于钢丝公称直径为0.25～1.8 mm之间，用于制造电梯钢丝绳用光面钢丝。

22. JB/T 8545—2010《自动扶梯梯级链、附件和链轮》：本标准规定了自动扶梯用梯级链条的结构形式、基本参数和尺寸、抗拉强度和链长精度，以及与这些链条相配的附件和链轮的技术要求。

23. GA 109—1995《电梯层门耐火试验方法》：本标准规定了电梯层门耐火试验的试验设备、试验条件、试验要求、试验程序和耐火时间判定条件等项内容。适用于候梯一侧受火的电梯层门的耐火试验。

24. YB/T 157—1999《电梯导轨用热轧型钢》：本标准规定了电梯导轨用热轧型钢的型号、尺寸、外形、重量及允许偏差、技术要求、试验方法、检验规则、包装、标志及质量证明书。适用于机械加工电梯T型导轨用热轧型钢。

25. GB/T 5013.1—2008《额定电压450/750V及以下橡皮绝缘电缆第1部分：一般要求》：本部分适用于额定电压为450/750V及以下，硫化橡皮绝缘和护套的硬和软电缆，用于交流额定电压不超过450/750V的动力装置。

26. GB 17907—2010《机械式停车设备通用安全要求》：本标准规定了机械式停车设备的设计、制造、检验、使用等方面的基本安全要求。它适用于各种类别的机械式停车设备，所规定的安全要求是针对本标准表1危险一览表中所描述的危险。它不适用于的情况有：汽车举升机（维修用）；对建筑的要求，即使停车设备由该建筑直接支承，也不在本标准范围内；停车设备的周边设备。

27. SN/T 0814—1999《进出口电梯安全性能检验规程》：本标准规定了进出口电梯的抽样、检验及检验结果的判定。它适用于乘客电梯、载货电梯的检验，不适用于液压电梯、杂物电梯、自动扶梯的检验。

参 考 文 献

[1] 张汉杰. 现代电梯控制技术. 哈尔滨:哈尔滨工业大学出版社,2001.

[2] 夏国柱. 电梯工程使用手册. 北京:机械工业出版社,2008.

[3] 刘剑,朱德文,梁质林. 电梯电气设计. 北京:中国电力出版社,2006.

[4] 朱德文,付国江. 电气群控技术. 北京:中国电力出版社,2007.

[5] 朱德文,牛志成. 电梯选型、配置与量化. 北京:中国电力出版社,2005.

[6] 朱坚儿,王为民. 电梯控制及维护技术. 北京:电子工业出版社,2011.

[7] 李惠昇. 电梯控制技术. 北京:机械工业出版社,2003.

[8] 陈继文,杨红娟,等. 电梯控制集成仿真系统. 山东建筑大学学报. 2008,23(5):420-423.

[9] http://www.sylg.cn/cn/news14.asp? Category ID=4.

[10] 吴启红. 变频器、可编程控制器及触摸屏综合应用技术实操指导书. 北京:机械工业出版社,2007.

[11] 陈浩. 案例解说 PLC、触摸屏及变频器综合应用. 北京:中国电力出版社,2007.

[12] http://wenku.baidu.com/view/afc4576648d7c1c708a145a4.html.

[13] 叶云岳,吴长春. 直线电机电梯的研究与发展综述. 2000 年全国直线电机学术年会会议论文:85-95.

[14] 杨江河,邹先容. 奥的斯电梯维修与故障排除. 北京:机械工业出版社,2007.

[15] 窦晓霞. 建筑电气控制技术. 北京:高等教育出版社,2004.

[16] http://www.weee.cc/info/detail/2011/3/23892/.

[17] 徐峰. 电梯维修工快递入门. 北京:国防工业出版社,2007.

[18] http://wenku.baidu.com/view/f138bdbdf121dd36a32d821b.html.

[19] http://www.chinanews.com/gn/2011/07-06/3159833.shtml.